반도체설계
산업기사
2017~2020년
기출문제 수록

제 2 판

반도체 설계 및 레이아웃 실습

공학박사 김응주 저

머리말

최근 4차 산업혁명의 시대로 접어들면서 반도체 기술은 우리 생활을 변화시키는 가장 중요한 요소가 되었으며, 이에 따라 반도체 설계기술과 우수한 설계인력 육성의 중요성이 커지고 있다. 또한 현재 우리나라의 반도체 산업은 매우 중요한 상황에 놓여 있으며 세계 1위의 메모리 기술력을 바탕으로 더욱 부가가치가 높은 시스템 반도체 시장을 선점하기 위해 더 많은 노력과 투자가 필요한 상황이다. 그리고 이러한 대규모의 투자와 더불어 우수한 반도체를 설계하기 위해서는 반도체 설계기술뿐만 아니라 반도체 공정에 대한 지식과 설계 툴에 대한 숙달 역시 필요하다.

이에 본서는 저자가 실제 회로 설계 업무와 양산을 진행해왔던 경험을 바탕으로 하여 초보자부터 실제 개발자에 이르기까지 반도체 설계를 할 때 필요한 내용들을 수록하여 독자들로 하여금 빠른 기간에 툴 사용을 익히고 반도체 설계능력을 키우는 데 초점을 맞추었다. 또한 반도체 설계 산업기사를 준비하는 수험자들에게 최신 기출문제를 제공하고 관련된 이론 내용들을 다룸으로써 자격증 준비에도 도움이 되고자 하였다.

이 본서를 통하여 반도체 레이아웃 설계자가 설계 툴을 사용할 때 반드시 알아야 하는 기능들과, 관련 서적에서 다루지 않지만 이 본서에 수록되어 있는 알아두면 유용한 내용들을 학습함으로써 차별된 반도체 설계능력을 갖출 수 있을 것이다. 그리고 본서에는 반도체 기본 원리부터 다양한 이론과 실제 현장에서 많이 사용되는 회로에 대한 설명과 예제가 수록되어 있으므로 반도체 현장에서도 활용 가능한 실무 지침서가 될 것이라 본다.

아무쪼록 본서를 통하여 독자들이 반도체 설계 분야에 관심을 갖고 설계능력을 갖추는 데 도움이 되었으면 하며, 빠르게 변화하는 4차 산업 기술시대에 자신의 꿈과 역량을 발휘할 수 있기를 바란다. 끝으로 이 책이 나오기까지 수고해주신 복두출판사 및 나인플러스 관계자 여러분께 감사를 전하며, 반도체 레이아웃 수업을 재미있게 들어주었던 제자들 그리고 아내와 가족들에게도 감사드린다.

2022년 3월

반도체 절대강국을 꿈꾸며　저자 씀

차례

MEMO

積財千萬不如薄技在身

몸에 지닌 작은 기술이 천만금의 재산보다 낫다

CHAPTER Ⅰ

반도체 이론

일상생활에서 사용되는 각종 첨단 소형 가전제품을 비롯한 많은 전자 시스템에 공통으로 쓰이는 것이 바로 '반도체'인데, 반도체는 인류의 역사에서 인류에게 가장 큰 영향과 변화를 주고 있다고 해도 과언이 아니다. 반도체(Semiconductor)란 '전기가 통하는 도체와 전기가 통하지 않는 부도체의 중간 단계' 또는 '필요에 따라 전기가 흐르게 할 수도, 흐르지 않게 할 수도 있는 물질'을 말한다. 이온 주입 공정(도핑) 등을 이용하여 불순물을 진성반도체에 주입하여 전도특성을 조절할 수 있는데 일반적으로 불순물을 많이 투입할수록 전도특성이 좋아진다.

1.1 집적회로의 탄생

반도체 소자의 시작은 1883년 에디슨에 의해 발명된 2극 진공관(Vacuum Tube)인데, 진공관은 진공 속에서 금속을 가열하면 음극(캐소드)에서 양극(애노드)로 진공 속에서 도체 없이도 전자가 이동한다. 1906년에는 리 디포리스트(Lee De Forest)에 의해 3극 진공관이 발명되었고, 이 진공관은 훗날 1946년 미군 탄도연구소의 요청을 받아 미국 펜실베이니아 대학의 존 모클리(John W. Mauchly)와 프레스퍼 에커트(John P. Eckert)의 공동설계와 3년여의 연구 끝에 완성된 10진수 체계를 이용한 전자 컴퓨터인 '에니악'에 사용되었다. 그러나 진공관은 크기가 크고 수명에 한계가 있었기 때문에 빠르게 변화하는 전자산업을 뒷받침하기 위해 안정적이고 크기가 작은 새로운 소자가 필요하였다.

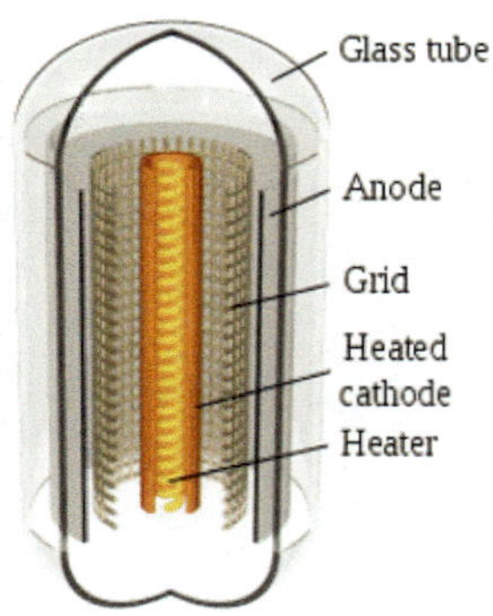

진공관을 이용한 증폭기 및 구조

1947년 AT&T 벨연구소의 윌리엄 쇼클리, 존 바딘, 그리고 월터 브래튼이 반도체 격자구조의 조각에 도체선(전기가 흐르는 데 사용되는 선)을 접촉시키면 전기 신호가 증폭한다는 사실을 발견하였으며, 처음에는 단순히 증폭기(Amplifier)라는 이름으로 불렸다가 나중에 트랜지스터(Transistor)로 알려지게 되었다. 트랜지스터는 진공관처럼 스위치와 증폭작용을 하지만 열 발생이 적고 가볍고 견고하였고, 세 사람은 이 업적을 인정받아 1956년 노벨 물리학상을 수상하였다.

에니악(ENIAC : Electronic Numerical Integrator And Calculator)

이를 계기로 Western Electric, IBM, General Electric, Philips 등 미국과 유럽의 유명한 전자업체들뿐만 아니라 대형 화학업체들도 반도체 개발에 뛰어들었으나 빠른 기술혁신을 따라가지 못하여 Western Electric과 IBM을 제외하고는 모두 반도체 개발에 실패하기도 하였다. 한편 미국 샌프란시스코 남쪽 Bay Area에서는 벤처기업들이 반도체 기술을 선도하게 되었는데, 이 지역을 '실리콘밸리'라고 부르게 된 것도 이때부터이다.

그 후 트랜지스터는 전류를 증폭시켜 작은 소리를 크게 키우는 보청기나 전류의 흐름을 조절해 라디오 볼륨을 높이는 용도를 거쳐 전자제품의 핵심 부품으로 자리 잡게 되었다. 하지만 시간이 흐를수록 전자제품의 기능이 복잡해지면서 트랜지스터와 저항, 다이오드, 커패시터 등 연결해 주어야 하는 부분이 기하급수적으로 증가하게 되었고, 이 연결점들이 제품을 고장 내는 주요 원인이 되었다.

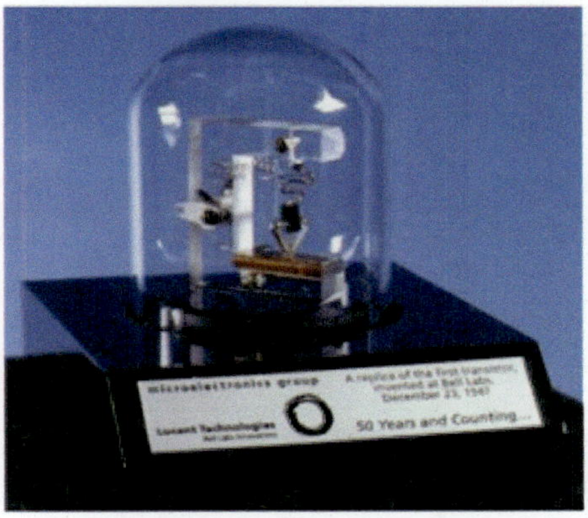

최초의 트랜지스터

1958년에 드디어 이러한 문제점을 해결해주는 방법이 개발되었는데, 이것이 바로 복잡한 전자 부품들(트랜지스터, 저항, 커패시터)을 정밀하게 만들어 작은 사각형 안에 속에 하나의 전자회로로 구성해 집어넣는, 이른바 '집적회로(Integrated Circuit)'가 탄생하였다.

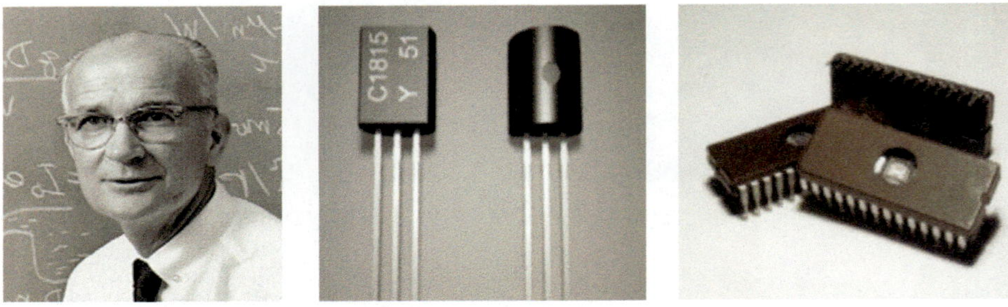

윌리엄 쇼클리, 트랜지스터 및 집적회로

집적회로의 부품들 중 트랜지스터는 전원을 켜고 끄는 스위치 역할과 작은 신호를 크게 하는 증폭작용을 하고, 커패시터(Capacitor)는 전하를 충전해 보관하는 일종의 창고 역할을 하며 직류(DC : Direct Current)는 차단하고 교류(AC : Alternating current)는 통과한다. 저항(Resistor)은 전류의 흐름을 조절하는 역할을 하고, 인덕터(Inductor)는 전류의 변화를 억제하며 다이오드(Diode)는 신호를 고르게 전하는 정류 기능을 수행한다.

집적회로의 부품들 중 저항 · 커패시터 · 인덕터를 '수동소자(Passive Element)', 다이오드 · 트랜지스터를 '능동소자(Active Element)'로 분류하기도 하는데 이는 증폭작용이 가능한지에 따라 분류하는 것이다. 반도체 집적회로(IC)의 제조는 전자부품들과 그 접속 부분들을 모두 미세하고 복잡한 패턴(Pattern)으로 만들어 여러 층의 재료 속에 그려 넣는 방식을 사용하며 이를 위해서는 패턴을 사진으로 찍어 축소한 마스크를 마치 사진 인화와 같이 필름처럼 사용한다.

집적도에 따른 집적회로 명칭의 변화

집적회로의 명칭	반도체 산업의 주기	칩당 집적되는 소자의 수
No integration	1960년대 이전	1
Small scale integration(SSI)	1960년대 초기	2~50
Medium scale integration(MSI)	1960~1972	50~5,000
Large scale integration(LSI)	1970~1972	5000~100,000
Very Large scale integration(VLSI)	1970~1990	100,000~1,000,000
Ultra Large scale integration(LSI)	1990~현재	1,000,000~

1960년에는 벨연구소의 연구원이었던 한국인 공학자 강대원 박사와 마틴 아탈라가 금속 산화막 반도체 전계효과 트랜지스터(MOS-FET : Metal Oxide Semiconductor Field-Effect Transistor)를 개발하였다. 기존의 양방향 접합형 트랜지스터(BJT : Bipolar Junction Transistor)는 증폭률과 동작속도는 우수하지만 제조가 까다롭고, 전력소모가 많았던 문제점이 있었는데, MOS-FET 개발을 통해 해결이 가능해졌으며 현재 집적회로에서 가장 많이 사용되는 반도체 소자이다.

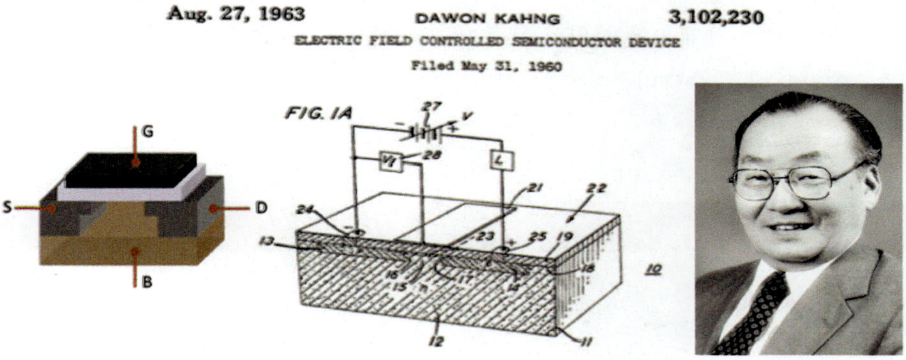

MOS_FET 구조 특허와 강대원 박사

초기에 MOS-FET이 개발되었을 때는 증폭률과 동작속도가 BJT에 비해 좋지 않아서 주목 받지 못했다. 그러나 전류제어를 위한 설계가 용이한 장점 덕분에 공정기술과 설계기술이 발전하여 최근에는 대부분의 바이폴라 트랜지스터의 영역을 대체하고 있다.

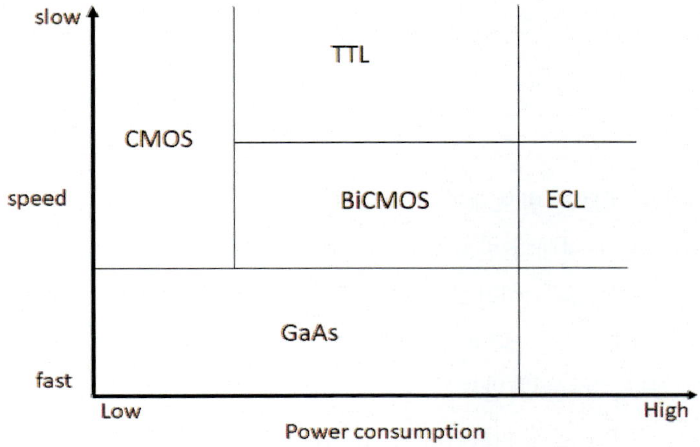

반도체 소자별 전력소모와 동작속도

1.2 반도체 산업 분류

반도체 산업은 성공할 경우 산업뿐만 아니라 국가적으로 많은 긍정적인 결과를 가져오지만 실패할 경우 막대한 경제적 손실 등의 위험부담이 있기 때문에 우리나라에서는 좀처럼 투자가 이뤄지지 않고 있었다. 그러던 중 1973년 한국반도체가 설립되고 이어 LG와 현대도 반도체 산업을 시작하였으나, 1998년 정부의 빅딜 정책으로 인해 LG반도체는 현대반도체에 흡수되어 이후 SK하이닉스로 이름이 바뀌게 되었다. 우리나라 반도체 산업은 2000년대 들어와서 큰 폭의 성장을 거듭하여 삼성전자는 세계 2위의 위치를 유지하고 있으며 하이닉스도 5위권을 유지하고 있고 반도체는 2013년 이후 수출비중이 12%로 1위를 차지하고 있다.

반도체 회사 분류

분 류	내 용
IDM	Integrated Device Manufacture 설계부터 생산까지 전 과정을 수행하는 종합 반도체 업체 예 : 인텔, 삼성전자, SK하이닉스
Foundry	외부업체의 위탁을 받아 칩 생산을 전문으로 하는 업체 예 : TSMC, DB하이텍, 매그나칩
Fabless	반도체 설계만 전문으로 하는 업체 예 : 퀄컴, 브로드컴, Nvidia, AMD
Package, Test	가공된 Wafer를 조립, 테스트 예 : 스테츠칩팩, 테스나, AMKOR
소재, 부품, 장비	소재, 부품 : ShinEtsu, Sumco, Siltronic 장비 : ASML, 램리서치
기타	EDA Tool Vendor 예 : Cadence, Synopsys, Mentor

반도체 제품은 크게 메모리 반도체와 비메모리 반도체 또는 시스템 반도체로 분류되며, 아래 분류표에서와 같이 다양한 형태의 반도체 회사들로 분류된다. 메모리 반도체는 자료 저장용으로 사용되는 것으로서, 흔히 DRAM이라고 하고 컴퓨터 등의 기억장치로 사용되고 있다. 비메모리 반도체는 사용자가 원하는 전자회로를 그려 넣어 만든 제품이며 ASIC(Application Specific Integrated Circuits) 또는 '주문형 반도체'라고도 부른다. TTL 7400 시리즈, CMOS 4000 시리즈 CMOS가 대표적인 초창기의 집적 회로인데 이러한 IC들은 일정 기능을 가진 칩을 대량으로 양산하는 식으로 제작되었다. 이런 칩들은 칩마다 기능이 정해져 있어서 기업에서 원하는 기능이 없는 경우도 있었기 때문에 보통 이럴 때는 각 칩을 조합하여 원하는 회로를 만들었다.

하지만 이렇게 했을 때 기판이 커지고 칩이 많아짐에 따라 전력 소모도 늘어나는 관계로 이를 해결하기 위해 아예 자기가 원하는 기능을 탑재하는 칩을 주문하기에 이르렀고, 기술의 발전으로 반도체 업체가 이를 수용할 수 있게 되었다. 게이트 어레이 등이 개발된 것도 있고 HDL(반도체를 프로그래밍 하는 언어) 등이 개발되어 프로그래밍에 의한 IC 개발이 가능해졌으며 ASIC의 발전으로 본격적인 주문형 반도체 시장이 열렸다.

용도에 따른 메모리 분류

분류		소분류	기능
메모리 반도체	DRAM	Mobile	Data 임시저장
		PC / 서버용	
	FLASH	NAND	Data 영구저장
		NOR	
비메모리 (시스템) 반도체		AP(Application Processor)	CPU/GPU
		Modem	RF/Baseband
		Connectivity	Wifi/Bluetooth
		DDI(Display Driver IC)	Display
		PMIC(Power Management IC)	Power Control
		CIS(CMOS Image Sensor)	Camera
		NFC(Near Field Communication)	근거리통신
		지문인식, Bio, 센서(MEMS)	

메모리와 비메모리(시스템) 반도체를 비교한다면 메모리 반도체는 소품종 대량생산에 적합하며 비메모리(시스템) 반도체 다품종 소량생산에 적합하다. 자세한 비교는 다음과 같다.

메모리 반도체와 비메모리 반도체 산업 특징 비교

메모리 반도체	비메모리(시스템) 반도체
공정, 생산기술 중심	설계기술 중심
공정기술 투자 중요	설계역량 확보 중요
소품종 대량생산	다품종 소량생산
대기업 중심	중소/벤처형 사업구조
공정개발 어려움	낮은 위험 부담
참여 업체 제한적	다양한 업체 참여

반도체에서 칩의 크기가 작아지면서 신호의 이동경로도 줄어들어 동작속도도 빨라진다. '선폭' 또는 '패턴의 폭'이라고도 하는 임계 차원(CD : Critical dimension)도 계속 줄어들고 있어 최근에는 4nm 이하까지도 미세패턴을 설계할 수 있다. 칩당 집적도의 증가는 칩의 밀도가 18개월마다 두 배씩 증가한다는 무어의 법칙(Moore's Law)으로 예견된 바 있으며 칩의 크기가 작아지면서 소모 전력도 감소하고 가격도 하락하고 있다.

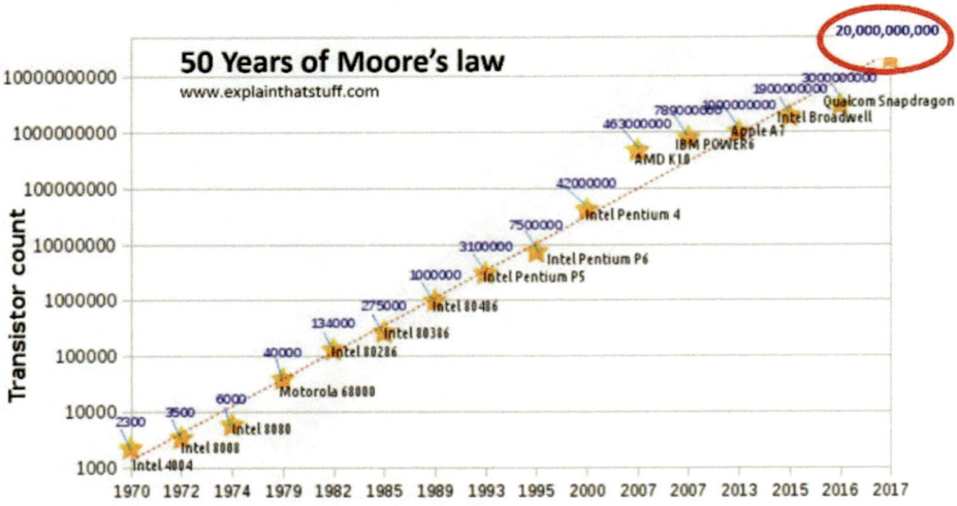

무어의 법칙(Moore's Law)에 의한 집적도 증가 추세

컴퓨터, 핸드폰, TV 등등 그 속에서 핵심역할을 하는 것을 반도체 칩이라 하는데, 반도체 칩 속에는 아주 복잡한 전자회로가 들어 있다. 이 전자회로를 반도체 내부에 그려 넣는 작업을 반도체 디자인이라고 한다. 반도체 제품의 생산과정은 공정개발, 제품개발, 양산으로 나뉘며 세부단계는 다음과 같다.

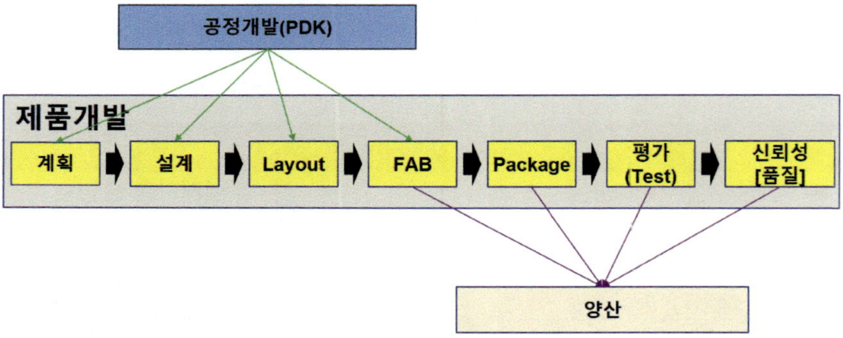

반도체 생산단계

공정개발단계에서 PDK는 Process Design Kit의 약자로서, 180nm, 90nm, 45nm 등의 공정에서 가능한 최소선폭이 정해지면 이에 따라 소자들이 만들어지고 공정에서 검증이 완료된 수동소자와 능동소자들이 라이브러리 형태로 제공되는 것을 말하며 회로설계자는 레이아웃 설계자는 PDK에서 제공되는 소자를 기준으로 제품을 설계한다. 반도체 설계단계에서 설계가 완성되면 레이아웃 단계에서는 PDK에서 제공되는 라이브러리와 공정에서 정해진 Design Rule에 의해 Layout 설계가 진행된다.

Layout 설계에서 중요한 점은 가능한 작은 면적이 되도록 소자들을 배치하여야 한다는 것이다. 동일한 설계도일지라도 레이아웃 엔지니어에 따라 사용한 소자의 배치에 따라 동작은 동일해도 크기가 다른 면적의 레이아웃 설계가 될 수 있고, 설계패턴을 웨이퍼에 옮길 때 가능한 작게 설계되어 있어야 많은 반도체 Chip이 만들어져서 단가를 낮출 수 있기 때문이다.

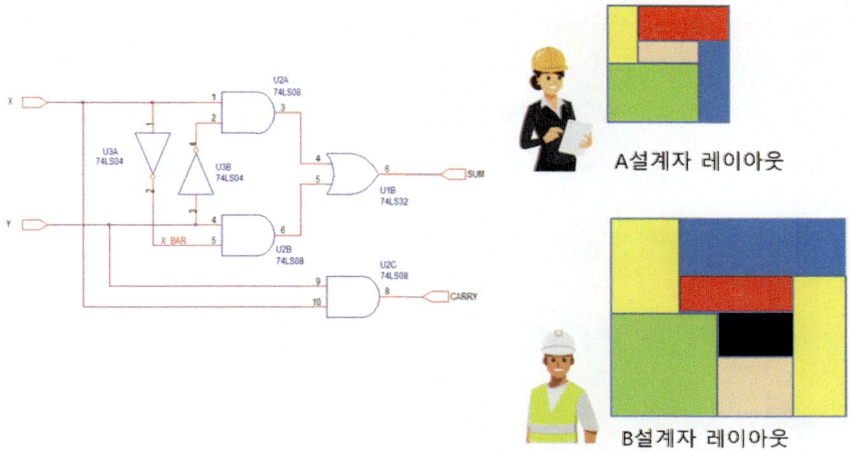

회로설계와 배치설계

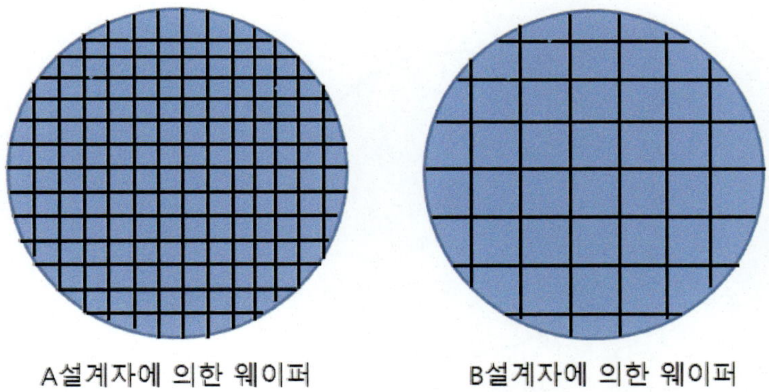

레이아웃 크기에 따른 웨이퍼에서의 칩 생산 비교

1.3 물질의 구조

물질의 최소단위를 원자라 하며 그 원자는 핵과 그 주위를 맴도는 전자로 이루어져 있다. 특히, 핵의 주위를 맴도는 전자는 마지막 궤도의 전자수가 4개인 원자로 이뤄진 물질을 '반도체'라 하며 대표적인 화학물질로 '실리콘'이 있으며 우리가 흔히 볼 수 있는 모래가 모두 실리콘이다.

보어 모델은 원자 구조에 대한 고전 모델이다. 1931년 닐스 보어는 원자의 구조를 중심에 원자핵이 있고, 그 주위를 전자가 돌고 있는 태양계와 유사한 구조라고 설명하였다. 즉 양전하를 띤 원자핵 주위를 음전하를 띠고 있는 전자들이 원형 궤도를 따라 돌고 있는 형태라고 주장하였다. 또한 원자핵은 양성자라고 불리는 플러스로 대전된 입자와 중성자라고 불리는 대전되지 않은 입자로 구성되어 있다고 하였다.

자연 상태에서는 원자핵의 전기량과 전자의 전기량이 같기 때문에 원자는 전기적으로 중성을 띠고 있다. 모든 형태의 원자는 다른 원소와 서로 구별되는 특정한 수의 전자와 양자를 가지고 있다. 원자구조에서 핵(Nucleus)은 원자의 중심으로서 양성자(Proton)와 중성자(Neutron)를 포함하고 원자번호(Atomic Number)는 양성자수와 같다. 핵 주위의 원자궤도(Orbital shell)에는 전자(Electron)가 돌고 있고 음의 전하를 띠는데, 특히 가장 높은 에너지 준위인 최외각(Valence Shell)은 '가전자각'이라고도 하며 최외각 궤도의 전자는 물질의 특징을 결정짓는다.

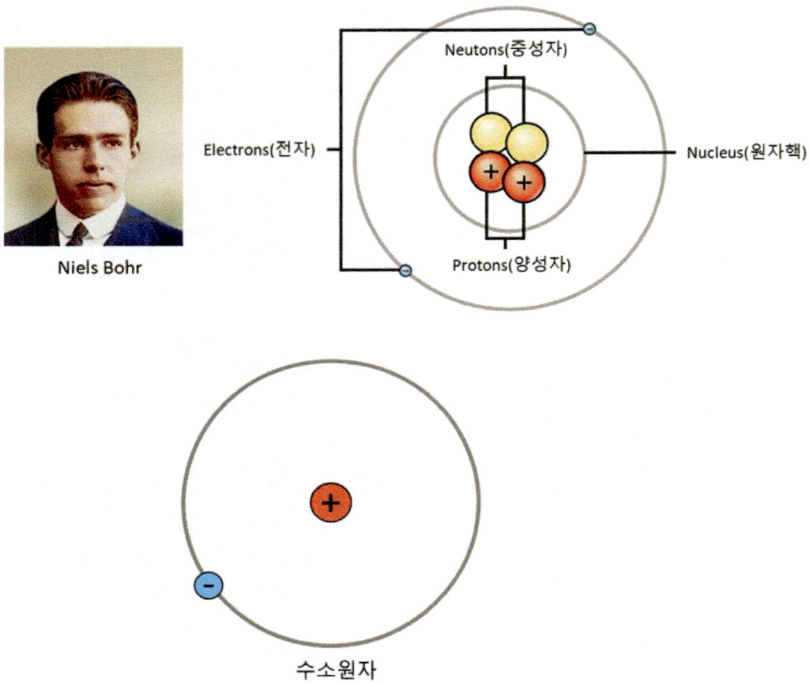

보어의 원자구조

(1) 물질의 분류

물질은 여러 종류의 원자가 모여 있으며 원자 간의 결합에 따라 고체, 액체, 기체의 세 가지 상태로 나뉘며 이 중 고체라는 말은 '결정'이라고 하는데 이 결정(crystal)이라는 용어는 '깨끗한 얼음'이라고 하는 의미의 그리스어에서 유래되었다. 고체 중의 원자의 위치는 대부분 고정되어 있으므로 다른 원자 사이를 자유로이 움직일 수 없다. 원자는 열에너지를 받아서 진동을 하지만 원자의 평균적 위치는 결정 내에서는 정해져 있고, 이들 원자의 정해진 위치는 규칙적으로 배치되어 있다. 이처럼 규칙적으로 반복된 원자의 배열을 '결정성'이라고 부르며, 이 결정성을 가지는 고체를 '결정'이라고 한다. 결정성은 단순히 규칙성을 가진 원자 배열을 의미하는 것이 아니라, 그림에서처럼 원자 배열이 동일하고도 반복적인 형태를 가져야 한다. 수소의 경우 양자와 전자가 각각 한 개인 가장 간단한 원자 구조를 가지고 있다. 보어의 모델을 기반으로 많은 연구가 이루어져 오늘날에는 발전된 형태의 원자 모델이 개발되어 있지만, 보어 모델은 원자 구조를 쉽게 이해할 수 있는 가장 간단한 모델이다.

원자 번호는 그 원자가 가지고 있는 전자의 수를 의미하는데 수소의 원자 번호는 '1'이다. 즉 수소는 가장 간단한 원자로 전자와 양자를 각각 하나씩 가지고 있다. 그 다음으로 간단한 원자는 전자를 두 개 가지고 있는 헬륨이고 모든 원자는 양자 수와 전자수가 동일하므로 전기적으로 중성상태이다.

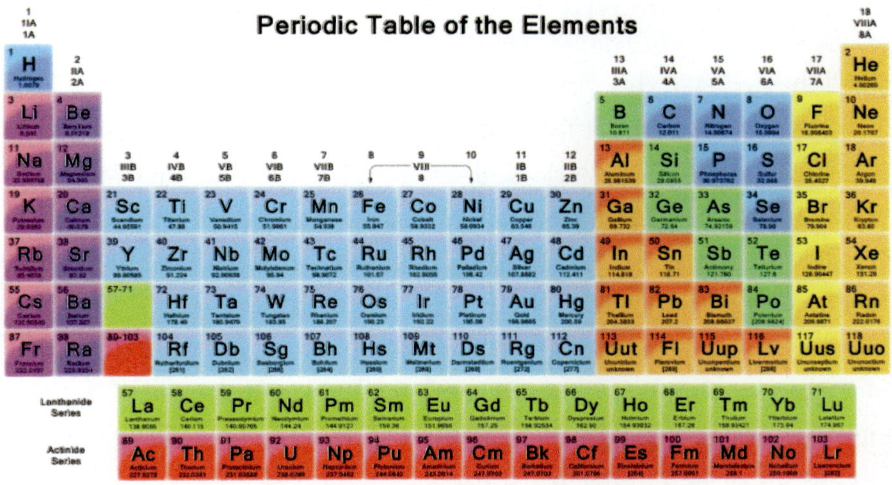

원소의 주기율표

원자들을 원자 번호 순으로 정렬한 표를 '주기율표'라고 한다. 주기율표상에서 동일 열에 배열된 원소는 뒤에서 설명할 가전자 수가 동일하여 전기적 성질이 유사하다. 예를 들면 탄소, 실리콘, 게르마늄은 동일한 열에 배치되어 있고, 가전자 수가 모두 4개로 전기적 성질이 유사하다.

반도체 재료로 가장 많이 사용되는 실리콘이 반도체 재료로 가장 많이 사용되는 이유에는 여러 가지가 있지만, 가장 큰 이유는 싼 값으로 구하기 쉽다는 것이다. 실리콘의 원재료는 모래인데, 모래 속에 포함된 불순물을 걸러내고 정제하여 99.9999% 이상의 순도를 가지도록 가공하여 결정으로 성장시킨다.

실리콘은 원자번호 14번으로 전자를 14개 가지고 있다. 원자의 각 궤도에는 전자가 일정한 법칙으로 존재하게 되는데 K 궤도라고 부르는 첫 번째 궤도에는 전자가 두 개만 존재할 수 있고, L 궤도라고 부르는 두 번째 궤도에는 전자가 8개 존재한다. 나머지 4개의 전자는 가장 바깥 궤도인 M 궤도에 존재하는데 이를 최외각 전자 혹은 '가전자(valence electron)'라고 부른다.

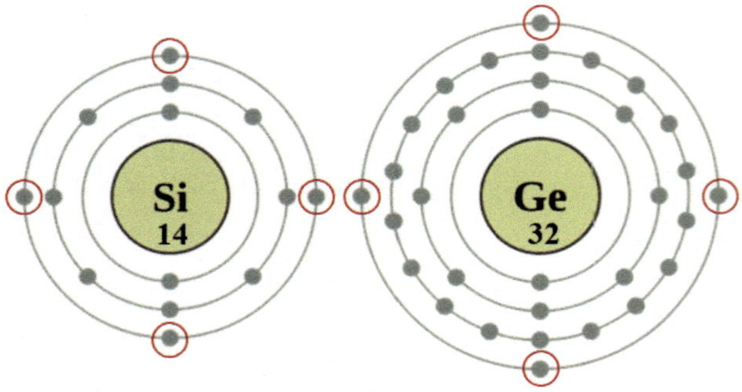

실리콘과 게르마늄의 원자구조

(2) 결정 구조

아래 그림에 보이는 예처럼 고체 구조가 반복성과 규칙성을 가지는 고체를 '결정'이라고 하며 결정성이 물질의 처음부터 끝까지 계속되어 있는 것을 '단결정(Single-Crystal)'이라고 부른다. 단결정은 결정 전체에 걸쳐 결정의 격자구조가 규칙적으로 유지되고 있는 것을 말하고 또한 외형은 고유의 결정면으로 둘러싸여 있지 않아도 결정의 방향이 일정하면 단결정이라고 하며 다이아몬드 구조나 반도체 웨이퍼는 단결정 구조이다.

반도체 소자용 재료로 사용되고 있는 실리콘(Si), 게르마늄(Ge) 등은 대부분 이와 같은 단결정으로 이루어져 있다. 반도체에서 대부분의 chip은 단결정 웨이퍼에 제작한다. 소자에 응용할 때 중요한 점은 원자 배열의 규칙성과 방향성에 의해 전기적, 자기적, 광학적 성질에 차이가 있다는 것이다. 단결정의 장점은 일반적으로 전기적 특성이 단결정이 아닌 재료들보다 우수하다는 점이다. '다결정(Poly-Crystal)'은 작은 단결정이 다수 모여서 된 결정으로 우리 주위에서 보는 대부분의 금속이나 암석을 비롯한 여러 가지의 유기물질에 이르기까지 거의 대부분이 다결정으로 이루어져 있다.

반도체에 사용되는 단결정 실리콘 기판은 도가니 속에 불활성 가스를 채우고 다결정 원석을 녹이며 고주파 유도 가열에 의해서 3,000도 이상의 높은 온도에서 단결정의 종자(seed)를 천천히 회전시키면서 끌어 올리면 단결정이 성장하여 붙어 올라오는데 이를 '인상법(pulling method)' 또는 '쵸크랄스키법(Czochralski method)'이라고 한다.

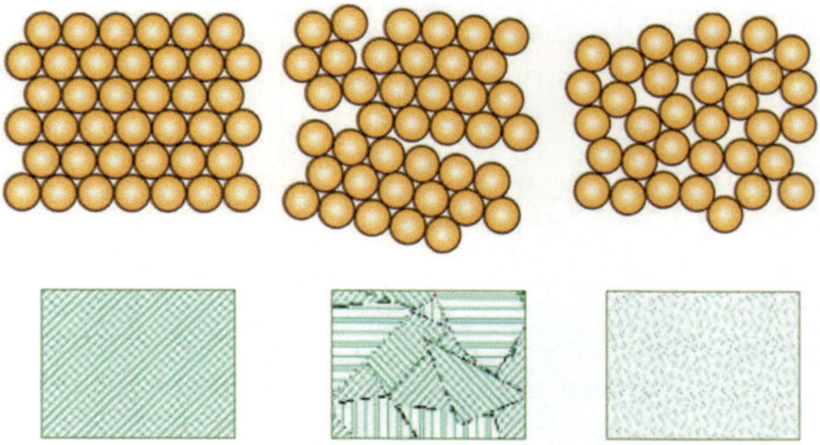

(a) single crystal (b) polycrystal (c) amorphous

결정의 세 가지 형태

비정질은 아몰퍼스(Amorphous)라고도 부르는데, 비정질의 전형적인 예는 유리이다. 이는 특유의 규칙성 혹은 방향성을 갖지는 않는다. 비정질에서 결정 구조를 가진 경우에는 외부에서 전압을 걸어주었을 때 결정과 같이 규칙적인 배열 구조가 나타나는데, 이것을 '액정(liquid crystal)' 또는 '액체 결정'이라 부른다. 액정은 LCD(liquid crystal display)에 사용되며 전자시계, 전자계산기, 평면 TV에도 사용되는 물질이다.

(3) 격자 구조

단결정은 원자 배열에 있어서 기하학적 주기를 갖는데 대표적인 단위 혹은 원자 집단은 3차원 공간에서 규칙적인 간격으로 반복되어 단결정을 이룬다. 결정의 이러한 규칙적인 배열을 격자(lattice)라고 부른다. 단위격자는 전체 결정을 재현하는 데 사용되는 작은 결정의 부피이다. 결정 구조는 단순입방(simple cubic ; sc), 체심 입방(body centered cubic ; bcc) 및 면심입방(face centered cubic ; fcc) 구조를 보이며 재료의 결정 구조와 격자 크기를 알면 결정의 여러 가지 특성들, 예를 들면 원자의 부피, 밀도 등을 결정할 수 있다.

단순입방(SC)

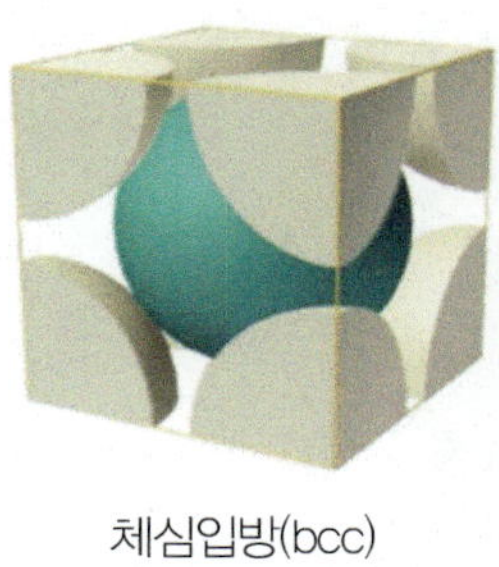

체심입방(bcc)

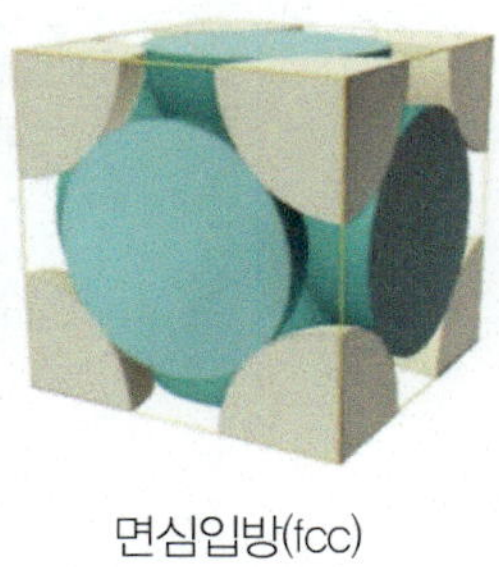

면심입방(fcc)

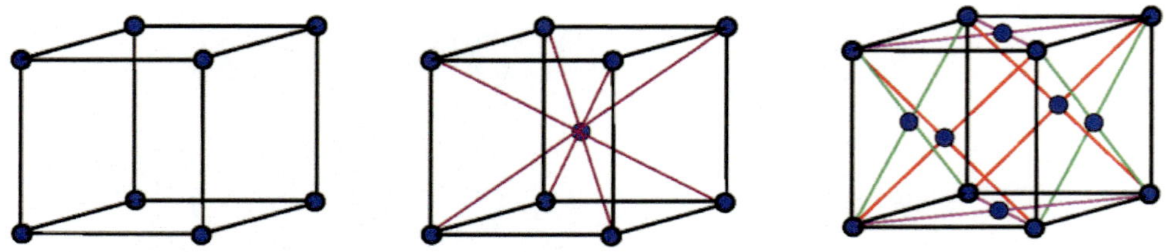

단순입방(SC) 체심입방(bcc) 면심입방(fcc)

결정의 세 가지 격자 형태

● SC(Simple Cubic) 구조

구슬을 정사각형으로 배열하고 그 구슬 바로 위에 다시 구슬을 똑같은 형태로 쌓은 구조

● FCC(Face Centered Cubic) 구조

정육면체의 여덟 개 구석에 각각 1/8짜리 구가 있고 여섯 개의 면에 1/2의 구가 존재하는 형태

● BCC(Body Centered Cubic) 구조

가운데에 한 개의 구가 있고 정육면체의 여덟 개의 구석에 각각 1/8짜리 구가 있는 구조

일반적으로 이러한 결정면들을 격자로 설명하는 데 '밀러 지수(Miller Index)'라는 용어를 사용한다. 결정구조에서 특정한 면으로 자를 때 그 자르는 방향에 따라서 자른 면의 모양이 다르며 전자가 이 결정들 사이를 지나가고 있다고 한다면 어떤 방향으로 진행하는가에 따라서 전자가 느끼는 원자 배치 구조는 다르다.

전자는 실리콘에서 어떤 결정 방향으로 진행하는가에 따라서 그 성질이 달라지며 반도체 제조 공정에서도 어떤 방향으로 실리콘 산화막을 성장시키는가에 따라서 성장속도가 달라진다. 표면 혹은 결정을 관통하는 평면은 격자를 나타내는 데 사용되는 3차원 구조의 각 축과 평면의 교차점을 기본으로 묘사할 수 있다. 많이 사용되는 입방체의 평면은 (100), (110) 및 (111) 평면이 있으며. 실리콘 집적회로에서는 전기적 특성이 양호하기 때문에 (100)면이 주로 사용되고 있다.

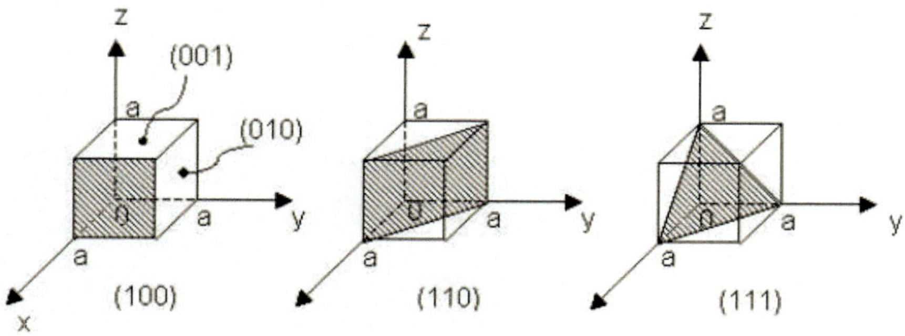

밀러 지수로 표현한 여러 가지 결정면들

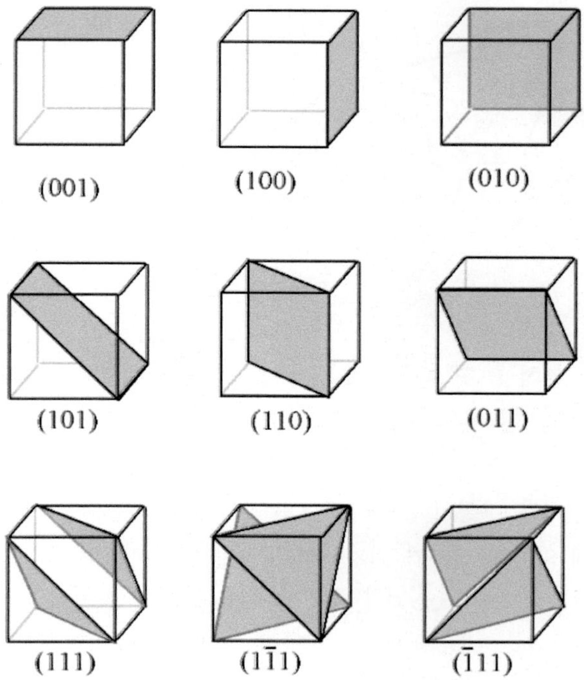

밀러 지수로 표현한 여러 가지 결정면들

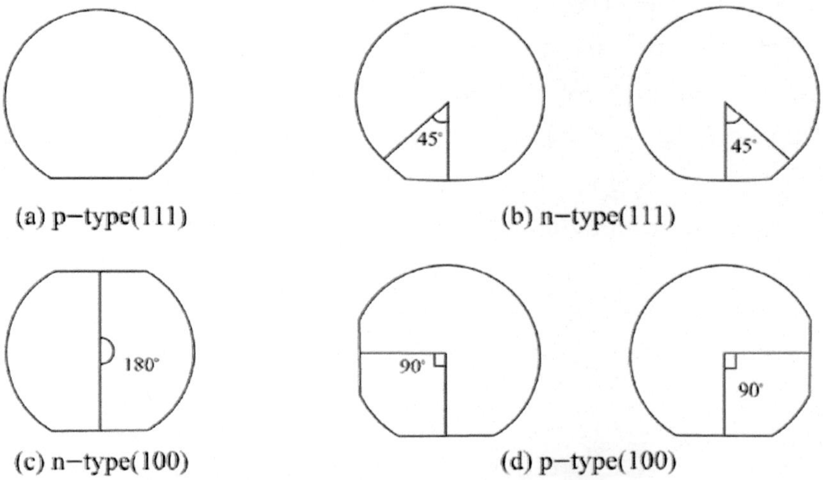

격자구조에 따른 웨이퍼 형태

(4) 물질의 결합

물질은 여러 종류의 원자가 모여 있으며 원자 간의 결합에 따라 고체, 액체, 기체의 세 가지 상태로 반도체 재료의 주를 이루는 고체 내에서 정해진 위치에 있기 위해서는 어느 정도의 결합력이 필요하다. 결정 내에서의 결합력에 따라 결정을 분류하면, 이온결합, 공유결합, 금속결합, 분자결합 등으로 분류된다.

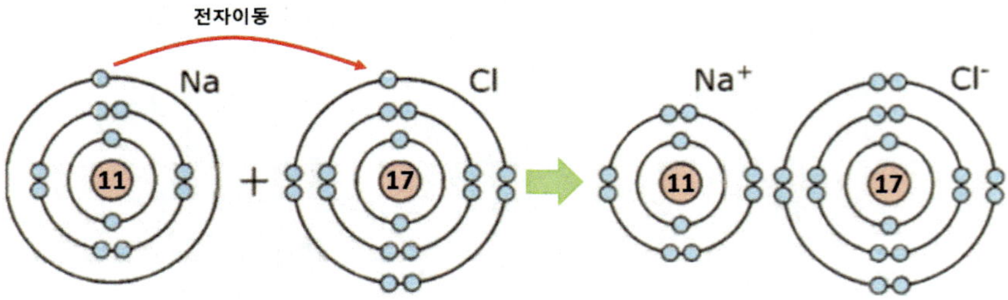

이온결합

양이온과 음이온의 전하를 띤 이온들의 쿨롱 힘에 의한 결합을 '이온결합(ionic bond)'이라 한다. 이온결합은 전기를 띤 이온들이 정전기 인력에 의하여 결합하는 형태이다. 원자들 간의 전자의 이동에 의하여 플러스 혹은 마이너스로 전기적 성질을 띠는 것을 '이온화'라고 부르고, 이온화된 입자를 이온이라 부른다.

즉 외부의 에너지에 의하여 전자가 원자핵의 구속을 벗어나 원자를 탈출하게 되면 그 원자는 전자를 잃어버렸기 때문에 플러스로 대전되고, 반대로 외부의 전자가 원자로 들어오게 되면 그 원자는 마이너스로 대전된다. 대표적인 이온결합의 형태인 나트륨 원자는 원자번호 11로 11개의 전자를 가지고 있고, 그 중 가전자는 한 개이다. 반면에 염소 원자는 17개의 전자를 가지고 있고 그 중 가전자 수는 7개인데, 나트륨 원자와 염소 원자가 만나면 나트륨 원자는 한 개의 전자를 염소 원자에게 주어서 최외각 전자가 8개가 되고, 염소 원자는 나트륨 원자로부터 전자 한 개를 받아서 최외각 전자가 8개가 되어 안정화된다.

나트륨 이온은 전자를 주기 때문에 플러스로 대전되고, 염소 이온은 전자를 받기 때문에 마이너스로 대전되므로 플러스 이온인 나트륨과 마이너스 이온인 염소는 정전기 인력에 의하여 결합하게 되며 이러한 형태의 결합을 이온결합이라 부른다. 이온결합은 결합력에 따른 결합 중에서 가장 강한 결합인데 전자를 잃은 양이온과 전자를 얻은 음이온의 정전기적 인력으로 이루어진 화학결합이라고 할 수 있다.

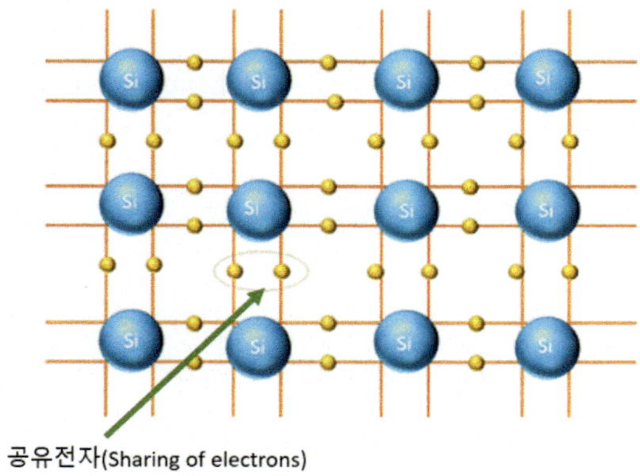

공유결합

'공유결합(covalent bond)'은 두 개 이상의 원자가 서로 전자를 제공하여 전자쌍을 공유함으로써 형성되는 화학 결합으로 이온결합과 달리 완전히 전자를 빼앗지 못한다. 공유결합 결정의 대표적인 예는 다이아몬드이며, 실리콘(Si), 게르마늄(Ge)을 비롯한 거의 모든 반도체가 공유결합 결정이다. 실리콘은 가전자가 4개인데 최외각 전자는 8개가 되어 안정화되려는 성질이 있으므로, 실리콘의 경우 서로 이웃하는 원자가 각각 4개의 가전자를 공유하여 8개의 전자를 공유하여 가짐으로써 안정화된다. 공유결합이 강하면 전자가 원자핵에 강하게 구속되어 전자의 이동이 거의 없으므로 부도체에 가깝게 되는 반면, 공유결합이 약하면 열이나 전압에 의하여 결합이 쉽게 깨져서 전자가 원자핵의 구속을 벗어나서 원자 내부를 자유롭게 돌아다니게 되는데, 이러한 전자를 '자유전자(electron)'라 부른다.

한편 전자가 자유전자가 되면 전자가 비어있는 상태가 되는데 이를 '정공(hole)'이라 부르며 순수한 실리콘에서는 자유전자의 수와 정공의 수가 같다. 공유결합을 하고 있는 물질 중 다이아몬드는 가장 강한 공유결합을 하기 때문에 절연체의 성질을 나타내고, 납이나 주석은 공유결합이 약하기 때문에 도체의 성질을 나타낸다. 한편 반도체인 게르마늄이나 실리콘은 공유결합의 강도가 절연체와 도체의 중간이기 때문에 어느 정도 자유전자가 존재하고 있음으로써 약간의 전도성을 나타낸다.

금속결합(metallic bond)은 금속과 금속 간의 결합으로서 자유전자들의 음전하와 금속의 양이온들 간의 정전기적 인력에 의한 결합으로 금속에 고르게 퍼져 있는 전자와 이온들 간의 전기적인 인력을 갖고 있다. 이는 격자 모양으로 되어 있는 (+)성질을 가진 금속 이온 사이에 자유 전자들이 공유되어서 전성, 연성, 광택, 열전도성, 전기전도성과 같은 금속의 여러 특성을 가지는 결합이다.

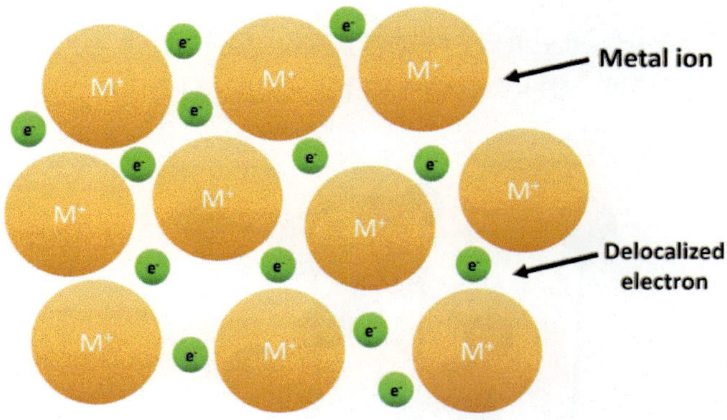

금속결합

금속결합은 모든 금속에서 형성되는 결합으로, 자유전자와 금속 양이온들 사이의 인력에 의해 결합이 유지된다. 금속 원자의 최외각 궤도는 대부분 많은 이웃 원자들과 겹치기 때문에 이들의 가전자는 특정한 원자 쌍에 제한되지 않고 한 원자에서 다른 원자로 계속 옮겨 다녀 '전자의 바다'를 만든다. 공유결합 원자와는 달리 금속 원자의 가전자는 특정 부분에 묶여 있지 않고,

비교적 자유롭게 결정 내부를 떠돌아다닐 수 있는데 전자를 잃은 원자는 양이온이 되며, 이 양이온과 가전자가 상호 작용하는 결합력이 금속 결정을 이루게 된다.

금속에서 가전자가 자유전자라는 성질로 말미암아 금속은 높은 전기 전도도를 갖게 되는데 이는 금속의 전성과 연성은 금속이 자유전자를 가질 뿐만 아니라, 금속 이온 사이의 결합력에 방향성이 없기 때문에 생기는 성질이다. 즉 금속은 두드리거나 잡아 늘여도 쪼개지지 않는데, 그 이유는 결정면에 있는 이온들이 매우 쉽게 서로 위치를 바꿀 수 있기 때문인 것이다.

'van der Waals 결합'은 기체, 액화 또는 승화된 기체, 그리고 대부분의 유기화합물의 액체와 고체 등에서 중성인 분자들을 서로 끌어당기는 상대적으로 약한 전기력이며 순간적인 전하분포의 요동에 의해서 발생하는 전기쌍극자들에 의한 원자 또는 분자들 사이의 인력이다.

(5) 다이아몬드 구조

다이아몬드에 의해 대표되는 기본적 결정 구조형의 하나로서 면심입방격자를 두 개, 모서리를 평행하게 0 0 0, 1/4 1/4 1/4로 각각의 원점을 두도록 조합한 면심입방격자이다. 단위격자 중에 8개의 격자점이 포함된다. 1/8 부피의 작은 정육면체 중에서 서로 이웃하지 않는 4개의 작은 정육면체 중심에만 격자점이 있고, 남은 4개의 것에는 격자점이 없다. 격자점에 원자를 두면 원자를 채우는 방법이 나쁜 구조가 되고, 또 원자 간 결합, 즉 결합에 방향성이 있는 구조가 된다. 실리콘(Si)은 가장 널리 사용되는 반도체이며 4족 원소로 다이아몬드 결정 구조를 갖는다.

게르마늄(Ge)도 역시 4족 원소로 실리콘과 같은 다이아몬드 구조를 갖는다. 다이아몬드 격자의 기본 단위 구조인 사면체(tetrahedral) 구조이다. 다이아몬드 구조는 모든 원자가 실리콘, 게르마늄과 같이 동 일한 종류의 원소로 이루어진 특별한 격자이다. 실리콘의 원자번호는 14이며 기저 상태로부터의 전자의 위치를 표현하면, $1s^2 2s^2 2p^6 3^2 3p^2$이다. 이때 최외각의 전자 수는 4이며 3s와 3p 전자 궤도의 형성이 실리콘의 반도체적인 성질을 나타내게 되는 것이다.

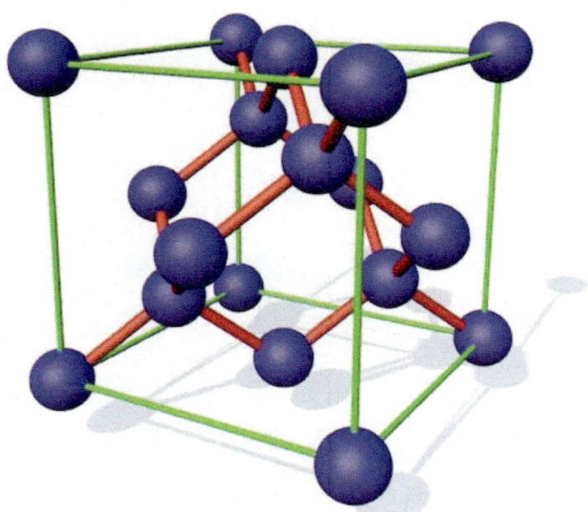

실리콘의 다이아몬드 구조

(6) 전기 전도도에 의한 분류

물질은 전기적 성질에 따라 도체(Conductor), 부도체(절연체, Insulator), 반도체(Semiconductor)로 구분할 수 있다. 도체는 금속과 같이 전류를 잘 흘리는 물질로 전기적 저항이 매우 작은 물질이다. 반면에 부도체는 전기적 저항이 매우 커서 전류를 잘 흘리지 못하는 물질이다. 반도체는 전기적 저항이 도체와 부도체의 중간 정도의 값을 갖는 물질이고, 또 필요에 따라 부도체로 만들 수 있고 도체로도 만들 수 있는 물질이다. 즉, 사람이 도체와 반도체로 조절할 수 있는 물질이다. 반도체에서 전도특성은 이온주입 과정 등을 통해 첨가되는 불순물의 농도와 에너지 세기로 결정되며 불순물의 농도가 높아질수록 전기 전도도가 올라가는데 반도체 소자가 중요한 이유는 스위칭 기능과 증폭기능을 함께 할 수 있기 때문이다.

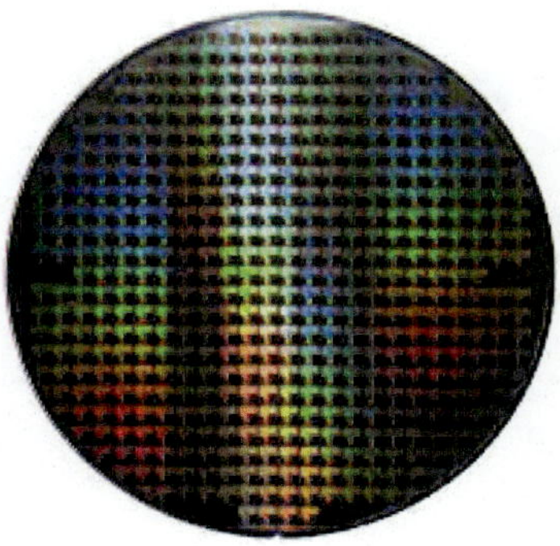

실리콘을 이용한 웨이퍼와 팹 내부

실리콘(Si)이나 게르마늄(Ge)과 같이 단일 물질로 이루어진 반도체를 '원소 반도체'라고 부르고, 3족 원소와 5족 원소가 서로 결합된 갈륨비소(GaAs) 반도체나, 2족 원소와 6족 원소가 결합된 황화카드뮴(CdS)과 같은 반도체를 '화합물 반도체'라고 부른다. 화합물 반도체는 고속 소자나 발광 소자에 사용된다. 실리콘(Si)이 반도체 재료로 주로 사용되는 이유는 모래에서 추출되므로 구하기 쉽고 저렴하며 광범위한 제조과정을 위한 높은 녹는점과 넓은 온도 범위에서도 특성이 변하지 않고 독성이 없기 때문이다. 실리콘은 반도체의 기본적인 재료로서 웨이퍼(Wafer)라고 하는 둥글고 얇은 형태로 팹(Fab)이라고 하는 깨끗한 환경(Clean Room)에서 가공되며 웨이퍼 위에 미세한 패턴을 여러 층으로 쌓아올려 반도체 소자를 만든다.

(7) 에너지 레벨에 의한 분류

에너지 대역에 대해 알아보기 전에 먼저 에너지 레벨에 대해서 살펴보자. 전자의 에너지 레벨은 전자가 존재하는 궤도와 일치하며, 즉 전자가 존재하는 각 궤도는 고유의 에너지 레벨을 가지고 있다. 이들 전자들은 '파울리의 배타원리'에 의하여 어느 두 전자도 동일한 에너지 상태에 있을 수 없으므로 전자의 에너지 레벨은 연속적이지 않고 불연속적인 값을 가진다. 즉 전자의 에너지 레벨은 양자화되어 있다.

실리콘 원자 내 전자의 에너지 레벨은 1s, 2s, 2p, 3s 레벨이 존재하며 에너지 레벨은 원자핵에서 가까울수록 낮고 원자핵에서 멀어질수록 에너지 레벨이 높다. 외부로부터 에너지를 받으면 낮은 에너지 레벨에 있는 전자는 높은 에너지 레벨로 올라가고, 반면에 에너지를 방출하면 높은 에너지 레벨에 있는 전자가 낮은 에너지 레벨로 떨어진다.

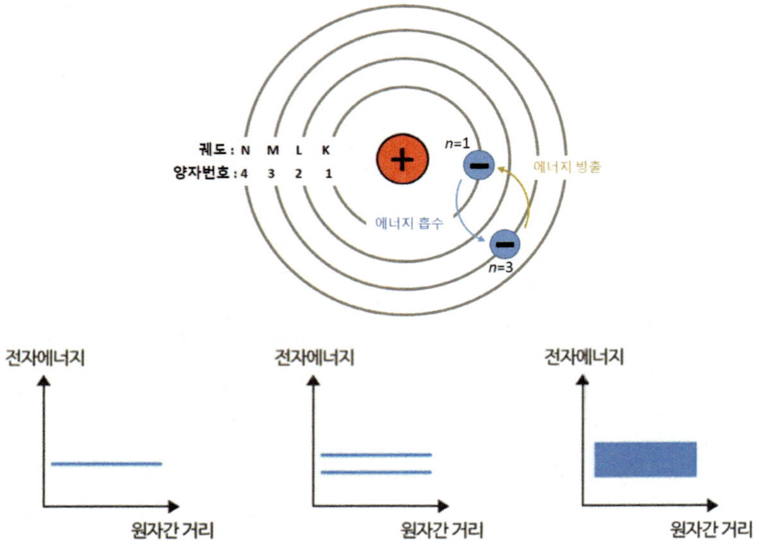

전자 1개　　전자 2개　　전자 무수히 많음

전자 수에 따른 에너지 레벨 분리

이와 유사하게 에너지 밴드는 2개의 같은 원자가 접근하여 상호 영향을 미치면 배타율에 의하여 같은 값을 갖는 에너지 레벨이 존재할 수 없으므로 하나는 낮고 다른 하나는 높은 에너지를 갖는 2개의 에너지 레벨로 분리되고, 여러 원자가 모인 결정 내에서 에너지 레벨은 원자 수만큼 분리된다.

실제로 실리콘 결정 내에는 실리콘 원자가 단위 세제곱 센티미터당 약 10의 22제곱 개의 원자가 존재하므로 무수히 많게 에너지 레벨이 분리되면서 어떤 폭을 갖는 밴드를 형성하게 되는데 이를 '에너지 밴드'라고 부른다.

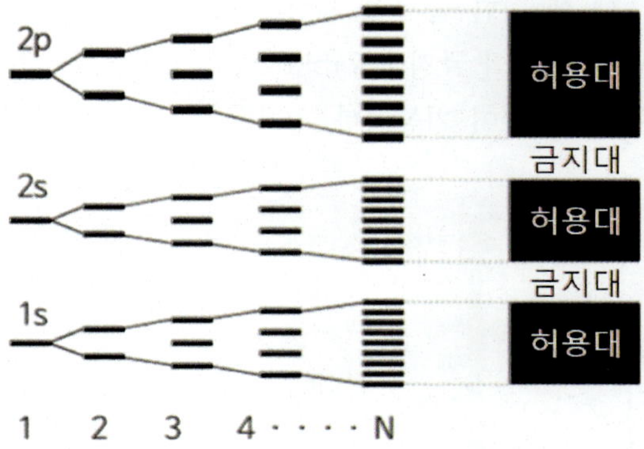

에너지 밴드의 형성

위의 그림에서 검은 영역이 에너지 레벨이 무수히 분리되어 형성된 대역으로 전자가 존재할 수 있는 대역이며 이를 '허용대'라고 부른다. 허용대 사이에 있는 영역은 전자가 존재할 수 없는 에너지 대역으로 '금지대'라고 부른다. 즉, 한 개의 고립된 원자에서는 전자가 존재하는 에너지 레벨이 형성되나, 수많은 원자가 서로 근접해 있는 결정 내에서는 에너지 레벨이 분리되어 에너지 밴드, 즉 허용대와 금지대가 교대로 형성된다.

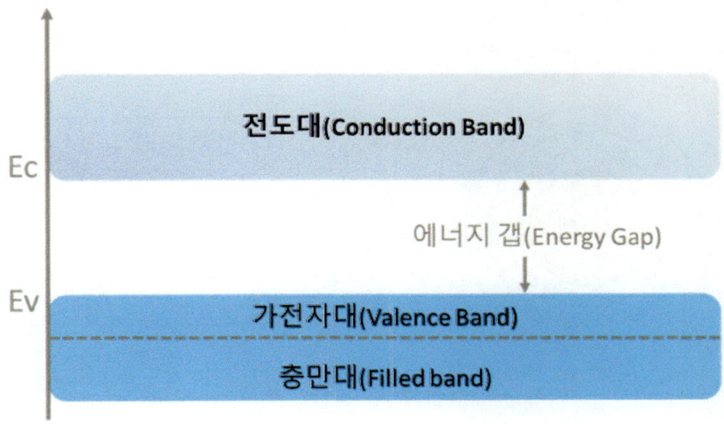

에너지 레벨

허용대는 충만대와 전도대로 분리되며 허용대 중 원자 핵 근처의 가장 낮은 에너지 밴드로부터 가전자가 점유하는 에너지 밴드까지는 전자들로 가득 채워져 있으므로 '충만대'라고 한다. 충만대 중 가전자로 채워진 충만대를 '가전자대'라고 부르며 가전자대 바로 위쪽의 허용대는 전자가 없는 에너지 대역인 '전도대'이다. 가전자대 제일 상단의 에너지 레벨을 가전자대 에너지 레벨 Ev라고 부르고, 전도대 제일 하단의 에너지 레벨을 전도대 에너지 레벨 Ec라고 부른다. 가전자대 에너지 레벨과 전도대 에너지 레벨 사이의 금지대 폭을 '에너지 갭'이라고 부른다.

아래 그림은 에너지 밴드에 의한 물질의 특성을 비교하는 것이며 가전자대(valence band), 전도대(conduction band)와 사이의 금지대(forbidden band)의 폭인 밴드갭(Eg:Band Gap)의 크기에 따라 물질을 분류하여 설명이 가능하다.

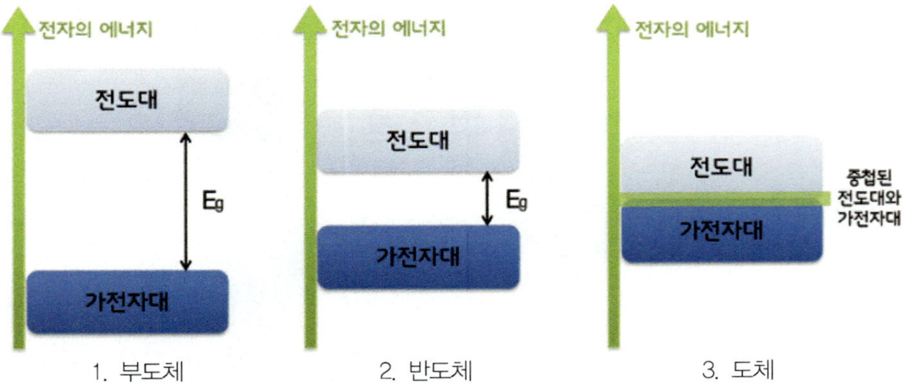

부도체, 반도체, 도체의 에너지 준위 비교

각 물질별 에너지 갭을 보면 부도체의 에너지 갭이 5eV로 제일 크고, 반도체는 0.5에서 2eV, 도체는 에너지 갭이 0이다. 따라서 전기적 저항의 크기는 부도체, 반도체, 도체 순인데 반도체로 많이 사용되는 실리콘의 에너지 갭은 1.1eV이고 게르마늄의 에너지 갭은 0.7eV이다.

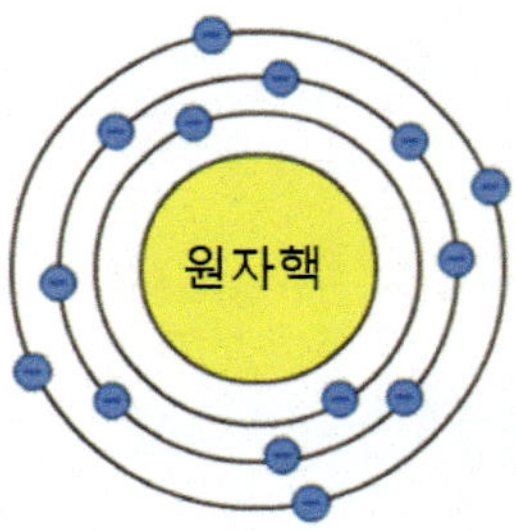

전자14개	
K궤도	2개
L궤도	8개
M궤도	4개

Si 원자의 전자배치

원자의 각 궤도에 존재할 수 있는 최대 전자 수는 궤도 수 자승의 2배, 즉 $2N^2$이다. 그리고 각 궤도에 전자가 존재하므로 이 궤도들을 전자의 에너지 레벨이라고도 부른다. 원자핵에 가까울수록 전자가 원자핵에 구속을 많이 당하여 전자의 에너지 레벨이 낮고, 원자핵에서 멀어질수록 원자핵의 구속이 약해져서 전자가 가지는 에너지 레벨은 높게 된다.

주궤도	수용 전자수
K (1)	$2 \times 1^2 = 2$
L (2)	$2 \times 2^2 = 8$
M (3)	$2 \times 3^2 = 18$
N (4)	$2 \times 4^2 = 32$
O (5)	$2 \times 5^2 = 50$

파울리의 배타원리의 주궤도

원자 구조에는 또한 부궤도가 존재하는데 파울리의 배타원리 이론에 따르면 동일한 에너지 상태에서는 오직 한 개만의 전자가 존재한다. 즉 하나의 전자 이외의 전자가 배타된다고 하여 배타율이라고도 말한다. 이 이론은 주궤도가 다시 부궤도들로 나눠진다는 의미이다.

Wolfgang Pauli

	에너지 레벨	
s 궤도	1	↑↓
p 궤도	3	↑↓ ↑↓ ↑↓
d 궤도	5	↑↓ ↑↓ ↑↓ ↑↓ ↑↓
f 궤도	7	↑↓ ↑↓ ↑↓ ↑↓ ↑↓ ↑↓ ↑↓

파울리의 배타원리의 부궤도

부궤도는 s, p, d, f 궤도로 구성되고 s 궤도는 전자가 존재할 수 있는 에너지 레벨이 하나이고 p 궤도는 세 개, d 궤도는 다섯 개이다. 그리고 각각의 궤도들은 스핀 방향이 반대인 2개의 에너지 상태를 가진다. K 궤도의 부궤도는 s 궤도만 존재한다. 이를 첫 번째 궤도의 s 궤도라 하여 one s라고 부른다. one s 궤도는 스핀 방향이 반대인 두 개의 에너지 상태가 존재하고 이들 에너지 상태에 각각 한 개의 전자가 존재할 수 있기 때문에 K 궤도에는 최대 두 개의 전자가 존재할 수 있다.

두 번째 주궤도인 L 궤도는 s 궤도와 p 궤도가 존재한다. 이들은 두 번째 궤도에 존재하므로 two s, two p라고 부른다. two s에는 2개의 전자가 존재할 수 있고, two p는 3개의 에너지 레벨이 존재하고 각각 반대 방향의 스핀을 가지는 에너지 레벨이 존재하므로 6개의 전자가 존재할 수 있다. 따라서 두 번째 L 궤도에는 전부 8개의 전자가 존재할 수 있다. 이런 식으로 주궤도 및 부궤도에 존재할 수 있는 전자를 수를 정리하면 다음과 같다. 전자 궤도 중 가장 바깥쪽 궤도에 존재하면서 그 궤도에 존재할 수 있는 최대 전자 수를 만족하지 못하는 전자를 가전자라고 부르고, 제일 바깥 궤도에 존재한다고 '최외각 전자'라고도 부른다.

주궤도	부궤도	전자수	주궤도의 전자수
K (1)	1s	2	2
L (2)	2s	2	8
	2p	6	
M (3)	3s	2	18
	3p	6	
	3d	10	
N (4)	4s	2	32
	4p	6	
	4d	10	
	4f	14	

파울리의 배타원리에 의한 궤도별 전자수

실리콘의 경우 제일 바깥쪽 궤도인 M 궤도에는 최대 18개의 전자가 존재할 수 있으나, 4개의 전자만 존재하므로 실리콘의 가전자 수는 4개가 된다.

가전자는 8개의 전자가 되어 전기적으로 안정되려는 성질을 가지고 있다. 실리콘 원자처럼 가전자가 4개인 경우, 다른 원자로부터 4개의 전자를 받아서 가전자 수를 8개로 만들려고 한다. 이때 원자 서로 간의 전자 이동이 발생하므로 실리콘 원자는 전도성을 가진다. 반면에 헬륨이나 네온처럼 최외각 궤도에 최대 전자 수로 전자가 채워져 있으면 원자 서로 간의 전자의 이동이 없기 때문에 부도체가 된다. 즉 가전자는 원자의 전기적 성질을 결정하는 중요한 요소라고 할 수 있으며 앞에서 설명하였듯이 가전자 수가 같은 원소는 전기적 성질이 유사하다고 할 수 있다.

1.4 반도체 특징

반도체 속에 극소량의 불순물을 첨가하면 저항이 급격히 감소하여 도체와 유사한 성질을 띠게 된다. 이는 불순물이 전기를 흐르게 하는 입자로 바뀌어 전기 전도성을 증가시키기 때문이며 '불순물 반도체(Extrinsic Semiconductor)'는 진성 반도체에 특정한 불순물을 첨가한 반도체이다. 진성 반도체 전류에서는 전류가 거의 흐르지 않지만, 소량의 불순물을 첨가하면 전기 전도도가 급격히 증가한다.

진성 반도체에 불순물을 집어넣는 것을 '도핑(doping)'이라 부른다. 불순물 반도체는 첨가하는 불순물에 의하여 n형 반도체와 p형 반도체로 구분된다. 실리콘에 불순물을 첨가시키면 대부분의 경우 도전율이 증가한다. 불순물을 첨가시키지 않을 경우(진성 반도체)실리콘 내를 자유롭게 운동하는 자유전자가 적기 때문에 전도율은 매우 낮다.

(1) 진성 반도체

어떠한 불순물도 결정 내에 존재하지 않는 반도체를 '진성 반도체(Intrinsic Semiconductor)'라고 하는데 진성 반도체는 절대 온도 제로 이하에서는 가전자대 전자가 전도대로 이동하지 못하여 전류가 흐르지 않는다. 그렇지만 제로 이상의 온도에서는 열에너지로 인하여 가전자대의 전자가 전도대로 이동하여 자유전자와 정공이 발생하고, 이로 인하여 전류가 흐르게 된다.

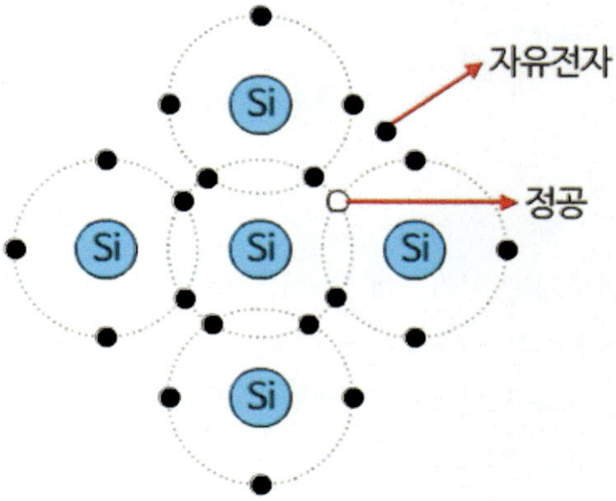

진성반도체의 공유결합

순수 반도체에서는 자유전자와 정공이 쌍으로 발생하기 때문에 자유전자의 수와 정공의 수가 동일하며 자유전자와 정공을 합쳐서 '캐리어(Carrier)'라고 부른다. 캐리어는 우리말로는 운반자라는 뜻인데 자유전자와 정공이 전기를 운반하므로 캐리어라고 부른다. 불순물 반도체는 진성 반도체에 특정한 불순물을 첨가한 반도체를 말한다.

(2) P형 반도체

불순물 반도체인 P형 반도체는 4가의 실리콘에 3가의 불순물인 붕소(B), 알루미늄(Al), 갈륨(Ga), 인듐(In) 등을 도핑한 반도체인데 3가의 붕소가 4가의 실리콘 원자와 공유결합을 하면 전자가 하나 모자라기 때문에 전자가 비어 있는 정공을 만든다. 3가의 불순물은 전자를 받아들이는 정공을 만들므로 '억셉터(acceptor)'라고 부르며 P형 반도체에서는 정공이 많기 때문에 다수 캐리어가 정공이 되고, 소수 캐리어는 자유전자가 된다.

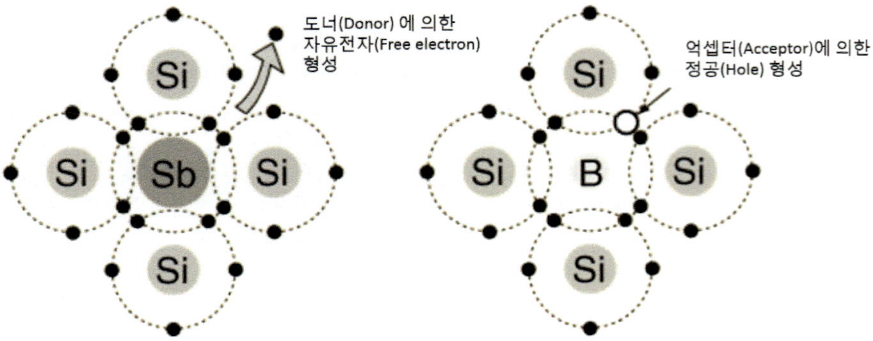

N형 반도체와 P형 반도체

(3) N형 반도체

불순물 반도체인 N형 반도체는 실리콘에 5가의 원소인 인(P), 비소(As), 안티몬(Sb) 등을 도핑하면 N형 반도체가 된다. 5가의 비소가 4가의 실리콘 원자와 공유결합을 하면 전자가 하나 남는 상태가 되는데 이 전자는 실리콘 원자핵의 구속이 약하기 때문에 적은 에너지를 받더라도 쉽게 자유전자가 될 수 있다. 5가의 불순물은 자유전자를 주는 불순물이므로 '도너(donor)'라고 부른다. N형 반도체에서는 자유전자가 많기 때문에 다수 캐리어는 자유전자가 되고, 소수 캐리어는 정공이 된다. 이처럼 P형 반도체와 N형 반도체에서 캐리어가 이동하면 전류가 형성되며 캐리어의 이동은 외부 전계에 의한 캐리어의 '표동(drift)전류'이고, 다른 하나는 캐리어의 농도 기울기에 의한 '확산(diffusion)전류'이다.

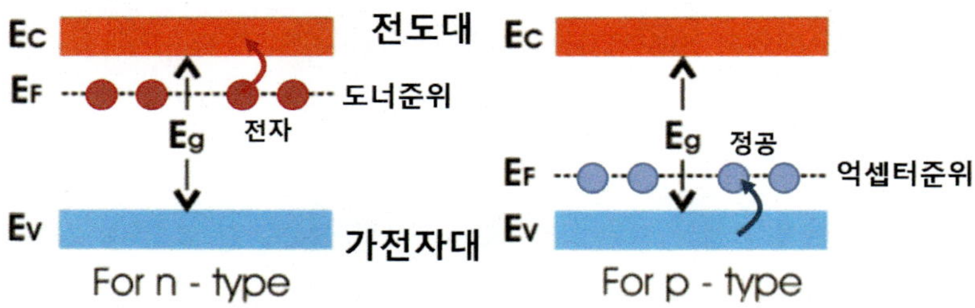

n형 반도체와 p형 반도체의 불순물 준위

페르미 레벨(Fermi level) E_f는 전자와 정공의 수가 확률적으로 같아지는 지점을 말하며 진성반도체는 가전자대와 전도대 중간이지만 n형 반도체는 위쪽에, p형 반도체는 아래쪽에 분포한다.

(4) 표동전류

열평형 상태에서 반도체 내에 있는 자유전자는 항상 불규칙적인 운동을 한다. 즉 전자의 운동은 완전히 불규칙하여 어느 방향으로도 전류를 형성하지 못하여 전류가 제로가 되는 반면에 외부에서 전압을 인가하면 전계가 발생하고, 자유전자는 이 전계와 반대 방향으로 움직이고, 정공은 전계와 같은 방향으로 움직여서 전류를 형성한다. 이처럼 전계로 인한 캐리어의 드리프트에 의하여 흐르는 전류를 '표동전류(drift current)'라고 부른다.

(5) 확산전류

물이 담긴 컵에 잉크를 한 방울 떨어뜨리면, 잉크 방울은 물에 닿는 순간부터 조금씩 퍼지기 시작하여 결국에는 컵에 있는 모든 물에 잉크가 퍼져 색깔이 일정하게 된다. 이는 잉크 입자들이 농도가 높은 곳에서 낮은 곳으로 이동하여 균일하게 분포하려는 성질 때문인데 이처럼 농도가 높은 곳에서 낮은 곳으로 이동하는 현상을 '확산'이라 하며 이 확산에 의해 캐리어가 이동하여 형성된 전류를 '확산전류(Diffusion Current)'라고 한다.

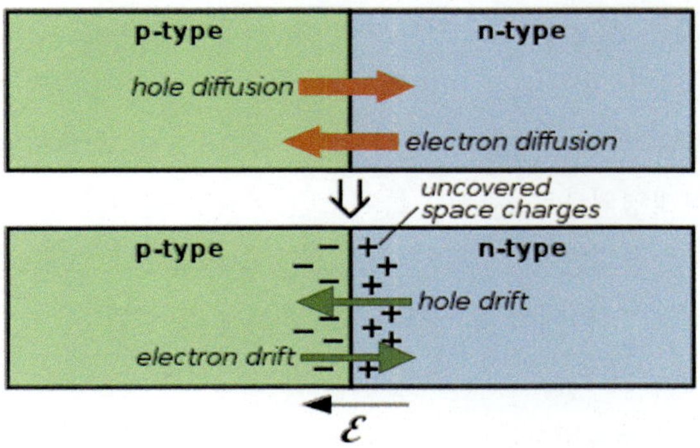

확산전류 매커니즘

(6) 반도체의 온도 특성

반도체의 대표적인 특징으로 온도 특성을 들 수 있는데 반도체는 온도가 증가하면 저항이 감소한다. 이는 온도가 올라가면 자유전자의 수가 증가하기 때문인데 이러한 특징을 '부성저항' 특징이라고 한다. 금속과 같은 도체는 상온에서 자유전자가 아주 많아서 온도가 올라가더라도 자유전자의 수는 거의 늘어나지 않는 반면, 원자핵의 진동이 증가하여 자유전자가 원자핵과 충돌할 확률이 증가한다.

전자가 원자핵과 충돌하면 전자의 진행이 감소하여 저항이 증가하게 된다. 즉 도체는 온도가 증가하면 저항이 증가한다. 반도체도 온도가 올라가면 원자핵의 진동이 증가하지만, 자유전자 수가 급격히 증가하기 때문에 저항이 감소한다. 즉, 반도체 PN 접합에서 발생되는 전압은 섭씨 1도 올라가면 2mV 감소한다.

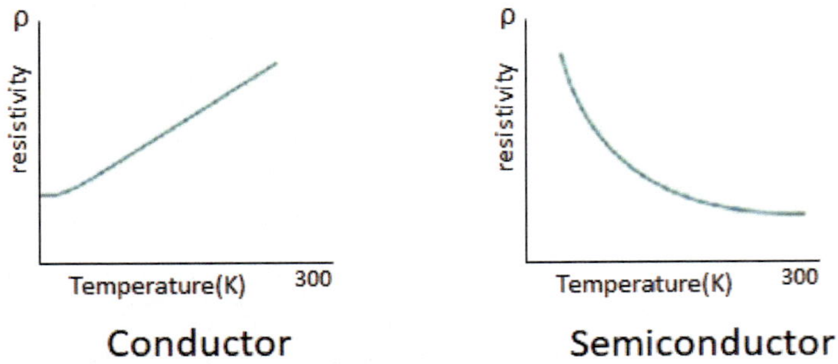

도체와 반도체의 온도에 따른 저항특성

(7) P/N 접합 반도체

열평형 상태에서 P형 반도체와 N형 반도체를 접합시키면 경계면에서 자유전자와 정공의 이동이 발생한다. P형 반도체는 정공이 많으므로 확산에 의해 N형 반도체 쪽으로 정공이 이동하고, N형 반도체에는 자유전자가 많으므로 P형 반도체 쪽으로 자유전자가 이동한다. P형 반도체의 경계영역으로 들어온 자유전자는 정공과 결합하여 마이너스로 대전되고 자유전자가 없어진다.

한편 N형 반도체의 경계영역으로 정공이 들어오면 전자와 결합하여 플러스로 대전되면서 정공은 사라지게 된다. 따라서 경계면에서 자유전자와 정공의 이동으로 인해 캐리어는 사라지고 고정된 이온들만 남게 되어 N 영역에서 P 영역으로 전계가 형성된다.

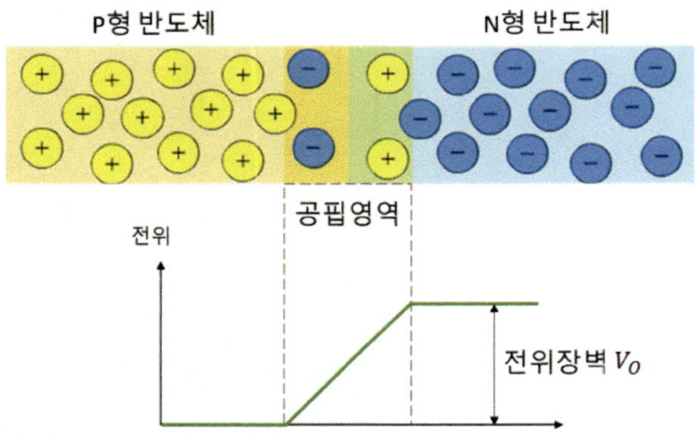

열평형 상태

전계가 형성된 후 또 다른 자유전자나 정공이 전계가 형성된 영역에 들어오면 전계에 의하여 자유전자는 N 영역으로 되돌아가고, 정공은 P 영역으로 되돌아가게 된다. 따라서 이 영역은 캐리어들이 존재하지 않는 영역이 되어 '공핍영역(depletion region)'이라고 부르기도 하고, 고정 이온들만 존재하기 때문에 '공간전하영역(space charge region)'이라고도 부른다. 이 전계에 의하여 전위 장벽이 형성되고, 다수 캐리어들이 P와 N의 경계면을 가로질러 이동하지 못하므로 전류가 흐르지 못한다.

(8) 순방향 바이어스

P형 반도체에 플러스 전압을 인가하고 N형 반도체에 마이너스 전압을 인가하는 것을 '순방향 전압(forward bias)'이라 한다. 이때 P형 반도체의 정공과 N형 반도체의 자유전자는 인가된 플러스 전압과 마이너스 전압에 의하여 각각 접합면으로 이동하고 이로 인하여 고정 전하만이 분포하던 공간 전하 영역의 폭은 인가한 전압만큼 감소하여 열평형 상태에서보다 전위 장벽이 감소하게 된다.

전위 장벽이 낮아지면 N형 반도체의 전도대에 있는 많은 자유전자들은 확산에 의해 P형 반도체의 전도대로 흘러 들어가고, 같은 원리로 P형 반도체의 가전자대에 있는 정공들은 N형 반도체의 가전자대로 확산해 들어간다. 결국, P/N 접합이 순방향 바이어스 상태가 되면 다수 캐리어들의 확산이 활발해져서 P형 반도체에서 N형 반도체로 큰 순방향 전류가 흐르게 된다.

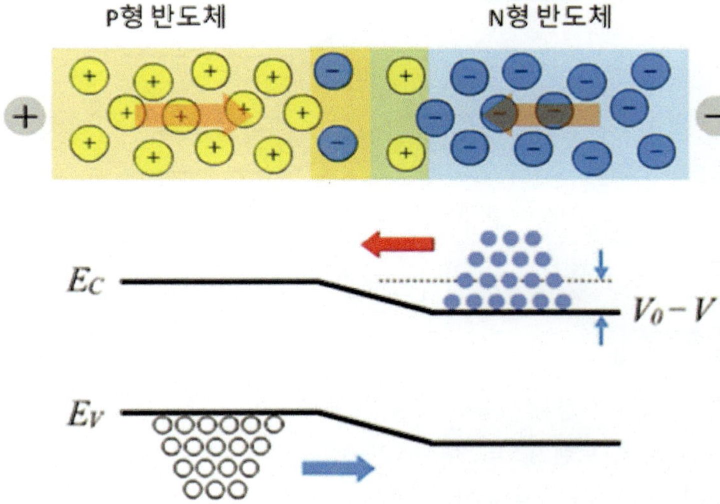

순방향 바이어스에서의 PN 접합 에너지 밴드

(9) 역방향 바이어스

'역방향 바이어스(reverse bias)'는 P형 반도체에 마이너스 전압을 인가하고 N형 반도체에 플러스 전압을 인가하는 것을 말한다. 이때 P형 반도체의 정공은 마이너스 전압 단자 쪽으로 이동하고, N형 반도체의 자유전자는 플러스 전압 단자 쪽으로 이동하게 되는데 이렇게 되면 공간 전하 영역의 폭이 증가하게 되고, 공간 전하 영역의 폭이 증가하면 전위 장벽이 열평형 상태에서의 전위 장벽보다 인가해 준 전압만큼 증가하므로 다수 캐리어의 이동이 사라지게 된다.

반면 소수 캐리어인 정공은 전계로 인하여 P형 반도체 영역 쪽으로 이동하며 소수 캐리어들이 이동하더라도 그 양이 워낙 적기 때문에 소량의 역포화 전류만 흐르게 된다. P/N 접합 반도체의 전류는 전압이 0 볼트 근처에서는 전류가 흐르지 않는다.

순방향 바이어스를 인가하여 증가시키면, 전류는 0.7볼트 이상에서 전압에 따라 지수 함수적으로 증가한다. 역방향 바이어스에서는 소수 캐리어에 의하여 수 나노 암페어 정도의 아주 작은 역포화 전류가 흐르고, 역방향 바이어스를 계속적으로 증가시키면 어느 전압 이상에서 역방향 전류가 급증하게 되는데 이를 항복 현상이라고 한다. 항복 현상이 일어날 경우 P/N 접합에 전류가 많이 흐르는데, 이 전류를 제한하지 않으면 접합이 파괴된다.

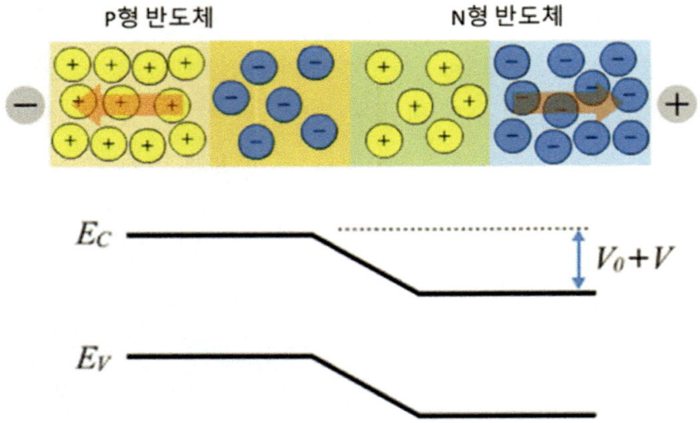

역방향 바이어스에서의 PN 접합 에너지 밴드

1.5 반도체 소자

반도체 소자는 반도체 결정을 사용하여 발진, 증폭, 정류, 광전 변환, 자전 변환 등의 동작을 일으키게 하는 소자로서, 트랜지스터, 다이오드, 정류 소자, 사이리스터, 광전효과 소자, 반도체 저항소자, 자전효과 소자, 열전효과 소자, 집적회로(IC) 등이 있다. 반도체 소자에 사용되는 재료는 게르마늄이나 규소를 비롯하여 아산화구리 · 황화카드뮴 등 화합물이나 혼합물 등이다. 이들의 반도체에는 n형, p형, 진성 등 성질상 구분이 있으며, 그들을 하나 또는 몇 개를 서로 접합해서 사용한다. 다이오드나 트랜지스터 · 사이리스터 등과 빛이나 방사선을 검출하는 것, 온도를 느끼는 것, 자기장이나 압력에 민감한 것 등 여러 가지 특성의 것이 있으며, 각 방면에서 널리 사용되고 있다.

(1) 다이오드

다이오드는 PN접합을 이용한 대표적인 반도체 소자이며 원래 양극과 음극으로 이루어진 가장 단순한 진공관의 명칭이었다. 다이오드는 2개의 전극을 가지고 순방향 전압에서는 전류가 흐르고 역방향에서는 전류가 거의 흐르지 않는다. 다이오드는 제2차 세계대전 중에 라디오용 광석 검파기의 개량을 위해 게르마늄과 실리콘을 사용한 다이오드가 연구되면서 트랜지스터 발명의 기초가 되었다.

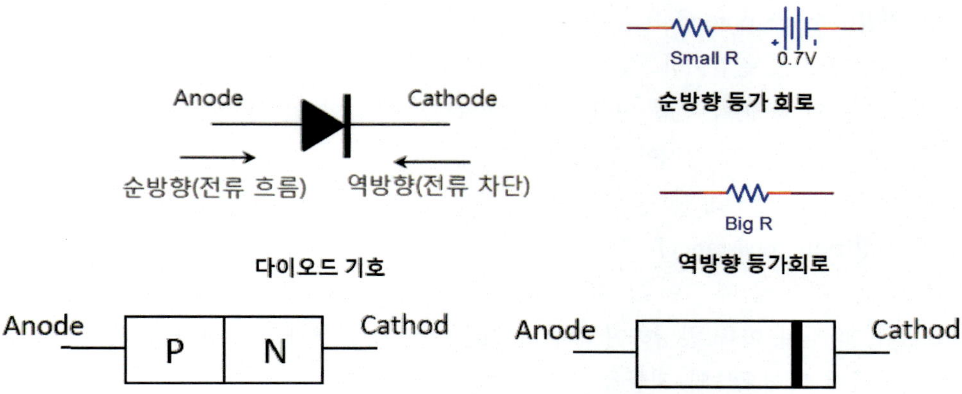

다이오드 기호와 바이어스에 따른 등가회로

다이오드(diode)는 전류를 한쪽 방향으로 흐르게 하는 반도체 부품으로서 다시 말해 직류를 교류로 바꿔주는 소자라고도 설명할 수 있다. 다이오드는 문턱 전압(일반적으로 0.7[V]) 이상의 순방향 전압이 인가되면 도통 되어 전류가 흐르고 역방향 전압이 인가되면 차단된다.

이러한 인가된 전압의 방향에 따라 도통 또는 차단되는 특징을 이용하여 전원회로의 정류회로에 많이 사용된다. 그림에서와 같이 다이오드는 순방향 또는 역방향 상태에 따라서 소자 모델링이 다르며 회로를 해석할 때 모델링된 다이오드를 이용하면 회로 해석이 편리하다. 다이오드에 인가되는 전압에 따른 전류는 아래의 식처럼 지수함수 관계를 보인다.

$$I_D = I_s e^{\frac{V_D}{V_T}}$$

I_S : 역방향 포화전류

V_D : 다이오드의 애노드와 캐소드 사이 전압

V_T : 열전압(26 [mV]@300 [K])

P/N 접합의 전류 전압 특성은 그림에서 보는 것과 같이 0 [V] 근처에서는 전류가 흐르지 않는다. 순방향 바이어스를 인가하여 값을 증가시키면, 0.7 [V] 이상에서 전류는 전압에 따라 지수 함수적으로 증가한다. 다이오드는 인가된 전압의 방향에 따라 전류의 특성이 다르게 나타나는 비선형소자로서 이상적인 경우 역방향일 때는 전류가 흐르지 않고(무한대 저항), 순방향일 때는 도통(0 저항)이지만 실제 다이오드는 그림의 우측에서와 같은 특징을 나타내며 각 영역에 대한 설명은 다음과 같다.

(a) 문턱 전압(barrier potential)

문턱 전압은 오프셋 전압이라고도 하며, 반도체 물질이 Ge일 때는 0.2 [V] ~ 0.3 [V], Si일 때는 0.5 [V] ~ 0.7 [V]이다. 문턱 전압 이하에서는 순방향의 전압이 인가되어도 전류가 흐르지 않고 문턱 전압 이상의 전압이 걸려야 전류가 흐른다.

(b) 벌크 저항(bulk resistance)

순방향의 전류가 흐를 때 다이오드의 반도체 자체가 이상으로 0 [Ω]이 될 수 없어 약간의 저항을 가지고 있다. 따라서 이를 반영하여 그림의 기울기를 가진 그래프로 나타낼 수 있다. 그리고 기울기에 따라서 다이오드의 저항을 나타낼 수 있다.

(c) 역방향 전류(reverse current)

이상적인 다이오드는 역방향 전압이 인가되어도 전류가 흐르지 않지만 실제의 다이오드는 미세한 역방향 전류가 흐른다. 이를 역방향 전류라고 하며 그림의 (c)와 같이 표현한다.

(d) 항복 전압(breakdown voltage)

다이오드는 역방향으로 차단할 수 있는 전압이 한계가 있으며, 이를 항복 전압이라고 한다. 항복 전압을 넘어서면 더 이상 전류를 차단시키지 못하고 역방향으로 전류가 흐른다. 따라서 그림 (d)의 항복 전압을 넘어 역방향으로 전류가 흐르는 것을 나타낸다. 특히 Breakdown voltage는 소자가 파괴될 수 있는 전압으로 다이오드 종류에 따라 데이터 시트에 나타나 있으며 회로를 설계할 때 Breakdown 전압 이상 역방향 전압이 인가되지 않도록 주의해야 한다.

역방향 바이어스에서는 소수 캐리어에 의하여 수 nA의 정도의 아주 작은 역포화 전류가 흐르고, 역방향 바이어스를 계속적으로 증가시키면 어느 전압 이상에서 역방향 전류가 급격히 증가하게 되는데 이를 '**항복 현상**'이라고 부른다. 항복 현상이 일어날 경우 더 이상 P/N 접합은 전류의 흐름을 제어하지 못하게 되어 접합이 파괴된다. 결과적으로 P/N 접합 반도체는 순방향 전압을 인가하면 전류를 잘 흐르고, 역방향 전압을 인가하면 항복영역에 이르기 전까지 전류가 거의 흐르지 않는다. 다이오드의 전압과 전류의 특성을 I-V 특성 곡선이라고 하며 그래프에서의 의미는 다음과 같다.

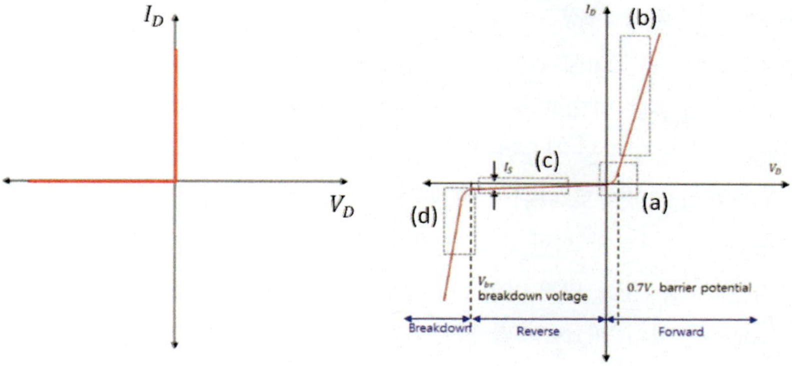

이상적인 다이오드 특성곡선과 실제 특성곡선

(2) 바이폴라 트랜지스터

트랜지스터는 다른 회로 요소들과 결합하여 전류 이득과 전압 이득, 신호 전력 이득을 구현할 수 있는 다중 접합 반도체 소자이다. 그러므로 다이오드가 수동 소자인 것에 반해 트랜지스터는 능동 소자라고 부른다. 기본 트랜지스터 동작은 소자의 다른 두 단자에 인가한 전압에 의해 또 하나의 단자에서의 전류를 제어하는 전압-제어 전류원이다.

바이폴라 트랜지스터는 개별적으로 세 개의 도핑 영역과 상호작용이 두 접합 사이에서 일어날 수 있도록 서로 충분히 가까이 있는 두 개의 PN 접합을 가지고 있다. 소자를 바이폴라 트랜지스터라고 부르는 것은 전자와 정공들이 서로 양쪽으로 흐르기 때문에 붙여진 것이다. 바이폴라 트랜지스터는 BJT(Bipolar Junction Transistor)라고도 부른다.

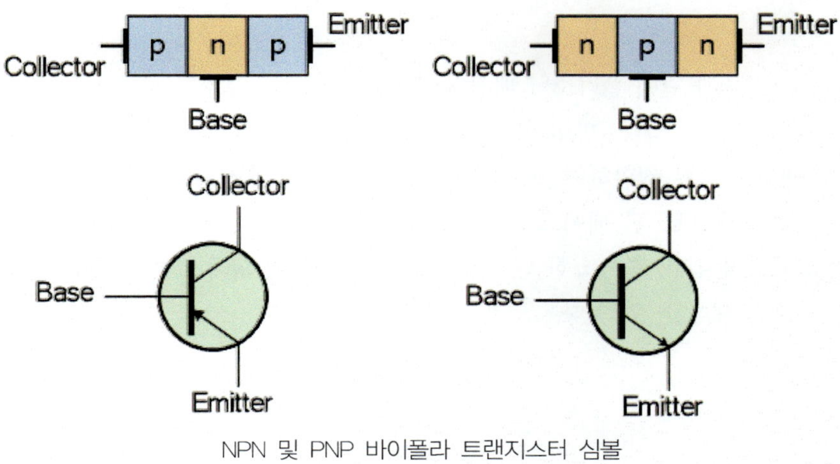

NPN 및 PNP 바이폴라 트랜지스터 심볼

ⓐ **바이폴라 트랜지스터의 특징**

BJT는 Bipolar Junction Transistor의 약자로, 그림과 같이 3개의 단자를 갖고 있으며 P와 N의 접합에 따라 PNP형과 NPN형으로 구분된다. 전류를 이동시키는 캐리어가 전자와 정공이 모두 작용하므로 bipolar라는 명칭을 사용한다. 또한 트랜지스터의 전류형성은 확산에 의한 diffusion 전류와 전계에 의한 drift 전류로 나뉘며 BJT는 diffusion 전류에 의해 전류 흐름이 형성되고 다음 장에 소개되는 FET는 전계에 의한 drift 전류가 형성된다.

위 그림은 집적회로용 NPN, PNP 바이폴라 트랜지스터의 단면 구조와 심볼이며 세 개의 단자를 각각 이미터(emitter), 베이스(base), 컬렉터(collector)라고 부른다. 바이폴라 트랜지스터는 대칭적 소자가 아니다. 즉, 트랜지스터가 두 개의 n영역 또는 두 개의 p영역으로 구성되고 있더라도 이미 터와 컬렉터에서의 불순물도핑 농도와 이들 영역의 크기도 다르기 때문에 이미터와 컬렉터를 바꾸면 바이폴라 트랜지스터의 동작이 불가능하게 된다. 다음 그림은 트랜지스터의 실물 사진으로 3개의 단자로 구성되어 있으며, 트랜지스터의 전압 및 전류용량에 따라 다양한 크기가 존재한다.

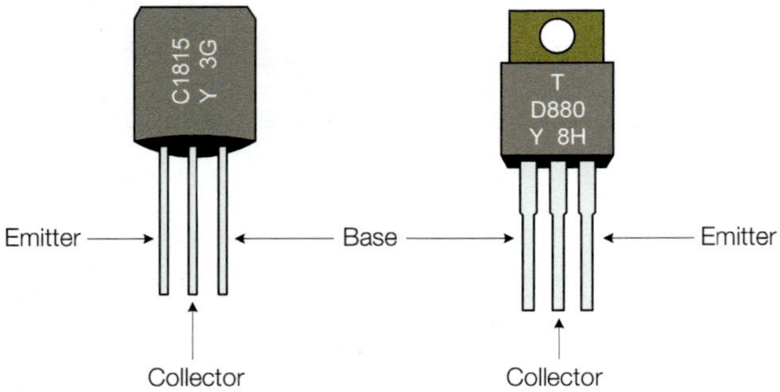

바이폴라 트랜지스터 외형

BJT의 외관은 그림과 같이 플라스틱 재질의 케이스가 내부를 보호하며 열 방출을 쉽게 하도록 방열판이 부착된 구조도 있다. 바이폴라 트랜지스터는 Si나 Ge로 만들어진 P형 반도체와 N형 반도체를 세 개의 층으로 접합하여 만들어진다. E(emitter)로 표시되는 이미터에서는 총 전류가 흐르게 되고 얇은 막으로 된 베이스 B(base)가 전류 흐름을 제어하며 증폭된 신호가 컬렉터 C(collector)로 흐르게 된다. 즉, 그 한 단자의 전압 또는 전류에 의해 다른 두 단자 사이에 흐르는 전류 또는 전압을 제어할 수 있다.

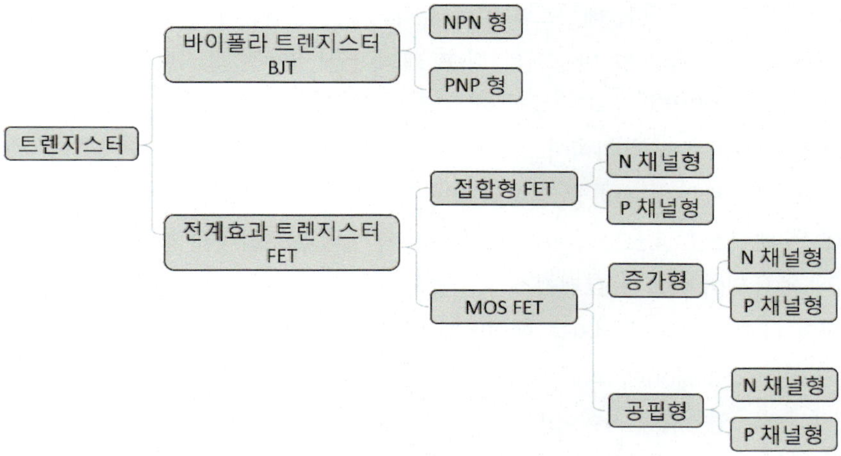

트랜지스터 분류

ⓑ 바이폴라 트랜지스터의 동작

NPN형인 경우 전류는 이미터 쪽으로 흐르고 PNP형인 경우 이미터에서 나가는 방향으로 전류가 흐른다. 이를 전자회로의 기호표기에서 전류방향을 화살표로 나타낸다. 바이폴라 트랜지스터의 동작은 이미터(E)와 베이스(B) 연결과, 베이스(B)와 컬렉터(C) 연결이 있으며 V_{EB}를 0이라고 하고, V_{CB}를 어느 정도 인가하면 역방향 바이어스이므로 전류가 흐르지 않는다.

만약 V_{EB}를 조금씩 인가해주면 이미터의 전자가 베이스로 가는데 방해가 되던 전위장벽을 낮추는 효과를 나타내며 이제 베이스 쪽으로 전자가 더 많이 넘어갈 수 있고, 이 전자들이 컬렉터로 드리프트를 하게 되고 컬렉터 전류가 상승하게 된다.

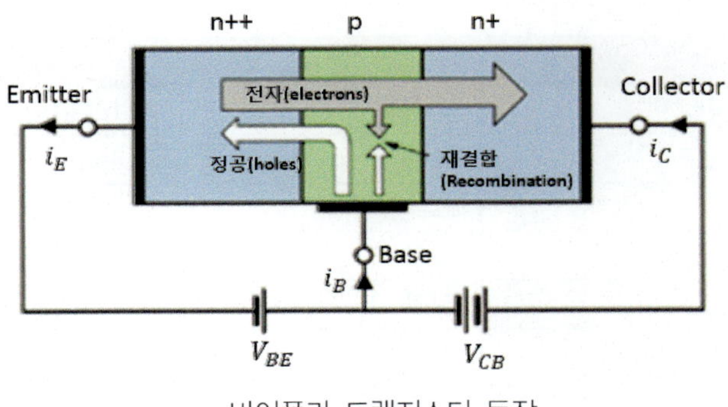

바이폴라 트랜지스터 동작

V_{EB}는 아주 작은 값이라고 하더라도, 베이스로 전자를 밀어주기 위해서, 필요한 전위장벽만큼의 에너지는 충분히 극복이 가능하고, 베이스에 도달한 전자들은 빠르게 드리프트하여 컬렉터 쪽으로 넘어가게 된다. 이미터에서 베이스로 넘어온 전자들은 베이스에 넘쳐나는 정공과 재결합을 하므로 실제로 많은 부분이 사라지면서 효율이 떨어지는데, 이를 보완하기 위해서 베이스의 폭을

um 단위로 아주 얇게 만든다. 베이스와 컬렉터 사이에는 공핍층과 같은 방향의 역방향 전기장이 형성되어 컬렉터 부분의 N형 반도체의 다수 캐리어인 전자는 움직이지 않게 된다.

그런데 베이스와 이미터 간의 순방향 전원에 의해 이동된 전자에 대해서는 베이스와 컬렉터 사이의 전기장 방향이 순방향 바이어스가 되어 이미터에서 이동한 전자들이 컬렉터 쪽으로 흐르게 된다. 전자의 이동 방향은 전기장 방향의 역방향이며 전류 방향의 역방향이다. 이때 컬렉터로 흐르는 전류는 베이스로 흐르는 전류에 비해 증폭된 형태로 나타나게 되므로 베이스에 작은 신호가 컬렉터에 증폭되어 나타나 트랜지스터는 증폭기로 사용된다. 위의 npn 트랜지스터 그림에서 n형 반도체의 다수 캐리어인 전자는 에미터의 밀쳐내는 힘에 의해 베이스로 주입(Injection)되며 대부분의 전자는 diffusion에 의해 공핍층의 경계로 이동한다.

이때 컬렉터에는 양전압이 바이어스 되어 있으므로 전자들이 끌려 나가 컬렉터 전류를 형성하고 이 중 소수는 베이스의 정공과 재결합하고 베이스의 정공은 에미터에 주입되어 베이스 전류를 형성한다. 재결합에 의해 소멸된 정공들을 메우기 위해 추가로 정공이 공급되어야 하며 추가적인 베이스 전류 공급이 이뤄진다. pnp 트랜지스터일 경우 정공이 전류 흐름을 주도하며 npn 트랜지스터의 전자의 역할이 정공으로 바뀐다.

바이폴라 트랜지스터와 함께 최근 집적회로에 많이 사용되는 MOS FET는 다음 장에서 설명되며 두 소자의 비교는 다음 표와 같다. 과거에는 MOS FET이 바이폴라 트랜지스터에 비해 단점이 많았지만 공정기술과 회로 기술이 발전하여 속도도 빨라지고 노이즈에도 강하며 큰 이득을 얻을 수 있으며 특히 집적도를 높일 수 있는 장점 때문에 최근에는 대부분의 바이폴라 트랜지스터의 사용을 대체하고 있다. 하지만 BJT는 여전히 노이즈에 대한 신뢰성이 높기 때문에 여전히 중요하게 사용되고 있다.

바이폴라 트랜지스터와 MOSFET 비교

구분	BJT	MOSFET
구동방식	전류구동	전압구동
파워소모	−크다	+작다
속도	+빠르다	−느리다
집적도	−작다	+크다
노이즈	+작다	−크다
이득	+크다	−작다
가격	−비싸다	−싸다

트랜지스터는 비선형이므로 특성 곡선이 비선형적으로 나타난다. 트랜지스터 특성 곡선은 컬렉터-에미터 전압 v_{CE}와 컬렉터 전류 i_C와의 관계를 나타낸 그래프이다. 트랜지스터 모드는 작동영역에 따라 크게 활성화 모드, 포화 모드, 컷 오프(cut-off) 모드로 나뉜다. 활성화 모드는 증폭 작용을 나타내는 것이고 포화 모드는 스위칭 작용을 한다.

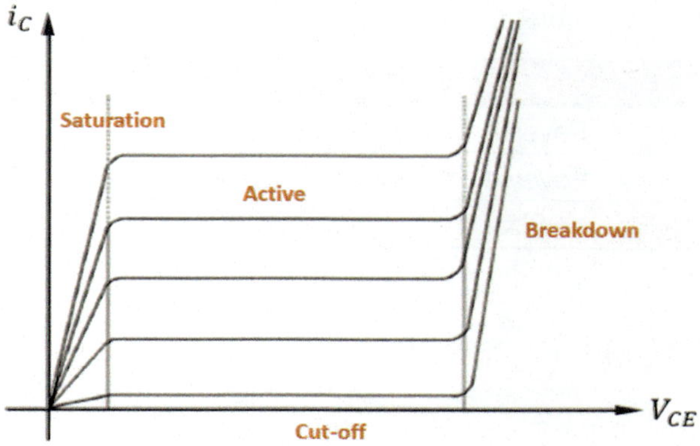

바이폴라 트랜지스터 동작 영역

x축 가까이는 $I_B = 0$이므로 $I_C = 0$인 트랜지스터가 꺼진 상태인 컷오프 모드를 나타내고 $v_{CE}(sat)$ 전압까지의 y축 $I_C = I_E$이므로 포화모드 그리고 x축과 y축을 제외한 나머지 영역은 활성화모드, 즉 $I_C = \beta I_B$를 나타내어 증폭작용을 한다. 여기서 β는 공통이미터 전류이득(common-emitter current gain) 또는 전류 증폭률이라고 하며 베이스 입력 전류와 컬렉터 증폭 전류의 비율이다.

이미터, 베이스, 컬렉터 전류와의 관계는 $I_E = I_B + I_C$이고 $I_C = \beta I_B$이므로

$$I_E = \beta I_B + I_B = (1 + \frac{1}{\beta}) I_C$$

이때 이미터 전류와 컬렉터 전류의 비율을 전류 전달비 또는 공통 베이스 전류이득(common -base current gain)이라고 하고 α로 표시한다.

$$\alpha = \frac{I_C}{I_E} = \frac{\beta}{1+\beta}$$

이상적인 트랜지스터인 경우 α는 1에 가까운 값이며 일반적으로 β는 100 이상의 값이다. 위 수식으로부터 $I_E \simeq I_C$임을 알 수 있다.

베이스 전류가 0일 때는 컬렉터 전류가 거의 흐르지 않는 차단영역 상태에 있으며 베이스에 전류가 흐르기 시작하면 이미터와 컬렉터 사이의 전위가 낮아지면서 포화영역에서 큰 전류가 흐른다. 또한 능동 영역에서는 베이스 전류에 비례하여 컬렉터 전류가 선형적으로 변화한다. 트랜지스터를 이용하여 증폭회로를 구성할 때 가장 먼저 수행하는 작업이 트랜지스터 특성곡선으로부터 동작점을 설정하는 것이며, 트랜지스터 특성곡선은 트랜지스터마다 특성이 다르므로 회로를 설계할 때 특성곡선을 파악할 수 있어야 한다.

BJT의 동작은 이미터-베이스, 베이스-컬렉터 사이의 순방향 또는 역방향 바이어스에 따라 다음과 같이 분류되며 순방향(Forward) 바이어스는 애노드에 양전압을 캐소드에 음전압을 인가하며 역방향(Reverse) 바이어스는 애노드에 음전압을 인가하고 캐소드에 양전압을 인가한다.

바이폴라 트랜지스터 동작 바이어스 조건

구분	차단영역	활성영역	포화영역
E-B 전압	Reverse	Forward	Forward
B-C 전압	Reverse	Reverse	Forward
용도	스위치	증폭기	스위치, 논리회로

활성 영역에서 컬렉터에 흐르는 전류는

$$i_C = I_S\, e^{v_{BE}/V_T}$$

로 표현되며 I_S 포화 전류라고 한다.

이 수식에서 중요한 점은 i_C 가 v_{CE}의 영향을 받지 않는다는 점이다. 하지만 실제로 i_C 는 다음과 같이 v_{CE}의 영향을 받으며

$$i_C = I_S\, e^{v_{BE}/V_T}(1 + \frac{v_{CE}}{V_A})$$

아래 그림과 같이 특성 곡선을 연장했을 때 $v_{CE} = -V_A$에서 만나게 된다. 이 현상을 처음 발견한 공학자 얼리(J. M. Early)의 이름을 따서 이 전압을 얼리 전압(Early voltage)라고 부른다.

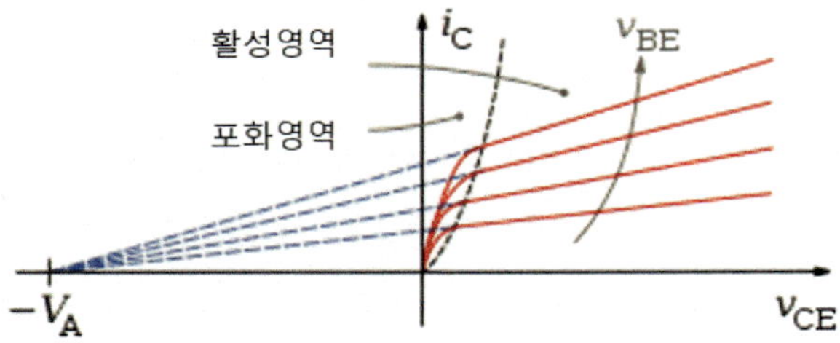

얼리 전압은 대략 50~100V의 전압 범위를 갖는데 i_C와 v_{CE} 곡선으로부터 출력저항이 무한대가 아님을 알 수 있으며 유한한 출력 저항 r_O는

$$r_O = \frac{V_A}{I_C}$$

로 나타내며 유한 출력저항 r_O는 트랜지스터 증폭기의 이득에 중요한 영향을 준다.

(3) MOSFET

전자회로에 사용되는 소자는 수동소자와 능동소자로 분류된다. 수동소자는 저항, 콘덴서, 코일처럼 공급된 전력을 소비하고 축적하고 방출만 하는 소자로, 증폭이나 정류 등의 능동적 기능을 하지 않아서 수동소자라고 한다. 능동소자는 작은 신호를 넣어서 큰 출력 신호로 변화시킬 수 있는 전자 부품으로, 입력과 출력의 비율로 이득을 얻는다. 이러한 능동소자에는 진공관, 연산

증폭기, 다이오드, 트랜지스터가 있으며 현재 집적 회로의 90% 이상이 MOS FET가 사용되고 있다. MOSFET는 Metal Oxide Semiconductor Field Effect Transistor의 약자로서 금속성분의 게이트와 산화막 성분의 절연체, 반도체 구조의 채널로 형성되어 있다.

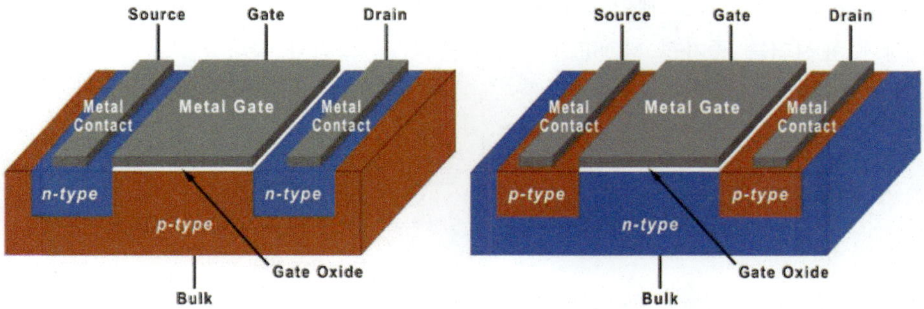

NMOS FET와 PMOS FET 수직 구조

ⓐ **MOSFET 구조와 동작**

MOSFET 구조는 이미 1930년대 미국의 릴렌펠드에 의하여 특허가 출원되었고, 1940년대 게르마늄 트랜지스터를 최초로 개발한 쇼클리에 의하여 실용화 연구가 진행되었지만 게르마늄과 절연막 사이 경계 면에 결정 결함이 많이 존재했고, 이 결정 결함으로 전자가 포획되어 드레인 전류가 형성되지 못하는 문제로 1950년부터 1960년까지는 바이폴라 구조의 트랜지스터가 반도체 소자로 주로 사용되었다.

바이폴라 트랜지스터는 MOSFET에 비하여 구조가 복잡하고 면적을 많이 차지하며 전력 소모가 크다는 단점이 있어 MOSFET를 실용화하기 위한 연구가 계속적으로 진행되었으며 1960년대 게르마늄 대신에 실리콘을 사용하여 MOSFET를 연구하기 시작하여 실리콘은 게르마늄에 비하여 산화막을 형성하기가 편리하고 실리콘과 실리콘 산화막 경계에서 결정 결함이 많이 줄어든다는 사실을 발견하였다.

하지만 일정한 게이트 전압에서 드레인 전류가 시간에 따라 변화한다는 문제점이 있었는데, 1960년 후반 IBM 연구진에 의해 드레인 전류 변화의 원인은 실리콘 산화막에 존재하는 나트륨 이온에 있다고 밝혀졌으며, 특히 실리콘 산화막 위에 게이트 전극으로 알루미늄을 열증착을 위하여 히터로 사용되는 텅스텐 필라멘트의 순도가 낮아서 나트륨 이온이 산화막에 침투한다는 사실도 파악하였다.

이에 따라 나트륨 이온에 의한 오염을 방지하는 공정 기술을 발전시켜 1970년부터는 특성이 안정된 MOSFET 제조가 가능하게 되었고, 오늘날 대부분의 반도체 집적회로는 MOSFET를 사용하고 있다. MOS FET는 제작방법과 동작 방식에 따라 증가형(enhancement type) MOSFET와 공핍형(depletion type) MOSFET로 구분된다.

증가형 MOSFET은 일반적으로 주로 사용되는 MOSFET으로 기판과 소스, 드레인의 도핑형태에 따라 N채널, P채널로 구분되어 있으며 바이어스가 가하지 않은 상태에서 off 상태이며 공핍형 MOSFET는 제조과정에서 채널이 미리 만들어져 있기 때문에 평상시에 on 상태로서 공핍형 MOSFET을 off로 만들기 위해서는 적절한 바이어스가 필요하다. 증가형 및 공핍형 MOSFET는 소스, 드레인 영역의 도핑 형태에 따라 N채널 또는 P채널 MOSFET으로 구분되는데 N채널 MOSFET은 기판이 P형 반도체이고 P채널 MOSFET는 기판이 N형 반도체이다.

회로상에 표시되는 증가형 MOSFET의 기호는 다음 그림과 같다.

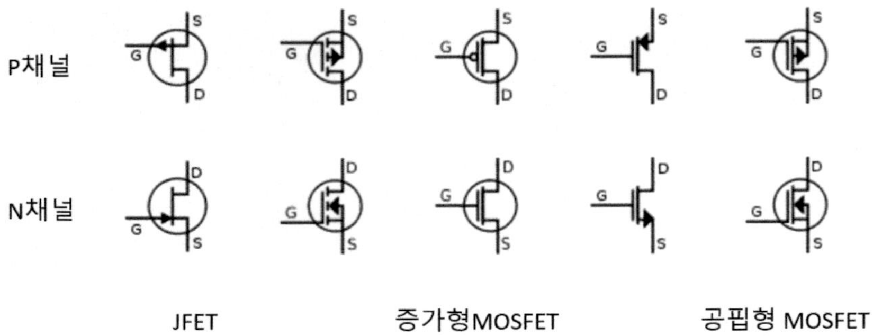

종류별 MOSFET 심볼

N채널 MOSFET, NMOS는 p형 기판에 5가의 도너 불순물(P, As 등)을 높은 농도로 주입하여 n+ 영역을 형성하고 이곳에 금속을 접촉하여 소스와 드레인 단자를 만든다. 소스와 드레인 사이의 기판 실리콘 영역이 채널영역이 되며, 채널영역 위에는 얇은 SiO_2 산화막(oxide)이 형성되고, 그 위에 게이트 전극이 만들어진다.

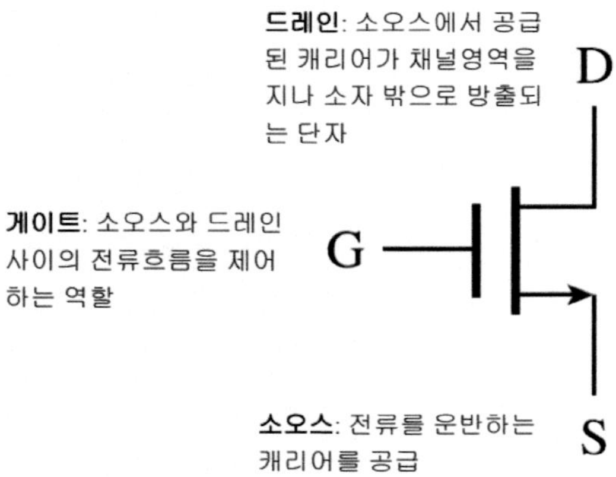

MOSFET 단자별 특징

SiO_2 산화막은 실리콘을 산소와 결합시킨 우수한 절연체 역할을 하며 게이트 전극과 채널이 절연체로 분리되어 있는 구조로 개발 초기에 게이트 전극을 금속으로 만들었기 때문에 MOS

(Metal-Oxide-Semiconductor)라고 부르게 되었다. MOSFET는 소스, 게이트, 드레인 및 바디의 4종류의 단자를 가진다. 통상 NMOS의 바디(Substrate)는 P형 반도체이므로 V_{SS}에 연결하고, PMOS의 바디는 N형 반도체이므로 V_{DD}에 접속한다.

그림에 표시한 대로 P형 반도체는 다이오드의 애노드(anode)에 해당하므로 화살표가 들어가는 방향이고, N형 반도체는 다이오드의 캐소드(cathode)에 해당하므로 화살표가 나오는 방향이다. 일반적으로 간단하게 표시하기 위하여 바디 단자를 표시하지 않고 소스, 게이트 및 드레인 3가지 단자로만 표시한다. 이 경우 소스 단자에 화살표를 표시하는데, NMOS FET는 소스가 N형 반도체이기 때문에 소스는 화살표가 나오는 방향으로 표시하고, PMOS FET는 소스가 P형 반도체이기 때문에 소스는 화살표가 들어가는 방향으로 표시한다. MOSFET는 3종류의 단자로 구성되어 있다.

NMOS FET는 P형의 기판 위에 N플러스로 도핑된 소스 및 드레인 영역과 기판과 산화막으로 분리되어 N 플러스 폴리 실리콘으로 만들어진 게이트 영역으로 구성되어 있다. 위로부터 전극, 산화막, 반도체 순서로 형성된 FET이어서 영문 첫 글자를 따서 MOS(Metal Oxide Semiconductor) FET라고 부른다.

소스와 드레인 영역이 N형의 다수 캐리어인 전자들의 통로로 연결되기 때문에 NMOS FET라고 부른다. PMOS FET는 NMOS FET와 반대로 N형 기판 위에 P플러스로 도핑된 소스 및 드레인 영역과 기판과 산화막으로 분리되어 N플러스로 도핑된 폴리 실리콘으로 만들어진 게이트 영역으로 구성되어 있다. 소스와 드레인 영역은 P형의 다수 캐리어인 전공들의 통로로 연결되어 있기 때문에 PMOS FET라고 부른다.

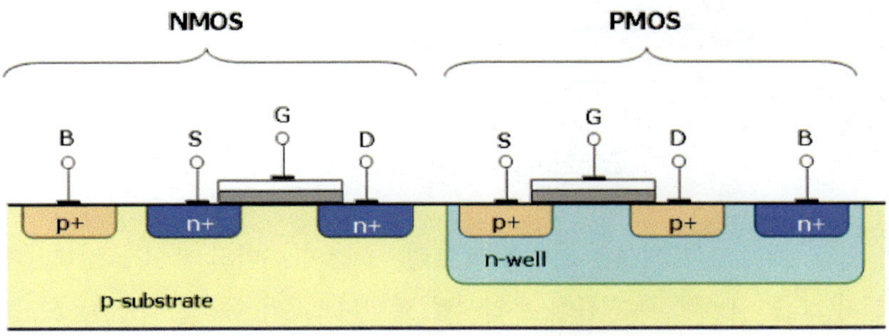

CMOS 공정에 의한 FET

MOS FET는 NMOS FET와 PMOS FET로 구분되고, 이 둘을 합쳐서 CMOS FET라고 부른다. 위의 그림은 CMOS 구조를 나타내며 '상보형(Complementary) MOS'를 뜻한다. 하나의 공정에 NMOS와 PMOS를 모두 만들 수 있고 NMOS, PMOS의 상호 단점을 보완할 수 있기 때문에 최근에 많이 사용된다. PMOS와 NMOS의 회로 심볼은 다음과 같이 다양하게 사용되며 회로에서 함께 사용되므로 잘 익혀두기 바란다. MOS FET의 전류 방향은 NMOS FET에서는 드레인에 가장 높은 바이어스가 인가되고 소스에 가장 낮은 바이어스가 인가되므로 전류는 드레인에서 소스로 흐른다.

반대로 PMOS FET에서는 소스에 가장 높은 바이어스가 인가되고 드레인에 가장 낮은 바이어스가 인가되기 때문에 소스에서 드레인으로 전류가 흐른다. n채널 MOSFET와 p채널 MOSFET는 전류와 전압의 극성이 반대되는 것을 제외하면 동일한 해석이 가능하다.

MOSFET의 동작에 있어서 중요한 점은 전류가 소스와 드레인 사이의 채널 영역을 통해서만 흐르며, 소스 또는 드레인에서 기판 쪽으로 전류가 흐르지 않아야 한다는 것이다. 따라서 소스, 드레인과 기판의 PN 접합은 항상 역방향 바이어스 상태가 되어야 하며, 이를 위해 n채널 MOSFET의 p형 기판에는 0V 또는 음(-)의 전압이 인가되도록 해야 하며 P채널 MOSFET의 N형 기판에는 +VDD 전압이 인가되어야 한다.

게이트 전극에 양(+)의 전압을 인가하면, 게이트 산화막 아래의 채널 영역에 전자들이 모여 n형 반전층(inversion layer) 형성이 상태를 '채널'이 형성되었다고 한다. '반전층'이란 기판의 다수 캐리어(기판의 도핑형태에 의해 결정됨)와 반대 형태의 캐리어가 모여 있는 상태를 말하다.

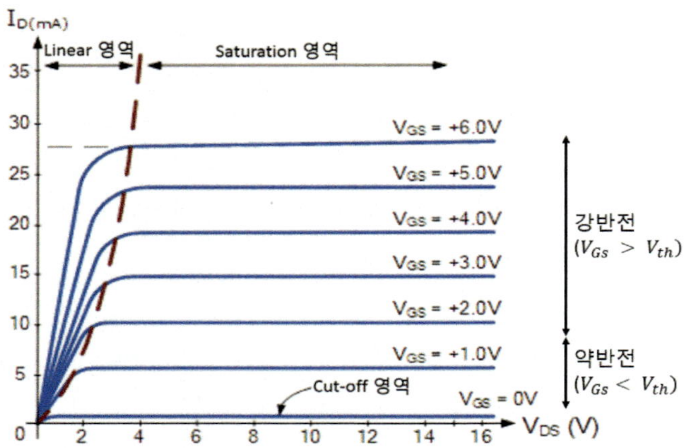

증가형 MOSFET의 I-V 특성곡선

MOSFET의 소스, 게이트, 드레인은 바이폴라 트랜지스터의 이미터 베이스 컬렉터에 해당되지만 바이폴라 트랜지스터는 베이스에 전류를 유입시켜 트랜지스터가 동작하지만 MOSFET는 게이트가 산화막으로 격리되어 있어 전류 유입이 없으며 전계효과에 의해 동작한다. 즉 게이트에 전압을 인가하면 전자가 이동하여 소스 드레인 사이에 채널을 형성하고 채널을 통하여 소스와 드레인 사이에 전류가 흐르게 된다. 증가형 MOSFET는 아래 그림에서와 같이 게이트-소스 전압 V_{GS}와 드레인-소스 전압 V_{DS}에 따라 꺼진 상태인 차단영역(Cut-Off), 저항처럼 동작하여 스위치로 사용되는 선형영역(Linear), 증폭기로 사용되는 포화모드(Saturation) 영역으로 나뉜다.

전계효과에 의해 전류가 흐르는 채널이 성립하기 위한 최소한의 전압을 문턱전압이라고 하며 V_{th}로 표현된다. N채널 MOSFET의 $V_{th} > 0$이며 P채널은 $V_{th} < 0$이다. 차단모드는 $V_{GS} < V_{th}$이며 채널 영역에 공핍층이 형성되어 소스와 드레인 사이에 전류가 흐르지 않는

off 상태이다. 선형모드는 $V_{GS} > V_{th}$, $V_{DS} < V_{GS} - V_{th}$ 이며 채널이 형성되어 전류가 흐르기 시작하며 스위칭 기능을 한다.

$$I_D = K_n\left[(V_{GS} - V_{th})V_{DS} - \frac{1}{2}V_{DS}^2\right]$$

$$K_n = \mu_n C_{ox}\left(\frac{W}{L}\right)$$

선형 영역 중 공핍 상태에서 게이트에 문턱 전압보다 많이 낮은 전압을 인가하면 기판 바로 위 산화막에는 플러스 이온이 유기되고, 이 플러스 이온이 P형 기판의 정공을 아래로 밀어낸다. 이에 따라, 산화막 바로 밑의 P형 기판 영역은 마이너스 전기를 띤 고정 이온들로 바뀌게 되는데 이 영역은 정공이 공핍되었기 때문에 공핍 영역이라고 부르고 소스와 드레인 사이 채널 영역에는 마이너스 고정 이온들만 존재하기 때문에 전류를 형성하지 못한다. 즉, V_{GS}가 제로이면 FET는 차단 영역에서 동작하여 드레인 전류가 흐르지 않고, V_{GS}가 문턱 전압보다 많이 낮은 전압이면 FET의 채널은 공핍되어 역시 드레인 전류가 흐르지 않는다.

선형 영역 중 약 반전 상태에서서는 FET의 게이트 전압을 증가시키고 문턱 전압 이하인 상태에서는 기판 바로 위 산화막에 더 많은 플러스 이온이 유기되어 P형 기판에 존재하는 자유 전자를 소스와 드레인 사이의 채널 영역으로 끌어당긴다. 산화막 밑에는 정공과 극성이 반대인 자유 전자가 유기되고 자유 전자는 P형 기판의 다수 캐리어인 정공과 극성이 반대이기 때문에, 반전 영역이라고 부른다. 이 경우 게이트 전압이 문턱 전압보다 작아서 약한 반전층이 형성되는데, 이러한 형상을 약 반전이라고 부르고 이때 드레인에 전압을 가하면 미약한 드레인 전류가 흐른다.

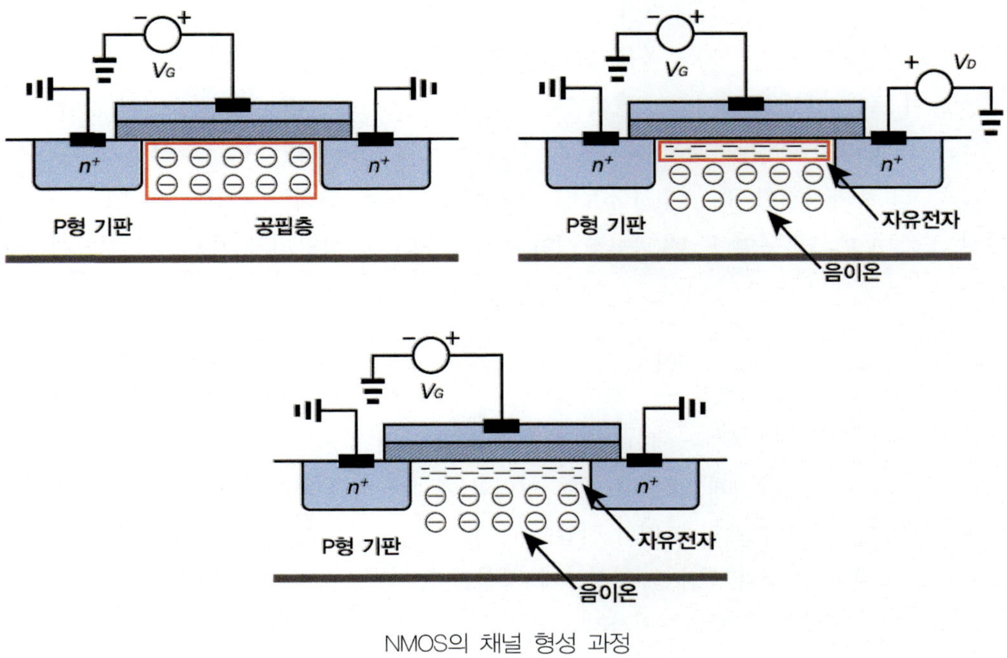

NMOS의 채널 형성 과정

약 반전된 이후 게이트 전압을 문턱 전압 이상으로 증가시키면, 더 많은 반전층이 유기되기 때문에 이를 강 반전이라고 부른다. 강 반전 상태에서 V_{DS}가 0볼트이면, V_{GD}는 V_{GS}와 동일하게 되고 소스와 드레인 영역의 반전 채널의 두께는 게이트와 드레인 사이의 전압, 게이트와 소스 사이의 전압과 비례하므로 소스와 드레인 영역의 채널 두께가 동일하게 되는데 이때 소스와 드레인 사이에 채널이 형성되지만, V_{DS}가 제로이기 때문에 전자를 흘려주는 에너지가 없으므로 드레인 전류가 흐르지 못한다.

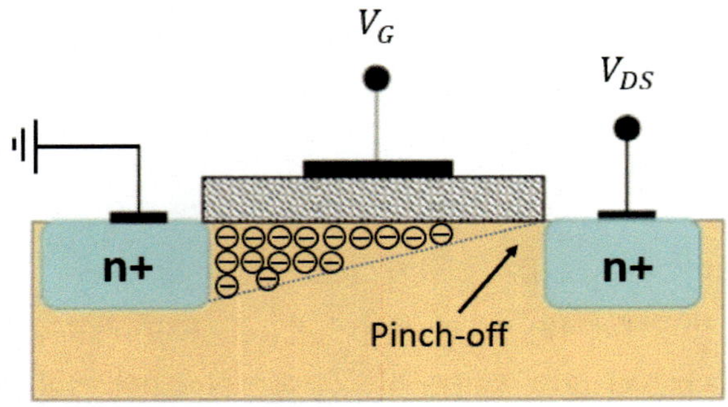

핀치 오프

드레인 전압을 더욱 증가시켜 V_{DS}가 $V_{GS}-V_{TH}$의 값과 같은 전압이 되면, V_{GD}는 더욱 작아져서 V_{TH}와 동일하게 되고 드레인 영역의 채널이 사라지기 시작하는 시점이 되는데 이처럼 드레인 영역에 채널이 사라지는 현상을 **핀치 오프**(Pinch-Off)라고 부른다.

포화모드는 $V_{GS} > V_{th}$, $V_{DS} > V_{GS}-V_{th}$ 이며 핀치 오프가 발생하여 드레인 전류가 일정하게 유지되는 상태로 MOSFET의 증폭은 포화모드에서 사용되는데 드레인 전류는 V_{GS}에 의해서만 영향 받으며 트랜지스터의 사이즈 조절로 전류 조절이 가능하므로 최근 바이폴라보다 많이 사용되고 있다. 즉 드레인 전압을 더욱 증가시켜 $V_{DS} = V_{GS}-V_{th}$ 이면 $V_{GD} = V_{th}$가 된다.

V_{DS}를 더 증가시키면 V_{GD}가 V_{th}보다 작아지기 때문에 드레인 영역의 채널이 사라진다. 따라서 $V_{GS}-V_{th}$와 동일한 V_{DS}는 드레인 영역의 채널이 사라지기 시작하는 전압이 된다. 이와 같이 드레인 영역에 채널이 사라지는 현상이 핀치 오프이다.

$$I_D = \frac{1}{2}K_n(V_{GS}-V_{th})^2 \quad \text{단,} \quad V_{DS} \geq V_{GS}-V_{th}$$

V_{DS}가 더욱 증가하여 $V_{GS}-V_{th}$ 전압보다 커지게 되면 V_{GD}는 V_{th}보다 작아져서 드레인 영역의 채널이 점점 사라지게 된다. 드레인 영역의 채널이 사라지면 점점 더 소스 영역 쪽으로 채널이 밀려오게 된다. 드레인 영역의 전압이 증가하더라도 드레인과 핀치 오프 지점의 거리가 증가하므로 드레인 영역의 전계는 일정하게 형성된다.

따라서 드레인 전류는 더 이상 증가하지 않고 포화 상태가 되며 이 영역을 포화 영역이라 부른다.

지금까지 설명한 NMOS FET의 동작 영역은 게이트 전압에 따라 차단 영역, 약 반전 영역, 강 반전 영역으로 구분하고, 드레인 전압에 따라 선형 영역과 포화 영역으로 구분한다. MOSFET를 이용하여 집적회로를 설계할 때 가장 중요한 것이 트랜지스터의 W/L ratio(비율)와 전달 컨덕턴스(g_m)이다. 전달 컨덕턴스는 게이트 소스 간 전압(V_{GS})와 이에 따른 드레인 전류(I_D)의 비로 표현되며 전압이득을 증가하기 위해서는 전달 컨덕턴스를 크게 하는 것이 중요하다.

ⓑ **MOSFET 특성**

MOS는 구조적으로 회로 동작에 있어서 비이상적인 특성이 나타나는데 이를 2차 효과라고 한다. NMOS FET에서 V_{DS}를 $V_{GS}-V_{TH}$와 동일하게 인가하면, 앞장에서 설명한 바와 같이 드레인 영역이 공핍되는 핀치 오프 현상이 발생한다. V_{DS}를 더욱 증가시키면 핀치 오프 지점이 소스 쪽으로 이동하고, 드레인 전류가 더 이상 증가하지 않는 포화 영역이 된다. 포화 영역에서 유효 채널 길이는 전체 채널 길이(L)에서 공핍층의 폭(L')의 차이인 ΔL을 빼 주어야 한다. 만일 전체 채널 길이가 ΔL에 비하여 훨씬 길면 ΔL의 영향을 무시할 수 있다.

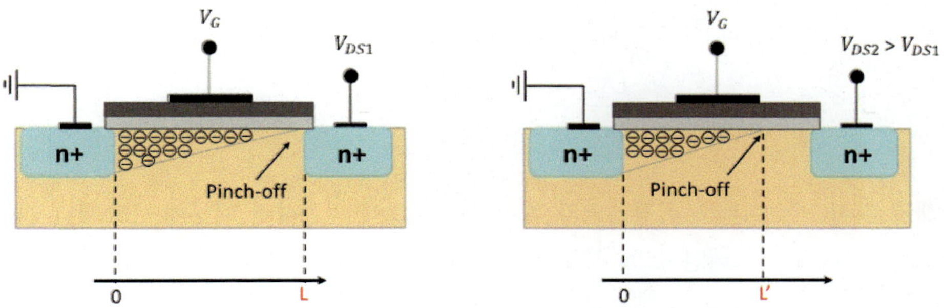

채널 길이 변조 효과

즉 그림에서와 같이 핀치 오프 지점의 전위(V_p)는 항상 $V_{GS}-V_{TH}$가 되고, 채널이 길어지면 채널의 전계는 V_{DS}의 영향을 받지 않게 되어, 드레인 전류는 V_{DS}와 무관하게 되지만 채널이 짧아지면 ΔL의 영향을 무시할 수 없게 되고, V_{DS}가 증가하면 공핍층이 증가하기 때문에 ΔL이 증가한다. 이러한 현상은 드레인에 전압을 크게 걸면 걸수록 드레인과 Bulk 사이에 공핍층이 증가하면서 드레인데 형성된 채널이 점점 소스 쪽으로 밀리게 되는 것이다. 따라서 V_{DS}가 변하면 ΔL이 바뀌어 유효 채널 길이도 변하게 된다. 이러한 현상을 '채널 길이 변조(channel length modulation)'라고 부른다.

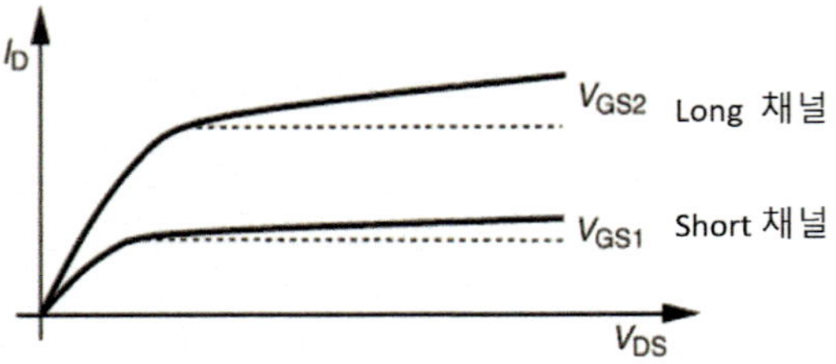

채널 길이 변조 효과에 의한 비이상 전류 특성

FET의 I-V 특성곡선에서 포화영역에서 0이 아닌 기울기를 가지게 되는 것이 바로 채널 길이 변조효과 때문이며 포화 영역에서 드레인과 소스 사이에 비이상적인 전류원 특성을 나타낸다. 채널 길이 변조 효과에 의한 포화영역에서 전류 특성은 다음 수식과 같이 표현할 수 있으며 유효 채널의 감소로 전류는 일정한 것이 아니라 점점 증가하게 된다.

$$\Delta L = L - L'$$
$$\frac{1}{L'} = \frac{1}{L}\left(1+\frac{\Delta L}{L}\right)$$
$$\frac{1}{L'} = \frac{1}{L}(1+\lambda V_{DS}), \qquad \lambda V_{DS} = \frac{\Delta L}{L}$$
$$I_D = \frac{\mu_n C_{ox}}{2}\frac{W}{L}(V_{GS} - V_{TH})^2(1+\lambda V_{DS})$$

즉, 채널 길이 변조효과는 공핍영역의 폭이 바이어스에 의존하기 때문에 유효채널 길이 또한 바이어스에 의존하고 드레인-소스 전압에 의해 변조되는 특성이다.

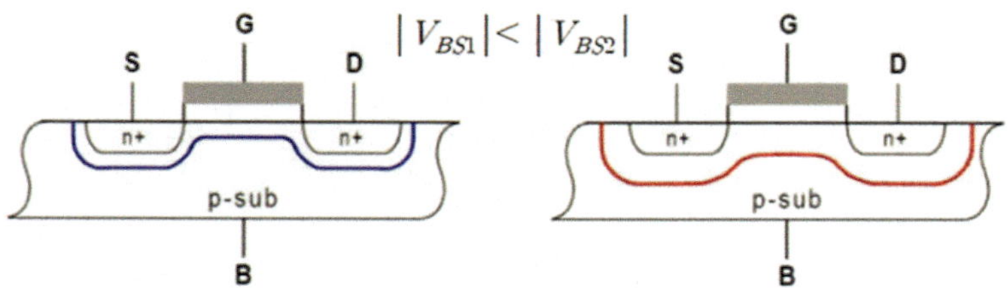

$$V_{TH} = V_{FB} + |\Phi_S| - \frac{Q_D}{C_{OX}} = V_{THO} + \gamma\left[\sqrt{|\Phi_S| - V_{BS}} - \sqrt{|\Phi_S|}\right]$$
$$V_{THO} : V_{TH}\ when\ V_{BS} = 0$$
$$Body\,Effect\,Parameter : \gamma = \sqrt{2q\epsilon_{si}N}$$

Body Effect에 의한 공핍층 증가

기판 효과(Body effect)는 기판(Bulk)에 전압을 인가하면 문턱 전압이 바뀌는 현상을 의미하며 기판에 바이어스를 인가하지 않는 경우 소스와 기판은 그라운드로 동일 전위이기 때문에 P형인 기판과 N형인 소스 접합에 바이어스가 인가되지 않고 게이트 전압에 의하여 반전층과 공핍층이 생기게 된다. 한편 기판에 negative 전압을 걸어주면 Source와 drain과 Bulk 사이의 depletion

영역이 커지고 inversion 상태가 되기 위해서, 즉 Gate oxide 밑에 형성되는 채널은 depletion 형성을 뚫고 형성되기 때문에 gate 아래에는 더욱 큰 전압이 걸려야 하는데 bulk 전압에 소스보다 저 큰 negative 전압을 걸면 전자들이 쉽게 gate 밑으로 이동해서 channel 이 형성될 것 같지만 그보다 먼저 더 큰 depletion 영역이 형성되고 channel이 형성되기 위해서 더 큰 depletion 영역을 통과하려면 더 높은 전압이 필요하게 된다.

하지만 기판에 마이너스 전압을 인가하고 소스에 플러스 전압을 인가하면 채널에는 공핍층과 반전층이 형성되고 역방향 바이어스가 현성되어 공핍층이 증가하면서 반전층이 줄어들어 전류가 작아지는데 전류를 동일하게 유지하기 위해서는 게이트 전압을 증가시켜 반전층을 두껍게 해주어야 하며 동일한 전류를 유지하기 위하여 게이트 전압을 증가시키는 것은 문턱전압이 증가하는 것과 동일한데 이처럼 P형 기판에 역방향 바이어스를 인가하면 공핍층이 증가하고 반전층이 감소되어 전류가 감소되어 결과적으로 문턱전압이 증가하는 현상을 기판 효과라고 하며 입출력 특성 비이상적 특성의 원인이 된다.

즉, 기판에 마이너스 전압을 인가하고 소스에 플러스 전압을 인가한 경우 채널에는 공핍층과 반전층이 존재하고 이 층들은 마이너스 전하를 띤 고정 이온과 캐리어이다. 소스와 기판 사이에 역방향 바이어스가 인가되었기 때문에 공핍층이 넓어지고 마이너스 전하가 증가했지만, 플러스인 게이트 전압은 이전과 동일하고 게이트 전하와 균형을 맞추기 위하여 마이너스 반전층이 얇아져야 한다. 반전층이 얇아지면 전류가 작게 흐르고 전류를 이전과 동일하게 유지해주기 위해서는 게이트 전압을 증가시켜 반전층을 두껍게 해주어야 하므로 문턱 전압이 증가하는 효과를 가져 온다. 정리하면 P형 기판에 역방향 바이어스를 인가하면 공핍층이 커지고 반전층이 작아져서 전류가 감소하여 문턱 전압이 증가하게 된다.

설계관점에서 MOS FET은 아래 식에서와 같이 채널 길이(L)와 채널폭(W)의 비율인 Aspect Ratio(W/L)에 의해서 전류제어가 용이한 것이 가장 큰 장점이다. 따라서 바이폴라 트랜지스터에 비해 설계가 용이하여 최근에 사용되는 IC는 MOS FET를 이용하여 회로를 설계하고 있다.

$$I_D = \frac{1}{2} K_n (V_{GS} - V_{th})^2 \quad \text{단,} \quad V_{DS} \geq V_{GS} - V_{th}$$

$$K_n = \mu_n C_{ox} \left(\frac{W}{L} \right)$$

여기서 μ_n, μ_p은 전자 또는 정공의 이동도이며 C_{ox}은 Oxide의 유전율이며 L은 채널 길이, W는 채널폭을 의미한다.

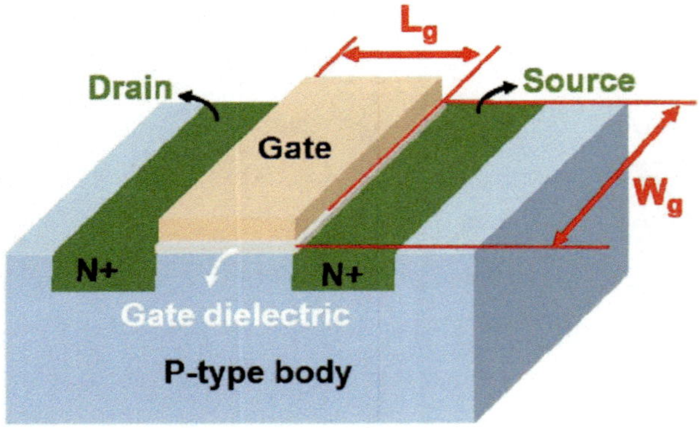

MOSFET 채널 길이(L)와 폭(W)

K_P : μCox (단위 : mA/V^2)

W : Channel Width

L : Channel Length

V_{TH} : Gate Threshold Voltage(VTH)

lambda : Channel length Modulation Coefficient (λ)

특히 전자의 이동도는 정공의 이동도보다 2.5배 정도 크므로 PMOS와 NMOS를 상보적으로 사용하는 CMOS 공정(Complementary MOS)에서는 PMOS의 채널 길이를 NMOS보다 2.5배 정도 크게 설계한다.

(4) FinFET

현재 주로 사용하던 CMOS 공정 프로세스가 이론적, 실용적, 경제적 한계에 도달함에 따라 IC 설계, 제조업체는 크기 축소, 신소재와 새로운 트랜지스터 구조 도입, 웨이퍼의 직경 확대, 팹 장비의 높은 처리량, 공장 자동화 증가, 3D 통합 칩, 첨단 IC 패키징 등의 전반적인 시스템 중심 설계 방식기술을 필요로 하고 있다. 2014년부터 새롭게 등장한 핀펫 공정은 기존 평면(2D) 구조의 한계를 극복하기 위해 도입된 입체(3D) 구조의 공정 기술로, 구조가 물고기 지느러미(Fin)와 비슷해 핀펫(FinFET, Fin Field Effect Transistor)이라고 부른다.

핀펫은 3차원 입체 구조의 칩 설계 및 공정 기술로 기존의 평면 구조가 아닌 입체 구조로 만들어져 반도체 성능을 한 단계 발전시킬 기술로 꼽힌다. 핀펫을 적용하면 누설 전류는 줄이고 성능을 높일 수 있다. 반도체 칩의 집적도를 증가시키기 위해선 트랜지스터의 소자 크기를 줄일 필요가 있었다.

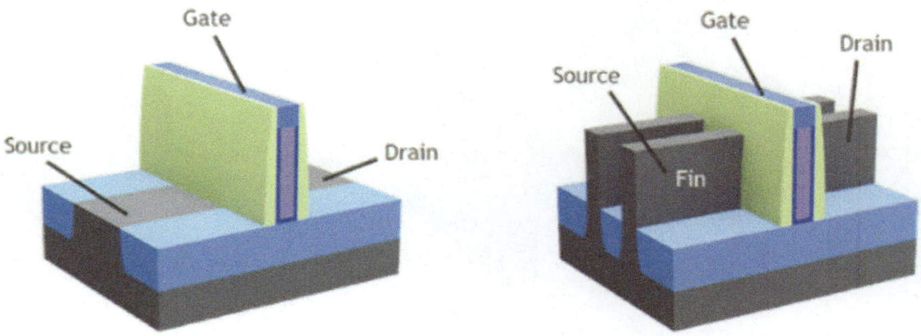

기존의 2D Planar 구조와 3D FinFET 구조

여기서 채널 길이인 L 값을 줄여서 집적도를 높이는 미세화 방식이 나노미터(nm) 단위에 이르러 물리적인 한계에 이르게 되었다. 기본적으로 전자 부품은 전류, 즉 전하의 이동으로 인해 에너지가 전달되면서 작동하게 되는데, 미세공정 시대에 이르러 극도로 작은(미세한) 게이트 길이 내에서 전하를 컨트롤하기 어려워지면서 누설 전류 문제를 겪게 된 것이다. 트랜지스터는 게이트에 전압이 가해지면 채널을 통해 '소스(Source)'에서 '드레인(Drain)'으로 전류가 흐르며 동작하게 되고, 이때 게이트와 채널과의 접점이 클수록 효율이 높아진다. 핀펫 공정은 핀(Fin) 모양의 3D 구조를 적용했기 때문에 접점 면적을 키워 반도체 성능 향상과 누설 전류를 줄인 기술이다. MOS FET의 평면구조에서는 한 곳으로만 전류를 흘려보낼 수 있다. 반면에 FinFET에서는 돌출된 상층부를 활용해 3개면으로 전류를 흘려보낼 수 있다.

크기는 작아지면서도 3개의 면에서 전류제어가 가능하여 뛰어난 전류구동능력을 확보하고 전원이 꺼진 상태에서 3면에서 제어가 가능하므로 전류 누수도 현저히 줄어든다. 핀펫 기술 활용으로 비메모리 반도체는 상용화가 진행 중인 14nm를 시작으로 현재는 3nm까지 공정과 소자 개발이 이뤄지고 있다. 전하가 누설되지 않게 하려면 절연층이 두꺼워지거나 채널 길이가 길어져야 하지만 그러면 소자의 크기가 커져서 물리적인 한계에 부딪힌다. 이에 따라 누설 전류를 최소화하기 위해 High-K와 함께 핀펫(FinFET)이 개발된 것이다. 이러한 구조는 동일한 구조 내에서 보다 효율적으로 전류를 전달할 수 있는 물질을 사용하여 구조 자체를 바꾼 것이다. 즉, 트랜지스터는 게이트에 전압이 가해지면 채널을 통해 소스에서 드레인으로 전류가 흐르며 동작하게 된다. 이때 게이트와 채널의 접점이 클수록 소자의 효율이 높아지는데, 채널 길이를 줄이는 것이 한계에 이르렀으니 아예 FET의 구조 자체를 바꿔서 접점 면적을 키워서 소자의 성능을 향상시키고 누설 전류를 줄인 것이다. 최근 공정기술은 3nm 단계까지 발전되었으며 물리적 한계를 극복하는 새로운 구조가 개발되고 있다.

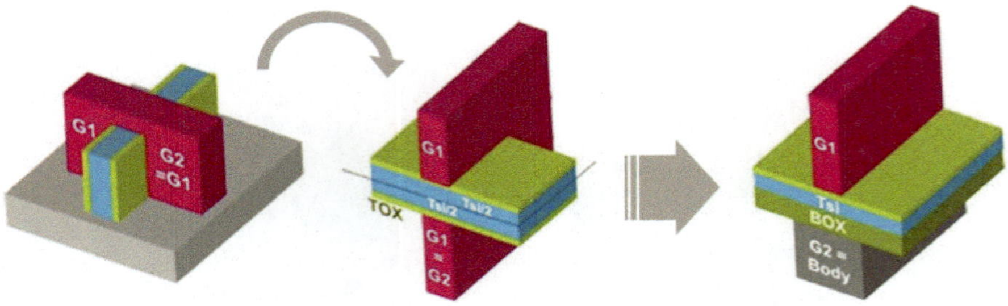

FinFET 공정과 FD-SOI

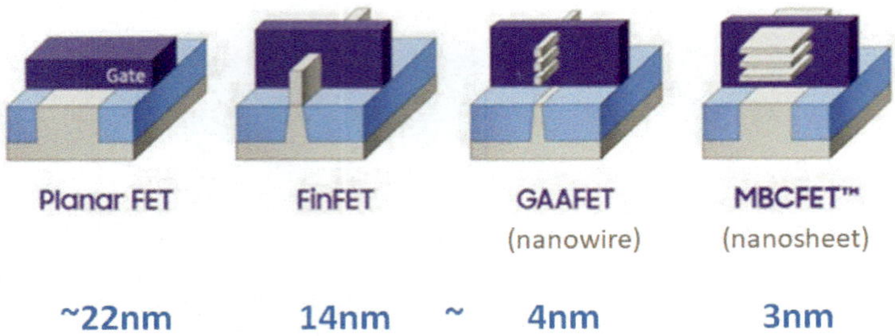

공정에 따른 FET 구조변화

FD-SOI(완전 공핍형 실리콘 인슐레이터) 공정은 ST마이크로일렉트로닉스가 처음 개발한 기술이며, 실리콘 웨이퍼 위에 매우 얇은 절연 산화막을 형성(Silicon On Insulator)한 뒤 그 위로 평면형 트랜지스터 전극을 구성하는 기술이다. FD-SOI는 값비싼 전용 웨이퍼를 필요로 하지만 채널에 불순물을 첨가하는 공정이 불필요하기 때문에 총 웨이퍼 비용은 감소하고 수율도 향상된다. FD-SOI 공정은 네트워크, CMOS 이미지 센서, 셋톱박스, 컨슈머, 오토모티브용 AP에 활용돼 왔다. 최근엔 IoT와 웨어러블, MCU, 프로그래머블 디바이스, 자동차 전장화 추세와 더불어 적용 가능한 산업군이 넓어지면서 반도체 회사들은 이 기술 개발에 주력하고 있다.

MEMO

천재는 노력하는 자를 이길 수 없고
노력하는 자는 즐기는 자를 이길 수 없다.

MEMO

Everyone can do something well
누구나 무엇인가를 잘 하는 것이 있다.

CHAPTER II

반도체 공정

집적회로 공정은 빠른 속도로 발전하여 왔다. 정보사회와 함께 인공지능(AI)과 4차 산업혁명 시대의 도래로 반도체 IC가 컴퓨터와 휴대폰을 포함하여 모든 기기에 적용되면서 산업의 필수품이 되었다. 세계 제일의 반도체 업체인 인텔이 반도체 집적회로 공정 기술을 선도하고 있으며 1980년으로 들어오면서 최초로 3um 디자인 규칙을 달성하였고, 1990년대에는 반도체 공정을 1um 이하로 향상시켰으며, 2000년에는 0.1um 이하인 나노 공정을 개발하였다.

2010년 이후에도 반도체 공정을 꾸준히 발전시켜 14nm 공정을 확보하였고 현재 10nm 이하의 반도체 공정 기술이 활용되고 있다. 반도체 집적회로 기술은 여러 개의 트랜지스터, 저항, 커패시터 등의 소자들을 하나의 반도체 칩에 구현하여 원하는 동작을 수행하는 회로를 제작하는 기술로서, 한 장의 웨이퍼에는 수천 개의 칩이 반도체 공정 기술을 이용하여 제작되며 한 개의 칩에는 수천만 개 이상의 소자들이 집적되어 있다.

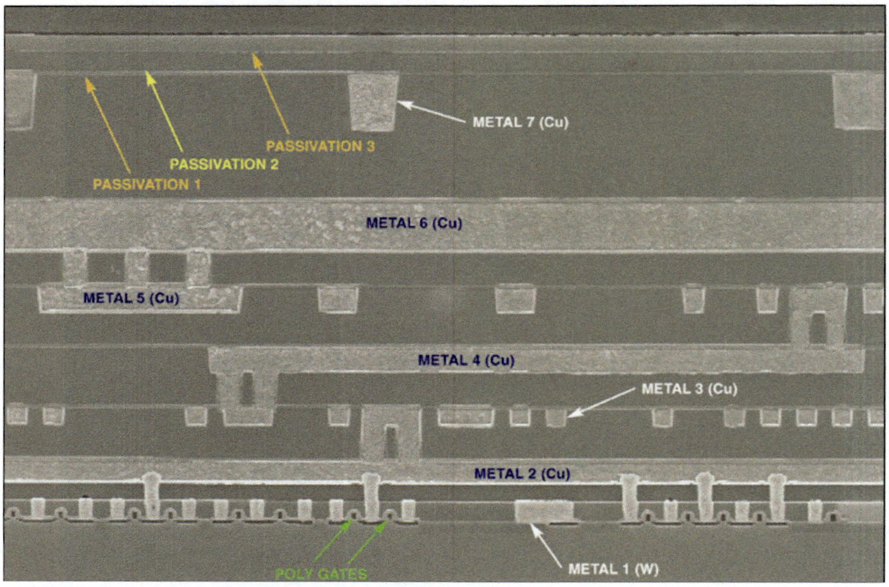

CMOS공정 cross-section view

2.1 시스템 반도체 8대 공정

반도체 공정(Process)이란 반도체부품을 만드는 제조과정을 말한다. 이 과정은 종류가 매우 많고 복잡하다. 여기서 다루는 공정은 반도체 공정의 일반적인 내용으로 반도체 설계자가 꼭 알아야 할 사항이다. 반도체 제조 공정은 크게 Si 원료 제조 공정, wafer fabrication, IC 조립 및 검사공정으로 분류된다. MOS FET 구조 소자는 저전력, 고집적화뿐만 아니라 저렴하게 생산이 가능하여 현재 반도체 소자의 주요 역할을 담당하고 있으며 SiO_2는 고온 상태의 실리콘 표면에 수증기를 공급하여 형성시킨 산화막으로 절연성이 뛰어나고 기계적 특성이 우수하다. 또한 확산

(diffusion), 이온 주입(Ion implantation), 식각(etching) 등의 선택적 공정은 장벽 물질로 유용하게 사용되고 있다.

집적회로를 포함한 많은 반도체 부분에서 가장 많이 사용되고 있는 실리콘(Si)은 지구상에서 산소 다음으로 풍부한 재료로서 전기적, 구조적, 물리적, 화학적 특성이 뛰어나고, 용점이 높다. 따라서 고온 공정이 가능하며 동작 온도 범위도 넓고 특히 SiO_2 자연적으로 성장시킬 수 있는데, 이러한 CMOS 소자를 제작하는 데에는 300단계 이상의 공정이 필요하다.

반도체 공정 흐름

2.2 클린룸

반도체 IC는 크기가 수십 nm 이하 크기로, 먼지 입자보다도 작기 때문에 클린룸이라고 하는 공간에서 공정이 진행되며, 공정 단계 또는 제품의 종류에 따라 Class라고 하는 청정도가 다른 클린룸에서 진행된다. **클린룸**이란 먼지, 공기, 미생물입자 및 화학 증기 등과 같은 환경오염 물질이 적은 반도체 응분 분야를 비롯한 청정한 상태가 요구되는 제조에 사용되는 방을 말한다.

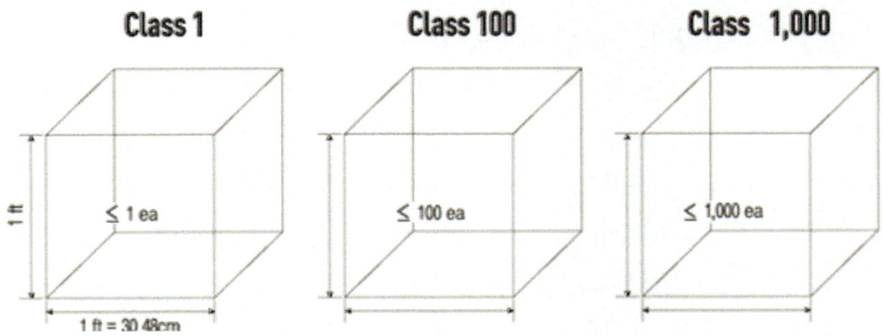

클린룸의 Class 분류

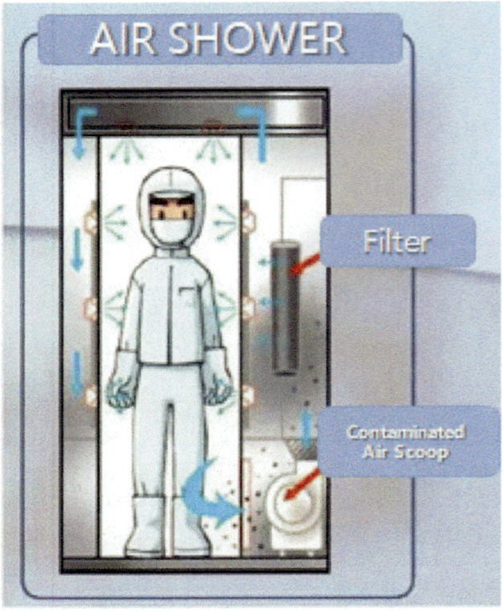

방진복 착용과 에어 샤워룸

청정도는 공기 중에 떠다니는 먼지가 일정 용량의 기체 중에 포함되어 있는 정도를 말하며 가로세로 높이가 30cm인 입방체 내에서 사람의 머리카락 직경의 1/1,000 크기의 먼지 1개 이하로 관리되는 정도를 1Class로 정의한다. 대개 반도체 제품은 Class 1 ~ 1000 범위에서 공정이 진행되며 클린룸은 'smock'이라고 하는 방진복과 마스크를 착용하고 '에어 샤워룸'을 통해 클린룸에 들어갈 수 있다. 작업자는 후드, 안면 마스크, 장갑, 부츠 및 작업복과 같은 보호복을 착용해야 한다. 클린룸 내부의 장비는 공기 오염을 최소화하도록 설계되어 있고, 특별한 가구 등만을 사용해야 한다.

클린룸에서는 종이, 연필 및 천연섬유로 만든 직물과 같은 재료는 사용할 수 없다. 클린룸에서는 입자계수로 측정하고 미생물은 환경 모니터링 방법을 통해 감지되고 제어된다. 낮은 수준의 클린룸에서는 먼지나 흙이 없는 매끄러운 밑창이 있는 특별한 신발만 사용해야 하지만, 안전상의 이유로 신발 밑창이 미끄러지는 위험을 유발해서는 안 된다.

외부에서 청정실로 들어오는 공기는 먼지를 제거하기 위해 여과되고 내부의 공기는 고효율 미립자 공기(HEPA : High-Efficiency Particulate Air) 필터 또는 초저미립자 공기(ULPA ; Ultra-Low Particulate Air) 필터를 통해 지속적으로 재순환되어 내부에서 생성된 오염 물질이 제거된다. 일부 클린룸은 양압으로 유지되어 누출이 발생하면 여과되지 않은 공기가 들어오지 않도록 되어 있다. 또한 습기를 낮은 수준으로 제어하고, 정전기 방전 문제를 방지하기 위해 이온 발생기 같은 장비가 도입되어 있기도 하다. 다음 그림은 클린룸의 공기흐름의 예를 보여준다.

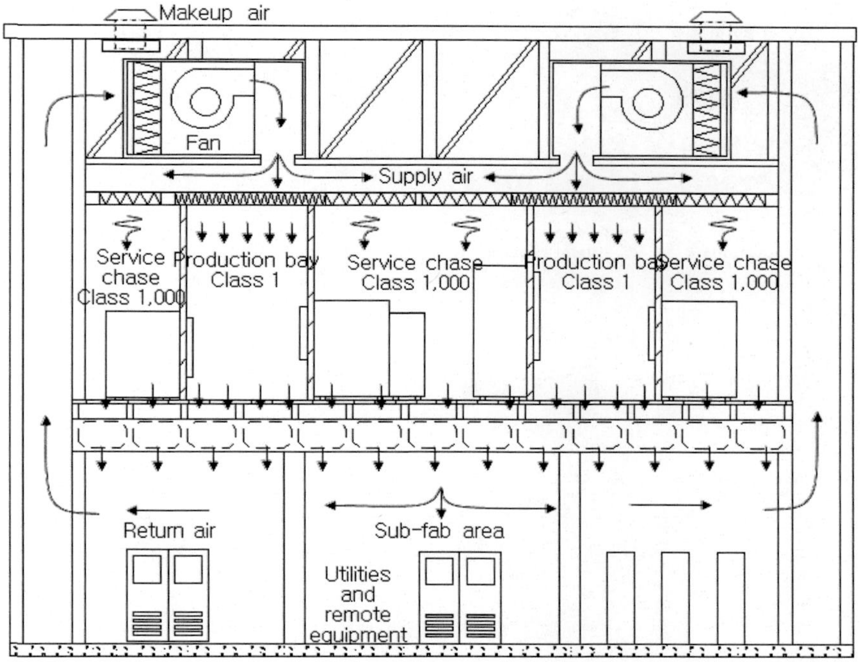

일반적인 반도체 라인의 구조

Wafer가 준비되면 산화막과 질화막을 입히는 웨이퍼 공정, 절연층을 만드는 STI(Shallow Trench Isolation) 공정, N-well을 만드는 well 형성 공정, 게이트를 만드는 게이트 공정이 진행된다. 게이트 형성 이후 소스와 드레인을 만드는 소스/드레인 공정, 표면 저항과 접촉 저항을 줄여주는 salicidation 공정, 실리콘층과 메탈층을 절연시키는 PMD(Pre-metal Dielectric) 공정, 실리콘과 메탈을 연결해 주는 콘택 공정, 금속 배선을 만드는 메탈 공정과 메탈층 사이를 절연해 주는 IMD(Inter-metal Dielectric) 공정, 메탈층 사이를 연결해 주는 via 공정과 마지막으로 보호막을 입히는 passivation 공정 순서로 진행된다.

MOSFET를 제작하는 데 사용되는 단위 공정으로는 사진식각 공정, 이온 주입 공정, 배선 공정, 산화 공정, 확산 공정, CVD(Chemical Vapor Deposition) 공정 등을 들 수 있다.

사진식각 공정(Photo Lithography)은 '포토 공정'이라고도 부르는데 집적회로를 제조하는 각각의 공정 단계에서 원하는 패턴 형성을 위해 사용되는 중요한 공정이다. '식각 공정(Etching)'은 산화막이나 폴리 실리콘을 깎아내는 공정이다. '이온주입 공정(Ion Implant)'은 치과에서 치아를 잇몸에 심듯이 불순물 이온을 실리콘 기판 표면에 주입하는 공정이다. '배선 공정(Metalization)'은 실리콘 웨이퍼 위에 형성된 소자들을 연결하기 위하여 금속 박막을 형성하는 공정이다.

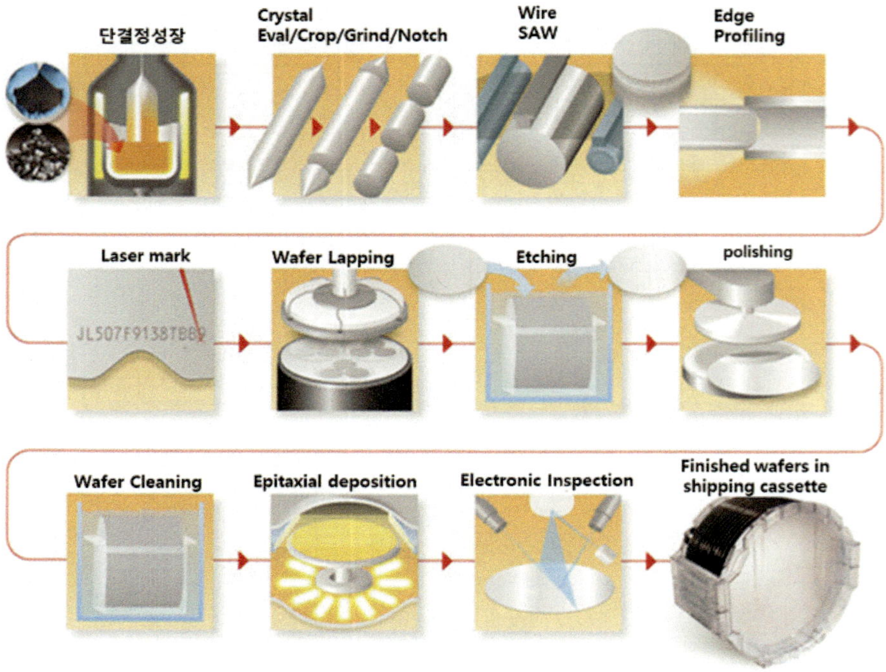

반도체 단위공정의 흐름

반도체 공정은 크게 기본 8대 공정으로 분류할 수 있으며 세부적으로 더 많은 공정이 진행된다. 반도체 8대 공정은 아래와 같이 전공정 6단계와 후공정 2단계로 나뉜다.

전공정	웨이퍼 제조 → 산화공정 → 포토공정 → 식각공정 → 박막 증착 공정 → 금속 배선 공정
후공정	전기적 테스트 공정 → 패키징 공정

집적회로 제조는 크게 전공정(Front-End or FEOL)과 후공정(Back-End or BEOL)으로 나뉜다. FEOL(Front-End Of Line)공정은 완전 절연된 CMOS를 형성하는 데 필요한 모든 CMOS 제조공정들(웨이퍼 세정, 평탄화, 웰(well공정), 트렌치(STI : Shallow Trench Isolation), 게이트, 소스/드레인 형성)을 포함한다. FEOL공정을 끝낸 후에는 배선이 안 된 상태의 절연된 트랜지스터가 있는 웨이퍼가 맨 위에 있게 된다.

BEOL(Back-End Of Line)공정은 집적회로의 개별소자(트랜지스터, 커패시터, 저항 등)가 형성되어 있는 웨이퍼를 금속과 연결시키는 공정이다. 배선용 금속은 보통 알루미늄, 텅스텐 및 구리 등이 사용 된다. 통상BEOL 공정은 웨이퍼 위에 증착된 금속층부터 컨택(contacts), 절연층(유전체층), 금속층 및 칩-패키지 배선 본딩(bonding)공정까지를 말한다. 즉, BEOL 제조 공정 단계에서 패드, 배선, 비아(via) 및 유전체 구조가 형성이 되며 최신1C공정에 있어서의 BEOL 공정은 10층 이상의 금속층이 추가되기도 한다. BEOL 공정 후에는 일반적으로 다른 회사에서 위탁하여 수행되는 BE(back-end) 공정 또는 포스트팹(post-fab) 혹은 후공정이라고도 부르는 공정을 진행한다. 이 공정에서는 웨이퍼 테스트, 웨이퍼 백그라인딩(back grinding), 다이(die) 분리, 다이테스트, IC 패키징 및 최종 테스트 공정 등을 진행한다. 세부 공정별 내용은 다음과 같다.

2.3 단결정성장(Poly Silicon Creation)

반도체의 원료인 고순도 단결정 Si의 재료인 규석(SiO_2)은 지구 표면의 28%를 차지하는 풍부한 물질이다. 규석은 Si과 산소의 결합력이 아주 크므로 Si와 산소를 분리하여 Si을 1톤을 만드는데 13,000kWh 전력과 1,500kg의 환원재, 90kg 이상의 전극이 필요하며 규석의 순도도 45% 이상이어야 하므로 우수한 재료 공급처인 지역의 규석을 사용한다.

집적회로를 제작하기 위해서는 우선 순수한 단결정 반도체를 필요로 하며 순수한 단결정 반도체를 성장시키는 기술을 '결정 성장법'이라고 하는데 웨이퍼를 만들기 위해서는 우선 높은 순도의 다결정 Si을 만들어야 하며 단결정 Si은 이를 분쇄하여 만든다. 즉, 웨이퍼 원재료인 규소봉(Ingot)을 만드는 과정으로 고순도로 정제된 실리콘(규소) 용액을 주물에 넣어 회전시키면서 실리콘기둥(Ingot)을 만든다.

이를 인상법 또는 '쵸크랄스키법(Czochralski, CZ method)'이라고 하며 고순도의 반도체를 얻기 위해서는 결정 제조 공정의 각 공정마다 세심한 제어가 필요하다. 이 방법은 1915년 폴란드의 과학자 얀 쵸크랄스키(Jan Czochralski)가 금속의 결정화 속도를 연구하면서 우연히 발견하였는데 실리콘을 포함하고 있는 양질의 모래에서 추출한 실리콘을 반도체 재료로 사용하기 위해서는 순도를 높이는 정제 과정이 필요하다.

실리콘 원료를 가열하여 녹인 고순도의 실리콘용액을 만들고 이것을 결정 성장시킨다. 이 결정 성장법은 시드(seed)라고 부르는 단결정 물질의 작은 조각을 액체상의 물질 표면에 접촉시킨 후 천천히 용액으로부터 끌어올린다. seed를 천천히 끌어올림에 따라 응고가 고체-액체 경계면 사이의 표면을 따라 발생하며 결정을 끌어올리면서 천천히 회전시키고 균일한 온도를 유지하면서 붕소 혹은 인과 같은 일정량의 특정 불순물 원자들을 용액에 첨가하여 성장시키면서 도핑시킬 수 있다. 아래 그림은 쵸크랄스키법 성장 공정과 장치 및 이 공정에서 성장된 실리콘 잉곳(ingot)의 그림을 보여준다.

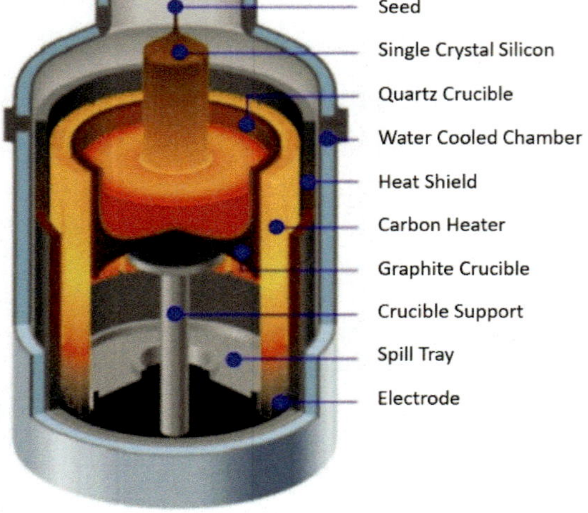

쵸크랄스키법이 사용되는 챔버 구조

반도체를 성장한 후 잉곳을 일정한 직경과 두께로 다이아몬드 톱을 이용해 균일하게 절단하여 웨이퍼로 만든다. 잉곳의 지름이 웨이퍼의 크기를 결정하는 데 현재 라인에서는 300mm(12인치) 웨이퍼를 주로 사용하고 있다. 하지만 웨이퍼 두께가 얇을수록 제조원가가 줄어들고 크기가 클수록 한 번에 생산할 수 있는 반도체 칩 수가 증가하므로 때문에 웨이퍼의 두께와 크기는 점차 얇고 커지는 추세이며, 450mm 웨이퍼도 점차 사용이 증가되고 있다.

또한 웨이퍼는 기계적인 강도를 갖도록 충분히 두꺼워야 하며, 기계적으로 표면을 잘 연마하여 일정한 두께의 평탄한 웨이퍼로 만든다. 연마 과정에서의 기계적인 공정에 의한 표면의 오염 및 손상을 없애기 위해 연마 공정 후 표면에 화학적 식각을 행한다. 마지막으로 폴리싱(polishing) 공정을 거쳐 기판(substrate)으로 출하되고, 그 위에 소자를 제작하거나 또 다른 박막성장공정 등을 수행하여 집적회로 제조 등에 사용되고 있다.

쵸크랄스키법에 의한 성장

결정을 성장시킨 잉곳에는 불순물들이 존재할 수 있으며 이런 경우나 혹은 불순물이 적은 고저항의 잉곳을 만들기 위해 '대역정제법(zone refining, or Floating Zone : FZ)'을 이용한다. 이 방법은 고온의 히터를 코일 형태로 혹은 RF 유도 코일을 잉곳의 일부 영역만 녹이면서 길이를 따라 천천히 이동시킨다. 코일 형태로 일부 가열된 온도는 충분히 높아서 그 부분만 실리콘을 액체 상태로 만들어 액상의 좁은 층을 형성한다. 고체-액체 경계에서 두 상태 사이에 불순물의 분포가 발생한다. 이러한 분포를 나타내는 파라미터를 편석계수(segregation coefficient)라고 하며 고체와 액체 상태의 불순물의 농도의 비를 나타내는데 일반적으로 편석계수는 1보다 작다. 만약 편석 계수가 0.1이면 액체에서 불순물 농도가 고체에서보다 10배 더 크다. 액체 영역이 물질을 통하여 이동함에 따라 불순물은 액체와 함께 이동한다. 여러 번 RF코일을 통과시킨 후 대부분의 불순물은 잉곳의 끝에 모이고, 이것은 잘라버린다. 지역 정제 기술은 정제에 대단한 효과가 있다.

요약하면 CZ Wafer는 더 저렴한 대신 순도가 더 낮고, FZ Wafer는 더 비싸지만 고순도이다. 기존에는 Ingot 곳곳에 불순물들이 있었다면, FZ Method를 통해 불순물들이 Ingot의 상단에 집중되고, 마지막엔 윗부분을 잘라내서 최종적으로 고순도의 Ingot을 얻을 수 있다. FZ Wafer가 순도가 높긴 하지만 CZ Wafer도 순도가 낮은 편은 아니며 FZ에 비해 상대적으로 낮을 뿐 CZ도 고순도의 Wafer이며, FZ보다 가성비가 좋기 때문에 CZ를 더 많이 사용한다.

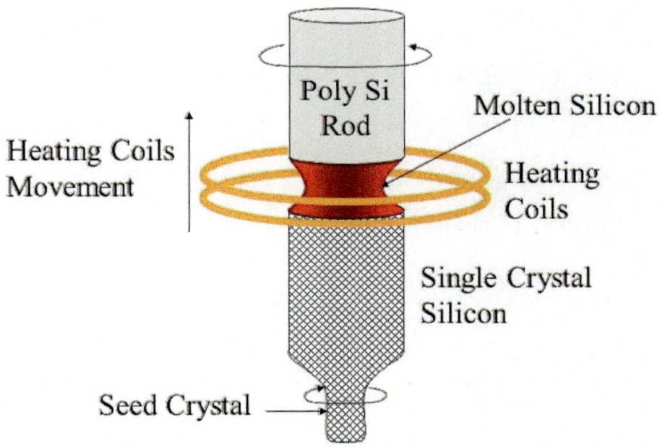

대역정제법의 공정 원리

2.4 규소봉 절단과 표면연마(Lapping & Polishing)

규소 기둥을 똑같은 두께로 얇게 잘라낸다. 이를 Wafer라 부른다. 반도체 칩이란 이 Wafer에 회로를 만들어 넣고 손톱만한 크기로 잘라 만든 것이다. Wafer의 크기는 규소봉의 구경에 따라 3",4",6",8",12"로 만들어지고 있으며 생산성 향상을 위하여 점점 크게 만들고 있다. 잘라낸 웨이퍼를 연마하여 표면을 평평하게 만든다.

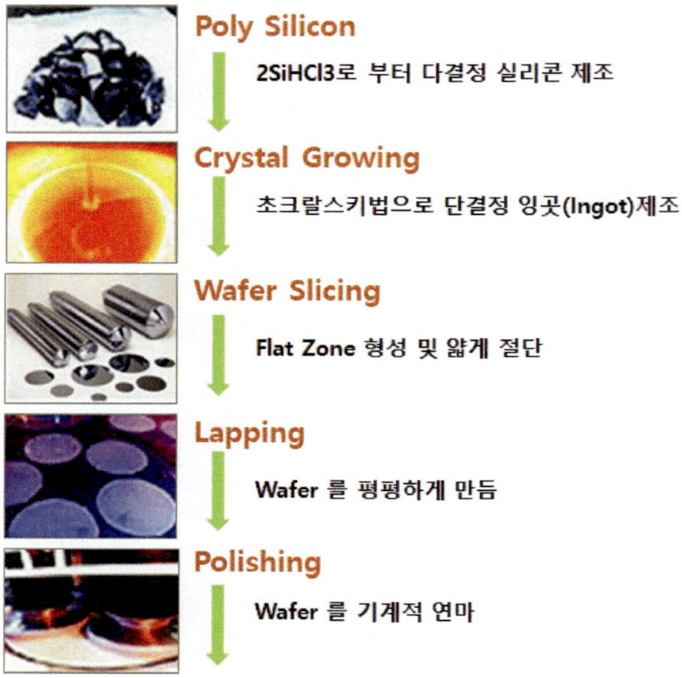

Wafer 가공 프로세스

IC의 크기가 동일한 경우 Wafer의 직경이 클수록 많은 IC를 만들 수 있다. 즉 Wafer의 직경이 1.2배, 1.3배로 증가함에 따라 IC Chip을 만들 수 있는 유효면적은 1.44배, 1.69배로 직경의 2승에 비례하게 된다. 웨이퍼 가격은 크기와 관계없이 거의 동일하기 때문에 Wafer 크기가 클수록 많은 IC를 만들 수 있어 IC의 단가가 낮아지며 IC의 크기가 작아질수록 Wafer당 생산되는 칩(net die)가 많아지므로 가격 경쟁력이 생기게 된다.

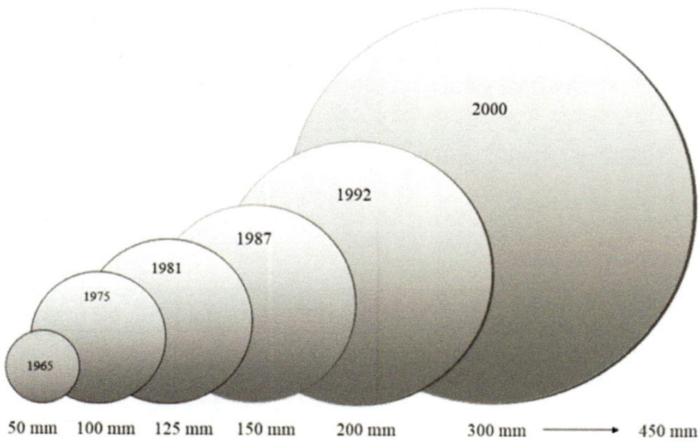

웨이퍼 사이즈의 대형화

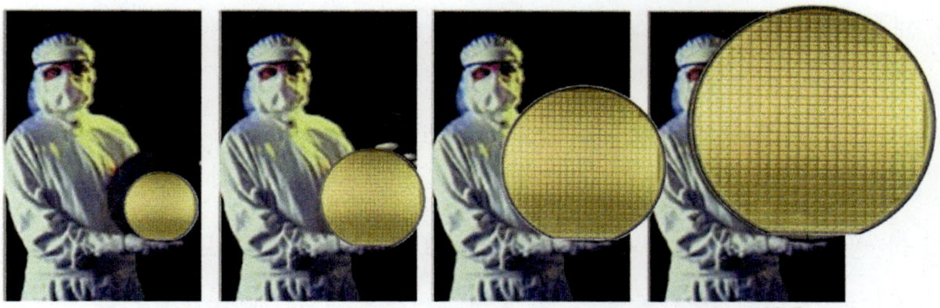

웨이퍼 사이즈의 대형화

Wafer 기술의 발달과 함께 다양한 회사에서 생산되고 있다. CMOS 공정에서 일반적으로 P-type (100) wafer가 가장 많이 사용되며 (100) wafer는 원자 밀도가 가장 작기 때문에 소자에 trap 현상 발생 가능성이 적으므로 안정적인 성능의 IC를 만들 수 있다.

2.5 웨이퍼 세정(Wafer Cleaning)

웨이퍼 표면은 디바이스 특성에 크게 영향을 주므로 공정을 진행하기 전에 깨끗하게 세정되어야 한다. 웨이퍼 위의 오염 물질을 제거하는 가장 중요한 방법은 웨이퍼를 오염으로부터 막는 것이지만, 일단 웨이퍼 표면이 오염되면 웨이퍼 세정을 행함으로써 오염물질을 제거해야 한다. 즉, 웨이퍼 세정의 목적은 입자, 유기물, 금속 및 자연 산화물 등과 같은 모든 표면 오염물질을 제거하는 것이다.

일반적으로 웨이퍼 세정 방법은 습식 세정법과 건식 세정법이 있다. 습식 세정법은 반도체 웨이퍼를 DI water(탈이온수 ; De-Ionized water), 각종 첨가물 및 화학 용액의 조합과 이것들을 분무, 산화, 에칭, 용해 등의 과정을 통해 반도체 표면을 화학적으로 처리하는 세정 방식이다.

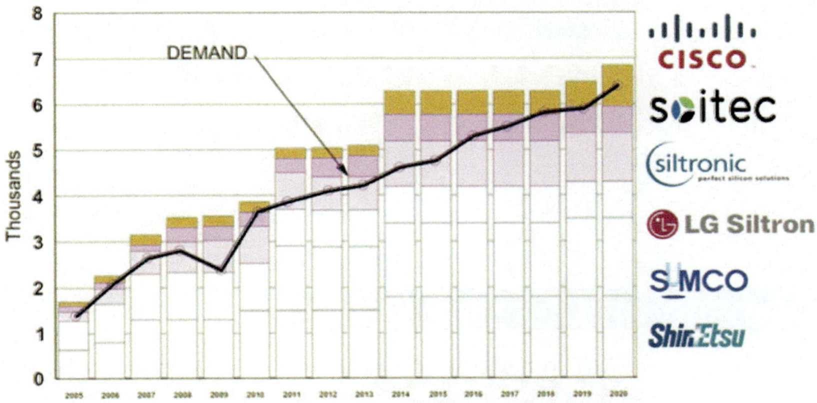

Wafer 생산 및 Supply Chain [출처: SAGE]

반면 건식 세정법은 최근의 반도체 공정에서 주로 쓰고 있는 방법이다. 세정액 대신 세정 가스를 써서 반도체 표면을 세정하는 방식인데 세정에 사용되는 가스와 세정이 이루어지도록 가해지는 에너지에 따라 달라진다. 대표적으로 플라즈마, 광학적 조사, 레이저, 에어로졸, 오존 이용법 등의 방법이 있다.

대표적인 습식 공정은 미국 RCA사에서 개발한 RCA세정 방법으로 본격적인 습식화학공정 이전에 웨이퍼 표면에 붙어 있는 유기물이나 입자에 의한 오염을 제거하기 위해 유기 세정과 초음파 세정을 거친다. 이 과정은 아세톤 등과 같은 용매에 끓이면서(boiling) 웨이퍼를 세정하고 또한 DI water가 들어 있는 초음파 세척기 내에서 10 ~ 20분 정도 인가함으로써 오염물들을 물리적으로 제거시킨다. 실리콘 웨이퍼를 써서 소자를 제조하는 가장 중요한 공정 단계 중의 하나가 표면 세정 공정 단계이다.

예를 들어 실리콘 웨이퍼 위에 열적 산화층 박막을 성장시킬 때, 웨이퍼 표면이 깨끗하지 않으면 디바이스 특성에 악영향을 미치게 된다. 그러므로 자연적으로 생성된 초박막인 자연 산화층을 완전하게 제거하고, 표면의 일정 부분을 식각시켜 없애는 세정을 행한다.

반도체 제조 공정에 있어서는 순도가 높은 물(초순수 UPW : Ultra Pure Water) 혹은 탈이온수(deionized water)가 대량으로 필요하다. 통상적인 수돗물은 많은 오염 물질들이 포함되어 있기 때문에 반도체 공정에 적합하지 않다. 한 예로 일반 반도체 공장에서는 하루에 약 5백만 리터 이상의 고순도의 물이 사용되고 있다.

DI water는 나트륨, 칼슘, 철, 양이온과 같은 거의 모든 무기 이온을 제거한 물이며, 구리, 염화물 및 황산염과 같은 음이온을 포함한다. 탈 이온화는 특수하게 제조된 이온 교환 수지를 사용하여 용해된 미네랄들을 수소이온과 수산화물이온을 교환한 다음 재결합시켜 물을 생성하는 화학 공정이다. 대부분의 입자가 아닌 물 불순물들은 용해된 염이기 때문에 탈 이온화는 일반적인 증류수와 유사한 고순도의 물을 생성할 수 있고, 공정도 더 빠르며 찌꺼기 등이 형성되지 않는 이점이 있다.

그러나 탈 이온화는 수지에 부수적으로 포획되지 않는다면 대전되지 않은 유기 분자 바이러스 또는 박테리아를 효과적으로 제거할 수 없다. DI water의 가장 중요한 사용은 반도체 집적회로 공정의 세정 및 에칭에 있다. 이는 화학 물질을 도포한 후 웨이퍼를 세정한다거나 화학 물질 자체를 희석시키거나 포토 리소그래피 공정 및 화학적-기계적 연마 공정 등 다양한 응용 분야에 사용되고 있다.

2.6 Schematic and Layout Design

컴퓨터 시스템(CAD)을 이용해 전자회로를 레이어별로 Pattern도를 그려서 정해진 영역에 소자를 배치하는 작업을 반도체 **'레이아웃 설계'**라고 한다. 반도체 아날로그 블록 및 디지털 블록, 입 · 출력 패드에 대한 배치계획을 수립하고 신호배선, 전원배선에 대한 계획을 수립하고 다양한 설계 및 검증 툴을 이용하여 레이아웃에 필요한 요소를 파악하여 공정 설계규칙에 따라 소자를 레이아웃 하고 기능 블록을 배치 및 배선한다. 반도체 공정의 설계 요구사항에 따라 자동 배치 배선도 가능하며 로직 블록들의 평면 배치계획을 하여 로직 셀들이 작동할 수 있도록 자동적으로 배치하고 레이아웃 검증을 위해 적합한 툴을 선정하고 검증결과에 따라 발견된 오류에 대한 수정 사항을 반영한다.

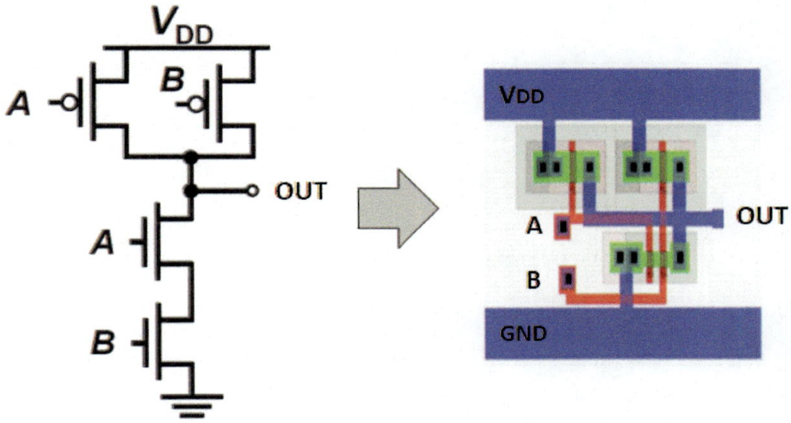

회로설계 및 패턴 변환

2.7 마스크 제작(Pattern Preparation)

컴퓨터에서 그린 패턴도를 유리판 위에 그려 넣는 작업으로써 포토 리소그래피 공정에서는 얇은 필름 또는 기판 표면을 패턴화하기 위해 미세 가공을 행한다. 유리판 위에 그려진 패턴도형을 Mask(Reticle)라 부른다. 또는 Photo Mask라고도 하는데 사진용 원판 역할을 한다. 현상 공정에서 마스크를 Wafer 위에 얹은 다음 강한 자외선을 비추면 유리 위에 그려진 회로가 Wafer에도 똑같이 그려지는데 사진의 현상과 비슷한 원리이다.

웨이퍼 위에 반도체 회로를 그려 넣는 공정을 포토 리소그래피(photo-lithography) 혹은 포토리소(photolitho) 공정이라고 한다. 포토 리소그래피는 그리스어에서 유래했는데 photo = light, litho = stone 및 graphy = write의 합성어이다.

반도체 공정에서 웨이퍼 위에 회로를 그려 넣으려면 필름 카메라로 사진을 찍어 현상하는 것처럼 빛을 쬐어 회로 패턴을 그린 후에 현상한다. 일반적으로 비용 면에서 볼 때 총 반도체 웨이퍼 공정 중에서 포토 리소그래피 공정이 차지하는 비율은 대략 30%라고 알려져 있다.

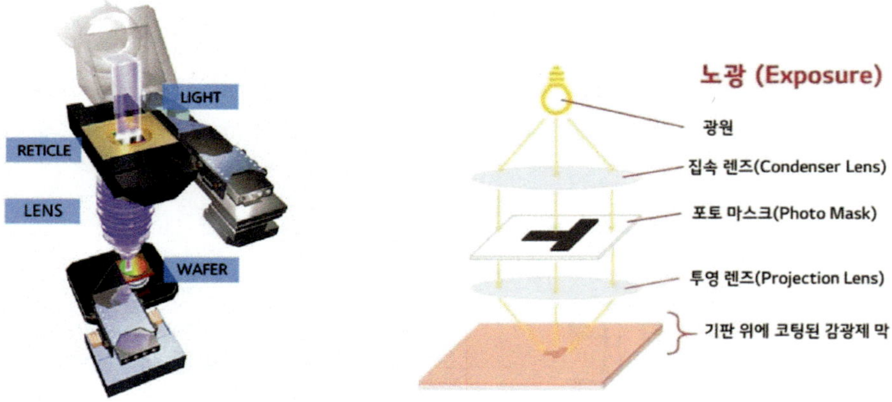

노광 장비에 의한 패턴 형성

반도체 집적회로 공정에서는 자외선을 사용하여 포토 마스크에서 기하학적 패턴을 빛에 민감한 화학 물질인 포토레지스트(PR : photo resist)로 투영한 후에 일련의 화학적 공정을 거쳐 노광 패턴을 새긴 후 PR 아래의 재료 위에 원하는 패턴의 새로운 재료를 증착시킬 수 있게 하는 과정들을 반복한다. 예를 들어 복잡한 집적회로에서 사용되는 CMOS웨이퍼는 포토리소그래피공정 사이클을 50번 이상 수행하고 있다.

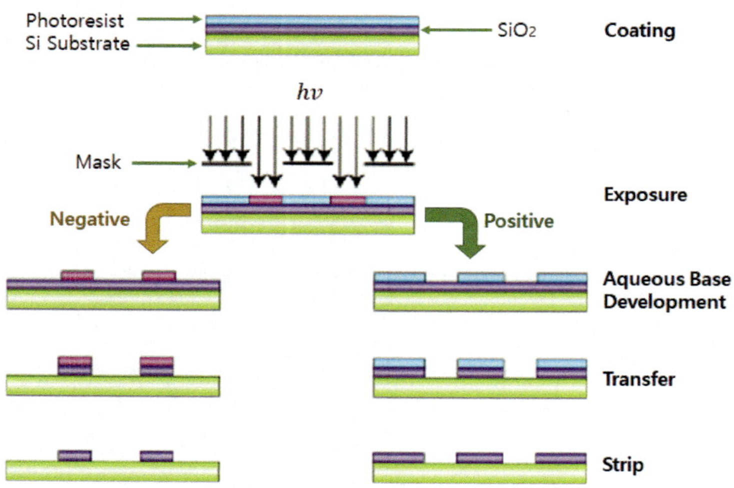

포토리소그래피 공정

실제로 클린룸에서 자동화된 로봇 웨이퍼 추적시스템을 사용하여 프로세스를 진행하며 웨이퍼를 세정 및 건조 후에 웨이퍼와 PR의 접착력 향상을 위한 HMDS(hexamethylene disilazane) 도포 단계부터 시작되어 PR코팅－소프트 베이킹－얼라인먼트－노광－노광 후 베이킹-현상－하드베이킹－현상－검사 순서로 진행된다.

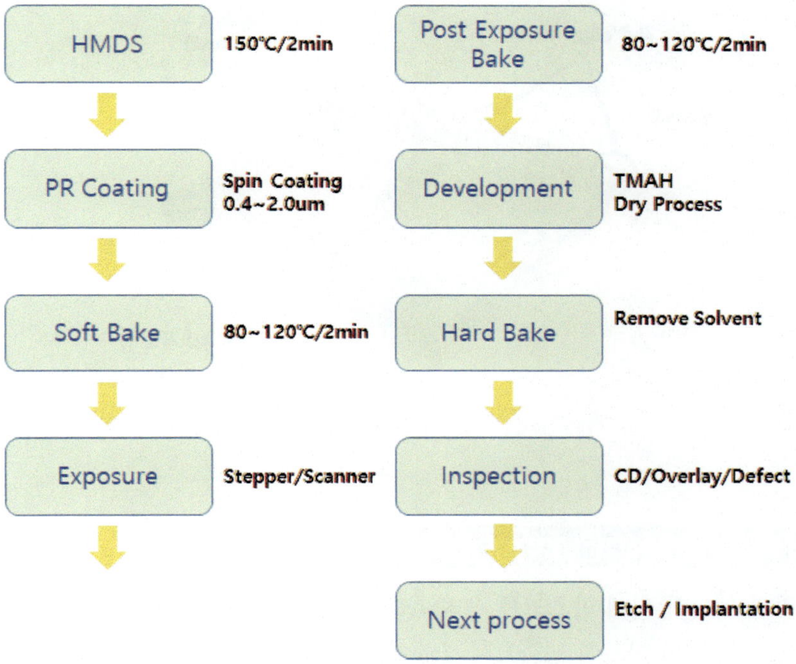

포토공정 순서

먼저 웨이퍼 표면에 빛에 민감한 물질인 감광액(PR, Photo Resist)을 골고루 바른다. 웨이퍼 위에 균일하게 입혀진 감광액(PR)은 빛에 어떻게 반응하는가에 따라 양성(positive) 혹은 음성(negative)로 분류되는데, 양성 감광액의 경우 현상 공정을 통해 노광된 영역이 제거되고, 음성 감광액의 경우 노광된 영역만 남게 되어 원하는 패턴을 그릴 수 있다. 고품질의 미세한 회로 패턴을 얻기 위해서는 감광액(PR)막이 얇고 균일해야 하며, 빛에 해당하는 자외선에 대한 감도가 높아야 한다.

포토 공정은 실리콘 웨이퍼를 회전시키면서 액체 상태의 PR을 몇 방울 떨어트리면 실리콘 웨이퍼 전면에 일정한 두께로 PR이 도포된다. 이러한 방법을 '**스핀 코팅법**'이라고 부른다. 그 후 80도에서 100도 사이에서 웨이퍼를 가열하는데 이는 PR 도포 후 PR에 남아있는 용매를 제거하고, PR의 접합을 향상시키기 위하여 실시하는 것으로 '**소프트 베이크**(soft bake)'라고 부른다.

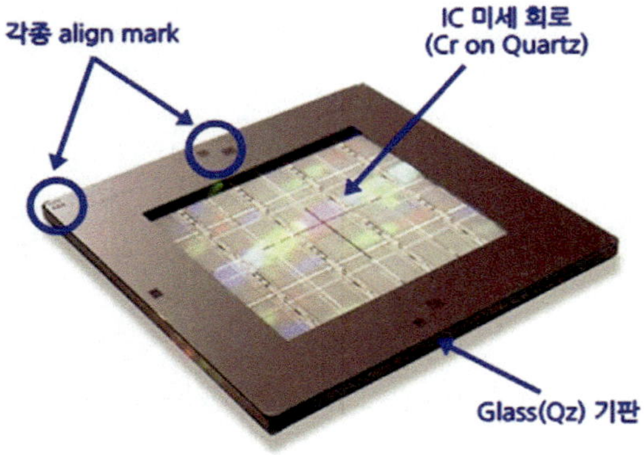

마스크 제작

2.8 노광(Stepper Exposure)

감광액을 입힌 웨이퍼 위에 마스크를 올려놓고 자외선을 비추면 빛을 받은 부분과 빛을 받지 않은 부분은 서로 성질이 다르게 변하는데 종류에 따라서 단단해지거나 부드러워진다. 마스크의 투명한 부분은 빛이 통과하여 PR을 감광시키고, 불투명한 부분은 빛이 차단되어 PR이 감광되지 않으며 PR은 포지티브 PR과 네거티브 PR 두 종류가 있다.

포지티브 PR은 빛을 받은 부분이 식각되어 없어지고, 네거티브 PR은 빛을 받은 부분이 딱딱하게 되어 PR이 남아있게 된다. 대부분의 포토 공정에서는 패턴이 잘 형성되는 포지티브 PR이 사용된다. 노광 공정은 일반적으로 클래스 10을 유지해야 한다.

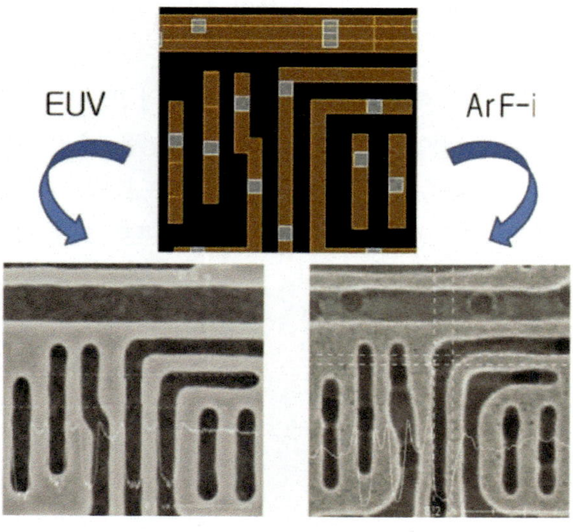

EUV와 ArF 장비 패터닝 비교

2.9 현상 공정(Develop & Bake)

포토공정(Photo)의 마지막 단계는 현상(Develop)으로, 일반 사진을 현상하는 과정과 동일하며 이 공정에서 패턴의 형상이 결정되기 때문에 매우 중요한 단계이며 현상(Develop) 공정은 웨이퍼에 현상액을 뿌려 가며 노광된 영역과 노광되지 않은 영역을 선택적으로 제거해 회로 패턴을 형성한다.

현상액을 웨이퍼 위에 뿌리면 웨이퍼는 노광 과정에서 빛을 받은 부분과 받지 않는 부분으로 구별되는데 빛을 받은 부분의 감광막은 날아가고 빛을 받지 않는 부분은 그대로 남는다. 남아 있는 PR에 잔존하는 용재를 없애고, PR을 더욱 굳히기 위하여 120~180도에서 20~30분간 굽는 하드 베이커(hard bake) 작업을 실시한다.

하드 베이커 실시 후 실리콘 웨이퍼를 산화막을 식각하는 용액에 담그면 PR이 없는 곳의 산화막은 식각되어 날아가고, PR이 남아 있는 부분의 산화막은 PR이 보호하여 식각이 되지 않고 남아 있게 된다.

현상 공정까지 마치게 되면 모든 포토공정이 끝나고 각종 측정 장비와 광학 현미경, 육안을 통해 패턴이 잘 그려졌는지 세심하고 꼼꼼하게 검사한 후, 이를 통과한 웨이퍼만이 다음 공정 단계로 이동한다.

2.10 산화 공정(Oxidation Layering)

반도체 공정의 기초 단계인 산화 공정은 웨이퍼에 여러 가지 물질로 얇은 막을 증착하는 대표적인 방법으로, 고온(800~1,200℃)에서 산소나 수증기를 웨이퍼 표면에 뿌려 얇고 균일한 실리콘 산화막(SiO_2)을 형성한다. SiO_2는 고온 상태의 실리콘에 산소 또는 수증기를 공급하여 형성시킨 산화막으로 절연성이 뛰어날 뿐만 아니라 전기적, 구조적, 물리적, 화학적, 기계적 특성 등이 뛰어나다. 또한 확산(diffusion), 이온 주입(ion implantation), 식각(etching) 등의 선택적 공정의 장벽 물질로서도 유용하게 사용되고 있다.

석영 유리관에 웨이퍼를 넣고 고온(800~1,200도)에서 산소나 수증기를 실리콘 웨이퍼 표면에 뿌리면 실리콘 산화막(SiO_2)이 웨이퍼 표면에 형성되며 산화막은 불순물 확산에 대한 보호막 역할과 웨이퍼 표면보호 및 안정화 역할 그리고 소자 간의 전기적인 절연과 유전체 역할을 한다. 웨이퍼는 연마 직후에 전기가 통하지 않는 순수 상태이기 때문에 반도체의 성질을 갖도록 웨이퍼 표면에 여러 가지 물질을 형성시킨 후, 설계된 회로 모양대로 깎고 다시 물질을 입혀 깎아내는 작업의 반복이 필요하며 산화막은 공정에서 발생하는 오염물질이나 화학물질로 생성되는 불순물로부터 실리콘 표면을 보호하는 역할을 하는데, 눈에 보이지 않는 미세한 불순물도 실리콘 표면에 침투하게 되면 비저항 혹은 전도율을 변화시키는 요인이 되어 집적회로의 전기적 특성에 영향을 주기 때문에 불순물 침투로부터 실리콘 표면을 보호하는 산화막의 역할이 매우 중요하다.

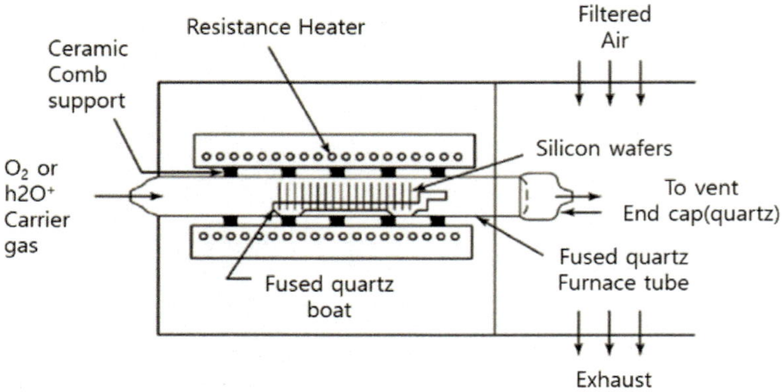

산화공정 장비 구조

보통 산화막 형성에는 열산화, 전기 화학적 양극 처리, 플라즈마 보강 화학 기상 증착(PECVD) 등 여러 가지 방법이 있지만, 고온의 환경에서 웨이퍼에 산화막을 형성하는 열산화가 가장 보편적인 방법으로 사용되며 열산화 방법은 건식(Dry)산화와 습식(Wet)산화로 나뉜다.

건식산화는 산소만을 이용해 얇은 막을 형성할 때 주로 쓰이고, 습식산화는 산소와 수증기를 모두 사용하기 때문에 보다 두꺼운 막을 형성할 때 사용한다. 건식산화는 매우 좋은 전기적 특성을 가진 산화물을 성장할 수 있지만, 동일한 온도를 적용했을 때 같은 두께의 산화물을 형성하는 데 습식산화보다 훨씬 더 많은 시간이 필요하다. 같은 온도와 시간에서 습식산화를 사용하여 얻어진 산화막은 건식산화를 사용한 것보다 약 5~10배 정도 더 두껍다. 산화막 공정과 함께 질화막 형성 공정이 진행되며 질화막은 부품 간 절연 시 Active 영역의 산화막이 성장하지 않도록 차단하는 역할을 한다.

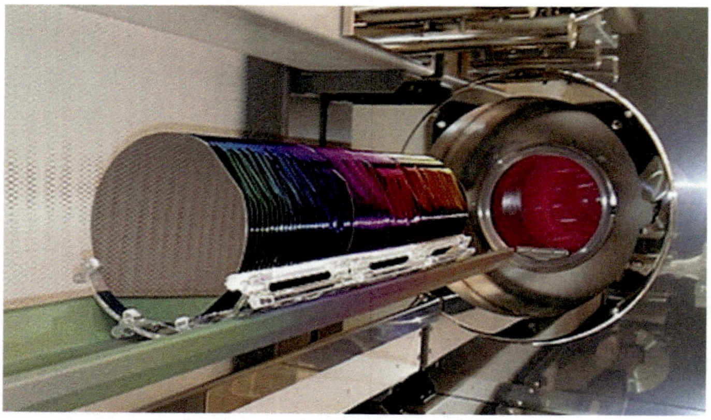

산화장치

2.11 식각공정(Etching)

웨이퍼에 감광액(PR, Photo Resist)을 바르고 빛을 조사해 밑그림을 그려 넣는 포토공정(Photo)이 끝나면, 이제 필요한 회로 패턴을 제외한 나머지 부분을 제거하는 과정이 필요하며 식각공정은 판화 기법의 한 종류인 에칭(Etching)기법과 매우 비슷한 원리이며 부식을 방지하는 그라운드를 바른 동판에 날카로운 도구로 긁어내어 판을 노출시킨 후 부식액(묽은 질산)에 넣어 부식의 진행 정도를 조절하며 이미지를 만드는 방법과 유사하다.

식각공정 역시 웨이퍼에 액체 또는 기체의 etchant를 이용해 불필요한 부분을 선택적으로 제거해 반도체 회로 패턴을 만드는 것으로 일반 대기압보다 낮은 압력인 진공 챔버(Chamber)에 Gas를 주입한 후, 전기 에너지를 공급하여 플라즈마를 발생시킨다.

'플라즈마'란 고체-액체-기체를 넘어선 물질의 제4상태로 많은 수의 자유전자, 이온 및 중성의 원자 또는 분자로 구성된 이온화된 기체인데 이온화는 전기적으로 중성인 원자 혹은 분자가 자신이 보유하고 있던 전자를 떼어 내거나 추가 확보함으로써, 양전하 또는 음의전하 상태로 바뀌는 현상을 말한다.

즉, 플라즈마는 전기에너지에 의해 형성된 충분한 크기의 자기장이 기체에 가해질 때 기체가 충돌하고 이온화됨으로써 발생하며 자기장이 자유전자를 가속화시켜 높은 에너지를 가진 자유전자가 중성의 원자나 분자와 충돌하여 이온화를 발생한다.

이온화에 의해 생성된 추가 전자도 연쇄 반응(Avalanche)에 의해 또 다른 이온화를 일으키면서 이온의 수가 기하급수적으로 늘어나게 되는 상태에서 해리된 반응성 원자(Radical Atom)가 웨이퍼 위를 덮고 있는 막질 원자와 만나 강한 휘발성을 띠면서 표면에서 떨어져 나가게 되며 이러한 반응을 통해 감광액(PR, Photo Resist) 보호막으로 가려져 있지 않은 막질은 제거된다.

노광/식각 공정

반도체를 구성하는 여러 층의 얇은 막에 원하는 회로 패턴을 형성하는 과정을 반복함으로써, 반도체의 구조가 형성되는데 식각공정은 식각 반응을 일으키는 물질의 상태에 따라 습식(wet)과 건식(dry)으로 나뉜다. 습식식각에 비해 건식식각은 비용이 비싸고 방법이 까다로운 단점이 있으나, 최근에는 나노스케일로 집적화되는 반도체 기술변화에 따라 회로선폭 역시 미세해지고 이에 따른 수율을 높이기 위한 방법으로 습식(Wet)보다는 건식(Dry)식각이 확대되는 추세이다.

감광막이 남아 있는 부분은 남겨 두고 나머지 부분은 부식시킨다. 식각이 끝나면 감광막도 황산용액으로 제거한다. 이런 과정을 거쳐 웨이퍼 위에 패턴이 형성된다. 이러한 패턴형성 과정은 각 패턴층에 대해 계속적으로 반복된다. 식각 공정은 산화막이나 폴리실리콘 및 금속 배선을 마스크에 나타난 형상대로 패턴을 만드는 공정이며 수율에 가장 큰 영향을 주는 공정이다.

건식 식각은 플라즈마를 발생시켜 건조한 상태에서 식각하는 방법으로, 시각 형태가 정교하지만 식각 시간이 길다는 단점을 가지고 있다. 습식 식각은 식각 용액을 사용하여 식각하기 때문에 건식 식각에 비하여 식각된 모양이 덜 정교하지만, 식각을 빨리 할 수 있는 장점을 가지고 있다. 식각된 형태에 따라 등방성 식각과 비등방성 식각으로 분류할 수 있다. 등방성 식각은 하부 방향의 식각과 측면 방향이 식각이 거의 동일하게 수행되는 식각이어서 원하는 모양보다 측면 방향이 과도하게 식각 될 수 있는 단점을 가지고 있다. 이방성 식각은 한쪽 방향으로 식각이 많이 발생된다. 대부분 하부 방향으로만 식각이 이루어지기 때문에 정교한 식각이 할 수 있다. 이방성 식각을 하려면 플라즈마를 이용한 건식 식각을 해야 한다.

	건식식각 (Dry Etching)	습식식각 (Wet Etching)
Etch Profile	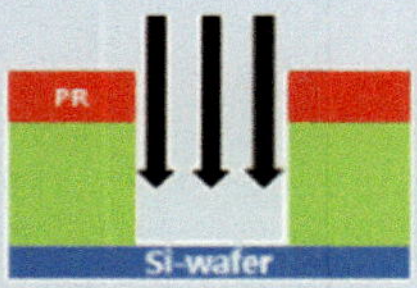 Anisotropic (이방성)	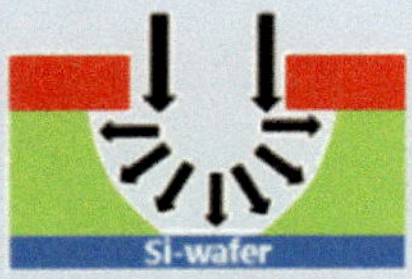 Isotropic (등방성)
Etch Rate	Slow	Fast
선택비 Selectivity	Low	High
미세패턴가공	Easy	Hard
생산성	Low	High
안정성	Safe	Danger

건식식각과 습식식각 비교

식각 공정에서 중요한 파라메타인 균일도(Uniformity) 유지는 식각이 이루어지는 속도가 웨이퍼 상의 여러 지점에서 얼마나 동일한 가를 의미하며 균일도가 중요한 이유는 일정한 시간 동안 공정을 진행한 상태에서 웨이퍼의 부위에 따라 식각 속도가 다를 경우, 형성된 모양이 부위별로 다르게 되어 특정 부위에 위치한 칩의 경우 동작하지 않아 불량이 발생하거나 특성이 달라지는 문제가 발생하기 때문이다.

식각속도(Etch Rate)는 장시간 동안 막질을 얼마나 제거할 수 있는지를 의미하는데, 식각속도는 주로 표면 반응에 필요한 반응성 원자와 이온의 양, 이온이 가진 에너지에 의해서 변화한다. 즉 원자와 이온의 양, 이온이 가진 에너지 등에 따라 식각속도가 달라지는데, 이러한 인자의 컨트롤 정도를 증가시켜 전체적인 수율을 향상시키는 것이 중요하다. 이 이외에도 선택비(Selectivity), 형상(Profile) 등이 건식 식각의 중요한 파라메타이다.

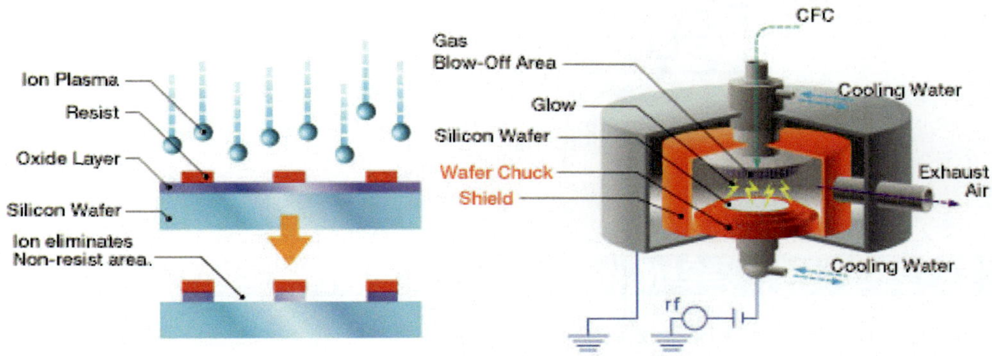

건식(플라즈마)식각 장치

2.12 이온 주입(Ion Implant)

이온 주입 공정은 붕소(B), 인(P), 비소(As) 등과 같은 불순물 원자를 실리콘 내부에 깊숙이 집어넣는 공정이다. 원자를 이온화시킨 후 높은 전계를 가해서 가속시킨다. 가속된 원자는 큰 에너지를 가지기 때문에 그 힘에 의해서 실리콘 내부로 침투해 들어간다. 단위 면적당 주입되는 이온의 양을 도즈(Dose)라 하며, 불순물 농도 조절용 단위로 쓰인다. 침투되는 불순물의 깊이는 가속 전압을 조절하여 정한다. 주입된 불순물이 원자와 제대로 결합하도록 어닐링(Annealing)과정을 거친다. 이온 주입 공정은 이온 주입기를 이용하여 정확한 양의 불순물을 실리콘 웨이퍼 내의 원하는 곳에 주입하는 공정이다. 이온 주입 공정은 상온에서 수행할 수 있기 때문에 확산 공정에 비하여 불순물의 측면 퍼짐이 적어서 정확한 불순물 분포를 구현할 수 있는 장점이 있다. 그렇지만 이온들이 실리콘 결정격자와 충돌하기 때문에 실리콘 결정을 손상시키는 단점이 있다. 이 단점은 열처리, 즉 어닐링(Annealing)을 적절히 해주면 해결된다. 주입된 불순물 이온들의 분포는 침투 깊이에 따라 가운시안(gaussian) 분포를 보인다. 불순물 이온 농도가 최대치가 되는 지점이 평균 침투 깊이가 되고, 이는 이온 주입 에너지를 제어함으로써 정확히 조절할 수 있다. 이러한 불순물 주입은 고온의 전기로 속에서 입자를 웨이퍼 내부로 확산시켜 주입하는 디퓨전(Diffusion) 공정과 유사하다.

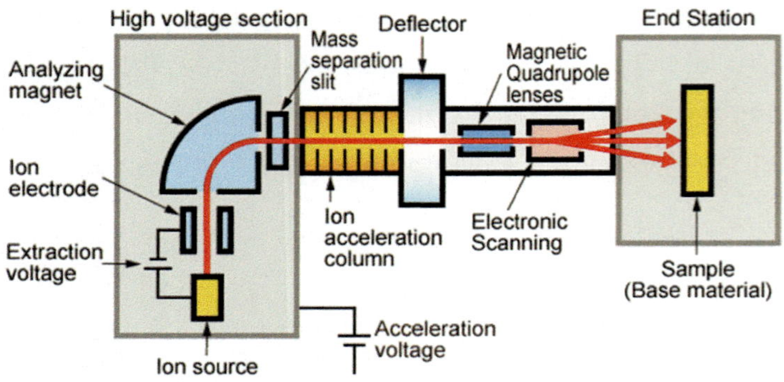

이온주입 공정 장치도

2.13 화학 기상 증착(Chemical Vapor Deposition)

CVD(Chemical Vapor Deposition) 공정은 유전체나 도체로 작용하는 층을 기체상태의 화합물로 분해한 후 화학적 반응에 의하여 기판 위에 적층하는 기술이다. 유전체로 사용하는 산화막(SiO_2)이나 Poly Silicon층을 만들 때 주로 사용한다. 적층이란 눈이 내려 쌓이듯 원자 알갱이가 차곡차곡 쌓이는 것을 말한다.

박막(thin film)은 기계가공으로는 실현 불가능한 두께인 1um 이하의 엷은 막으로 정의되며 반도체 공정에서는 반도체가 원하는 전기적인 특성을 갖도록 하기 위해 분자 또는 원자 단위의 물질을 박막의 두께로 촘촘히 쌓는다. 두께가 워낙 얇기 때문에 웨이퍼 위에 균일하게 박막을 형성시키는 데에는 정교하고 세밀한 기술력이 필요한데, 예를 들어 8인치 크기 웨이퍼에 두께가 1마이크로미터(μm)의 박막을 씌운다고 가정하면 이는 곧 반경 100m 크기의 대운동장에 모래를 1mm 이하의 두께로 균일하게 쌓는 것과 같은 수준이라고 할 수 있다.

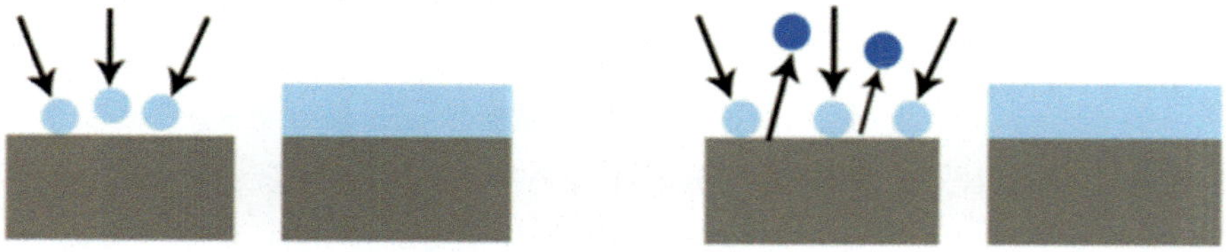

PVD와 CVD의 비교

증착 방법은 물리적 기상 증착 방법(PVD, Physical Vapor Deposition)과 화학적 기상 증착 방법(CVD, Chemical Vapor Deposition)으로 나뉜다. 기상 증착 방법은 주로 금속 박막의 증착에 주로 사용되고, 화학적 기상 증착 방법은 실리콘, 유전체 증착에 주로 사용되며, PVD보다 step coverage가 좋다. 사용하는 외부 에너지에 따라 열 CVD, 플라즈마 CVD, 광CVD 등으로 세분화되는데 특히 플라즈마 CVD의 경우, 다른 CVD에 비해 저온에서 형성이 가능하고 두께 균일도를 조절할 수 있으며 대량 처리가 가능하다는 장점 덕분에 최근에 가장 많이 이용된다. 증착 공정을 통해 형성된 박막은 크게 회로들 간 전기적인 신호를 연결해 주는 금속층과 내부 연결층을 전기적으로 분리하거나 오염원으로부터 차단시켜주는 절연막 층으로 구분된다.

2.14 금속 배선(Metal Deposition)

금속으로 부품과 부품을 연결하는 배선기술을 말한다. 진공증착인 PVD(Physical Vapor Deposition) 공정이 주로 사용되는데 재료의 온도를 높여 금속원자를 증발시킨 후 반도체 표면 위에 증착 시키며 스퍼터링(Sputtering) 증착은 플라즈마(Plasma) 내의 이온이 금속을 때려서 금속원자가 떨어져 나와 증착된다. 금속배선 공정을 위해서는 반도체 기판과의 부착성이 좋고 전기저항이 낮으며 열적 · 화학적으로 안정적인 물질을 사용한다.

금속배선 공정

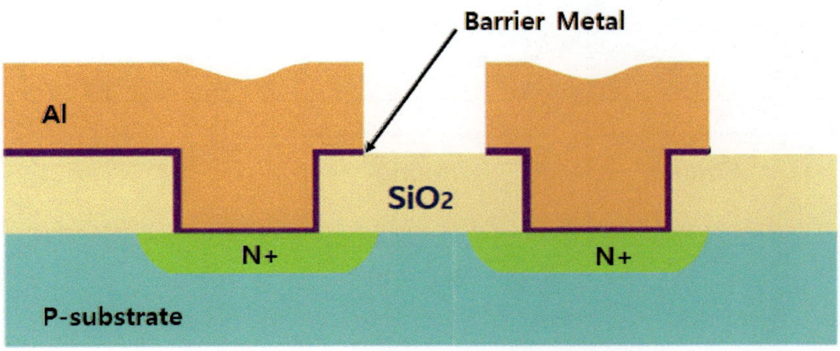

배리어 메탈 형성 공정

반도체용 금속 배선 재료로 알루미늄(Al)과 텅스텐(W)이 많이 사용된다. 알루미늄(Al)과 실리콘(Si)이 만나면 계면에서 섞이려는 성질이 있으므로 실리콘으로 만들어진 반도체 웨이퍼의 경우 알루미늄 배선 공정에서 접합면이 파괴되는 현상이 생길 수 있는데, 이를 방지하기 위해 두 접합면 사이 장벽(Barrier)에 해당하는 금속을 증착하는 과정이 배리어 메탈(Barrier Metal) 형성 공정이다.

이후 알루미늄 배선은 증착을 통해 이루어지는데, 알루미늄을 진공 챔버에 넣어 감압 하에서 끓이면 알루미늄이 입자 상태로 진공 챔버 안이 가득 채워지고 웨이퍼를 진공 챔버에 넣어 통과시키면 알루미늄의 입자가 박막을 형성해 부착되고 고진공 상태에서 알루미늄을 증기화 하여 부착시키므로 이 공정을 진공 증착(evaporator)이라고 한다. 최근에는 플라즈마를 이용한 물리적 기상 증착 방법(sputtering)도 많이 사용된다.

소자와 금속 배선의 연결 부분을 콘택(contact)이라고 하는데 콘택은 크기가 작아서 좁은 hole 형상을 가지게 되면 좁은 공간을 금속으로 채우기가 어려워지므로 알루미늄보다는 텅스텐을 많이 사용한다. 콘택 제작 공정에서는 균일하게 박막을 형성하고 부착시키기 위해 진공 증착보다는 화학적 기상증착 방법(CVD)을 통해 금속 배선을 진행하며 최근에는 이전의 도전재료(Al, W)보다 가격은 저렴하고 전도성은 더욱 우수한 구리(Cu)가 첨단 메모리, CPU 및 Logic 제품에 상용화되고 있다.

2.15 웨이퍼 자동선별(Electric Die Sorting : EDS)

전기적인 특성검사를 통해 웨이퍼 상태에서 각각의 칩들이 원하는 품질 수준에 도달하는지 체크하는 것을 EDS Test(Electrical Die Sorting)라고 한다. EDS 공정의 목적은 양품이 될 가능 여부를 판단하여 수선(Repair)이 가능한 칩은 다시 양품으로 만들고 불가능한 칩은 특정한 표시(Inking)를 통해 불량으로 판정하여 다음 공정에서 더 이상 작업을 진행하지 않도록 선별하는 것이다. 메모리 소자의 경우 EDS 순서는 다음과 같다.

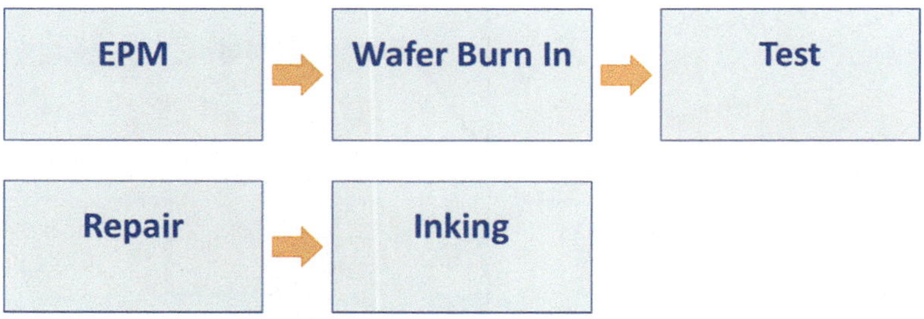

EDS 순서

EPM(Electrical parameter monitoring)은 실제 제조된 소자의 특성을 소자 설계 시 설정했던 목표치와 비교하는 목적으로 반도체 소자 내에 들어 있는 트랜지스터, 커패시터, 다이오드와 같은 개별 소자의 전기적 요소(DC parameter)를 측정하고 이를 설계, 제조 공정에 피드백하는 과정이다.

웨이퍼 번인(Wafer burn-in)은 제조된 반도체 chip에 열과 강한 AC/DC전압을 가해서 초반에 불량이 날 가능성이 높은 chip들을 패키지 전에 미리 fail시키는 과정이다. 이러한 번인 공정을 진행하는 이유는 아래 그래프에서처럼 시간에 따른 반도체 제품의 불량률에서 Infant mortality라고도 불리는 초기 불량들은 제조 과정에서의 불량에 의해 발생되는데, 번인을 통해 태생적인 초기 불량들을 미리 fail시켜 출하되는 제품에서 이러한 초기 불량품들을 제외하기 위함이다.

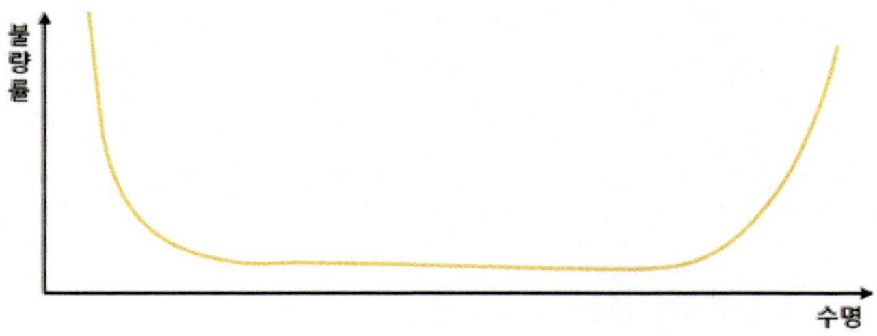

IC의 불량 특성

번인 과정을 거쳐 선별된 IC들은 다양한 온도, 습도, 전압 인가 조건에서 프로브 카드(Probe card)를 이용한 테스트가 진행된다. 웨이퍼 테스트는 반도체 공정을 통해 만들어진 수많은 칩들을 패키징에 들어가기 전에 1차적으로 테스트하는 과정으로, 반도체 제조 수율 측면에서 매우 중요한 공정이다. 웨이퍼 위의 다양한 종류의 반도체 칩들과 범용 테스트 장비를 전기적으로 연결하는데 필요한 핀 등이 아직 없는 상태이므로 아래 그림과 같이 테스트 장비와 웨이퍼를 전기적으로 연결시키기 위해 무수히 많은 탐침으로 이루어진 프로브 카드를 사용하게 된다. 프로브 카드는 웨이퍼 위 칩에 있는 패드 사이즈에 알맞게 정렬된 탐침(tip, needle tip)을 가지도록 설계, 제작된다.

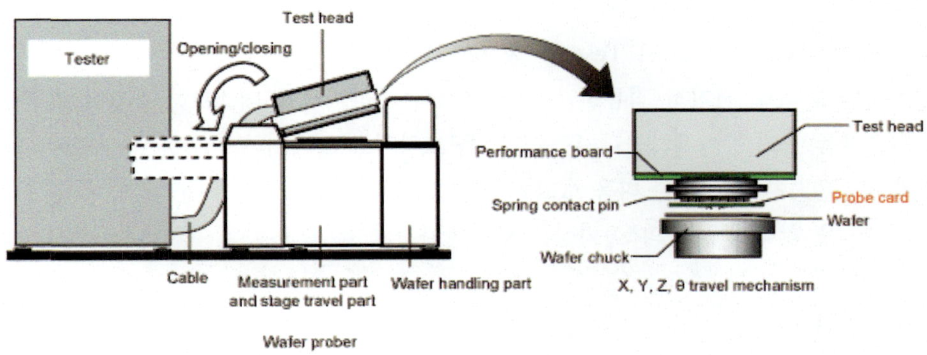

웨이퍼 테스트 시스템 구조

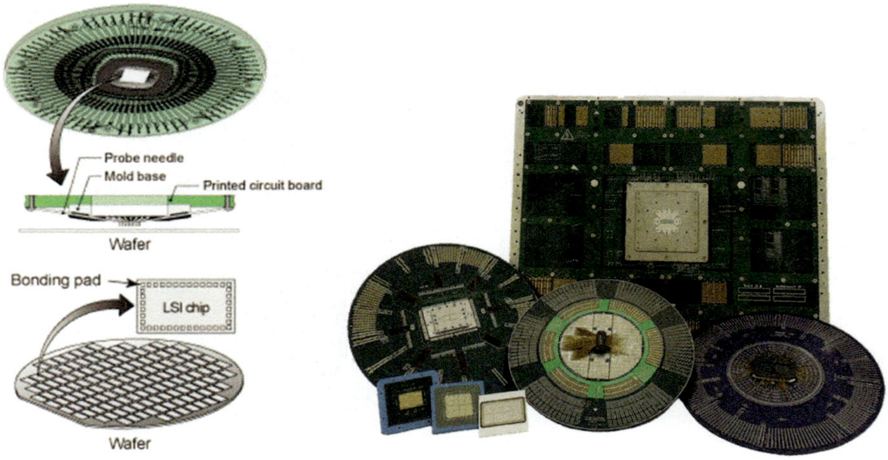

다양한 종류의 프로브 카드

따라서 프로브 카드가 웨이퍼에 몇 차례 접촉하는 것으로 웨이퍼 위 수많은 칩들의 불량 여부, 전기적 특성 등을 검사할 수 있다. Repair 단계에서는 웨이퍼 상에 불량이 있는 셀을 여분의 셀로 대체한 후 다시 테스트를 진행하며 최종 선별된 양품과 불량 칩을 구별하기 위해 특수잉크를 사용하여 불량 칩을 식별할 수 있도록 표시한다. 이후 알루미늄 배선은 증착을 통해 이루어지는데, 알루미늄 덩어리를 진공 챔버에 넣어 감압 하에서 끓이면 알루미늄이 입자 상태로 진공 챔버 안에 가득 채워지고 웨이퍼를 진공 챔버에 넣어 통과시키면 알루미늄의 입자가 박막을 형성하면서 웨이퍼에 부착되고 진공 상태에서 알루미늄을 증기화하여 부착시키기 때문에 이 공정을 진공 증착(evaporator)이라고 하는데 최근에는 플라즈마를 이용한 물리적 기상 증착 방법(sputtering)도 많이 사용된다. 웨이퍼에서 진행되는 세부 공정은 다음과 같다.

① ET Test & WBI(Electrical Test & Wafer Burn In)

개별소자들에 대해 전기적 직류전압, 전류특성의 파라미터를 테스트하며 WBI(Wafer Burn In) 공정은 제품 초기에 발생하는 높은 불량률을 효과적으로 제거하기 위한 목적으로 실행한다. 웨이퍼에 일정온도의 열을 가한 다음 AC/DC 전압을 가해 제품의 약한 부분, 결함 부분 등 잠재적인 불량 요인을 찾아내 제품의 신뢰성을 향상한다.

② Pre-Laser(Hot/Cold)

수선 가능한 칩은 수선 공정에서 처리하도록 정보를 저장하는 공정이며 특정 온도에서 발생하는 불량을 걸러내기 위해 상온보다 높거나 낮은 온도에 따른 테스트가 병행된다.

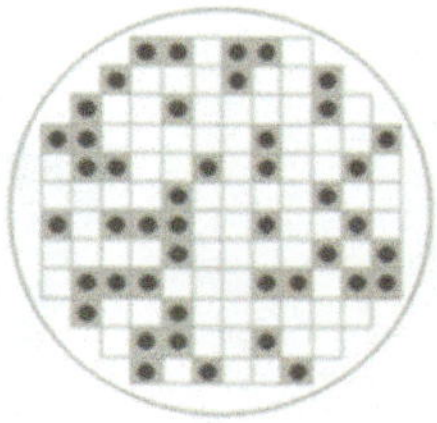

수율 60%

$$수율(Yield) = \frac{\text{실제 생산된 정상 칩의 수}}{\text{설계된 최대 칩의 수}} \times 100$$

EDS에 의한 수율측정

③ Laser Repair & Post Laser

EDS Test 가운데 중요한 공정으로, 앞서 진행된 Pre-Laser 공정에서 불량이 발생하였지만 수선이 가능한 칩들을 모아 Laser Beam을 이용해 수선하는 공정이다. 리페어는 주로 메모리 소자에서 적용되는 기법이며 테스트 단계에서 불량으로 판정된 셀을 버리고, 여분으로 제조해 놓은 새로운 셀로 대체하는데 불량 cell이 있다 하더라도 전체 Chip 자체는 양품이 되어 출하가 가능하다. 메모리 공정에서는 이러한 리페어를 위해 해당 공정의 수율에 맞춰 적절한 수의 여분의 cell들을 미리 만들어놓으며 테스트 결과 불량 cell이 있는 것으로 판단된 line으로 연결되는 전선을 끊어버리고 여분의 새로운 cell들이 있는 column line 또는 row line으로 연결시킨다.

이렇게 불량 cell을 끊어내는 과정에서 laser를 사용하는 경우가 많아서 리페어 공정을 laser repair라고 부르기도 한다. 최근에는 메모리 셀의 미세화가 극심해짐에 따라 레이저를 통해 전기 배선을 끊어내는 것이 어려울 정도로 배선 간격 등이 작아져 최근 최첨단 메모리 리페어 공정에서는 주로 강한 전압이나 전류를 인가하여 배선을 끊어내는 e-fuse 리페어가 적용된다. 이렇게 리페어를 거친 chip들은 다시 한번 probe card 등을 이용한 테스트를 거치고, Inking 등으로 불량 칩에 marking을 해놓게 된다. 이러한 EDS, Wafer test를 거쳐 양품으로 판정된 chip들은 패키징 공정을 통해 패키지로 제조된 후 최종적으로 패키지 단위의 테스트와 모듈 테스트를 거쳐 출하된다.

④ Tape Laminate and Bake Grinding

Tape Laminate 공정과 Bake Grinding 공정은 여권이나 신용카드 등에 들어가는 IC 카드를 비롯해 두께가 얇은 제품을 조립할 때 필요한 공정으로서, 웨이퍼 뒷면을 미세한 다이아몬드 입자로 구성된 연마 wheel로 갈아 칩의 두께를 얇게 함으로써 조립을 용이하게 한다. 이때 발생하는 다량의 실리콘 잔여물(Dust) 및 파티클(Particle)로부터 웨이퍼 패턴 표면을 보호하기 위해 전면에 자외선(UV) 테이프를 씌워 보호막을 형성하는 것이 바로 Tape Laminate 공정이다. Grinding이 끝나면 패턴 면을 보호하기 위해 붙여 놓은 테이프는 다시 벗겨 낸다.

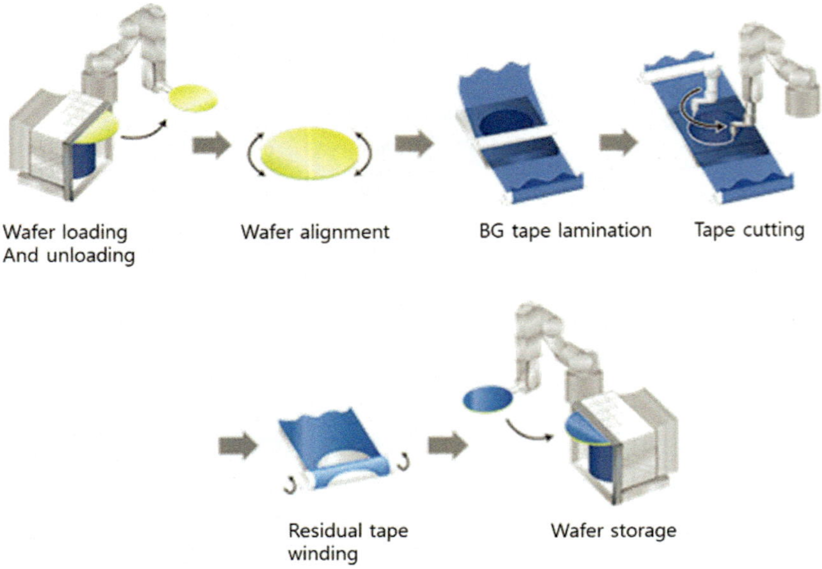

Back grinding과 Tape laminator

⑤ **Inking**

Pre Laser 및 Post Laser에서 발생된 불량 칩에 특수 잉크를 찍어 육안으로도 불량 칩을 식별할 수 있도록 만드는 공정이다. Inking 과정을 거치고 나면 조립 과정에서 잉크가 찍힌 불량 칩에 대해서는 조립을 진행하지 않아도 되므로 조립 및 검사 공정에서 사용되는 원부자재 및 설비, 시간, 인원 등의 손실 절감 효과가 있다.

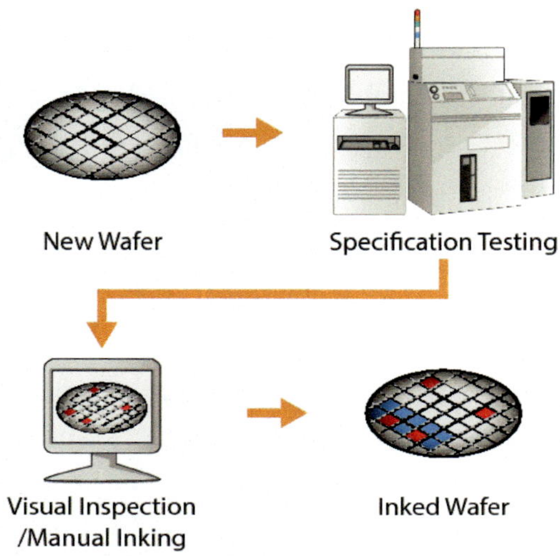

Wafer Inking Process

⑥ **웨이퍼 절단**(Sawing)

웨이퍼에 그려진 하나하나의 Chip들을 떼어내기 위하여 Wafer를 손톱만한 크기로 계속 잘라낸다. 절단에는 다이아몬드 톱이 사용된다. 웨이퍼에서 부위별 명칭은 다음과 같다.

- Chip : 웨이퍼 위 전자회로가 새겨진 얇고 작은 조각으로, IC칩이 되는 부분이다.
- Scribe Line : Chip 사이의 경계로, 아무 전자회로가 없는 부분이며, 웨이퍼를 개개의 칩으로 나누기 위한 분리 선이다.
- TEG(Test Element Group) : 작은 IC칩 한 개에는 수십만 또는 수백만 개의 트랜지스터, 커패시터, 저항, 다이오드, 배선회로 등으로 구성되어 있어 실제 칩의 동작 여부를 판단하기 위해 테스트가 필요하다. 따라서 칩의 실제 특성을 보기 위해 패턴을 구현한 것이 TEG이다.
- Edge Die : 웨이퍼는 가장자리 부분에 손실 부분으로 직경이 작은 웨이퍼보다 큰 웨이퍼의 다이 부분이 적고 손실도 줄어든다.
- Flat Zone : 웨이퍼 결정 구조는 눈으로 식별이 불가능하므로 웨이퍼의 구조를 판별하기 위해 웨이퍼의 한 부분을 평평하게 만드는데, 이를 '플랫존'이라고 한다.

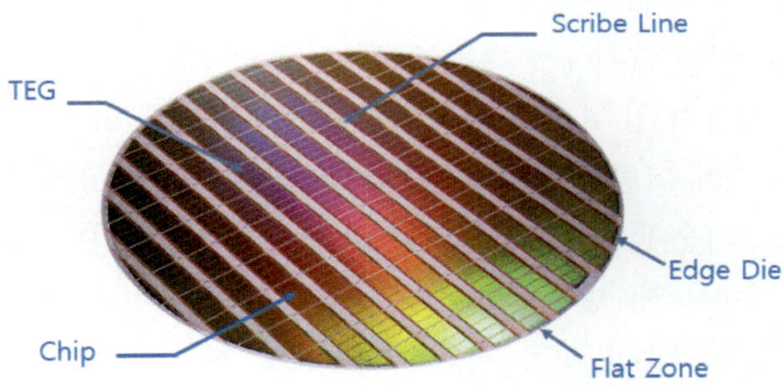

Wafer의 부위별 명칭

MPW는 Multi-Project Wafer의 약자로 반도체 관련 연구실이나 개발단계에서 자주 사용되는 방법으로, 웨이퍼 하나에 여러 개의 프로젝트를 함께 넣는 것이다. 보통 반도체 설계를 하여 칩으로 만들기 위해서는 하나의 웨이퍼를 기준으로 칩을 찍어내야 하는데, 이 웨이퍼에서 칩이 나오기 위한 가격이 수억 원 이상 필요하므로 처음 설계하고 생산하는 칩을 시스템레벨에서 sample과 같이 그냥 한번 테스트용으로 뽑아 보는 방식이며 저렴하게 IC를 만들어 볼 수 있다. MPW 공정은 공정에서 진행 일정을 공지하여 신청을 받고 공정이 시작되기 전 레이아웃 설계 데이터를 취합하여 하나의 마스크에 여러 회사의 Die를 배치하여 공정을 진행하고 공정이 완료되면 Die를 해당 회사에 배포한다.

MPW 공정

⑦ Chip 접착(Die Attach)

집적회로 공정의 마지막 단계인 조립(assembly) 및 패키징(packaging) 공정은 후공정(back-end)이라고도 하며 상호 배선, 전력 공급, 방열 그리고 집적회로 보호와 같은 역할을 한다. 따라서 고온, 고습, 화학약품, 충격 등 다양한 외부환경으로부터 안전하게 보호될 수 있도록 해야 한다. 조립공정은 집적회로가 형성된 웨이퍼로부터 테스트를 거친 양호한 다이(die)를 절단하여 금속 리드 프레임(lead frame)에 부착시키는 작업이다. 리드 프레임은 반도체 칩과 실리콘 기판 사이에 전기신호를 전달하고 외부의 습기나 충격 등으로부터 칩을 보호하고 지지해 주는 역할을 한다.

리드 프레임 작업을 위하여 칩 표면의 금속와이어 본딩 패드와 리드 프레임 내부를 연결시켜 전기적 결선을 행한다. 아래 그림은 리드 프레임과 부착되는 다이(die)의 전형적인 형태를 보여준다. 낱개로 분리된 Chip 가운데 제대로 작동하는 것만을 골라내어 리드 프레임 위에 올려놓는다. 리드 프레임이란 반도체에서 지네발처럼 튀어나온 다리 부분인데 반도체가 전자 제품에 연결되는 소켓의 구실을 한다. 불량으로 판정된 제품은 자동으로 제외된다.

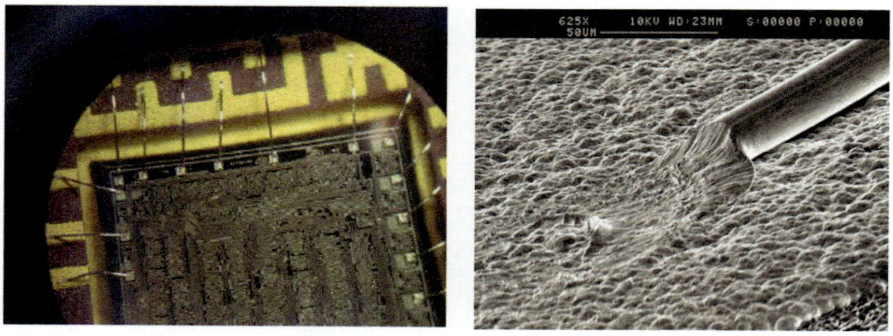

Wire Bonding 및 SEM 사진

⑧ 금속 연결(Wire Bonding)

금속 연결은 실리콘 칩 내의 소자와 소자를 전기적으로 연결시켜 주는 공정이며 배선 공정이다. Chip의 외부 연결 단자와 Lead Frame을 가느다란 금선으로 연결해 준다. 네모난 금속성 Chip이 있고 그 주위를 작은 막대기 같은 것이 나와서 바쁘게 선을 연결하는 장면이다. 배선 물질로는 용융점이 약 660도로 다른 금속에 비하여 낮고, 전기 전도도가 우수한 알루미늄이 널리 사용된다. 배선 방법으로 열 증착법, 전자빔 증착법 및 스퍼트링 증착법이 사용되고 있으며, 이 중 스퍼트링 증착법이 가장 많이 사용되고 있다. 배선작업이 끝나면 Chip들의 불량 여부를 컴퓨터로 검사하여 불량품을 자동으로 골라내기 위해서 불량제품은 검은 잉크로 동그란 마크를 찍어 분류한다.

⑨ 성형(Molding)

외형 만들기 작업이며 패키징(Packaging)이라고도 한다. 이 과정을 거쳐 우리가 흔히 볼 수 있는 검은색 지네 발 모양이 된다. Chip과 연결 금선을 보호해 주기 위하여 화학 수지로 밀봉하고 나서 플라스틱이나 세라믹 같은 것으로 감싸준다. 그 다음 윗면에 제품명이나 고유번호, 제조 회사의 마크 등을 인쇄한다. 성형(Molding) 공정에서 수지(Resin)로 구성된 EMC(Epoxy Molding Compound)에 고온을 가해 젤 상태로 만든 후, 원하는 형태의 틀에 넣어 진행된다.

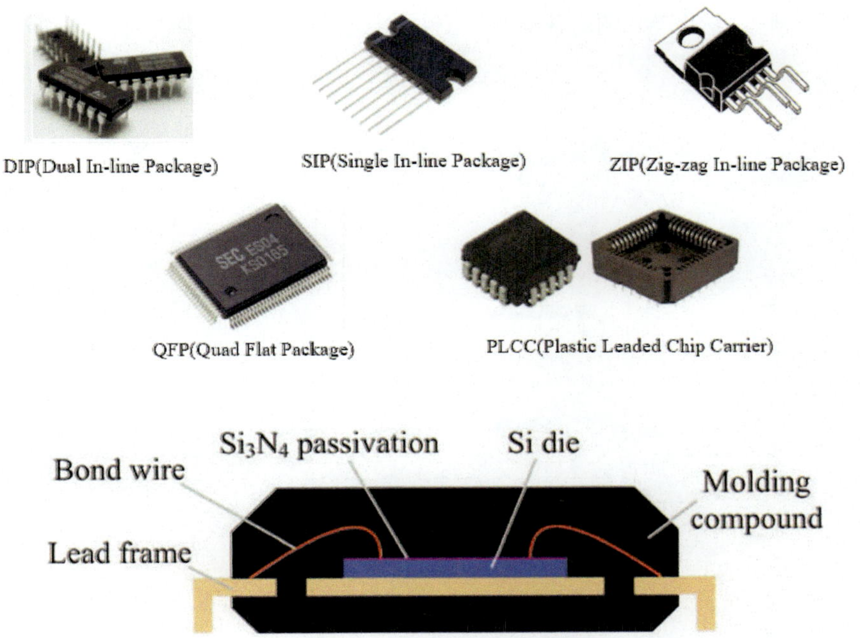

다양한 형태의 패키지와 내부구조

⑩ **최종 검사(Final Test)**

완성된 반도체의 전기적 특성이나 기능 등을 컴퓨터로 최종 검사한다. 강제로 높은 정전기를 흘린 다음 제품이 제대로 작동하는지, 높거나 낮은 습도에서도 높은 온도에서도 잘 견디는지 등을 확인하여 합격된 IC만 출하시킨다.

패키지 테스트는 반도체를 검사장비(Tester)에 넣고 다양한 조건의 전압이나 전기신호, 온도 등을 가해 제품의 전기적 특성, 기능적 특성, 동작 속도 등을 측정하여 불량 유무를 구별하며 테스트 중 발생하는 데이터를 수집하고 분석하여 그 결과를 제조공정이나 조립공정에 피드백하여 제품의 질을 개선하는 역할을 하며 다음과 같은 작업이 수행된다.

- Assembly Out

제품의 첫 테스트는 Assembly Out으로 제품 종류, 수량, I/O 수(Bit 수) 등을 확인하여 제품 검사지(Lot Card)를 작성하는 공정이며 제품 검사지에는 모든 공정 과정과 시간, 수율, 담당자, 사용 프로그램 등이 기록된다.

- DC test / Burn-in

DC test는 FAB 및 조립공정을 거치면서 발생된 불량을 선별한다. Burn-in이란 불량 가능성이 있는 제품을 사전에 제거하기 위한 공정, 제품에 고전압, 고온, 전기신호 등 극한 조건을 가하게 되며 이후 별도의 테스트를 통해 양품과 불량품을 선별하게 된다. 이러한 검증을 과정을 통과해야만 PC나 IT제품 등의 전자기기가 오류 없이 동작할 수 있는 신뢰성을 확보하게 된다.

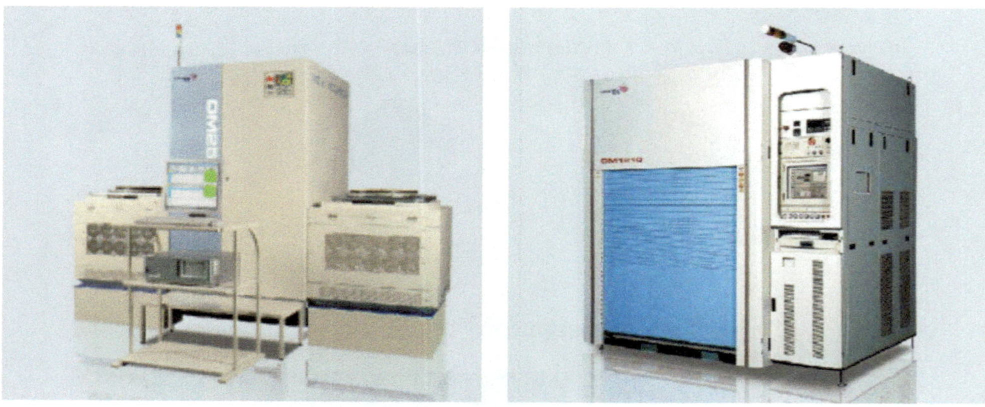

Wafer Burn-In 테스트 장비

● MBT(Monitoring Burn-in & Tester)

제품에 열적, 전기적인 극한 조건을 가하는 과정에 테스터 기능까지 추가된 공정이며 Burn-in 공정에 비해 불량분석 기간을 단축할 수 있고, 품질 불량을 보다 강화할 수 있는 장점이 있다. IC가 제작된 후 공정(Process), 동작전압(Voltage), 온도(Temperature)의 영향을 많이 받으며 이를

PVT variation이라고 한다. PVT에 의한 영향은 IC 동작의 지연특성에 영향을 주는데 반도체 IC의 속도는 PVT Operating Condition의 영향을 받으며 Process가 짧고 Voltage가 높으며, 또한 Temperature가 낮을수록 빠르게 구동될 수 있다. 따라서 설계자들은 이것을 고려해서 최악의 환경(Worst Case)에서 구동되는 반도체를 만들고자 노력한다.

PVT를 고려하는 이유는 칩 외부의 환경 변화에서도 칩이 동작하기 위함이며, OCV(On Chip Variation)를 고려하는 이유는 칩 내부의 환경 변화(공정에서 생긴 다이 간의 차이 때문에)에서도 칩이 동작하기 위함이다.

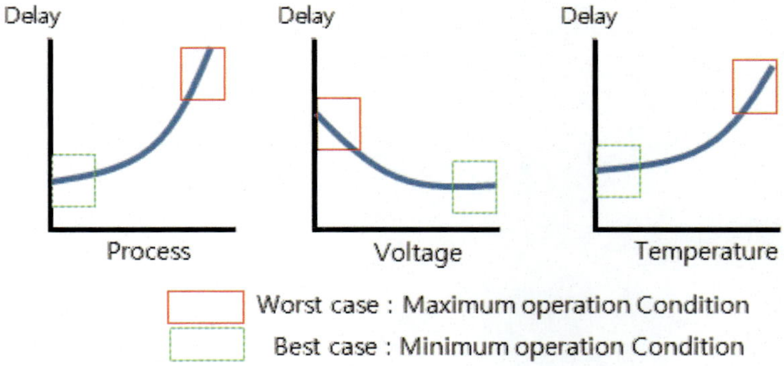

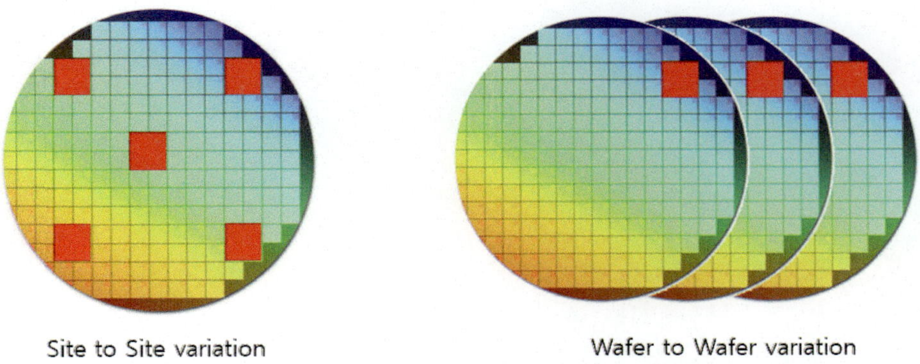

PVT variation

MEMO

후회를 최대한 이용하라
깊이 후회한다는 것은 새로운 삶을 산다는 것이다.

-헨리 D.소로-

CHAPTER III

CMOS 공정과 디자인룰

CMOS 공정은 하나의 웨이퍼에 PMOS와 NMOS를 함께 제작하여 사이즈를 줄이고 서로의 단점을 보완할 있다는 장점이 있으며 공정에서 정한 규칙(Design Rule)에 따라 반도체 소자가 설계된다.

3.1 CMOS 공정

일반적인 CMOS 공정의 순서는 산화막과 질화막을 입히는 웨이퍼 공정, 절연층을 만드는 STI(Shallow Trench Isolation) 공정, N-well을 만드는 well 형성 공정, 게이트를 만드는 게이트 공정, 소스와 드레인을 만드는 소스/드레인 공정이 진행된다.

이후 표면저항과 접촉저항을 줄여주는 salicidation 공정, 실리콘층과 메탈층을 절연시키는 PMD(Pre-metalDielectric) 공정, 실리콘과 메탈을 연결해주는 콘택 공정, 금속배선을 만드는 메탈 공정, 메탈1층과 메탈2층을 절연해주는 IMD(Inter-metal Dielectric) 공정, 메탈1과 메탈2를 연결해주는 via 공정이 진행되고 메탈2로 배선을 만드는 메탈2 공정, 메탈2와 메탈3을 절연해주는 IMD2 공정, 이어서 via2 공정, 메탈3 공정으로 이어지고 마지막으로 보호막을 입히는 passivation 공정이 진행되며 CMOS 소자가 완성된다.

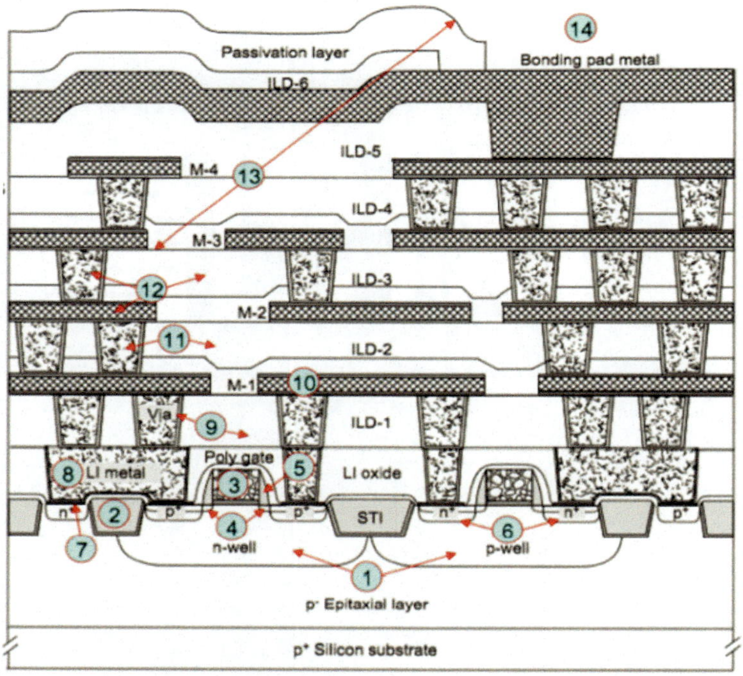

CMOS 소자의 단면도

1	Twin-well Implants	8	Local Interconnect
2	Shallow Trench Isolation	9	Interlayer Dielectric to Via-1
3	Gate Structure	10	Metal Layer1
4	Lightly Doped Drain Implants	11	Second ILD to Via-2
5	Sidewall Spacer	12	Second Metal Layer to Via-3
6	Source/Drain Implants	13	Metal-3 to Pad Etch
7	Contact Formation	14	Parametric Testing

CMOS 소자의 단면도 명칭

CMOS FET를 제작하는 표준 공정은 P형의 실리콘 웨이퍼를 사용하고, N형의 웰(well)과 여러 층의 금속 배선을 사용한다. CMOS 공정의 첫 번째 공정은 N 웰을 형성하는 공정이며 이를 위해 먼저 실리콘 기판 위에 실리콘 산화막(SiO_2)을 성장시킨다.

그 후 N 웰 마스크(mask)를 사용하여, 앞 장에서 설명한 포토 공정으로 N 웰이 형성되는 부분의 PR과 실리콘 산화막을 제거한다. Wafer 표면을 보호하고 소자 간 절연 및 격리를 목적으로 형성시키는 산화막(Oxide)은 유전체 형성 및 이온 주입 시 Mask로도 사용되는데 산소가 결합해 형성한 막이고, 질화막은 질소가 결합한 것인데 최근에는 산화막이나 질화막에서 파생되어 발전된 여러 가지의 절연막이 활용되고 있다. 산소 형성을 위한 케미컬은 산소 가스 혹은 물분자를 사용하여 800 ~ 1,200℃에서 가열하면 산화막이 형성되는데 최근에는 플라즈마를 이용하기도 하며 질화막 형성을 위해서 질소 가스 혹은 플라즈마를 사용한다.

질화막보다는 산화막이 보다 강력한 절연 기능을 갖고 있기 때문에, 절연막으로서는 산화막을 주로 사용하고, 질화막은 대부분 보조 역할을 한다. 산화막 형성에 사용되는 방식으로 건식산화 방식은 산화 속도가 느려 Pad Oxide, Gate Oxide, STI Linear Oxide 등 얇은 산화막 형성에 사용되며 습식 산화 방식은 산화 속도가 매우 빨라 Field Oxide, 희생 산화막 등에 사용된다.

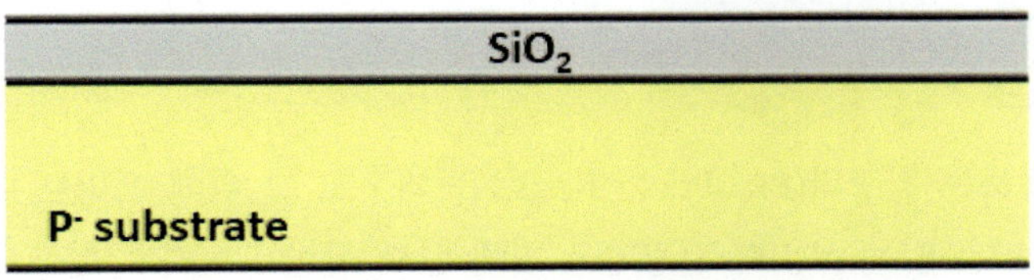

실리콘 산화막 생성

Field Oxide를 만들기 위해서 silicon nitride를 이용하며 nitride로부터 mechanical stress(trap 발생으로 인한 Vth 변화)를 막기 위해 nitride를 deposition 하기 전에 buffer oxide를 만든다.

초기 산화막 위에 질화막을 증착(nitride deposition)시키는 과정으로, 부품과 부품 간의 절연을 하기 위한 필드 영역의 산화막을 성장시킬 때 액티브 영역의 산화막이 성장하지 못하게 차단하기 위해 질소 화합물을 형성한다.

Drive-in은 field implant의 activation, diffusion을 하기 위한 고온 열처리 과정이며 LOCOS(Local Oxidation of Silicon) 공정은 소자 간 간섭을 없애기 위한 공정으로 field oxide를 만드는 과정이다. 하지만 0.5um 이하의 미세공정으로 갈수록 field oxide가 active area를 침범하는 Bird's Beak 현상이 발생하므로 최근에는 STI(Shallow Trench Isolation) 방법을 많이 이용한다. LOCOS 공정은 산화막이 증착되면서 기존에 있던 틈새의 산화막도 약간 증착되면서 양옆이 들려지게 되는 현상으로 모양이 새의 부리 같다고 하여 Bird's beak이라고 한다.

LOCOS 공정의 Bird's beak 현상

LOCOS 공정을 이용하면 소자 간 Isolation은 이루어질 수 있으나 Bird's beak 문제로 가용할 수 있는 Active영역이 줄어들게 된다. STI를 형성하는 방법은 먼저 실리콘 웨이퍼 위에 산화막과 질화막을 성장시키고 필드 산화막이 형성될 부분에 액티브 마스크를 사용하여 질화막과 산화막 그리고 실리콘 내부까지 식각시킨다. 그 다음 식각된 부분을 두꺼운 산화막으로 도포한 후 질화막을 제거하면 트랜치 구조의 필드 산화막을 만든다.

3.2 STI 공정

(1) 액티브 마스크

빛에 의해서 반응하는 감광막(PR : Photo Resist)을 씌우고 그 위에 액티브 마스크를 놓고 빛을 쬐이면 액티브 마스크가 없는 부위의 감광막은 빛에 의해 성질이 변하며 현상 공정 후에는 액티브 영역의 감광막만 남는다. 액티브 마스크는 실제 트랜지스터의 크기를 정의하는 영역으로, 소자 간에 전기적 절연 역할을 하는 필드 영역(FOX : field oxide)을 만드는 데 사용한다.

소자 간의 거리가 매우 짧으므로 두 소자 간에 원하지 않는 전류가 흐를 수 있으므로 이를 방지하는 역할이 FOX이다. 일반적으로 포지티브(positive) PR을 사용하므로 빛을 받은 부분의

PR이 제거되기 때문에 N웰 마스크는 N웰이 형성되는 부분으로 액티브(active) 부분은 투명하고, N웰이 형성되지 않는 부분 필드(field)부분은 어두워야 한다. 이런 형태의 마스크를 다크 필드 마스크(dark field mask)라고 부른다.

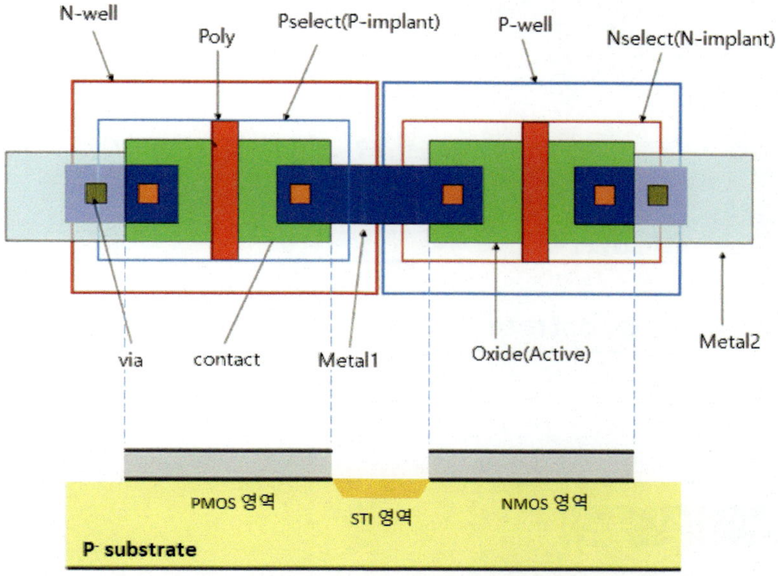

Oxide(Active) 마스크에 의한 소자영역 형성

(2) STI 영역 식각 및 FOX 형성

STI(Shallow Trench Isolation)는 좁은 도랑을 파서 서로 격리시킨다는 뜻으로 빛에 의해 photo resist가 녹아 없어진 부위의 질화막과 산화막을 없앤 후 그 부위의 웨이퍼를 파낸다. 이를 '식각(etching)'이라 부르며, NMOS와 PMOS 두 부품이 서로 쇼트(short)되지 않도록 절연하기 위함이다. 이와 같은 방법을 STI 영역에 P-well(담장)과 N-well을 만들어 부품 간에 절연을 시킨다.

이어서 웨이퍼를 식각(etching)해 낸 부위, 즉 질화막이 없는 부위에 CVD(Chemical Vapor Deposition) 공법으로 산화막을 형성한 다음 질화막 위로 덮인 CVD Oxide층을 식각한 후 질화막을 식각한다.

3.3 Well 형성 공정

(1) P-well 생성

P-well mask로 3가원소인 붕소(boron) 이온을 주입시키면 P-well 영역이 만들어진다. N-well 영역에는 마스크로 가려져 있어 붕소 이온이 침투되지 않는다.

(2) N-well 생성

P-well과 마찬가지로 N-well mask로 5가원소인 인(P) 이온을 주입시켜 N-well을 만든다.

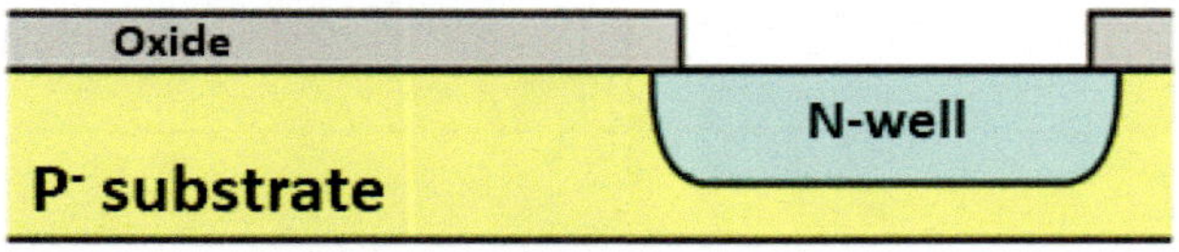

확산에 의한 N-well 형성

3.4 Gate 형성 공정

gate 소스에서 드레인으로 전류의 흐름을 제어하며 문턱전압에 영향을 주기 때문에 두께가 정확해야 하며 또한 표면이 깨끗해야 한다. 희생 산화막(sacrificial oxidation)은 gate oxide를 만들기 전, 표면의 defect와 contaminant를 제거하기 위해 oxidation을 한 이후 생성된 sacrificial oxide를 제거하는 과정이며 sacrificial oxide를 생성함으로써 표면의 Si가 소모되기 때문에 표면의 defect와 contaminant이 제거되는데 이때 oxide 내부의 interface trap, mobile trap, oxide trap, fix charge 등 다양한 요인으로 문턱전압에 변화에 영향을 준다.

이 중 interface trap은 oxide 표면의 dangling bond에 의한 trap이며 mobile trap은 contaminant에 의한 trap으로 칼륨, 나트륨 등 여러 mobile ion에 의한 것이고 oxide trap은 oxide 내부 defect에 의한 trap이며 마지막으로 fix charge는 oxide가 성장할 때 불완전하게 성장한 SiO_2에 의한 trap이다.

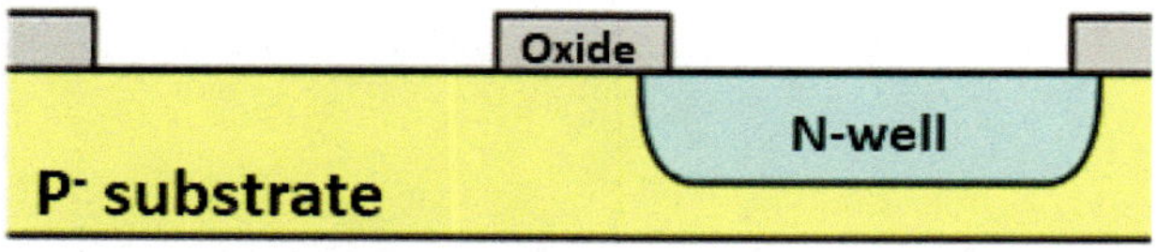

NMOS 생성을 위한 에칭

그 다음 N 형의 불순물을 이온 주입 공정으로 실리콘 웨이퍼 속으로 주입시킨다. 웰의 깊이가 3um 이하로 불순물 이온이 비교적 웨이퍼 내부 깊숙이 박혀야 하므로 N 형의 불순물로는 원자 질량이 작은 인(phosphorous) 원자를 사용한다. 인 원자의 웨이퍼 내부 투사 거리는 이온 주입 에너지에 따라 조절된다. 그 후 PR과 실리콘 산화막을 제거하고 열처리를 해주면 N 웰 형성이 완료된다. 이렇게 만들어진 N 웰은 실리콘 웨이퍼 내부에서는 불순물의 농도가 크고 웨이퍼 표면으로 올수록 농도가 작아지며 일반적으로 불순물의 농도는 웨이퍼 표면에서 가장 크고 웨이퍼 내부로 갈수록 감소한다.

액티브 영역은 FET가 형성되는 영역으로 산화막의 두께가 얇은 영역을 의미한다. 먼저 실리콘 웨이퍼 위에 얇은 두께의 산화막을 형성시킨다. 산화막 위에 CVD(Chemical Vapor Deposition)로 질화막을 증착 시킨다. 그 다음에 액티브 마스크를 사용하여 포토 공정으로 액티브 영역을 패터닝을 한다. 액티브 마스크는 액티브 영역에 산화막, 질화막 및 PR이 남아 있어야 하기 때문에 클리어 필드가 되어야 한다. 산화막, 질화막과 PR이 제거되는 부분은 FET가 형성되지 않는 필드 부분이 된다.

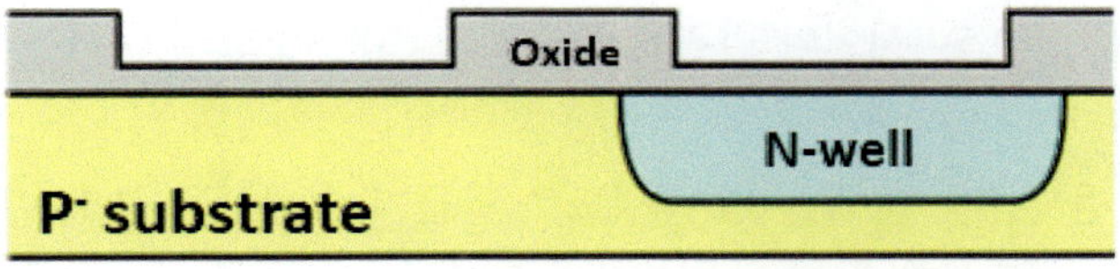

Gate Oxide 형성

다음 공정은 채널 정지 이온 주입 공정이며 불순물로 P 형의 붕소(B) 이온을 사용한다. PR이 남아 있는 액티브 영역에는 붕소 이온이 웨이퍼 내부로 주입되지 못하고 PR이 없는 필드 영역에 붕소 이온이 주입된다. 주입된 붕소 이온은 필드의 문턱 전압을 증가시켜 누설 전류를 최대한 낮춰주는 역할을 한다.

PR을 제거하고 산소 가스를 웨이퍼로 불어넣어 산화막을 성장시키면 질화막이 형성된 부분은 산소를 통과시키지 않으므로 산화막이 성장되지 않고 질화막이 없는 부분은 산화막이 두껍게 성장하여 필드 영역이 된다.

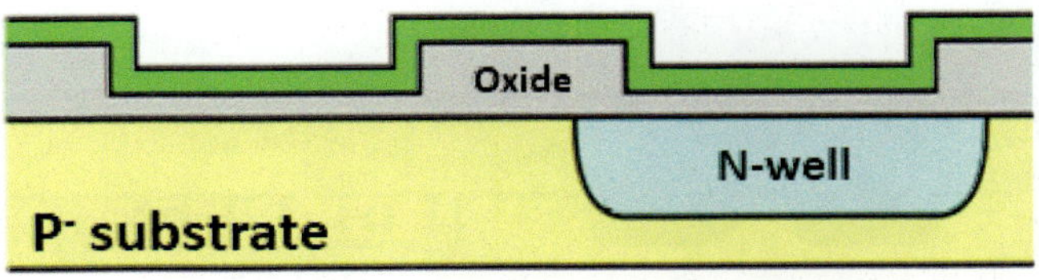

Poly silicon 형성

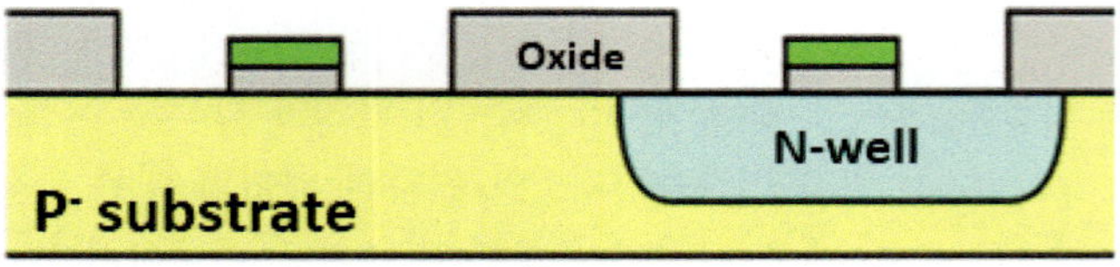

Poly silicon 및 산화막 에칭

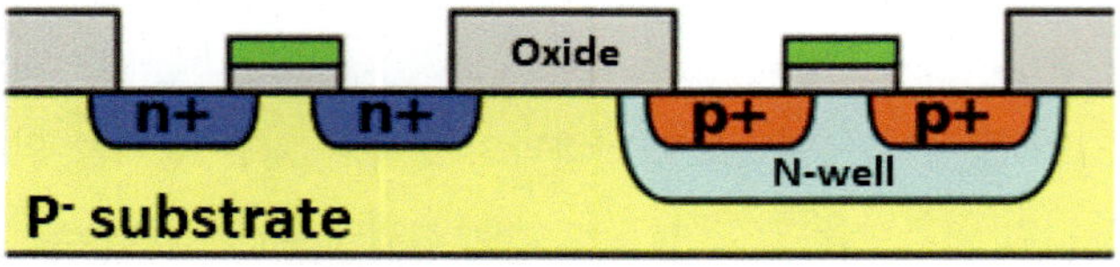

Source, Drain Implant

게이트 산화막 성장 공정은 FET 게이트의 산화막을 형성시키기 때문에 FET의 품질을 결정하는 매우 중요한 공정이다. 1Å 은 10^{-10}m이며 약 50 Å 두께의 산화막을 건식 산화법으로 성장시킨다. 게이트 산화막 성장 공정 다음 공정은 문턱 전압 조절을 위한 이온주입 공정이다. NMOS FET의 문턱 전압은 −0.2V에서 +0.5V 사이의 범위에 분포하고 PMOS FET의 문턱전압은 −2.0V에서 -1.5V 범위에 분포한다.

이들 문턱 전압들을 각각 +0.6V, -0.6V 정도로 만들기 위해서는 붕소 이온을 주입시켜 문턱 전압을 양의 방향으로 이동시킨다. 보다 정교하게 문턱전압을 조절하려면 별도의 마스크가 필요한데 이 경우는 공정 원가가 높아진다. 폴리 게이트 또는 폴리 마스크 형성 공정은 폴리 실리콘을 웨이퍼 전면에 CVD로 0.2um 정도 도포한 후, 폴리 게이트 마스크를 사용하여 포토 공정으로 게이트 영역을 패터닝한다. 폴리 게이트 마스크는 폴리 실리콘이 남아 있어야 하므로 클리어 필드가 되어야 한다.

3.5 Source, Drain 형성 공정

다음으로 NMOS 소스 및 드레인 형성(N+ MASK) 공정은 다크 필드 N 플러스 마스크를 사용하여 포토 공정으로 NMOS FET의 소스와 드레인을 패터닝한다.

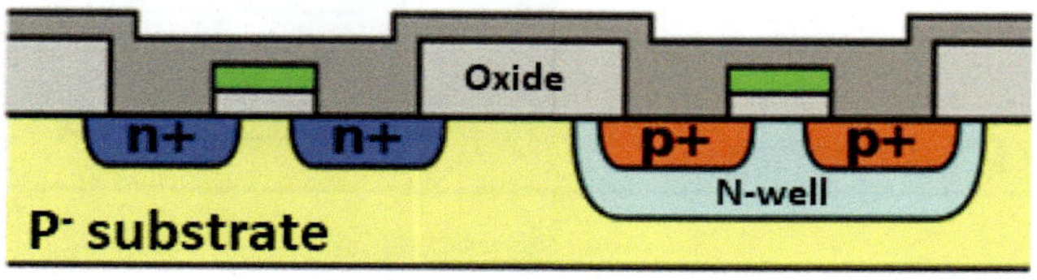

Nitride 성장

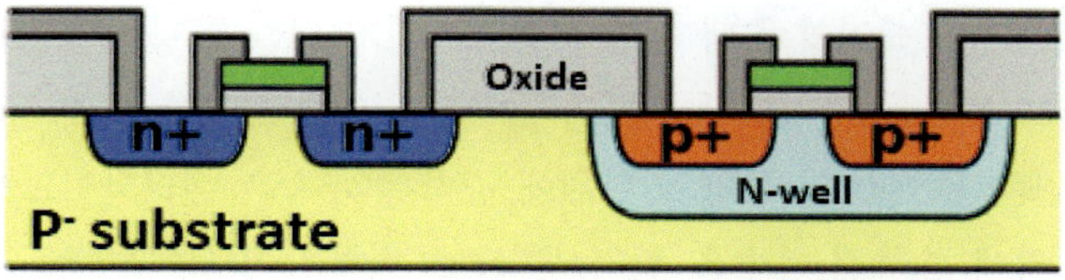

Nitride 에칭

N+ 이온 주입 공정은 N 형의 불순물인 아세나이드(As)를 10^{21} 정도의 고농도로 웨이퍼 표면에 주입시킨다. 이때 PR에 의하여 아세나이드 이온은 N 모스의 소스와 드레인 및 N 웰에 바이어스를 인가하는 영역에만 주입된다. 반면에 게이트 아래의 실리콘에는 폴리 게이트에 의하여 차단되어 아세나이드 이온이 들어가지 못한다. 이렇게 별도의 마스크를 사용하지 않고 게이트에 의하여 소스 및 드레인 영역이 게이트와 자동으로 정렬되어 형성되는 공정을 자동 정렬(self align) 공정이라 부른다. 동시에 N 웰에 전원 전압을 인가하는 웰 플러그(well plug)도 형성된다. PMOS 소스, 드레인 형성(P+ MASK) 공정은 PMOS FET의 소스와 드레인을 형성하는 공정이다. 다크 클리어 P 플러스 마스크를 사용하여 포토 공정으로 PMOS의 소스와 드레인 영역을 패터닝한 후 이온주입 공정으로 붕소 이온을 주입한다. PMOS의 소스와 드레인은 게이트에 의하여 자동 정렬되고, 동시에 웨이퍼에 그라운드 전압을 인가하는 기판 콘택(contact)도 형성되며 마지막으로 PR을 제거한다.

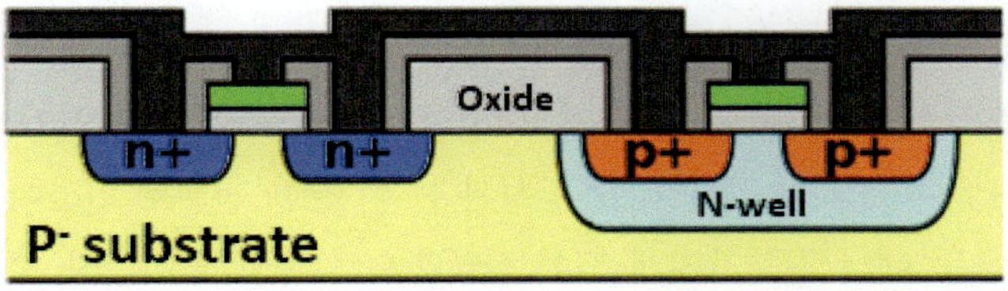

Metal 증착

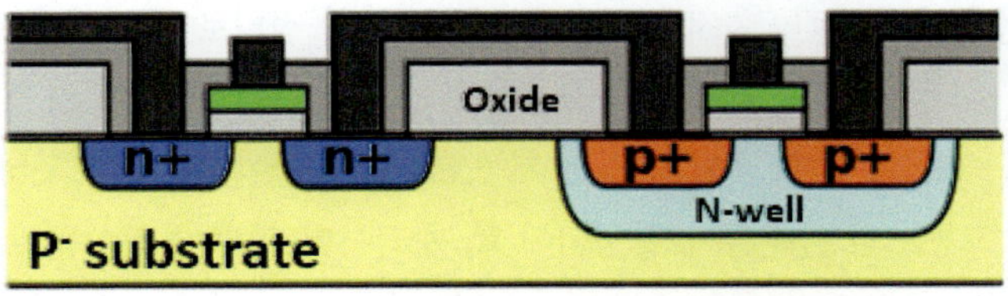

Metal 에칭

(1) Silicide / Salicide 공정

스페이서(spacer) 형성 공정은 게이트 측벽에만 산화막을 형성하는 공정이다. 웨이퍼 전면에 얇은 산화막을 형성한 후 산화막을 식각시키면 게이트 산화막의 측면에만 얇은 산화막이 잔존하며 이를 스페이서라고 부른다. '살리사이드(Salicide)' 형성 공정은 Self Alined Silicide의 약어로 폴리 게이트의 저항과 소스와 드레인의 콘택 저항을 감소시키기 위한 공정이다. 먼저 텅스텐이나 티타늄과 같은 고융점 금속을 0.2um 정도의 두께로 웨이퍼 전면에 도포한 후 열처리를 한다. 열처리를 하게 되면 폴리 실리콘과 소스 및 드레인 부위에 증착된 금속은 실리사이드가 되어 저항이 매우 작게 되고, 산화막 위에 증착된 금속은 실리사이드로 변하지 않고 그대로 남아 있다. 웨이퍼를 금속 식각 용액에 넣으면 실리사이드는 식각되지 않고 산화막 위의 금속만 식각된다. 이렇게 마스크를 사용하지 않고 실리사이드를 콘택과 폴리 게이트 부위에만 정렬시켜 형성하는 기술을 살리사이드 공정이라고 한다. 즉 자동 정렬 실리사이드란 의미이다.

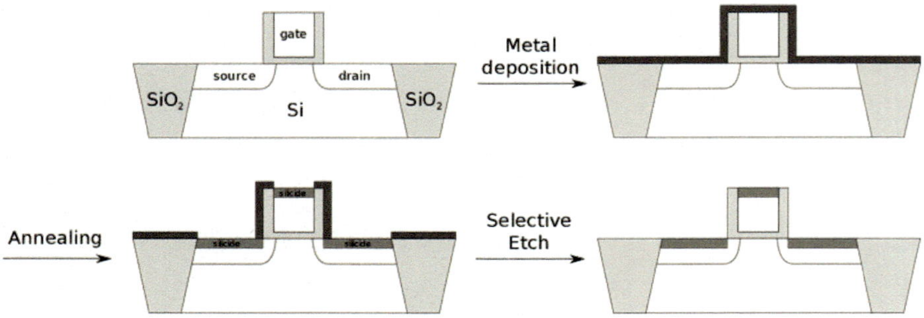

Salicide 공정

(2) LDD 공정

MOS FET에서 소스 및 드레인 영역은 고농도의 불순물로 도핑되어 있기 때문에 채널 길이가 짧아짐에 따라 매우 강한 전계가 채널 내에 형성된다. 이 강한 전계로 인하여 드레인 영역 근처에서 캐리어들이 큰 운동 에너지를 가지게 되어 산화층으로 뚫고 들어간다. 이것을 핫 캐리어(hot carrier)라고 부른다. 핫 캐리어는 기판 누설 전류를 증가시켜 FET 특성을 열화시킨다. 핫 캐리어 발생을 방지하기 위하여 소스 및 드레인에 저농도와 고농도의 이중 농도로 불순물을 주입한다.

먼저 게이트 전극을 형성시킨 후 저농도의 불순물을 자기 정렬로 주입시킨 후, 앞 장에서 설명한 스페이서 산화막을 형성시킨다. 고농도위 불순물을 스페이스를 통하여 자기 정렬로 주입시키면 실제 채널이 형성되는 소스 및 드레인 영역은 저농도의 불순물이 형성되고, 소스 및 드레인 콘택이 형성되는 부분에는 고농도의 불순물이 형성되어 핫 캐리어의 영향이 줄어들게 되며 이러한 구조를 LDD(Lightly Doped Drain) 구조라고 한다.

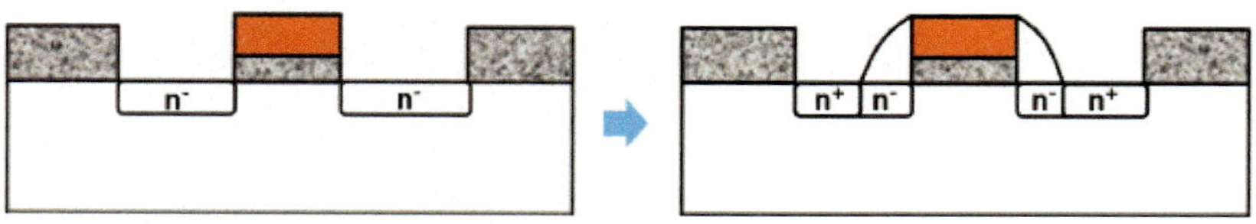

LDD 구조

3.6 Contact 형성 공정

콘택(contact) 형성 공정은 실리사이드가 형성된 게이트 및 소스와 드레인 부위에 금속 배선과 전기적 통로를 형성하는 공정이다. 웨이퍼 전면에 산화막을 0.6um 두께로 도포시킨 후, 다크 필드인 콘택 마스크를 사용하여 포토 공정으로 콘택 패턴을 형성시킨다. 콘택이 형성되는 산화막 층을 ILD(Inter Layer Dielectric) 층이라고 부른다.

3.7 Metal 형성 공정

Metal 형성 공정은 금속 배선을 형성하는 공정이다. 알루미늄 금속을 스퍼터링 방법으로 웨이퍼 전면에 0.6um 두께로 도포한다. 그 다음 메탈 마스크를 사용하여 포토 공정으로 금속을 패터닝을 한다. 콘택을 통하여 FET의 소스 및 드레인과 게이트가 금속 배선과 전기적으로 연결된다.

3.8 Via 형성 공정

Via Contact 공정은 먼저 Metal 위에 산화막을 도포시킨다. 이 산화막층은 Metal로 인하여 굴곡이 생기기 때문에 Metal 층이 들어날 때까지 평탄화 작업을 한다. 그 후 다시 산화막을 0.7um 두께로 도포한다. 이 산화막 층을 IMD(Inter Metal Dielectric) 층이라고 부른다. 그 다음 비아 콘택 마스크를 사용하여 포토 공정으로 비아 및 콘택 홀을 형성한다.

3.9 Passivation 형성 공정

마지막으로 Passivation 공정은 실리콘 칩에 습기가 침투하는 것을 막고, 물리적인 충격에 대하여 실리콘 칩을 보호하기 위하여 CVD 방법으로 2um 정도의 두꺼운 산화막 층을 도포하고 추가로 질화막도 도포한다. 그 다음 실리콘 칩을 외부 회로와 연결하기 위하여 패드 마스크를 사용하여 패시베이션 층을 식각시켜 패드 영역을 만든다.

3.10 디자인 규칙의 이해 및 적용

(1) 디자인 규칙(Design Rule)

집적회로는 레이아웃에 근거하여 만들어진 마스크를 이용하여 광 리소그라피 공정을 진행하면서 그 패턴이 실제 웨이퍼 위에 생성된다. 레이아웃 도면 및 마스크는 2차원 패턴이지만 그것에 근거하여 제작되는 패턴은 3차원 형상이므로 주어진 공정에서 정해진 규칙에 맞추어 마스크 패턴이 만들어지지 않으면 실제 제작에서의 불량이 발생할 가능성이 높다. 예를 들어, 아래 그림에서와 같이 어떠한 패턴의 폭이 어느 정도 이하로 너무 작게 되면 실제 웨이퍼 상에 제작되는 과정에서 선폭이 예상보다 가늘어져서 끊어질 가능성이 있다. 한편, 인접한 두 패턴의 폭이 어느 정도 이하로 너무 가깝게 되면 실제 웨이퍼 상에 제작되는 과정에서 두 선이 간격이 예상보다 가까워져서 붙어버릴 가능성이 있다.

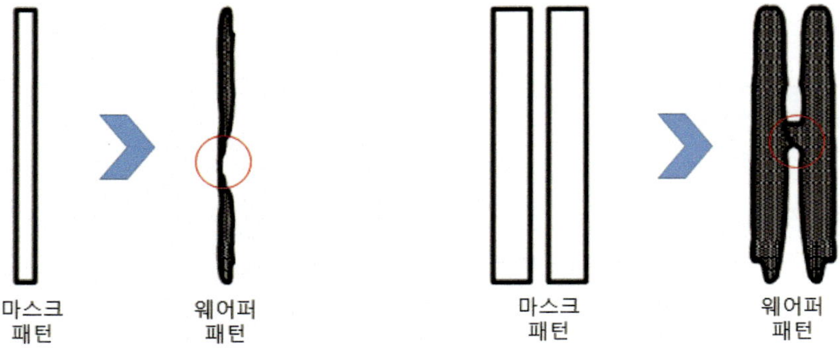

구현된 웨이퍼 패턴의 불량 발생 가능성

따라서 공정을 진행하면서 만들어지는 패턴 불량을 줄여서 수율을 높이기 위해서는 공정마다 설계 규칙(Design Rule)이라고 하는 반드시 지켜야 할 규칙이 있으며 레이아웃 설계자는 그 규칙에 맞추어 레이어 패턴 도면을 완성한다. 레이아웃 설계 규칙은 대부분 '최소 크기' 또는 '최소 간격'으로 정의되는데, 예를 들어 폴리실리콘의 크기, 콘택의 크기, 콘택과 메탈의 겹치는 간격, 액티브와 콘택의 겹치는 간격(Enclosure), Well과 Well 사이의 간격(Space) 등을 정해놓은 규칙이다. 이는 반도체 제조공장(Fabrication)에서 집적회로를 만드는 방법과 밀접한 관계가 있다. 각 제조회사(Foundry)별로 공정방법과 크기가 다르기 때문에 공정룰도 각각 다르다.

일반적인 CMOS 공정을 위해서는 보통 수십 개의 레이어를 필요로 하고 각각의 레이어에 해당하는 설계 규칙 및 상호 관련된 레이어 사이에 적용되는 설계 규칙이 여러 항목으로 제공되므로 대규모 집적회로의 설계에서는 레이아웃 설계자가 일일이 그 모든 규칙을 수동으로 확인하는 것이 거의 불가능하다. 따라서 모든 파운드리 업체에서는 해당 공정에 대한 레이아웃 설계 규칙을 그림 및 도표 문서로 설계자에게 미리 전달하고, 자동으로 프로그램에 의해 설계 규칙을 검증할 수 있는 설계 규칙 파일을 제공한다.

모든 mos는 파운드리 업체에서 제공하는 디자인 룰에 맞도록 그려야 한다. 디자인 룰은 업체마다 부르는 이름이 다른데, 어떤 회사는 '디자인 룰(design rule)'이라고 하고 또 어떤 곳은 '레이아웃 룰(layout rule)'이라고 하며, 'topological layout rule(줄여서 TLR)'이라고 하는 곳도 있다. 레이아웃 룰은 한마디로 레이어를 그릴 때 지켜야 하는 것들을 말한다. 실제로 모든 파운드리 업체들은 레이아웃을 수행할 때 참고하기 위한 레이아웃 룰 문서(layout rule document)를 제공한다. 이 문서를 보고서 거기에 나와 있는 규칙에 맞도록 그려야 한다.

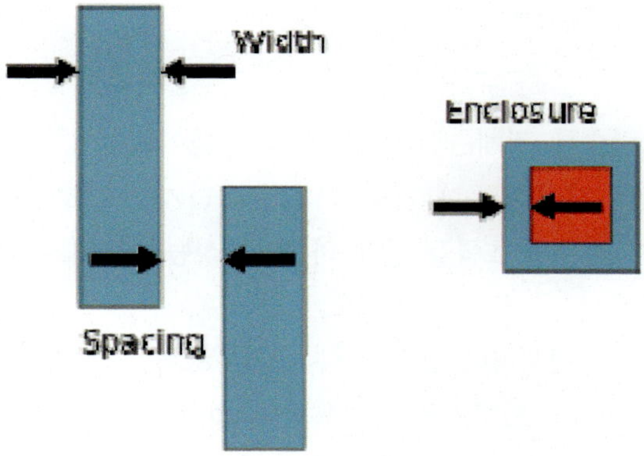

디자인 룰의 정의

레이아웃 룰 값은 크게 세 가지로 구분할 수 있다. 최소값, 최대값, 고정값 등이다. 레이아웃 룰에서 대부분의 룰 항목은 최소값 항목이다. 고정값이나 최대값 항목은 그리 많지 않다. 레이아웃은 가능하면 최소값 항목에 딱 맞추어서 작게 그릴수록 좋다. 예를 들어 어떤 룰 항목이 최소값 룰이고, 그 값이 0.1um라고 하면 0.1um보다 같거나 크게 그리면 룰 상으로는 전혀 문제없다. 그러나 이 경우 가능하면 더 크게는 그리지 말고 딱 최소값 0.1um에 맞추어서 그리는 것이 좋다.

반도체 공정 기술을 나타내는 대표적인 척도는 임계 치수(CD : critical dimension)이다. 이는 집적회로에서 형성할 수 있는 패턴 중 가장 작은 패턴의 사이즈를 지칭하는 것으로 트랜지스터의 채널 길이(L : Length), 채널폭(W : Width), 배선의 폭(a)과 간격(b) 및 콘택(contact) 홀의 최소 크기(c)를 의미한다. 일반적으로 이들의 최소 사이즈는 동일하지만, 보통 트랜지스터의 최소 채널 길이를 집적회로 공정 기술의 척도로 삼는다.

45nm 공정이라 함은 트랜지스터 채널 길이, 즉 게이트의 길이가 45nm인 것을 의미한다. 따라서 이 숫자가 작을수록 발전된 공정이고 트랜지스터를 더 많이 집적할 수 있다. 그리고 배선 패턴을 형성하는 기술의 척도는 배선 피치인데, 이는 배선 폭과 배선 간격을 합친 크기를 의미한다.

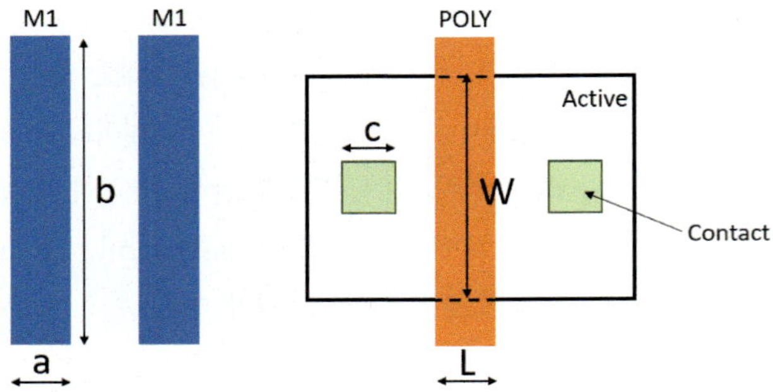

반도체 임계 치수

레이아웃은 작게 그릴수록 전체 레이아웃 면적은 줄어들어서 하나의 wafer에서 찍어낼 수 있는 칩의 개수가 더 많아지기 때문에 가능한 작게 그리지만 일부 특별한 부분의 레이아웃에서 최소값보다 크게 그려서 전류의 흐름을 좋게 하는 등 성능을 위해서 디자인 룰보다 크게 그리는 경우도 있다.

레이아웃 룰은 파운드리 업체마다 조금씩 다르기도 하지만 전체적으론 같은 공정이면 지켜야 할 항목은 거의 같다고 할 수 있다. 물론 항목의 수치는 조금씩 다를 수 있다. 같은 회사라도 공정에 따라서 레이아웃 룰은 또 달라진다. 미세 공정으로 갈수록 룰은 더 작아지게 된다. 즉 미세 공정일수록 레이아웃을 세밀하게 할 수 있다고 보면 된다.

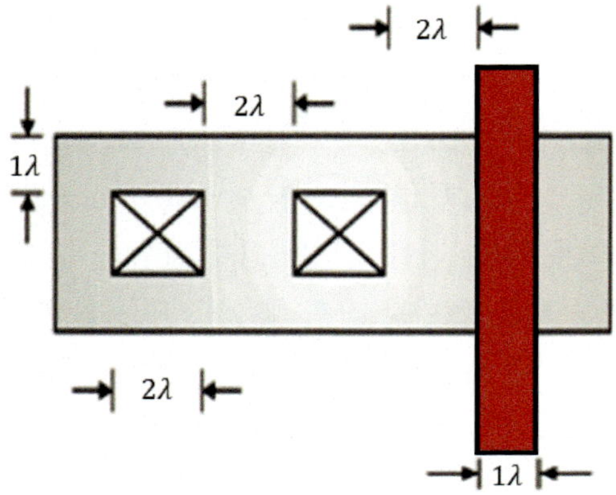

람다에 의한 디자인 룰 표시

디자인 룰은 크게 3가지로 구분을 하는데 일반적인 SCMOS(Scalable MOS), Submicron, Deep submicron이 있다. SCMOS룰은 1㎛ 이상의 공정에서, Submicron은 0.8㎛에서 0.35㎛ 공정에서, Deep submicron은 0.35㎛ 이하 공정에서 주로 사용한다. 한편 디자인 룰을 표시하는 방법에는 람다(λ) 방식과 미크론(㎛) 방식이 있는데, 이 중 람다 방식은 공정의 크기를 1/2로 나눈 값을 1람다로 정하고 나머지는 이의 배수로 표시하는 방식이다. 공정 크기가 바뀌어도 람다 배수를 사용하기 때문에 사용하기가 편리하다. 예를 들어 다음 그림과 같이 1㎛ 공정이란 게이트의 가로 길이(Length)가 1㎛라는 것인데 1㎛를 2로 나누면 0.5㎛가 된다. 즉 1λ가 0.5㎛이다. 공정의 크기가 0.8㎛로 바뀌었을 경우 1λ가 0.4㎛이 되므로 다른 레이어들도 이 람다 값을 적용하면 된다. 한편 미크론 방식은 모든 레이어의 크기와 간격을 미크론 단위의 크기로 표시할 수 있으며 람다 방식보다 레이아웃 면적을 최소화할 수 있는 장점이 있다.

다음은 mos를 레이아웃할 때 꼭 지켜야 하는 레이아웃 룰이며 mos에 사용되는 레이어가 업체마다 다르지 않듯이 지켜야 할 레이아웃 룰 항목도 거의 동일하다. 그러나 룰 항목은 같을지라도 그 값은 조금씩 다를 수 있기 때문에 여기에서 그 수치를 언급하진 않는다. 다만 레이아웃을 할 때, 각각의 레이어에 대한 최소한의 룰이 있기 때문에 반드시 그것을 지켜서 그려야 한다.

① N-well Rule

N-well은 실리콘 기판이 P형으로 도핑된 웨이퍼를 사용할 때 필요한 Layer다. P형 기판 위에 PMOS를 만들 수 없으므로 N-well이라고 하는 작은 N형 기판을 만들어 쓰는 것이다.

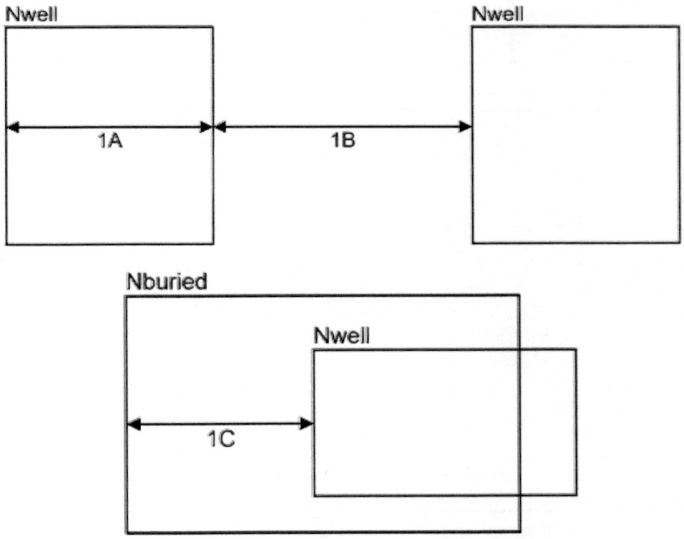

N-well에 관한 디자인 룰

Rule No.	Description
1A	Minimum width of an Nwell.
1B	Minimum space between two Nwell.
1C	Minimum Nburied overlap of Nwell

N-well Rule Description

Rule 1A의 최소 폭(Minimum width)란 N-well을 그릴 때 N-well의 폭(Width)의 최소 크기를 말한다. Rule 1B는 두 개 이상의 Well을 그릴 때 다른 Well과의 거리를 말한다. Rule 1C는 Nburied와 중첩(overlap)되는 경우의 디자인 룰이다.

② Oxide Rule

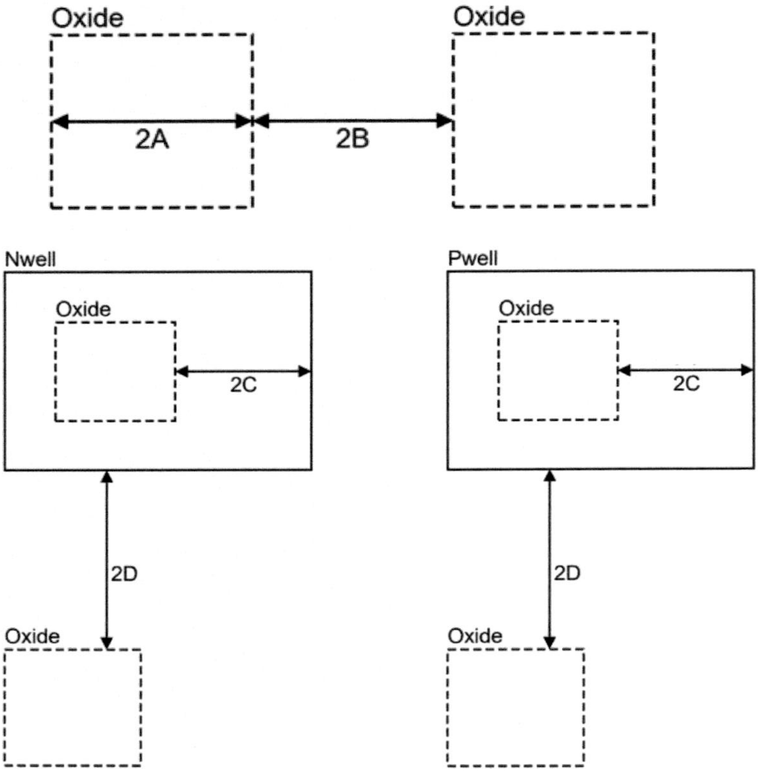

Rule No.	Description
2A	Minimum width of an Oxide.
2B	Minimum space between two Oxides.
2C	Minimum Nwell overlap of Oxide.
2C	Minimum Pwell overlap of Oxide.
2D	Minimum spacing between Nwell and Oxide.
2D	Minimum spacing between Pwell and Oxide.

Oxide Rule

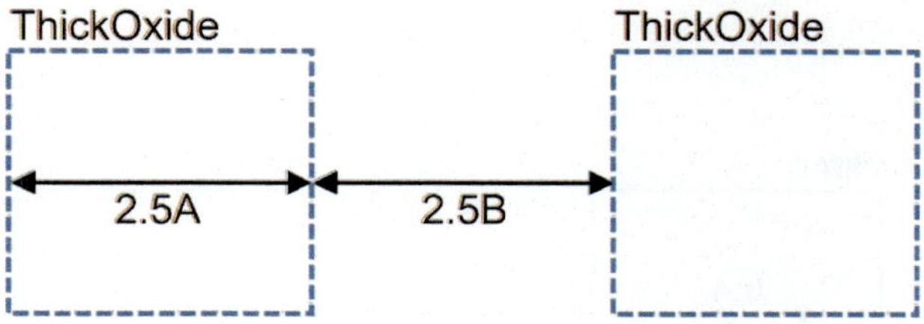

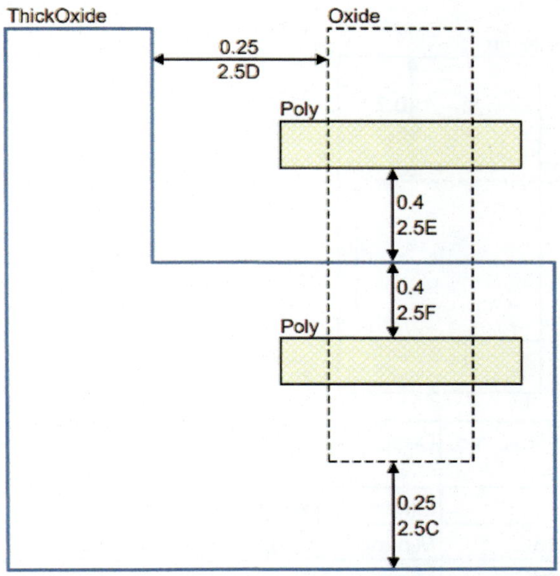

Rule No.	Description
2.5A	Minimum width of an Oxide.
2.5B	Minimum space between two Oxides.
2.5C	Thick Oxide to Oxide enclosure.
2.5D	ThickOxide to Oxide spacing.
2.5E	ThickOxide to Poly spacing.
2.5F	ThickOxide to Poly enclosure.

Thick Oxide Rule

③ N+ Implant Rule

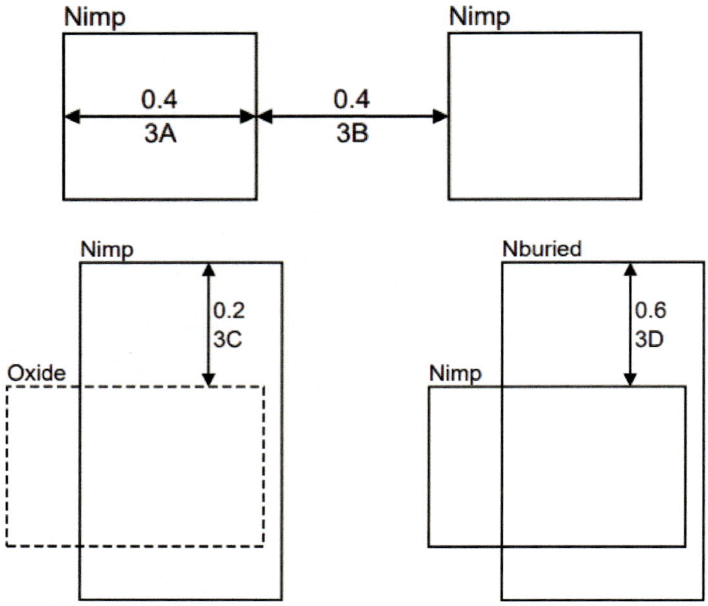

Rule No.	Description
3A	Minimum width of an Nimp.
3B	Minimum space between two Nimp.
3C	Minimum Nimp overlap of Oxide.
3D	Minimum Nburied overlap of Nimp.

N+ Implant Rule

④ Poly Rule

Poly는 게이트를 만드는 레이어이다. Rule 5A는 폴리의 최소 폭(Minimum Width)으로 공정 값이 된다. 이 값이 45nm이라면 45nm 공정이라고 부른다. 주어진 공정 크기 값으로 그려준다.

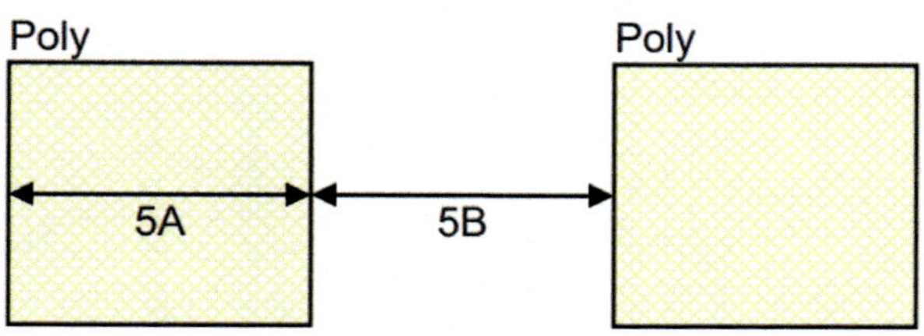

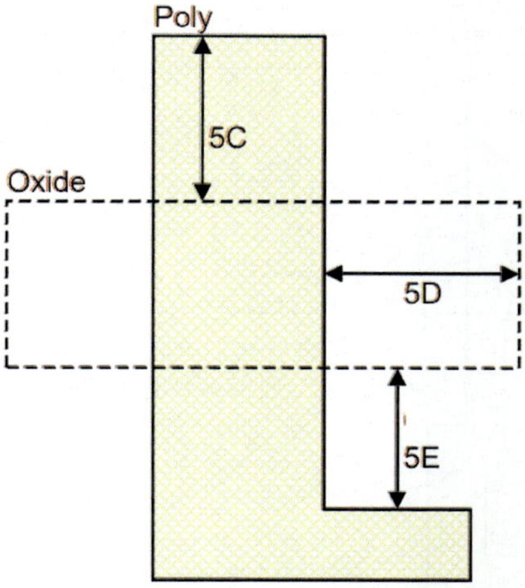

Rule No.	Description
5A	Minimum width of an Poly.
5B	Minimum space between two Poly.
5C	Minimum Poly extension over Oxide.
5D	Minimum Oxide extension over Poly.
5E	Minimum Poly space to Oxide.

Poly Rule

⑤ Contact Rule

Metal1과 Poly를 연결할 때 사용되는 레이어를 말한다. Oxide 또는 Nimp/Pimp에서 전극 형성을 위해서도 사용된다.

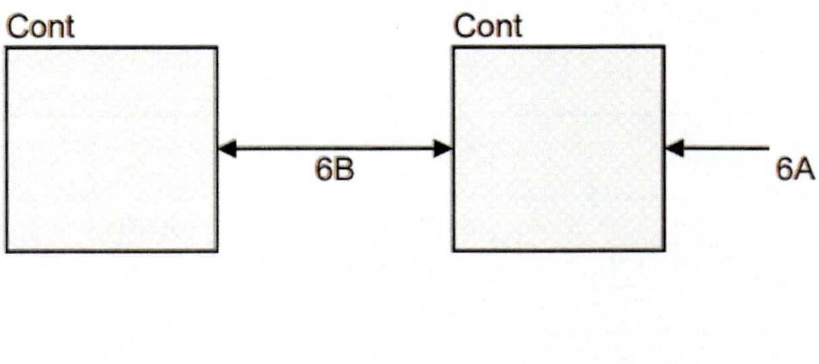

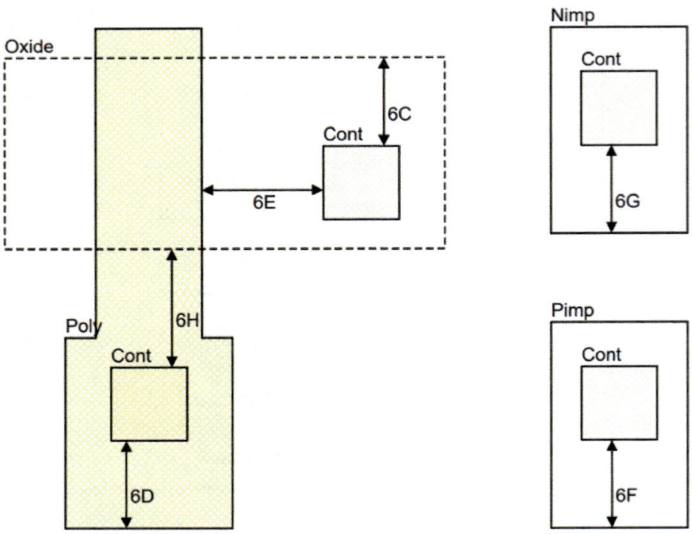

Rule No.	Description
6A	Absolute width and length of Contact.
6B	Minimum space between two Contact.
6C	Minimum Oxide overlap of Contact.
6D	Minimum Poly overlap of Contact.
6E	Minimum Poly space to Contact.
6F	Minimum Pimp overlap of Contact.
6G	Minimum Nimp overlap of Contact.
6H	Mimimum Contact space to Oxide.

Poly Contact Rule

⑥ Metal1 Rule

Poly 또는 Active를 외부단자와 연결해주는 역할을 Metal1이 한다.

Rule No.	Description
7A, 9A, 11A, 15A, 17A, 19A	Minimum width of an Metalx.
7B, 9B, 11B, 15B, 17B, 19B	Minimum space between two Metalx.
7C	Minimum Metal1 overlap of Contact.
9C, 11C, 15C, 17C, 19C	Minimum Metalx overlap of Viax.

(Metalx, x = 1, 2, 3, 4, 5, 6)

(Viax, x = 1, 2, 3, 4, 5)

Metal Rule

⑦ Via Rule

Via는 Metal과 Metal을 연결하는 데 사용되는 레이어를 말한다.

Rule No.	Description
8,10,14,16,18A	Absolute width and Length of Viax.
8,10,14,16,18B	Minimum space between two Viax.
8,10,14,16,18C	Minimum Metalx overlap of Viax.

(Metalx, x = 1, 2, 3, 4, 5, 6)
(Viax, x = 1, 2, 3, 4, 5)

Via Rule

⑧ Capacitor Metal

Capacitor Metal은 금속과 금속으로 Capacitor를 만들 때 사용하는 레이어이다. 커패시터의 아래 금속판은 일반 Metal을 사용하고 위 금속판은 CapMetal을 사용한다.

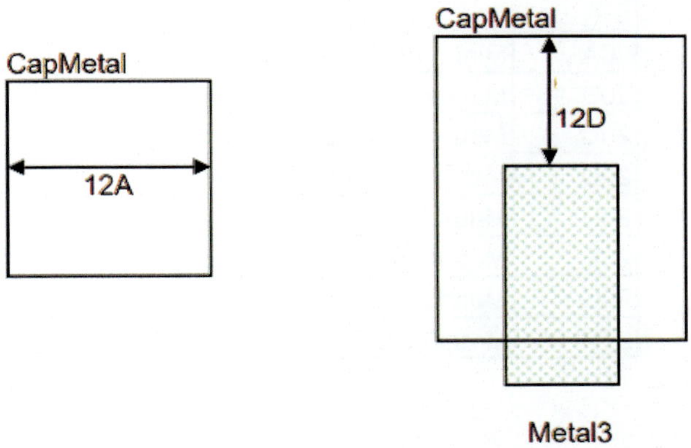

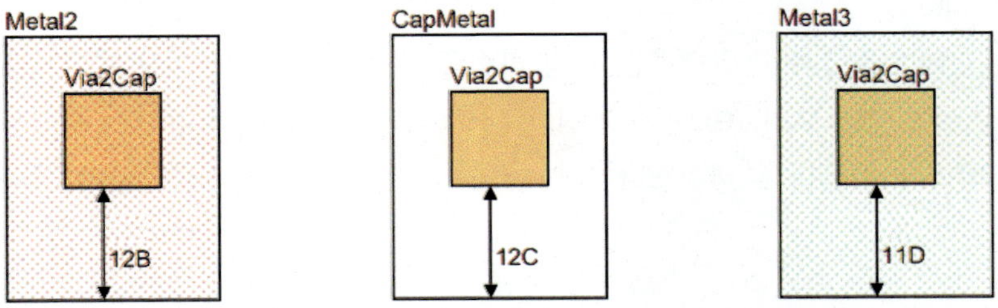

Rule No.	Description
12A	Minimum width of CapMetal.
12B	Minimum Metal2 overlap of Via2 on CapMetal.
12C	Minimum CapMetal overlap of Via2.
11D	Minimum Metal3 overlap of Via2 on CapMetal.
12D	Minimum CapMetal overlap of Metal3.

Capacitor Metal Rule

⑨ Passivation

Passivation은 외부와 연결하기 위한 단자(Pad)를 만드는 레이어이다. 최종 보호막(Passivation)을 성장시킬 때 이 Glass의 크기는 남겨두고 보호막을 입힌다. 보통 Pad의 크기와 간격은 60~100 ㎛를 사용하는데 IC의 크기와 핀 수에 따라서 달라진다.

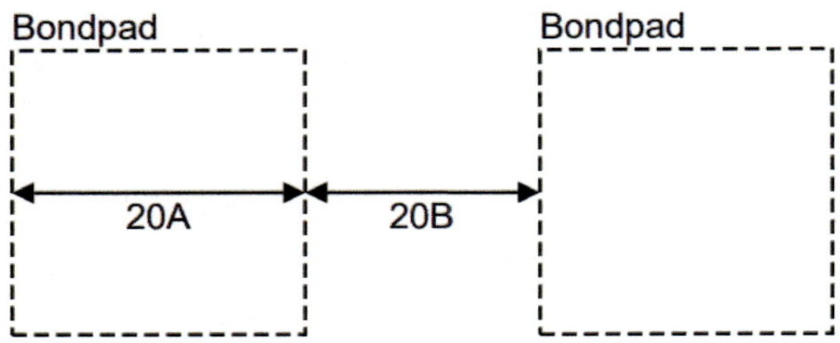

Rule No.	Description
20A	Minimum width of Bondpad.
20B	Minimum space of two Bondpad.
20C	Metal1 overlap of Bondpad.
20D	Metal2 overlap of Bondpad.
20E	Metal3 overlap of Bondpad.
20F	Metal4 overlap of Bondpad.
20G	Metal5 overlap of Bondpad.
20H	Metal6 overlap of Bondpad.

Passivation Rule

⑩ Latch-up rule

Latch-up은 CMOS 공정에서 발생하는 기생 바이폴라 트랜지스터에 의한 증폭작용으로 소자가 파괴되는 현상으로 NWVIA와 PSDarea 거리가 너무 멀어지면 이미터-베이스 사이의 저항성분이 커지고 이에 따라 바이폴라 트랜지스터가 Turn-on 될 수 있으므로 너무 멀리 배치하지 말아야 한다.

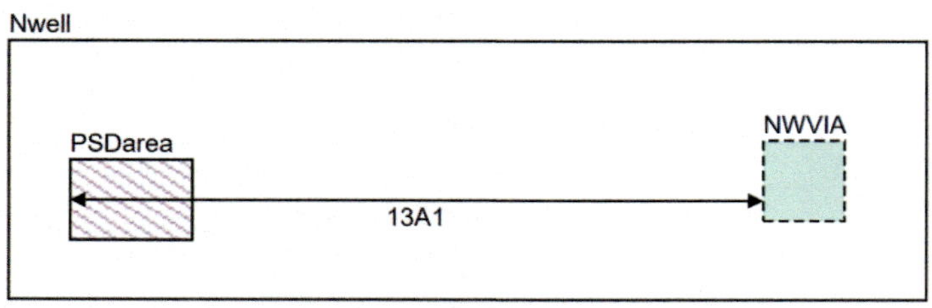

Rule No.	Description
13A1	The maximum distance from any point inside a source/drain OD area to the nearest Nwell pick-up in the same NW.

⑪ Antenna Rules

Rule No.	Description	Ratio ( )
Antenna	Maximum Field Poly area to the active Poly gate area connected.	100.0
Antenna	Maximum Metal1 area to the active Poly gate area connected.	200.0
Antenna	Maximum Metal2 area to the active Poly gate area connected.	200.0
Antenna	Maximum Metal3 area to the active Poly gate area connected.	200.0
Antenna	Maximum Metal4 area to the active Poly gate area connected.	200.0
Antenna	Maximum Metal5 area to the active Poly gate area connected.	200.0
Antenna	Maximum Metal6 area to the active Poly gate area connected.	200.0

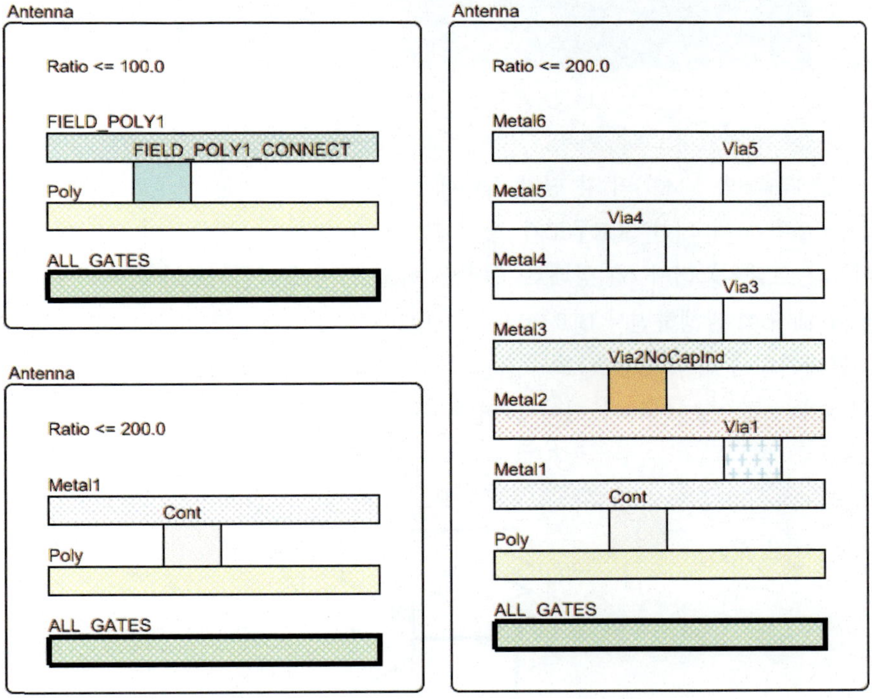

(2) 래치업(Latch-Up) 방지를 위한 가드링(Guard Ring)

CMOS 공정은 PMOS와 NMOS를 하나의 웨이퍼에 제작하는 방법으로 서로 단점을 보완하는 장점이 있지만 많은 소자들을 집적하다 보니 서로 간에 실제적인 연결은 되어 있지 않아도 여러 가지 기생 성분들에 의해서 상호 간섭을 받게 되는 일종의 부작용이 발생한다. 래치업도 그러한 부작용 중의 하나로서 이로 인한 피해는 아주 심각하기 때문에 래치업을 최소화하기 위한 레이아웃 방법을 숙지하는 것이 중요하다.

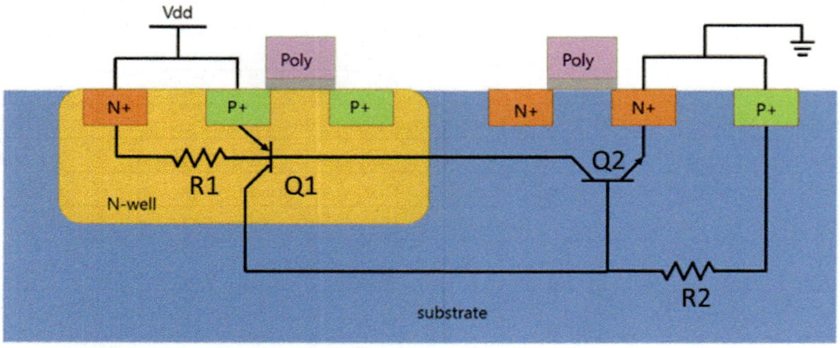

CMOS 공정에서 생성되는 기생회로

래치업이란 PMOS와 NMOS의 양 단자 사이에 pwell 또는 nwell을 매개로 하여 기생 바이폴라 트랜지스터(n-p-n-p)에 의한 SCR구조가 형성되는 것을 말한다. 정상적인 조건에서는 두 개의 기생 바이폴라 트랜지스터가 off 상태로, 동작을 하고 있지 않다가 몇 가지 요인에 의해서 R1과 R2의 voltage drop이 발생하면서 BJT Q1과 BJT Q2가 turn-on이 되면서 두 트랜지스터의 이미터 증폭률이 곱해지면서 큰 전류가 Q2와 Q1을 타고 흘러 나가게 된다. 래치업의 가장 큰 문제는 과도한 전류의 흐름으로 인하여 칩이 타버릴 수 있다.

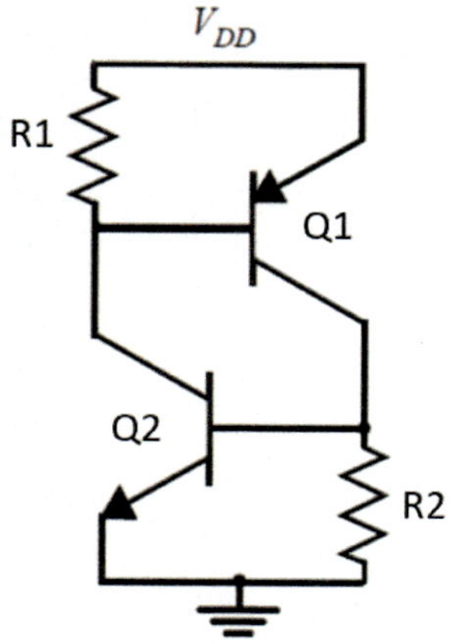

SCR구조의 래치업 회로

래치업을 해결하려면 기생 저항을 작게 하여 voltage drop이 발생해도 BJT를 turn-on 시키지 못할 정도로 만들면 된다. 기생저항을 작게 하는 가장 좋은 방법은 CMOS 공정을 조절하는 방법이 있다. 즉, 고농도로 도핑된 epitaxial wafer를 사용하여 저항 성분을 낮춘다거나 소자들을 완전히 격리하기 위해서 Deep nwell을 사용하는 triple-well 공정을 사용하는 방법이 있다. 그러나 이러한 방법은 레이아웃을 하는 사람이 결정할 수준은 아니고 공정을 조작하여 얻어지는 것이므로 간단하게 레이아웃을 통하여 래치업을 최소화하기 위한 방법은 다음과 같다.

첫째, NMOS와 PMOS의 거리를 가급적 멀리 배치하는 것이다. 이렇게 하면 바이폴라 트랜지스터의 전류이득이 줄어드는 효과가 발생하여 래치업의 피해를 줄일 수 있다. 즉, 레이아웃할 때 PMOS와 NMOS를 섞어서 그리지 않고 PMOS는 PMOS끼리 모아서 그리고 NMOS는 NMOS끼리 모아서 그리는 것도 래치업 현상을 방지하기 위한 방법으로 PMOS와 NMOS를 멀리 배치하면 집적도의 측면에서는 불리하지만 큰 전류가 흐르는 mos가 있을 경우 래치업 현상도 강하게 일어나므로 이럴수록 PMOS와 NMOS를 멀리 떨어뜨려서 배치해야 한다.

둘째, nwell과 pwell 안에 각각 가능한 많은 수의 nwell-plug(ntap)과 pwell-plug(ptap)을 박아준다. 이렇게 하면 이미터와 베이스 사이에 저항이 병렬로 형성되어 기생저항 R1과 R2를 줄이는 효과가 있다. 즉 여러 개의 기생 저항이 병렬로 연결되는 효과와 동일하다. 기생 저항이 줄어들면 전압 강하가 발생하더라도 그 정도가 약해서 기생 BJT를 turn-on하기가 쉽지 않기 때문이다.

셋째, 두 번째 방법의 확장으로 guard-ring을 사용해서 NMOS와 pwell-plug(ptap) 또는 PMOS와 nwell-plug(ntap) 사이의 간격을 멀게 한다. 특히 최종 출력단자의 mos들은 guard-ring이 반드시 필요하다.

위에서 설명된 규칙은 레이아웃하는 데 기본적으로 지켜야 하는 레이아웃 규칙이며 실제로도 파운드리에서 제공되는 모든 레이아웃 룰 문서(layout rule document)는 레이아웃 룰 항목에 해당하는 그림을 가지고 있어서 설계자로 하여금 정확히 어떤 것을 지켜야 하는지에 대해서 이해하기 쉽도록 표현해 놓았다. 레이아웃 룰은 레이어를 사용하여 어떤 디바이스를 그릴 때나 그려진 디바이스들을 서로 연결할 때 가장 기본이 되는 것이므로, 레이아웃 룰을 무시하고 그렸을 때에는 심각한 문제를 야기할 수 있다.

(3) 안테나 룰(Antenna Rule)

Metal에 쌓인 전하가 gate oxide에 손상(damage)을 줄 수 있는데 이러한 현상을 안테나 효과(Antenna Effect)라고 한다. 안테나 효과는 Process가 끝난 후가 아닌, process 진행 중에 문제가 발생한다. 반도체 공정 중 플라즈마 식각 공정에서 강한 전자파가 발생되는데 반도체 레이아웃할 때 배선의 길이를 길게 하면 이 전파에 의해 배선에 유도전류와 유도전압이 생긴다. 이 배선이 트랜지스터의 게이트에 연결되어 있다면 게이트에는 유도전압이 가해지고, 강한 전압에 의해 게이트 절연 산화막(SiO_2)이 파괴될 수 있다.

안테나 효과는 메탈의 면적이 게이트 면적보다 클수록 크게 나타내며 다음과 같이 정리될 수 있다.

$$Antenna\,Ratio = \frac{Metal\,Area}{Gate\,Area}$$

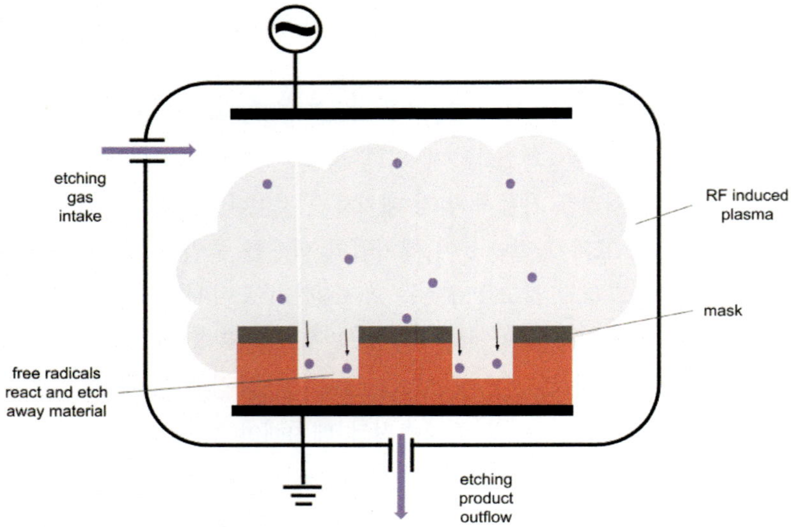

플라즈마 공정

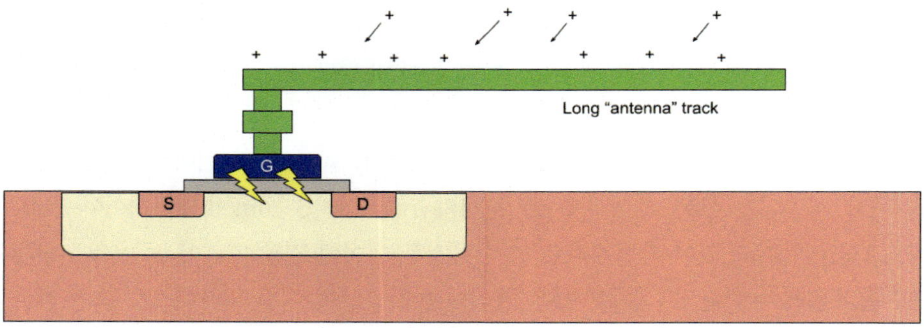

안테나 효과에 의한 전하축적

안테나 효과를 감소시키기 위해서는 Metal 레이어를 Via 및 Jumper를 이용하여 자주 바꿔주는 방법과, 다이오드를 이용하는 방법, dummy 트랜지스터를 사용하는 방법이 자주 사용된다.

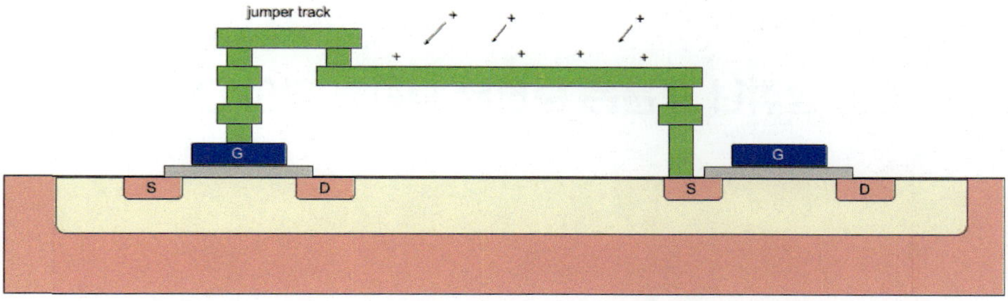

Jumper를 이용한 Antenna 효과 감소

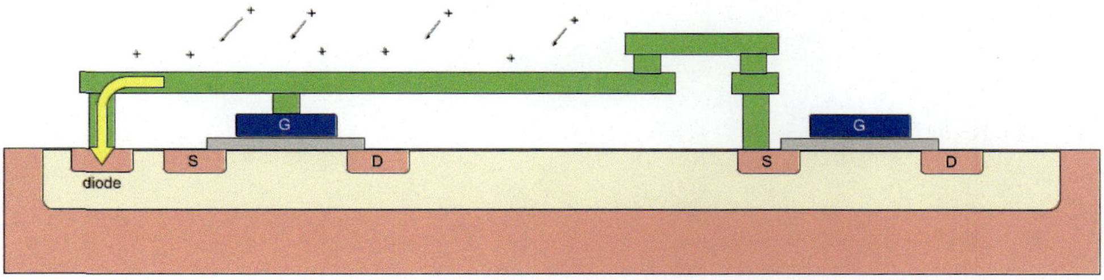

다이오드를 이용한 과전압 바이패스

일반적으로 전체 칩을 구성하면 상위 메탈일수록 사용 면적이 커지게 되므로 여러 층의 메탈을 사용하면 커패시터가 직렬로 연결되어 전체적으로 커패시터 값이 줄어들 수 있으므로 상대적으로 축적되는 전하를 줄일 수 있다.

또한, NMOS를 배치할 때 기판 위에 N-diode를 추가하고 PMOS를 배치할 때는 N-well 안에 P-diode를 사용하면 다이오드가 역방향으로 배치되어 있으므로 신호 전달에는 아무런 지장을 주지 않고, 과전압 또는 펄스 신호를 바이패스 시켜 게이트 절연 막을 보호한다. 트랜지스터마다 다이오드를 그려 넣어야 하므로 레이아웃 시간이 많이 걸리지만 안정적인 회로를 만들 수 있다.

Dummy 트랜지스터는 정상적으로 사용하는 트랜지스터 양쪽에 또는 한쪽에 동일한 트랜지스터를 병렬로 배치하는 것으로 dummy 트랜지스터를 이용하면 트랜지스터가 병렬로 연결되므로 게이트 폭이 커지고 결과적으로 게이트 내압이 높아져서 안테나 효과를 감소시킬 수 있다.

MEMO

꿈의 성취나 행운은 준비된 사람을 찾아 다닌다.

CHAPTER Ⅳ

반도체 캐드툴 사용법

반도체 칩(chip) 제작 과정은 여러 가지 기계 장치 및 물리 · 화학적 재료를 필요로 하는 반도체 공정(process)으로 진행된다. 반도체 공정을 통한 반도체 칩의 제작은 먼저 CAD툴을 이용하여 패턴도를 그리고 주로 자외선(UV)을 이용한 광 리소그라피(photo lithography) 기법에 의해 에칭, 확산, 이온주입 등의 단위 공정으로 이루어지는데 이때 각각의 공정을 진행하기 위한 기본 틀인 마스크(mask)가 필수적이다. 마스크는 고품질의 유리판 위에 크롬박막을 입히고 전자빔 패턴형성기(Electron Beam Lithography System)을 사용한다.

이처럼 마스크를 제작하기 위한 반도체 집적회로의 실제 패턴 도면을 '레이아웃'이라고 한다. 포토 마스크는 365nm, 248nm, 193nm의 파장에서 사용되며 157nm, 13.5nm(EUV), X선, 전자 및 이온과 같은 다른 형태의 방사선을 위해 개발되었으며 이들은 기판과 패턴 필름에 대한 완전히 새로운 재료가 필요하게 된다. 집적 회로 제작에서 패턴 레이어를 정의하는 포토마스크 세트는 포토 리소그래피, 스테퍼(stepper) 또는 스캐너(scanner)로 공급되고 노출을 위해 개별적으로 선택된다.

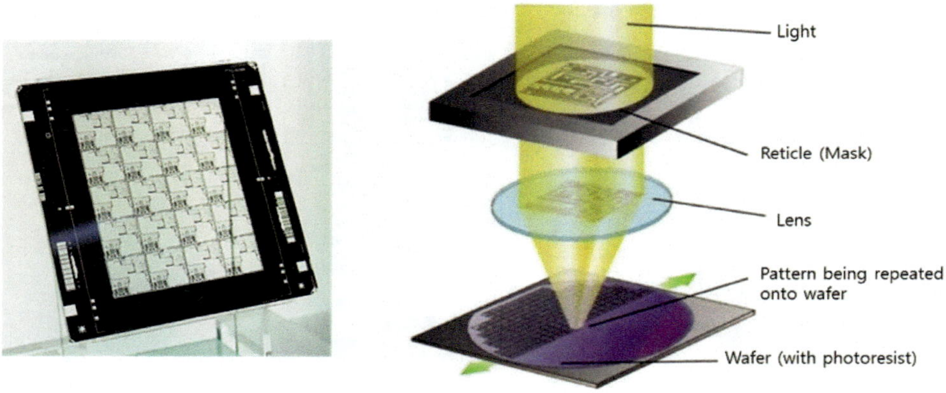

포토마스크와 리소그래픽 공정

4.1 회로설계 및 레이아웃설계 절차

반도체 칩의 특성은 우선 반도체 공정의 특성에 의해 기본적인 성능 및 한계가 정해지지만 공정의 특성을 잘 이해하고 있는 회로 설계자의 능력에 따라 가격 경쟁력이 있는 우수한 칩이 제작될 수 있다. 또 보다 직접적인 반도체 양산에 관련되어 있는 레이아웃 설계자는 칩의 특성 개선 및 수율 향상에 결정적인 역할을 한다.

반도체 레이아웃 편집은 회로도면 편집과 같은 점과 다른 점이 있다. 설계에 필요한 소자를 불러서 배치하고 정해진 네트 정보에 맞게 배선을 하는 것은 동일하지만, 레이아웃은 실제 웨이퍼 상에 제작되는 형태 그대로 편집이 되는 것이 다르다. 회로 도면을 그릴 때의 소자는 단자와 속성을 포함한 개념적인 '심볼'이며 연결선 역시 두께나 길이에는 의미가 없이 연결을 나타내는 그림일 뿐이다. 하지만 레이아웃에서는 소자나 레이어의 위치 및 모양 그대로 마스크가 만들어지고 그에 따라 반도체 공정을 거쳐 웨이퍼 위에 형상이 제작되므로 패턴의 모양과 길이, 면적 등에 세심한 신경을 써서 편집이 이루어져야 한다.

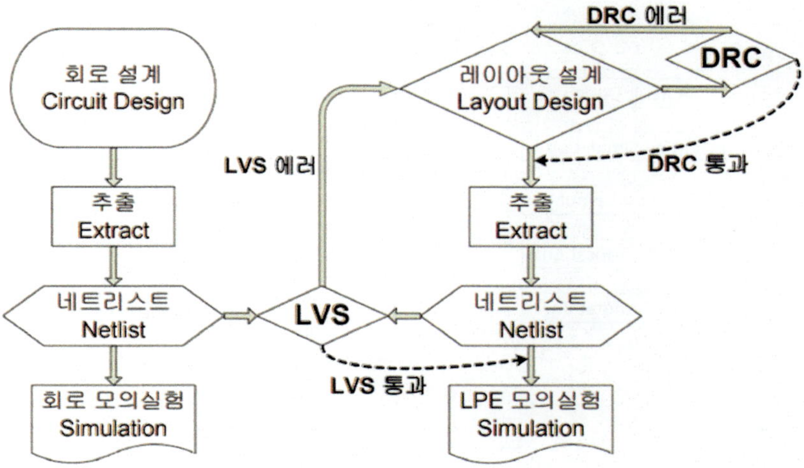

Layout과 Schematic 비교

레이아웃 설계는 회로 설계가 완성된 후 주어진 회로도에 근거하여 작업이 시작되며 Design Rule 에 맞게 그려졌는지를 확인하는 DRC(Design Rule Check) 작업이 진행된다. DRC는 대부분 길이 또는 거리에 대한 규칙이므로 오류가 발생하였을 때 설계 규칙에 따라 해당하는 부분을 수정하는 것은 시간문제이다. 물론 상당한 시간과 노력이 필요하긴 하지만 대부분의 CAD 툴이 DRC 오류의 위치까지 그래픽으로 모니터 화면에 출력해 주기 때문에 더욱 작업이 수월하다.

레이아웃 작업이 끝나면 회로도와 레이아웃이 일치하는지를 확인하는 LVS(Layout vs. Schematic) 작업이 진행된다. LVS 오류는 서로 복합적으로 꼬여서 나타나기 때문에 초보 레이아웃 설계자는 오류 메시지를 보고도 해당하는 오류의 근본 위치를 정확히 파악하는 것이 쉽지 않다. 따라서 LVS 오류를 신속 정확하게 수정하여 레이아웃 설계 기간을 단축시키면서 좋은 특성을 갖는 칩을 얻기 위해서는 오랜 경험과 다양한 경력을 갖춘 레이아웃 설계자의 역할이 매우 중요하다.

LVS는 회로도의 네트리스트와 레이아웃 네트리스트를 역시 해당 공정으로부터 제공받은 LVS 규칙 파일에 근거하여 자동으로 프로그램에 의해 체크한다. DRC와 LVS 검증을 위한 소프트웨어는 Cadence사에서 제공되는 'Assura'와 Mentor사에서 제공되는 'Calibre'가 많이 사용되고 있다. 레이아웃으로부터 네트리스트를 추출할 때, 기본적인 전기적 규칙 또한 검증되며 회로도와 레이아웃의 불일치된 부분을 알 수 있도록 해준다. LVS에서 오류가 발견된 부분을 찾아 레이아웃을 편집하여 수정하게 되면 다시 DRC를 수행하여 오류를 확인한 후, 수정된 레이아웃으로부터 네트리스트를 추출하여 LVS를 다시 수행하는 작업을 반복한다.

반도체 설계는 회로를 설계하고 동작을 검증(Pre-layout Simulation)한 후 회로에 해당하는 레이아웃을 디자인 룰에 맞도록 설계한다. 이후 레이아웃으로 추출된 Net-List를 이용하여 회로 동작을 다시 검증(Post-Layout Simulation)하여 레이아웃에서 발생된 기생 저항이나 커패시터 등이 회로 동작에 영향이 있는지를 검증한다.

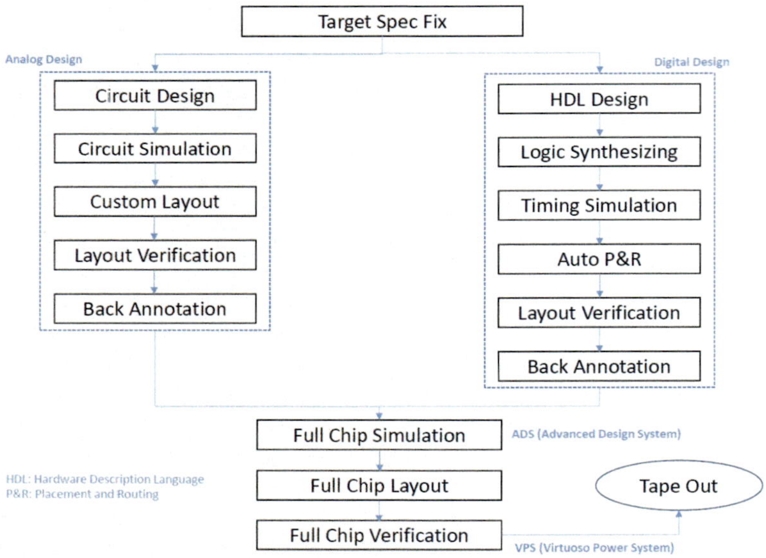

아날로그와 디지털 회로설계 절차 비교

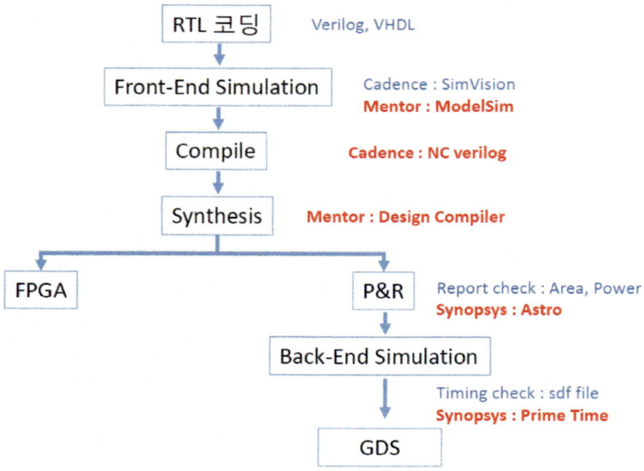

디지털 회로 설계에 절차에 따른 사용툴

4.2 설계환경 이해하기

UNIX 환경은 미국 벨(Bell)연구소에서 개발된 운영체제(OS)로써 범용 다중 사용자 방식의 운영체제이며 멀티태스킹과 다중 사용자를 지원하며 이식성과 보안성이 우수하여 반도체 설계환경으로 대부분 사용된다. 반도체 디자인용 캐드 툴은 유닉스 또는 리눅스 기반으로 만들어졌다. UNIX 환경이 유료인데 반하여 LINUX 는 누구나 사용할 수 있도록 커널을 공개하고 OS를 사용자의 요구에 맞도록 수정 또는 개발이 가능한 OS이다. UNIX/LINUX에서 커널(Kernel)은 시스템의 가장 핵심적인 부분으로 컴퓨터가 부팅될 때 주기억장치에 적재된 후 상주되면서 실행되는데 하드웨어를 보호하고 프로그램과 하드웨어 간의 인터페이스 역할을 담당한다.

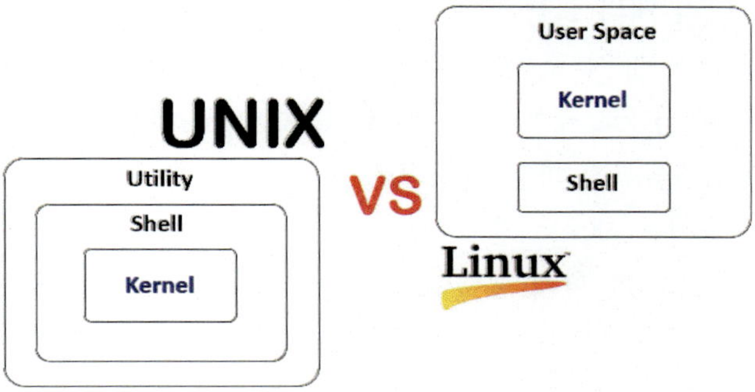

UNIX와 LINUX의 차이

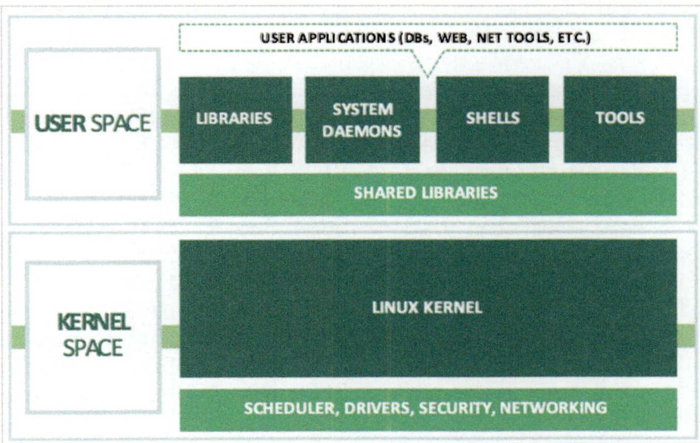

Linux based OS Architecture

Shell은 사용자의 명령어를 인식하여 프로그램을 호출하고 명령을 수행하는 명령어 해석기로서 시스템과 사용자 간에 인터페이스를 담당한다. Shell은 주기억 장치에 상주하지 않고 명령어가 포함된 파일 형태로 존재하며 보조기억 장치에서 교체처리가 가능하다. 쉘은 해석 프로그램이라고도 불리며 운영체제의 기능이나 서비스를 구현할 수 있는 명령어를 사용자에게 받아서 실행할 수 있는 인터페이스를 제공하며 사용자와 운영체제의 다리 역할을 한다.

사용자는 시스템에 로그인할 때 지정된 쉘을 부여받으며 C쉘은 C언어 기반으로 개발되어 프로그램 기능이 좋아서 주로 설계 프로그램에 많이 사용되며 bash쉘은 리눅스의 표준쉘로 사용되고 편집기능 및 호환성이 좋아서 주로 네트워크 설정에 사용된다. 리눅스의 기본쉘은 bash 모드로 되어 있으므로 echo 명령으로 현재 쉘 상태를 확인하고 C쉘 모드로 변경하고자 할 때는 csh를 사용하여 모드를 전환한다.

(1) 파일 관리하기

① ls : 디렉터리명과 파일 이름을 출력시킨다. 옵션에 따라 다양한 정보가 함께 출력된다.

※ 옵션 -a : 디렉터리 내의 모든 파일 출력

-l : 파일 허용 여부, 소유자, 그룹, 크기, 날짜 등을 출력한다.

-m : 파일을 쉼표로 구분하여 가로로 출력한다.

-t : 최근에 만들어진 파일 순서대로 출력한다.

-x : 파일 순서를 세로로 출력한다.

-F : 파일의 형태와 함께 출력한다.

-R : 서브 디렉터리의 내용을 포함하여 출력한다.

-S : 파일 크기가 큰 순서로 출력한다.

-1 : 라인당 한 파일씩 출력한다.

예) ls –a –l –S

```
[semi_cad@aptu ~]$ ls -al -S
total 9244
-rw-r--r--    1 semi_cad semi_cad 6574080 Jun 10  2021 SRAM617.tar
-rw-rw-r--    1 semi_cad semi_cad 2150400 Apr 30  2021 FLASH_ADC.tar
-rw-rw-r--    1 semi_cad semi_cad  481280 Apr 30  2021 LDO_LIB.tar
-rw-rw-r--    1 semi_cad semi_cad  133120 Apr 30  2021 Analog2019B.tar
drwxr-xr-x. 418 root     root       12288 Nov 12 12:46 ..
-rw-r--r--    1 semi_cad semi_cad    5864 Sep 27 17:17 CDS.log.1
-rw-------    1 semi_cad semi_cad    5450 Sep 27 15:00 .viminfo
drwx------   12 semi_cad semi_cad    4096 Feb  7 15:48 .
drwxr-xr-x   18 semi_cad semi_cad    4096 Jun 10  2021 64bitmemory
drwxrwxr-x   16 semi_cad semi_cad    4096 Nov 17 15:59 proj1
-rw-r--r--    1 semi_cad semi_cad    3507 Nov 17 17:44 CDS.log
-rw-------    1 semi_cad semi_cad    3166 Nov 17 17:44 .history
```

② pwd : 사용자가 위치하고 있는 현재의 디렉터리가 어디인지 알려준다.

```
[semi_cad@aptu ~]$ pwd
/home/semi_cad
```

③ cd : 디렉터리를 변경할 때, 디렉터리를 따로 입력하지 않으면 login한 디렉터리(/home 또는 '~'로 표시됨)로 이동한다. cd.은 현재 디렉터리이며 cd..은 상위 디렉터리이다.

예) cd abc – abc directory로 들어가기
cd .. – abc에서 빠져 나와 상위 디렉터리로 돌아오기
cd ~/ – 홈 디렉터리로 돌아가기

```
[semi_cad@aptu ~]$ cd 64bitmemory/
[semi_cad@aptu 64bitmemory]$ pwd
/home/semi_cad/64bitmemory
[semi_cad@aptu 64bitmemory]$ cd
[semi_cad@aptu ~]$ pwd
/home/semi_cad
```

④ cp : 파일을 다른 파일 이름으로 또는 다른 디렉터리로 복사하는 명령어이다.

※ 옵션 -a : 가능한 한 원래 파일의 구조, 속성을 그대로 복사한다.
-b : 덮어쓰거나 지울 때 백업 파일을 만든다.
-f : 같은 파일명을 갖는 파일이 있을 경우, 지운 후 복사한다.
-i : 같은 파일명을 갖는 파일이 있을 경우, 사용자 확인 후 복사한다.
-p : 원시 파일의 소유자, 그룹, 허용 여부, 시간 등을 그대로 복사한다.
-r : 서브 디렉터리를 포함한 모든 파일 복사한다.

예1) cp /home/a/123.txt /home/b/ a에 있는 123.txt파일을 b에 복사한다.
예2) cp –r /home/a/ /home/b/ a폴더를 b에 복사한다.

⑤ rm : 파일을 지우는 명령으로 주의할 점은 지워지면 복구가 불가능하다.

※옵션 -f : 강제로 파일을 지울 수 있다.
-i : 지우기 전에 확인한다.
-r : 서브 디렉터리의 파일까지 지운다.
-v : 파일을 지우기 전에 지울 파일의 이름을 나타낸다.
-R : -r과 같다.

예) rm abc.txt abc.txt 파일 삭제
rm -r /home/abc abc폴더와 그 아래 파일을 모두 지운다.

⑥ mkdir : 디렉터리를 새로 만들 때 사용한다.

※ 옵션 -p : 지정된 모든 서브 디렉터리까지 함께 생성
-m : mode mode에 해당하는 사용 허가로 디렉터리를 생성한다.

```
예1) mkdir abc                         abc방을 만든다.
예2) mkdir –p abcd/def/sdr :           abcd/def/sdr방을 동시에 만든다.
예3) mkdir –m 755 abcd :               abcd방을 755모드로 만든다.
```

⑦ rmdir : 디렉터리를 지울 때. rmdir 다음에 디렉터리 이름을 입력하면 디렉터리가 지워진다. 이 부분에서 가장 중요한 것은 디렉터리 내부에 파일이 남아있으면 지워지지 않으므로 디렉터리를 지우기 전에 반드시 rm을 이용하여 내부 파일을 모두 지워야 한다.

※ 옵션 -p : 지우고자 하는 디렉터리의 상위 디렉터리까지 포함하여 지운다.

⑧ more : 주어진 파일의 내용을 한 화면씩 출력시킨다.

```
예) cat abc.txt|more          abc.txt 파일 내용을 한 페이지씩 보여준다.
    more abc.txt              abc.txt 파일을 한 페이지씩 출력
```

⑨ grep : 주어진 패턴을 포함하는 파일의 라인을 출력시킨다.

* 옵션

-i : 대소문자 구분 안함

-n : 라인 번호 출력

-v : 검색어가 없는 Line 검색

-c : 라인의 개수 출력

```
예) grep –ic 'Feb' ./d.txt    대소문자 구분 없이 d.txt 에 'Feb' 가 있는 행을 Count 해서
                              출력
    grep –iv 'feb' ./d.txt    대소문자 구분하지 않고 d.txt에 'feb' 가 없는 Line을 출력
```

⑩ find : 원하는 파일을 디렉터리를 탐색하면서 지정된 조건에 만족하는 파일을 찾는다. 이름이나 크기, 날짜, 사용자 등의 조건을 지정하여 찾을 수 있다.

※ 조건 -name : 찾고자 하는 파일의 이름을 정하면 된다.

-perm : 파일의 권한(permission)이 일치하는 것을 찾는다.

-user : 사용자의 ID에 따라서 검색한다.

-atime : 최근 며칠 내에 접속한 파일을 검색한다.

-newer : 최근에 갱신된 모든 파일을 검색한다.

-size : 파일 크기로 검색

```
예) find -name abcd                abcd라는 이름을 가진 파일을 찾는다.
    find -perm 755                 permission이 755인 파일 찾는다.
    find ./bbb -name 'b.*' -size 0    bbb 디렉토리에 파일명이 b이고 확장자
                                      는 무엇이든 되며 size가 0인 파일 검색
```

⑪ 압축 및 해제하기

여러 개의 파일을 압축할 경우 tar명령어를 이용하여 파일을 먼저 묶는다.

* 옵션

c : 파일을 묶어줌

v : 작업 과정 확인

f : 저장될 파일명 지정

x : 묶은 파일을 풀어줌

z : tar + gzip

j : tar + bzip2

```
예) tar -cvf moon.tar cell_design
  이렇게 하면 cell_design 폴더에 있는 모든 파일이 moon.tar라는 파일로 묶인다.
   tar는 파일을 묶는 역할만 하므로 gzip을 이용해서 압축한다.
 예) gzip moon.tar
     압축결과는 moon.tar.gz가 된다.
 - 압축풀기
 moon.tar.gz 파일을 풀 때는 먼저 gunzip moon.tar.gz하여 압축을 풀고
 tar xvf moon.tar로 하여 묶임을 푼다.
 gunzip -c moon.tar.gz | tar xvf- 이렇게 하면 압축해제와 묶음을 동시에 풀린다.
```

⑫ touch : 용량이 0인 파일을 생성한다.

```
예) touch abc.txt                 내용이 없는 abc.txt 파일 생성
    touch a.txt b.txt c.txt       내용이 없는 파일을 3개 생성
    touch -t 01051054 c.txt        1월 5일 10시 54분으로 시간 수정
```

⑬ cat / more : 텍스트 파일 내용을 출력한다.

예) cat abc.txt	내용이 짧은 경우
more abc.txt	내용이 많은 경우

⑭ head / tail : 텍스트 파일 내용을 출력한다.

* 옵션

-f : 실시간으로 조회 (Log 확인 시 주로 사용)

예) head abc.txt	파일의 처음 10줄을 출력한다.
tail abc.txt	파일의 마지막 10줄을 출력한다.

⑮ clear : 화면을 clear한다.

⑯ wc : 단어 개수, 줄 수 등을 세어 준다.

* 옵션

-l : line 수를 Count

예) wc -l abc.txt	abc.txt파일의 Line 수를 Count

⑰ alias / unalias : 별칭을 지어주고 삭제함

예) alias a='cd /a/b/c/d/e/f/g'	alias 지정 후 a를 입력하면 해당 명령어가 실행
unalias a	a로 지정된 alias를 삭제

⑱ | : Pipe 명령, 명령의 결과를 다음 명령의 입력으로 넘긴다.

예) ls -al | wc -l	ls 명령어의 라인수를 Count

⑲ man : 명령어에 대한 도움말을 확인한다.

예) man pwd　　　　pwd 명령어에 대한 도움말 출력

```
NAME
       pwd - print name of current/working directory

SYNOPSIS
       pwd [OPTION]...

DESCRIPTION
       Print the full filename of the current working directory.

       -L, --logical
              use PWD from environment, even if it contains symlinks

       -P, --physical
              avoid all symlinks

       --help display this help and exit

       --version
              output version information and exit
```

⑳ ps : 명령어는 지금 실행중인 프로세스의 목록을 출력해주는 명령어

* 옵션

a : 현재 실행중인 모든 프로세스(다른 사용자들의 프로세스 포함)

e : 프로세스의 실행 환경 출력

u : 프로세스의 사용자 이름, 시간

x : 다른 사용자가 실행한 완료되지 않은 프로세스를 같이 출력

-f : full format

예) ps - ef | grep virtuoso　　　　virtuoso 프로세스 확인
Kill -9 14333　　　　프로세스 번호 kill

(2) 사용자 관리

① chmod : 파일의 모드를 바꿀 때 사용하는데 파일의 모드는 권한(permission)을 제어한다. 권한에는 r(read 읽기), w(write 쓰기), x(execute 실행)의 3가지 권한이 있고 이 3가지 권한을 사용자, 그룹 사용자, 다른 사용자 셋으로 구분하여 권한을 지정한다.

※옵션 -c : 실제로 파일의 권한이 바뀐 파일만 자세히 기술한다.
-f : 파일의 권한이 바뀔 수 없어도 에러 메시지를 출력하지 않는다.
-v : 변경된 권한에 대해서 자세히 기술한다.
-R : 디렉터리와 파일들의 권한을 재귀적으로 모두 바꾼다.

터미널 창에서 ls -l명령을 주면 다음과 같은 내용이 표시가 된다.

a) drwxrwxrwx abc .....

b) -rwxr-xr-- abcd ......

```
-rw-r--r--     1 semi_cad semi_cad      854 Feb  7 16:25 abc.lib

aptu: /home/semi_cad 107 > chmod 777 abc.lib
aptu: /home/semi_cad 108 > ls -al
-rwxrwxrwx     1 semi_cad semi_cad      854 Feb  7 16:25 abc.lib
```

a)의 경우 맨 앞 d는 abc가 directory임을 표시하고 d 대신에 -가 있으면 파일임을 표시한다. 그 다음 rwx는 소유자에 대한 권한인데 읽기, 쓰기, 실행 3가지가 가능하다는 뜻이다. 그 다음에 있는 것도 rwx rwx인데 이는 그룹 사용자, 다른 사용자 모두 읽고 쓰고 실행이 가능하다는 것이다. 이를 숫자로 표시하면 111 111 111이 된다. '1'은 가능함을 뜻하고 '0'은 불가능함을 뜻하는 것으로 '-'에 해당된다. 위 파일 abc는 모든 사용자가 읽고 쓰고 실행이 가능한 것으로 777로 표시를 한다.

② chown : 파일의 소유권을 다른 사람에게 변경할 때 사용한다.

※ 옵션 -c : 실제로 파일의 소유권이 바뀐 파일만 자세히 기술한다.

-f : 파일의 소유권이 바뀔 수 없어도 에러 메시지를 출력하지 않는다.

-v : 변경된 소유권에 대해서 자세히 기술한다.

-R : 디렉터리와 파일들의 소유권을 재귀적으로 모두 바꾼다.

예) home 디렉터리의 abc 파일을 jude라는 사용자에게 소유권을 넘겨주고자 한다면

chown -R jjlee /home/abc한다.

③ su : 현 상태에서 다른 사용자로 다시 login한다. 만약 사용자 id를 입력하지 않으면, root로 login된다.

예) su엔터 하면 root로 사용자가 바뀐다.

su student하면 student로 사용자가 바뀐다.

```
aptu: /home/semi_cad 109 > su root
Password:
[root@aptu semi_cad]#
```

3) Network

네트워크 통신이 되지 않으면 프로그램이 정상적으로 실행되지 않는다. 네트워크에 이상이 있다고 판단된다면 먼저 다음 명령어를 이용하여 네트워크 환경을 점검한다.

① ping test : ping 테스트는 내 컴퓨터와 상대방 컴퓨터 또는 서버가 연결되어 있는지를 확인할 수 있는 명령어이다.

```
Microsoft Windows [Version 10.0.19042.1348]
(c) Microsoft Corporation. All rights reserved.

C:₩Users₩jude>ping 172.16.42.1

Ping 172.16.42.1 32바이트 데이터 사용:
요청 시간이 만료되었습니다.
요청 시간이 만료되었습니다.
요청 시간이 만료되었습니다.
요청 시간이 만료되었습니다.

172.16.42.1에 대한 Ping 통계:
    패킷: 보냄 = 4, 받음 = 0, 손실 = 4 (100% 손실),
```

응답이 없을 경우에는 네트워크 창을 열고 IP주소와 게이트웨이, 서브넷 마스크가 정상적으로 설정되어 있는지 확인하고 네트워크 케이블 연결 상태를 확인한 뒤 ping test를 재실시한다.

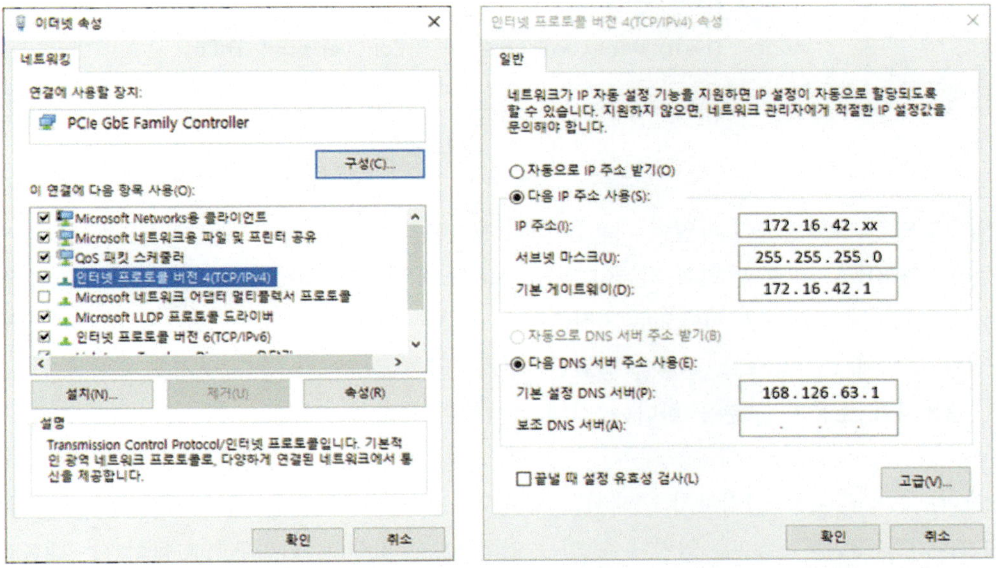

네트워크 환경 설정

4) vi Editor

vi 에디터는 유닉스와 리눅스에서 가장 널리 사용되고 있는 텍스트 에디터이다. 많이 쓰이는 이유는 터미널에서 작동하는 빠른 에디터라는 점도 있지만 무엇보다 텍스트 에디터가 갖추어야 할 충분하고 다양한 기능을 가지고 있기 때문이다.

vi 에디터를 실행시키는 방법은 터미널 창에서 'vi'라고 입력하고 Enter키만 누르면 된다. 그러면 새로운 문서를 편집할 수 있는 환경이 만들어진다. 기존의 문서를 편집하고자 할 때는 vi file_name 한다. vi명령어는 다음과 같이 입력 모드, 명령 모드, 콜론 모드(ex 모드) 크게 세 가지로 구분된다.

입력 모드 : i, a, o, I, A, O를 누른 후 텍스트를 입력할 수 있는 상태
명령모드 : ESC키를 누른 상태
콜론모드 : ESC키를 누르고 shift+q를 눌러서 :(콜론)을 입력한 상태

```
                     VIM - Vi IMproved

                      version 7.4.629
                  by Bram Moolenaar et al.
             Modified by <bugzilla@redhat.com>
        Vim is open source and freely distributable

                Help poor children in Uganda!
      type  :help iccf<Enter>       for information

      type  :q<Enter>               to exit
      type  :help<Enter>  or  <F1>  for on-line help
      type  :help version7<Enter>   for version info
```

vi 에디터 실행화면

'입력모드'란 타이핑하여 파일의 내용을 입력하는 과정이고, '명령모드'란 복사(Copy), 붙이기(Paste), 삭제(Delete) 등의 편집 기능이 있는 부분이고, '콜론모드(ex 모드)'는 파일(File)의 열기(Open), 저장 (Save), 다른 이름으로 저장(Save as) 같은 명령을 수행하는 모드이다. vi는 실행될 때 명령 모드에서 시작하고, 실행을 종료할 때에는 콜론 모드에서 종료 명령을 수행한다. 또한 vi는 대문자와 소문자 구분을 한다는 점에 유의해야 한다.

① 입력모드 : 글자를 입력하기 위해서는 입력모드로 가야 하는데, 'i'를 입력하면, 하단에 —INSERT--가 나오면서, 글자를 입력할 수 있는 입력모드로 바뀐다. 입력모드로 들어가는 대표적인 방법은 i키를 누르는 것이지만, 이외에도 몇 가지 방법이 더 있다. 이렇듯 다양한 종류의 글 삽입 방법을 만들어 놓음으로써 키보드 타이핑 횟수를 최대한 줄일 수 있는 이점을 지닌다.

i : Insert, 현재 커서의 위치에 글자를 삽입
I : Insert, 커서가 있는 줄(line)의 맨 앞에 글자를 삽입
a : Append, 현재 커서 위치의 다음 칸에 글자를 추가
A : Append, 커서가 있는 줄(line)의 맨 뒤에 글자를 추가
o : Open line, 현재의 줄 다음에 새로운 줄을 삽입
O : Open line, 현재의 줄 앞에 새로운 줄을 삽입

② 명령 모드 : 입력 모드에서 명령 모드로 다시 전환하려면 Esc키를 누르기만 하면 된다. ESC키를 누르고 문자를 입력하려고 하면 비프음만 날 뿐 입력은 되지 않을 것이다. 리눅스에서는 명령모드가 따로 있다.

명령모드는 '편집모드'라고도 하는데, 글을 입력시키는 방법이 아닌 수정과 편집을 할 수 있는 상태임을 기억해 두어야 한다. 즉, 명령모드에서는 복사, 삭제, 붙이기 등의 작업이 이루어진다. 또한 입력모드를 통해 삽입 등 잘못된 명령을 내렸을 때 'u'라는 명령어를 통해서 Undo, 즉 복구가 가능하게 할 수 있다.

〈복사, 붙이기, 합치기〉
- y (Yank) : 복사하기
- yy : 한 줄 전체의 내용을 복사한다
- 2yy : 두 줄 복사
- yw : 한 단어 복사
- y2w : 두 단어 복사
- y$: 현재 위치에서 그 줄의 끝까지 복사한다
- y0(y^) : 현재 위치에서 그 줄의 처음까지 복사한다
- yG : 현재 위치에서 파일의 끝까지 복사한다(G는 파일의 마지막 줄)
- . : 마지막에 수행한 명령어를 반복한다.
- p (Put or Paste) : 붙이기

〈찾기〉
- /KIM : 현재 위치에서 아래쪽 방향으로 'KIM'라는 단어를 찾는다.
- fx : 현재 줄에서 x문자 찾기.
- x는 한 개의 글자.

※ 찾기와 편집명령의 응용 – d/simple : simple이라는 단어가 나올 때까지 지우기.
- d/^scully : 줄의 맨 앞에 scully라는 단어가 나올 때까지 지우기.
- y/yahoo : yahoo라는 단어가 나올 때까지 복사하기.

③ 콜론 모드 : 명령모드에서 콜론 모드로 전환하려면 ':'명령을 실행시키면 된다. 콜론 모드는 vi에서 사용할 수 있는 명령어들을 이용하는 곳이다. 파일을 저장하거나 vi를 종료하는 등의 일을 수행할 수 있다. 콜론 모드로 들어가려면 Esc를 누른 후 ':'를 누르면 된다. 콜론 모드에 들어가게 되면 화면 아래쪽에 ':' 표시가 나타나게 되며, 여기서 원하는 작업에 해당하는 명령을 입력하고 Enter 키를 치면 된다.

〈지우기, 복구하기, 바꾸기〉
- dnw : n개의 단어를 지운다
- d$: 커서가 있는 위치에서 그 줄의 끝까지 지우기
- d (Delete) : 지우기
- dd : 현재 커서가 위치한 줄의 전체를 삭제한다.
- 2dd : 두 줄 지우기
- ndd : n줄 지우기 (n은 임의의 숫자)
- dw : 한 단어 지우기
- d2w : 두 단어 지우기
- u (Undo) : 되살리기 명령으로 버퍼에 저장되어 있는 원래의 내용을 복구
- u : 한번 복구하기
- c (Change) : 바꾸기
- cc : 한줄 바꾸기
- cw : 한 단어 바꾸기
- r (Replace) : 한 글자 바꾸기
- 2r : 두 글자 바꾸기

편집한 데이터를 저장하고 종료하려면, wq(Write and Quit)를 입력한다. 저장하지 않고 강제로 종료하려면, q!(Quit!)를 입력한다. vi를 끝내지 않고 현재 작업 중인 내용을 저장만 하려면 w를 입력한다.

〈저장 및 종료하기〉
- :w : 저장하기 (write)
- :q : 종료하기 (quit)
- :wq : 저장하고 종료하기
- :w! : 강제로 저장하기 (read-only로 열었을 경우)
- :q! : 편집한 내용을 저장하지 않고 종료하기
- :w new_file_name : 새로운 파일이름으로 저장하기

④ 화면 분할

:vs 좌우 분할　ctrl+w v　　:50vs　　크기 설정

:sp 상하 분할 ctrl+w s　　:50sp　　크기 설정

[분할한 창을 이동하는 방법]

ctrl +ww로 순차적으로 이동하는 방법

ctrl + w, 방향키로 원하는 방향으로 이동하는 방법

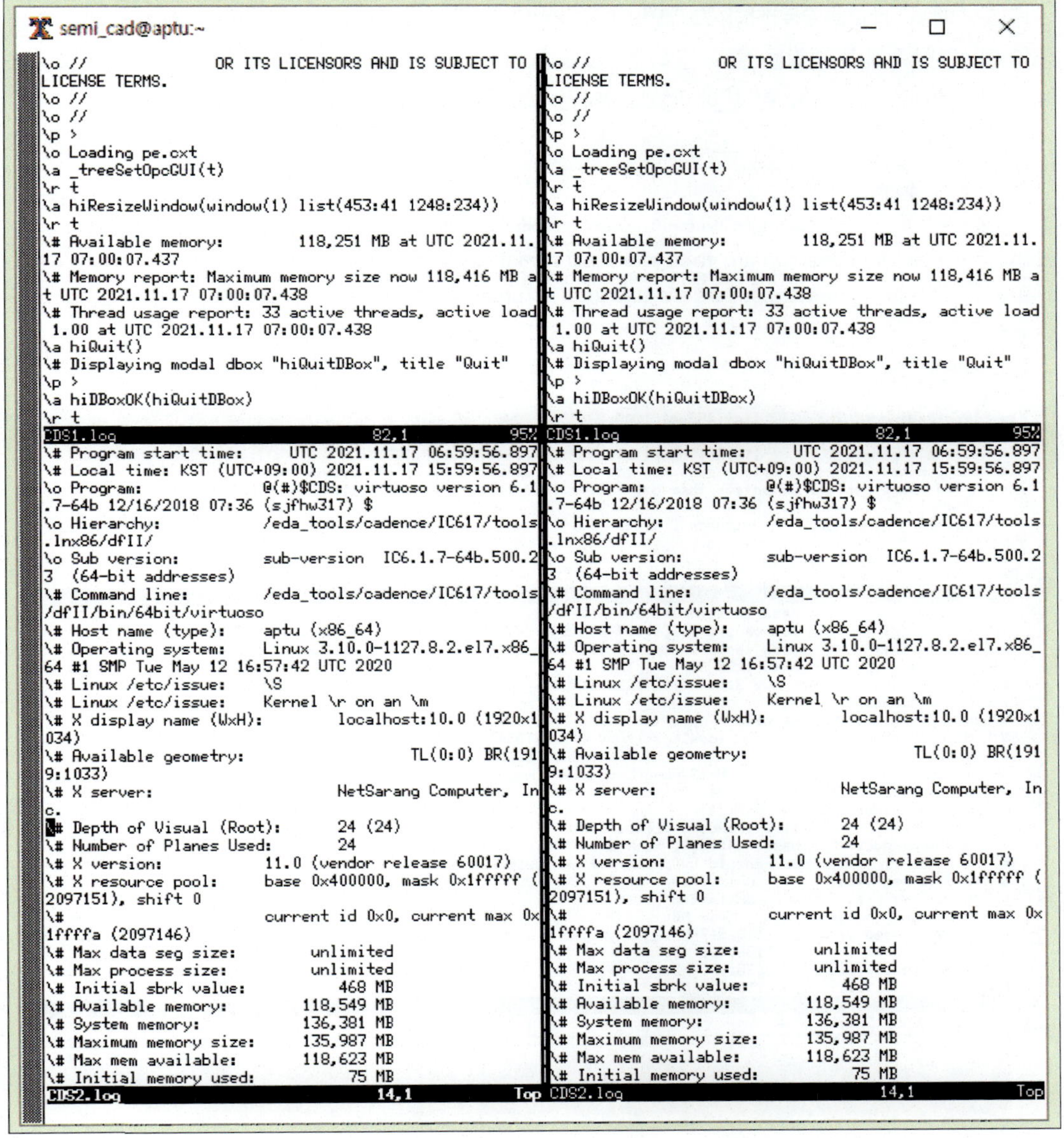

[여러 개 파일 분할하여 열기]

아래와 같이 vi로 2개의 파일을 열었다.

```
-rw-rw-r-- 1 jude jude 117 2022-03-01 11:34 CDS1.log
-rw-rw-r-- 1 jude jude  55 2010-04-08 11:02 CDS2.log
$ vi CDS.log CDS2.log
```

그러면 화면에는 CDS1.log 파일의 내용만 보이는데 CDS2.log 파일의 내용을 보고 싶다면 vi 명령모드에서 :sb2을 입력한다. 그러면 CDS1.log와 CDS2.log의 내용이 하나의 창에 분할되어 보일 것이다. 만일 3개의 파일을 열고 싶다면 :sb3을 입력하면 세 개의 파일이 세 개의 창에 분할되어 보인다. 열었던 파일들을 한 번에 열고 싶다면 :sba를 입력하면 된다.

```
semi_cad@aptu:~
\o //                 Copyright Mentor Graphics Corporation 2005
\o //                              All Rights Reserved.
\o //           THIS WORK CONTAINS TRADE SECRET AND PROPRIETARY INFORMATION
\o //              WHICH IS THE PROPERTY OF MENTOR GRAPHICS CORPORATION
\o //                OR ITS LICENSORS AND IS SUBJECT TO LICENSE TERMS.
\o //
\o //
\p >
\o Loading pe.cxt
\a _treeSetOpcGUI(t)
\r t
\a hiResizeWindow(window(1) list(453:41 1248:234))
\r t
\# Available memory:         118,251 MB at UTC 2021.11.17 07:00:07.437
\# Memory report: Maximum memory size now 118,416 MB at UTC 2021.11.17 07:00:07.438
\# Thread usage report: 33 active threads, active load 1.00 at UTC 2021.11.17 07:00:07.438
\a hiQuit()
\# Displaying modal dbox "hiQuitDBox", title "Quit"
\p >
\a hiDBoxOK(hiQuitDBox)
\r t
CDS1.log                                                                          83,1     95%
\o Hierarchy:              /eda_tools/cadence/IC617/tools.lnx86/dfII/
\o Sub version:            sub-version  IC6.1.7-64b.500.23  (64-bit addresses)
\# Command line:           /eda_tools/cadence/IC617/tools/dfII/bin/64bit/virtuoso
\# Host name (type):       aptu (x86_64)
\# Operating system:       Linux 3.10.0-1127.8.2.el7.x86_64 #1 SMP Tue May 12 16:57:42 UTC 2020
\# Linux /etc/issue:       \S
\# Linux /etc/issue:       Kernel \r on an \m
\# X display name (WxH):           localhost:10.0 (1920x1034)
\# Available geometry:                     TL(0:0) BR(1919:1033)
\# X server:                       NetSarang Computer, Inc.
\# Depth of Visual (Root):         24 (24)
\# Number of Planes Used:          24
\# X version:              11.0 (vendor release 60017)
\# X resource pool:        base 0x400000, mask 0x1fffff (2097151), shift 0
\#                         current id 0x0, current max 0x1ffffa (2097146)
\# Max data seg size:          unlimited
\# Max process size:           unlimited
\# Initial sbrk value:             468 MB
\# Available memory:          118,549 MB
\# System memory:             136,381 MB
\# Maximum memory size:       135,987 MB
\# Max mem available:         118,623 MB
CDS2.log                                                                          14,1      4%
"CDS2.log" 86L, 3507C
```

vi 시작 명령어	작 업 설 명
vi Filename	파일 열기, 작성
vi +18 Filename	18행으로 파일 열기
vi +/"문자열" fn	"문자열"의 처음발생 단어부터 열기
vi -r Filename	손상된 파일 회복
view Filename	읽기 전용으로 파일 열기
vi 커서 이동 명령어	**작 업 설 명**
h(←)	왼쪽으로 커서 이동
j(↓)	아래로 커서 이동
k(↑)	위로 커서 이동
l(→)	오른쪽으로 커서 이동
w	오른쪽 한 단어의 끝 부분으로 커서 이동
e	오른쪽 한 단어의 앞 부분으로 커서 이동
b	왼쪽 한 단어의 앞 부분으로 커서 이동
Enter	한 행 아래로 커서 이동
Back Space	한 문자 왼쪽으로 커서 이동
Space Bar	한 문자 오른쪽으로 커서 이동
^	행의 맨 왼쪽으로 커서 이동
$	행의 맨 오른쪽으로 커서 이동
H	화면의 맨 위로 이동
M	화면의 중간으로 이동
L	화면의 맨 아래로 이동
숫자G	'숫자'만큼 지정한 줄로 커서 이동
Ctrl + f	한 화면 위로 이동
Ctrl + b	한 화면 아래로 이동
Ctrl + d	반 화면 위로 이동
Ctrl + u	반 화면 아래로 이동
Ctrl + e	한 줄씩 위로 이동
Ctrl + y	한 줄씩 아래로 이동
문자, 행 삽입 명령어	**작 업 설 명**
a (종료:ESC)	커서 오른쪽에 문자 삽입
A (종료:ESC)	커서 오른쪽, 행의 끝에 문자 삽입
i (종료:ESC)	커서 왼쪽에 문자 삽입
I (종료:ESC)	커서 왼쪽, 행의 처음에 문자 삽입
o (종료:ESC)	커서 아래에 행 삽입
O (종료:ESC)	커서 위에 행 삽입
텍스트 변경 명령어	**작 업 설 명**
cw (종료:ESC)	단어 변경
cc (종료:ESC)	행 변경
C (종료:ESC)	커서 오른쪽의 행 변경
s (종료:ESC)	커서가 위치한 문자열 대체
S (종료:ESC)	커서가 위치한 라인의 문자열 대체
r	커서 위치 문자를 다른 문자로 대체
r-Enter	행 분리
J	현재 행과 아래 행 결합
xp	커서 위치 문자와 오른쪽 문자 교환
~	문자형(대,소문자) 변경
u	이전 명령 취소
U	행 변경 사항 취소
:u	이전의 최종 행 취소
.	이전 최종 명령 반복

텍스트 삭제 명령어	작 업 설 명
x	커서가 있는 문자 삭제 (Del)
X	커서 앞 문자 삭제 (Back Space)
5x	커서가 있는 위치부터 5개의 문자를 삭제
dw	현재 커서가 있는 한단어 삭제
dd	커서가 있는 라인 삭제
5dd	커서가 있는 라인부터 5개의 라인 삭제
db	커서의 위치에서 꺼꾸로 한단어 삭제
D	커서 오른쪽 행 삭제
:5,10d	5-10번째 행 삭제
복사 및 이동 명령어	**작 업 설 명**
yy	행 yank 또는 복사
Y	행 yank 또는 복사
P	yank되거나 삭제된 행 현재 행 위에 삽입
p	yank되거나 삭제된 행 현재 행 아래에 삽입 (Paste)
:1,2 co 3	1-2행을 3행 다음으로 복사
:4,5 m 6	4-5행을 6행 위로 이동
행 번호 설정 명령어	**작 업 설 명**
:set nu	행 번호 표시
:set nonu	행 번호 숨기기
행 찾기 명령어	**작 업 설 명**
G	파일의 마지막 행으로 가기
숫자G	파일의 '숫자'행으로 가기
Ctrl + G	현재의 Filename과 Line수를 알려줌
탐색 및 대체 명령어	**작 업 설 명**
/검색할 문자열/	오른쪽 아래 방향으로 문자열 검색
?검색할 문자열?	왼쪽 위 방향으로 문자열 검색
n	문자열의 다음으로 계속 검색
N	문자열의 이전으로 계속 검색
:g/search-string/s//replace-string/gc	각 발생 탐색 후 확인하고 대체
:s/str/rep/	현재 행의 str을 rep로 대체
:1,.s/str/rep/	1부터 현재 행의 str을 rep로 대체
:%s/str/rep/g	파일 전체 str을 rep로 전부 대체
:.$/aaa/bbb/	커서의 위치로부터 화일의 끝까지 있는 모든 aaa를 bbb로 대체
화면정리 명령어	**작 업 설 명**
Ctrl + l	불필요한 화면정리 후 다시 표시
파일 명령어	**작 업 설 명**
:r Filename	커서 다음에 파일 삽입
:34 r Filename	파일을 34번째 행 다음에 삽입
보관 및 종료 명령어	**작 업 설 명**
:w	변경사항 보관
:w Filename	버퍼를 파일로 보관
:wq	변경사항 보관 후 vi 종료
:x	변경사항 보관 후 vi 종료
ZZ	변경사항 보관 후 vi 종료
:q!	변경사항 보관하지 않고 종료
q	수정한 파일을 저장하지 않고 vi 종료
e!	수정한 것을 무시하고 다시 편집상태로

vi 에디터 명령어 정리

4.3 작업환경 설정하기

반도체 설계는 리눅스 시스템이 설치된 서버PC에 설계 프로그램이 설치되고 다중 접속을 통해 여러 설계자가 동시에 접속하여 설계가 진행된다. 각 설계자의 OS 환경은 윈도우즈 환경이고 서버PC는 리눅스 환경이므로 서로 다른 OS 환경 간에 가상의 공간으로 다중 접속자가 서버PC에 접속하도록 연결해 주는 프로그램을 터미널 프로그램이라고 한다. 다양한 터미널 프로그램들이 있는데 본서에서는 대표적인 프로그램으로 사용되는 Xmanager를 사용하고 있으며 VNC, MobaXterm이라고 하는 무료 터미널 프로그램등도 사용이 가능하다.

(1) 계정 접속하기

회로 및 레이아웃 설계를 위해 설계자는 지정된 계정정보로 터미널 프로그램을 이용하여 리눅스 서버에 접속하고 c-shell 환경으로 소싱을 진행한 후 virtuoso & 명령으로 툴을 시작한다. 이때 & 명령은 설계를 진행하면서 다른 명령 작업을 할 수 있도록 지정하는 백그라운드 명령이다. 툴을 실행하면 what's new 창과 Command Interpreter Window (CIW) 창이 생긴다. CIW창은 모든 작업을 관리하는 곳이다. 새로운 Library나 Cellview를 생성하거나 열기를 할 때 그리고 관리 및 사용자 환경을 설정할 때 사용한다. Library는 다른 툴의 Project와 같은 개념이고 Cellview는 다른 툴의 sheet 또는 page 개념이다.

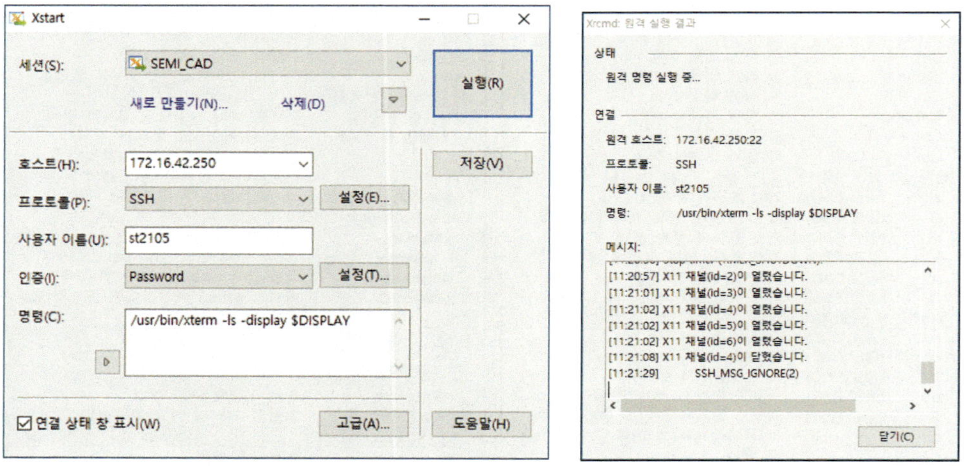

터미널 프로그램을 이용한 서버 접속

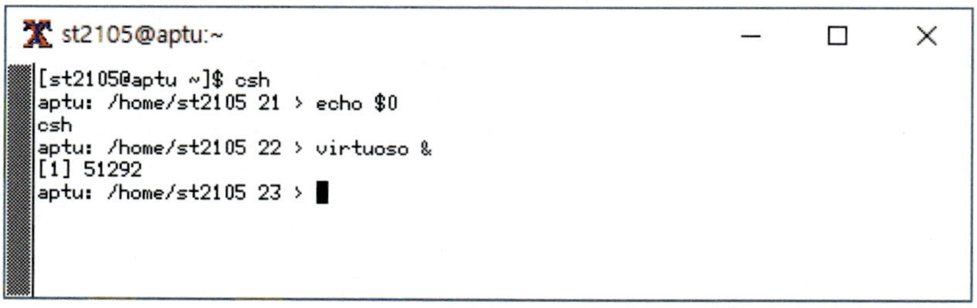

리눅스환경에서 설계툴(virtuoso) 실행하기

계정에 접속하고 설계툴을 실행하는 단계를 정리하면 다음과 같다.

① 터미널 창에서 csh 명령으로 shell 방식을 쏘싱한다.

② echo $0 명령으로 현재 shell 모드를 확인한다.

③ virtuoso &를 실행한다.

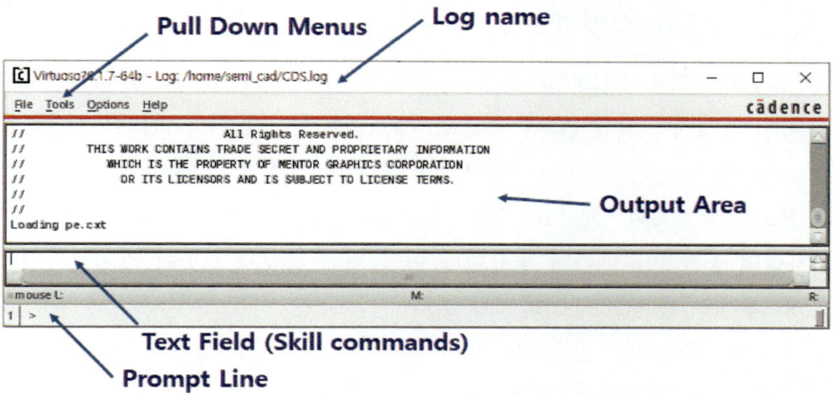

CIW 실행화면 및 다양한 옵션

반도체 설계과정을 거쳐 설계 데이터가 파운드리에 제공되기 전까지 회로설계 및 레이아웃 설계를 위해서 다양한 Tool 과 검증 프로그램이 필요하며 Cadence 사의 Virtuoso를 실행시키기 위해서는 아래 4가지가 환경 파일이 필수로 필요하다.

파일명	설명
.cshrc	Viruoso와 연동하여 사용되는 Tool에 대한 환경 설정
.cdsinit	툴 구동에 필요한 초기화 작업 설정
.cdsenv	툴 구동에 필요한 환경 설정
cds.lib	설계에 필요한 라이브러리 구성

또한 설계툴에 연동되어 있는 시뮬레이션이나 검증툴은 아래 방법으로 사용 버전을 확인할 수 있다.

설계 SW	설명
Cadence (Composer, Virtuoso)	터미널 창에서 virtuoso -W Version Date까지 확인은 virtuoso -version
Spectre(MMSIM)	터미널 창에서 spectre -W Version Date까지 확인은 spectre -version
Assura	터미널 창에서 assura -W Version Date 까지 확인은 assura -version
EXT	터미널 창에서 qrc -v
Calibre	터미널 창에서 calibre -version

(2) Library manager 실행하기

CIW 메뉴 중 Tools 메뉴의 Library Manager를 실행한다. Library Manager는 윈도우 탐색기와 같은 역할을 하며 설계에 필요한 PDK(Process Design Kit)를 등록하고 PDK를 이용하여 설계자가 만드는 회로도 및 레이아웃을 체계적으로 관리할 수 있다. 설계를 진행하기 위해서 NMOS, PMOS 뿐만 아니라 반도체 공정에서 사용되는 여러 가지 소자들이 필요하고 또한 Simulation을 수행하기 위해서는 소자들의 동작 파라메타가 필요한데 이를 위해 설계자가 만든 라이브러리에 공정에서 제공하는 PDK 파일을 등록(Attach)하여야 한다.

라이브러리는 동일 공정으로 진행되는 설계 결과물의 집합체로 새로운 회로를 설계할 때 먼저 공정에서 제공하는 다양한 소자가 포함된 PDK 라이브러리를 이용하여 설계가 시작되며 회로도(schematic)와 회로를 간단히 나타내는 심볼(symbol), 그리고 회로를 마스크 패턴으로 구현하기 위한 레이아웃(Layout) 및 레이아웃으로부터 기생성분과 회로 정보가 서술된 넷리스트(Net List)와의 비교(LVS)를 위한 추출회로(extracted)회로 등의 각종 결과물들의 집합체이다.

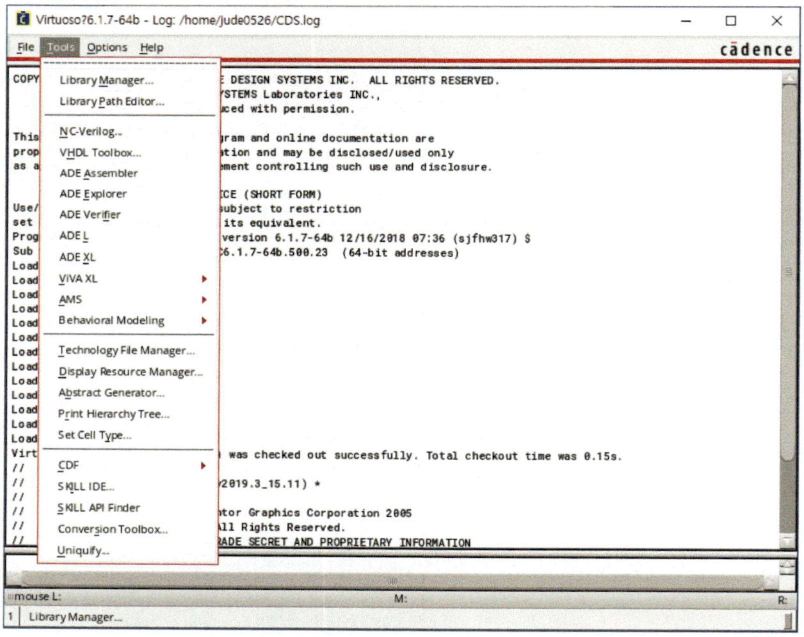

Command Interpreter Window(CIW) 창에서 Library Manager 실행

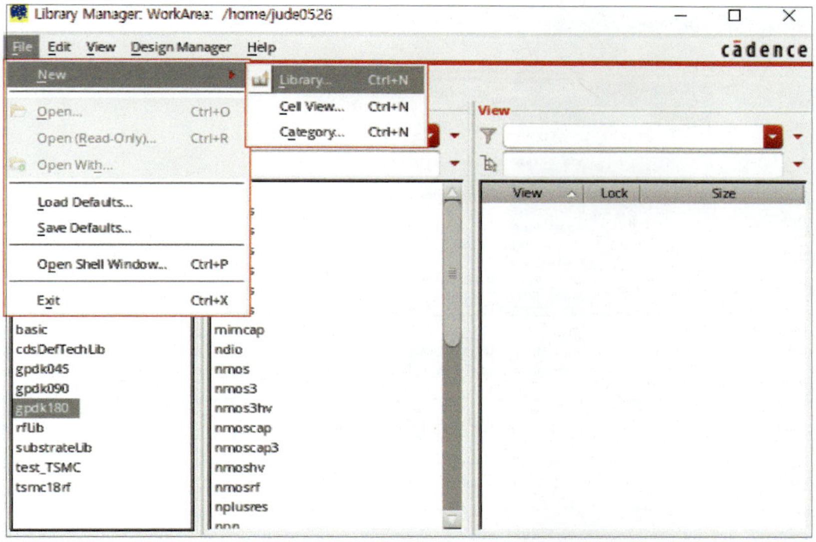

Library Manager를 이용한 라이브러리 등록

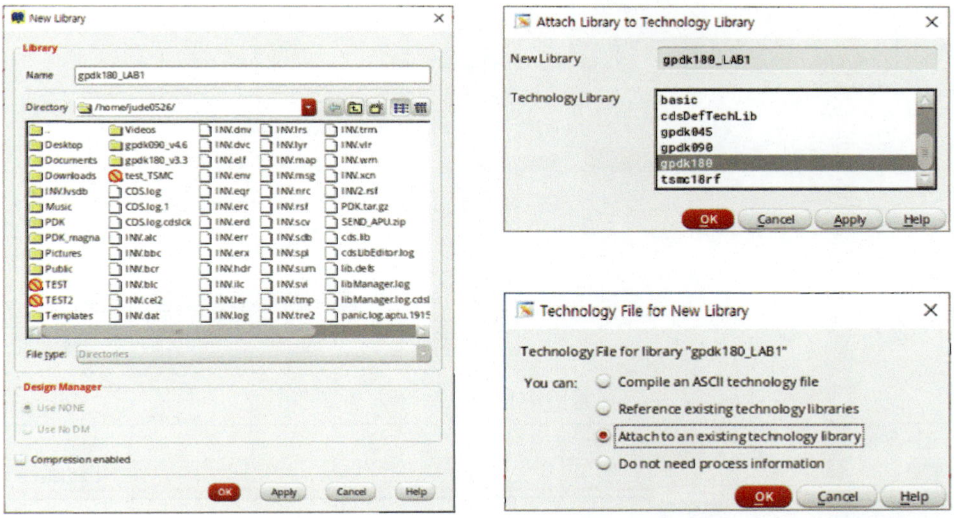

설계라이브러리에 PDK 등록하기

새로운 라이브러리 또는 셀은 CIW 메뉴의 File〉New를 이용하여 생성할 수도 있다.

① CIW 창에서 File - New - Library를 선택한다.

② 그림과 같이 New Library 창이 생긴다. Library 항에 있는 name 칸에 라이브러리 이름을 입력한다.

③ 새로 만들어지는 라이브러리를 공정에서 제공되는 PDK를 이용하여 설계를 하기 위해서 Technology File 항목에 있는 'Attach to an existing techfile' 단추를 누르고 원하는 techfile을 선택하고 OK 버튼을 누른다.

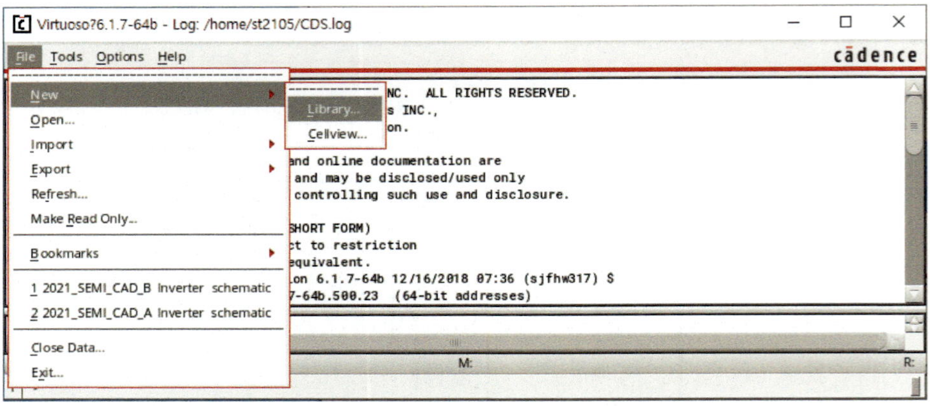

CIW에서 라이브러리 생성하기

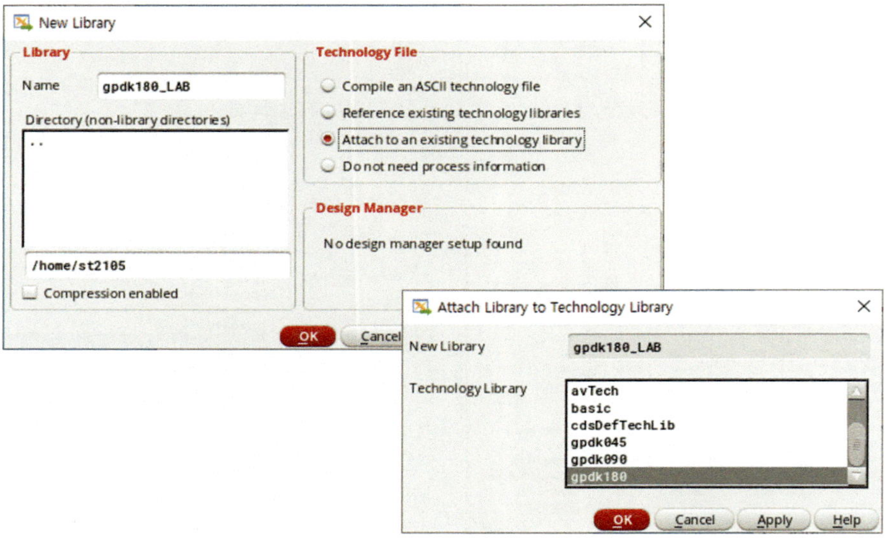

CIW를 이용한 라이브러리 생성

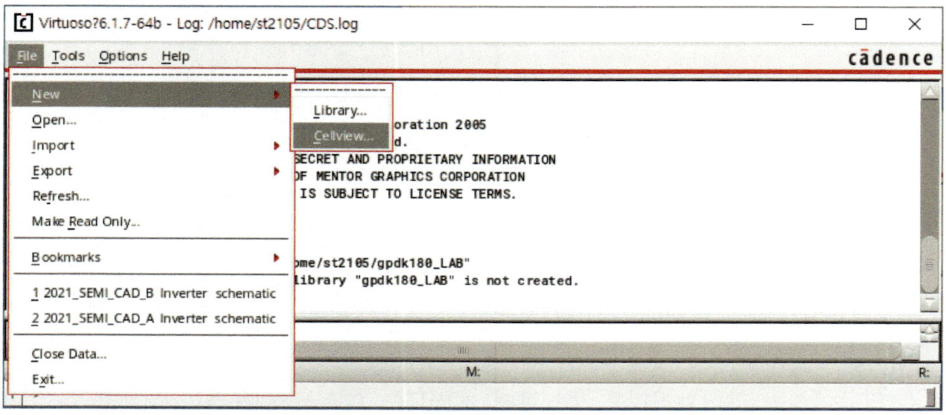

CIW를 이용한 cell 생성

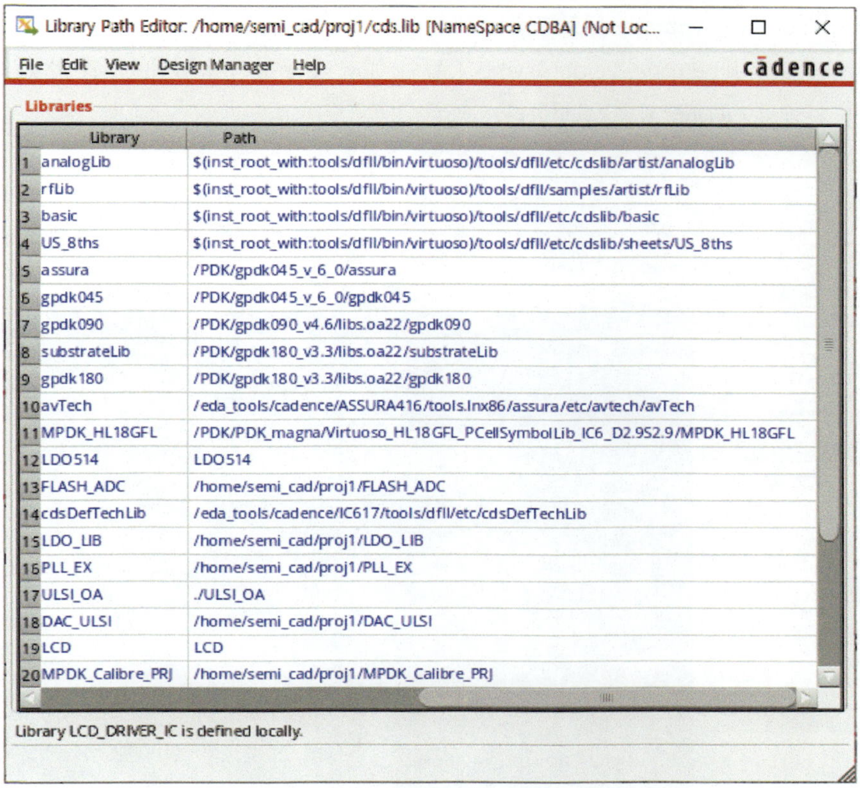

라이브러리 Path Editor

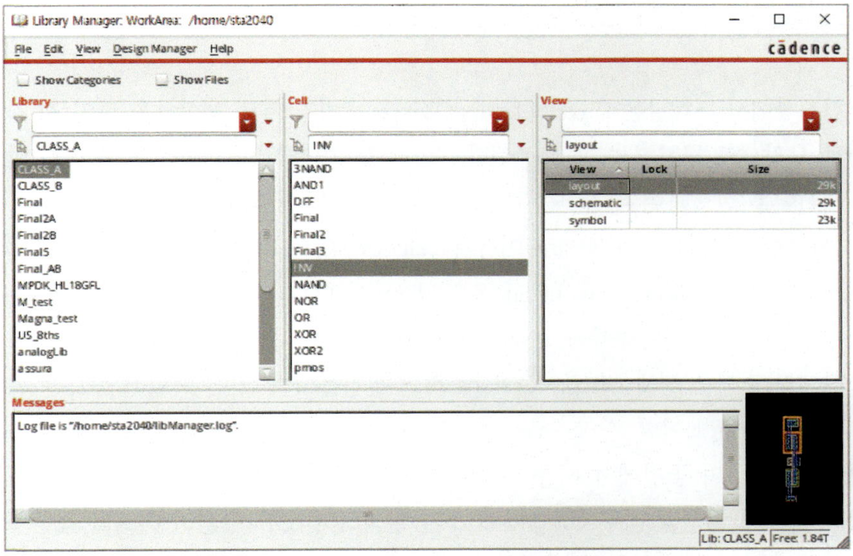

Library Manager 구조

반도체 설계를 위한 virtuoso 프로그램은 Library와 여기에 속한 cell로 구성되며 각각의 cell은 view라는 구성으로 schematic, layout, symbol 등의 view로 구성되어 있다. 우선 PMOS와 NMOS를 만들기 위해서 layout 셀을 생성한다.

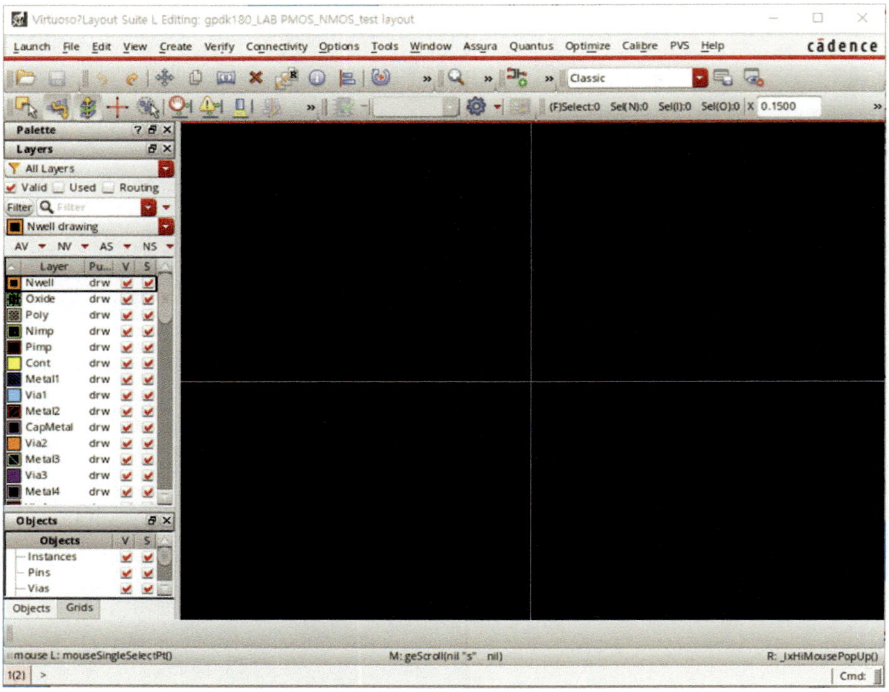

Layout 편집창

Layout 편집창에서 LSW창은 Layer Selection Windows의 약자로 레이아웃 작업 시 각종 레이어들을 색상과 모양으로 구분하는 데 사용된다. 특정 레이어를 선택적으로 볼 수 있으며 PDK에서 제공되는 레이어를 선택하여 배치 배선작업을 수행한다. 한편 레이아웃 편집기창에는 작업 표시줄이 생기는데 현재 작업 중인 library 이름과 cellview 이름 그리고 작업의 종류를 알 수 있다.

작업 표시 줄에는 Virtuoso? Layout Suite L Editing이 나타나며 현재 작업 중인 library 이름과 cellview 이름 그리고 작업 종류는 layout을 하고 있음을 나타낸다.

추가로 설계의 편의를 위해 Display Options 화면 설정을 진행한다. 특별히 중요한 점은 Display Options의 Grid Controls이며 X, Y Snap Spacing은 마스크 제작 시 stepper 장비의 기준이 되는 값으로 단위는 um이며 공정에서 허용 가능한 최소 선폭의 1/2보다 작게 설정되어야 하고 **처음 설정된 값과 다르게 설정될 경우 Off-grid error가 발생하여 오류 수정이 어려울 경우 레이아웃을 처음부터 다시 해야 하는 상황이 발생할 수 있으므로 주의**하여야 한다.

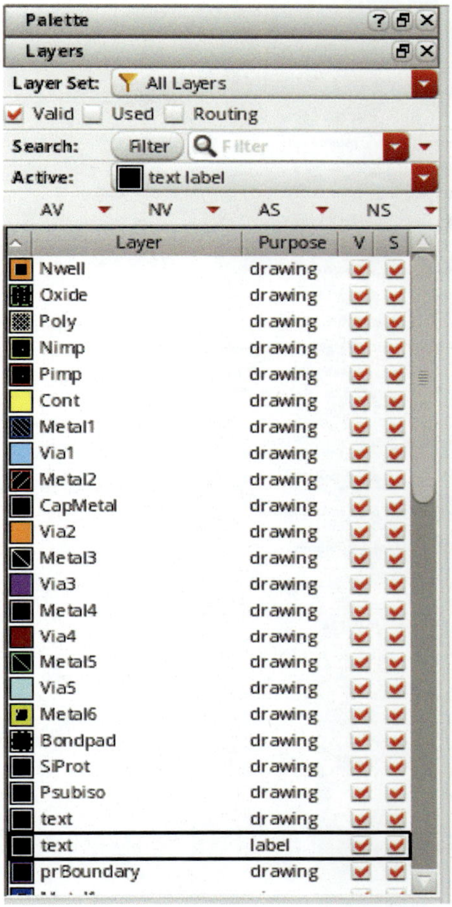

LSW 윈도우

Virtuoso IC6x 버전 이후 LSW(Layer Selection Window)이 이전 버전인 IC5x보다 크게 달라진 점은 Scope에서 사용 중인 Layer만 보는 기능이 추가되었다는 것이다. METAL1의 경우에 purpose가 drawing, BSL, BSD, BSP로 나와 있는데 주로 사용하는 drawing을 제외하고는 볼 필요가 없다. 그럴 때 Used Layers Only를 선택하면 drawing만 보여준다.

그 외에도 LSW 창 위에서 단축키 L을 눌러서 Valid Layer를 바로 변경할 수도 있으며 유용하게 활용될 수 있다. Layout 작업은 Viewer 안에서 여러 Layer를 동시에 겹쳐 작업하기 때문에 원하는 Layer만 보이도록, 혹은 사용하도록 껐다 켰다 하는 작업이 많이 필요하며 이때마다 손으로 일일이 눌러주기 불편하기 때문에 Skill script라고 하는 일종의 프로그래밍 기능을 이용하면 편리하다.

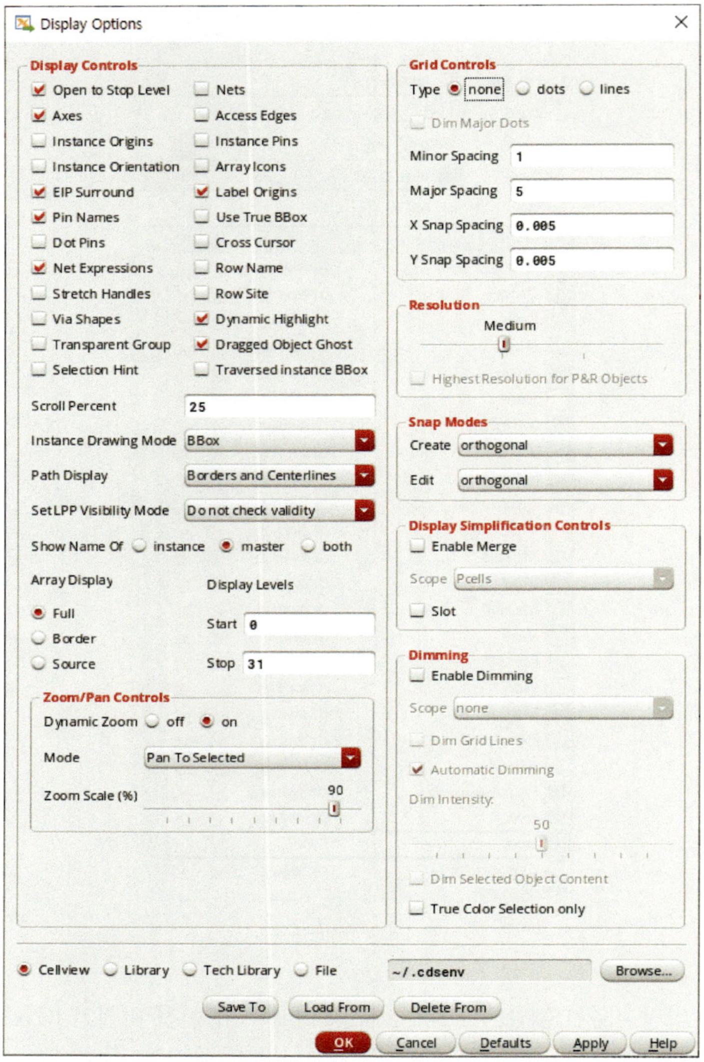

Display Options

4.4 NMOS, PMOS 레이아웃 하기

(1) NMOS 레이아웃 하기

일반적으로 p형 기판 웨이퍼 위에 제작되는 NMOS 트랜지스터는 다음 그림과 같은 수직 구조를 갖는 3차원 소자이며, 소자의 특성은 복잡한 반도체 공정에 의해 복합적으로 결정되지만, 반도체 집적회로 설계자가 정할 수 있는 것은 채널의 폭(W)과 길이(L)이며 그것에 의해 소자의 크기와 특성이 결정된다.

NMOS는 Nimp, oxide, poly, Metal1, contact 레이어를 이용하여 디자인 룰에 맞도록 사각형을 배치한다. NMOS는 p-substrate 위에 배치되므로 Pimp, Oxide, Contact, Metal을 이용하여 p-tap을 만든다. Nimp와 Oxide 마스크는 소스와 드레인을 만들기 위해 사용되며 poly 마스크는 게이트를 형성한다. Contact 마스크는 드레인과 소스 위에 만들어진 절연층(PMD)에 구멍을 뚫어 절연층을 지나가는 금속선과 드레인 및 소스를 연결하고 Metal1 마스크는 외부단자와 연결을 위한 배선 역할을 한다.

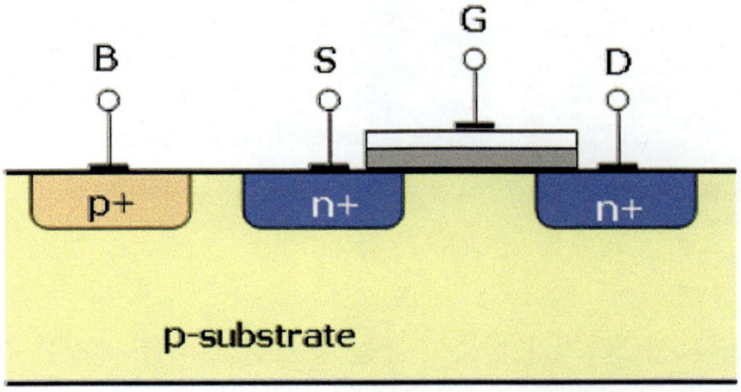

NMOS 수직구조

레이아웃 순서는 우선 oxide를 정해진 크기로 그린다. 그 다음 poly를 그리고 N-imp를 배치하고 마지막으로 콘택과 메탈을 배치한다. 만들어지는 순서는 oxide 마스크로 소스와 드레인이 될 영역이 만들어지고 oxide를 제외한 나머지 부분은 식각을 한다. 식각이 되면 oxide 부분만 웨이퍼 표면에 볼록하게 남는데 식각된 부분에는 산화막을 입혀서 절연층을 만든다. 이 절연층은 액티브 영역과 다른 액티브 영역 사이를 전기적으로 절연시킨다. 공정마다 다르긴 하지만 oxide를 active라 부르기도 하며, N-imp는 N-selector라고 부르기도 한다.

이어서 poly 마스크로 게이트를 만든다. 그 다음 N-imp 마스크로 5가불순물을 주입하여 N+층을 만든다. 마지막으로 콘택과 메탈 배선 공정을 한다. N-diffusion이란 레이어가 있는데, 이는 'N-imp + oxide' 또는 'active +N-selector'와 같은 의미로 5가불순물을 주입하여 N+층을 만드는 역할을 한다. N-diffusion 레이어 하나로 트랜지스터를 만드는 공정도 있고, active와 N- selector 두 개의 마스크로 트랜지스터를 만드는 공정도 있다.

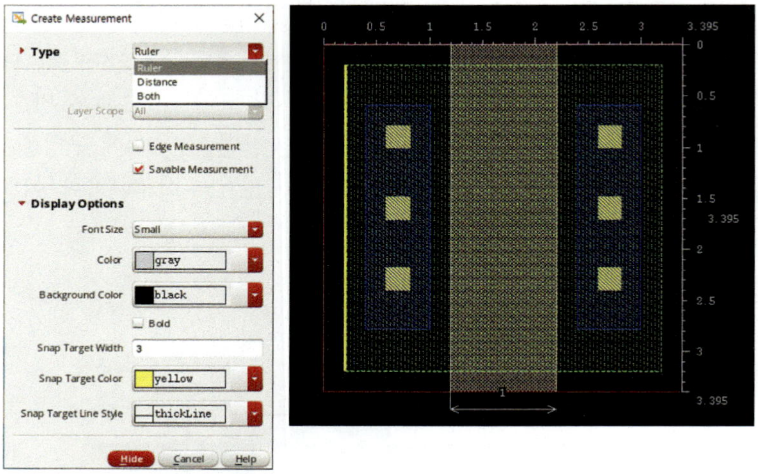

NMOS 레이아웃

메뉴에서 create ruler를 선택하거나 단축키 'k'를 누르면 길이를 측정할 수 있는 ruler가 실행되고 'F3'을 이용하여 ruler type과 크기 색상 등의 세부 설정을 변경할 수 있다. 사각형을 그리기 위해서는 우선 LSW 창에서 원하는 레이어를 선택하고 ruler를 이용하여 치수를 표시하고 사이즈에 맞게 사각형을 그릴 수 있으며 사이즈를 조절하고자 할 때는 stretch(단축키 's')를 이용하여 조절하고자 하는 면을 선택하여 길이를 조절할 수 있다.

쓰임	BindKey	쓰임	BindKey
Save	F2	선택 layer 취소	Ctrl + d
Undo	u	Zoom in	Ctrl + d
Redo	Shift+u	Zoom out	Shift + z
Rectangle	r	하위 instance	Shift + x
Instance	i	상위 instance	Shift + b
Label	L	선택메뉴취소	Esc
Instance 만 보이기	Ctrl + f	레이어속성	q
Instance 속 보이기	Shift + f	자르기	Shift + c
Fit all	f	복사	C
이전 화면 상태	w	Refresh	Ctrl + r
Create ruler	k	Move orgin	Edit / other/move origin
Clear ruler	Shift + k	90도 & 45도 angle	N
move	m	90도 angle	Ctrl + n
Stretch	s	전체선택	Ctrl + a
merge	Shift + m	부분선택	Shift + a

레이아웃 단축키

소자를 배치할 때 기본 형태는 사각형이며 메뉴에서 Create - Rectangle을 선택하거나 단축 아이콘의 Rectangle 또는 단축키 'r'을 누른다. 정확한 크기의 사각형이 그려지지 않았다면 stretch로 크기를 수정한다. 사각형의 우측 가장자리에 마우스 포인터를 놓고 좌측 버튼을 클릭 한다. 우측 선 부분이 굵은 흰색으로 바뀐다. 마우스를 우측으로 이동시킨 다음 좌측 마우스 버튼을 클릭하면 우측으로 늘어났음을 확인할 수 있다.

정확한 크기인지 확인하기 위해서 ruler를 이용해서 크기를 측정하고 측정된 측정 수치를 화면에 표시하거나 지울 수 있다. 이와 같은 방법으로 nwell, pdiff, poly, contact을 디자인 룰에 맞도록 설계한다. 레이아웃에 사용되는 기능은 메뉴를 사용할 수 있지만 단축키를 알고 있으면 빠른 작업이 가능하다. 위의 표에 레이아웃에 사용되는 주요 단축키를 정리하였으며 사용자의 편의에 맞도록 수정도 가능하다. NMOS 설계가 끝나면 디자인 룰에 표시 된대로 NMOS와 가깝게 반드시 P-TAB을 설계한다. P-TAB은 NMOS와 p-substrate 사이에 강제로 역방향 바이어스 상태가 되도록 하여 기판과 소자 사이에 누설전류를 막고 트랜지스터 동작이 소자 내에서만 일어나도록 하기 위해 p-substrate를 강제로 GND에 연결함으로써 NMOS의 오동작을 막는 방법인데 가능한 가깝게 배치하는 이유는 기판과 소스, 드레이 사이에 기생저항 성분에 의한 전압 상승을 막기 위해서이며 앞서 설명한 Latch-Up 과도 관련이 있다.

(2) PMOS 레이아웃하기

PMOS 트랜지스터는 아래 그림과 같은 구조를 갖는다. NMOS에서와는 달리 PMOS는 드레인(D)과 소스(S)가 p형이 되므로 p형 기판 위에 그대로 만들어질 수가 없다. 따라서 기판위에 n형의 Well을 먼저 만들고 그 위에 p형의 active 레이어로 드레인과 소스를 만든다. 먼저 PMOS 크기를 width=3um, Length=1um로 레이아웃 한다. PMOS는 Nwell 위에 Oxide, P+ diffusion, Metal, Contact, Via가 필요하며 오동작을 방지하기 위해 Nwell 위에 N+ implant를 이용하여 N-tap을 형성하여야 한다.

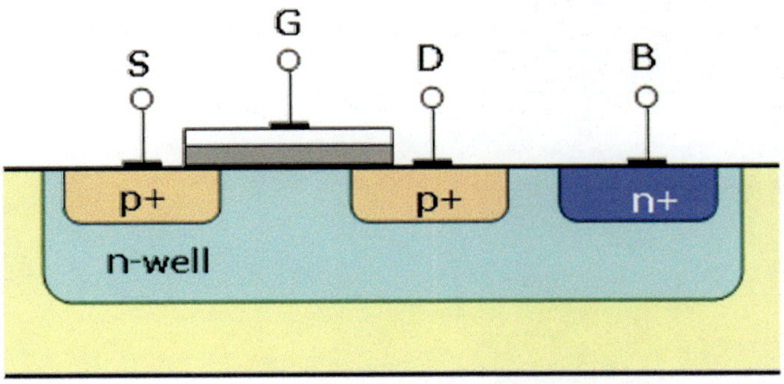

PMOS 수직구조

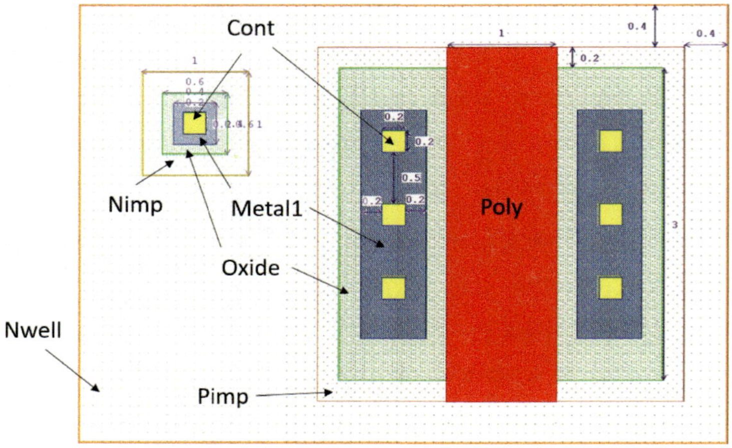

PMOS 레이아웃

PMOS와 NMOS를 배치한 TOP-View와 Cross-Section View는 다음과 같다.

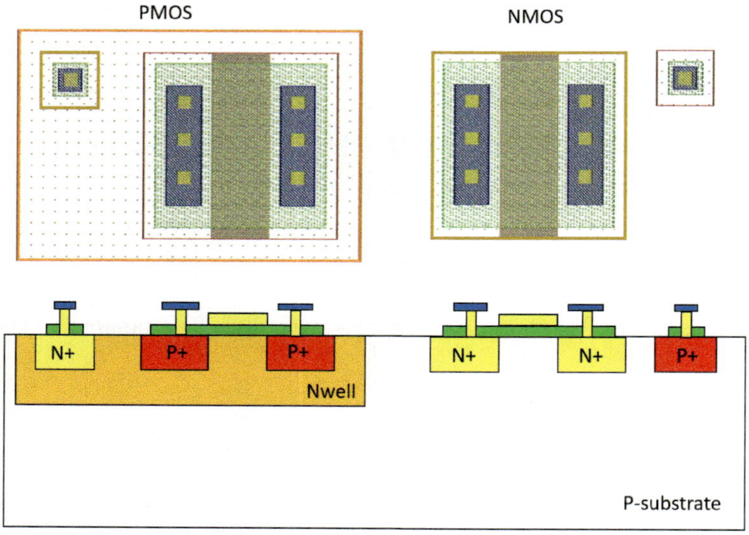

(3) DRC 검증하기(Assura)

레이아웃이 완성되면 Design Rule대로 디자인했는지 검증하여야 하며 이 과정을 DRC(Design Rule Check)라고 한다. Layout 메뉴의 Assura에서 Run DRC를 실행한다.

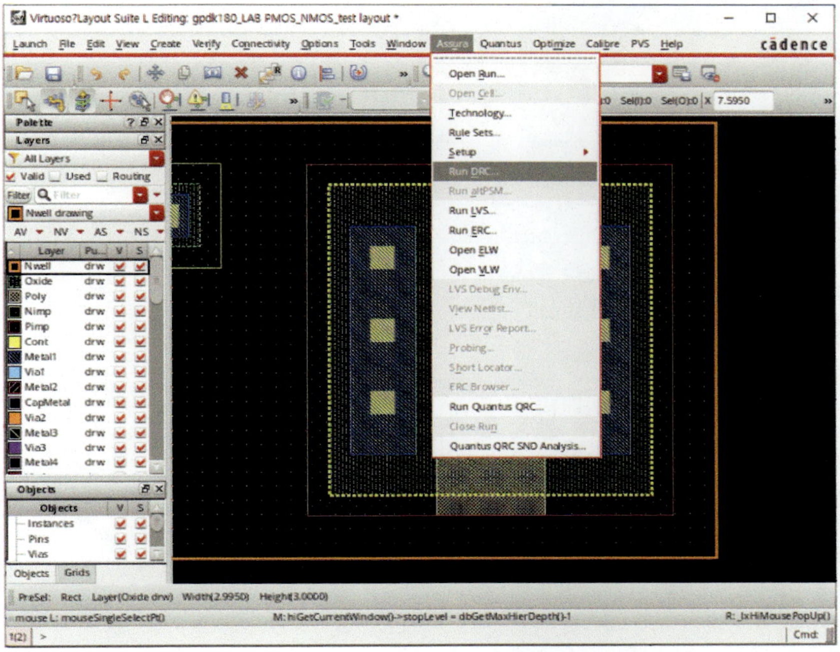

DRC 실행하기

DRC 설정창에서 Libray, Cell, View가 맞는지 확인하고 Rule 파일 경로가 정확한지 확인한 후 OK를 클릭하면 DRC가 수행된다. 이상이 없으면 No DRC errors found가 출력된다. 만약 Metal 두께를 줄이고 Poly 길이를 줄여서 임의로 DRC error를 생성시킨 후 DRC를 실행하면 다음과 같이 5C, 5D, 7C와 같이 Design Rule에 해당하는 Rule violation을 알려주며 화살표 버튼을 클릭하면 위치를 하이라이트해 준다.

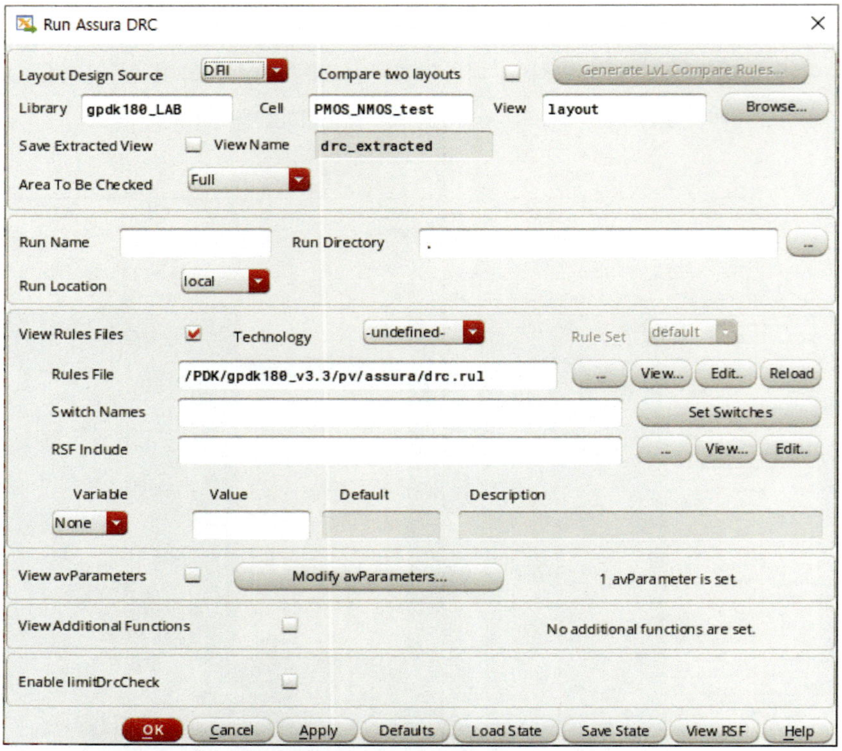

Assura DRC 설정창

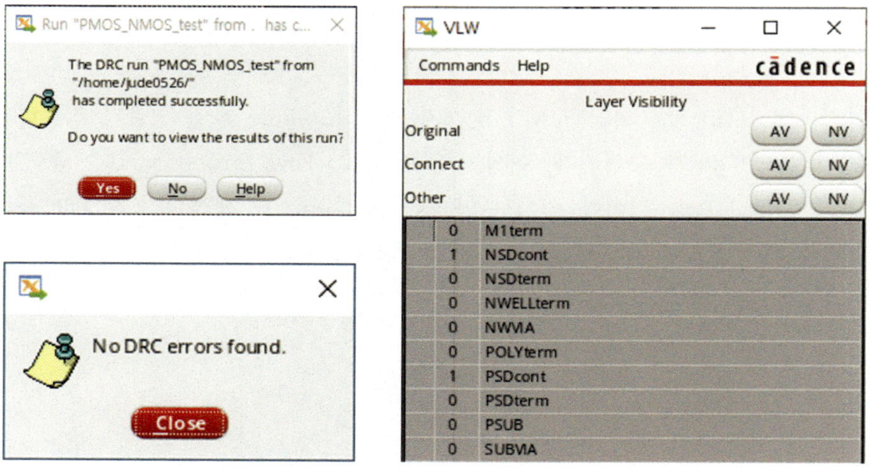

Assura DRC 결과

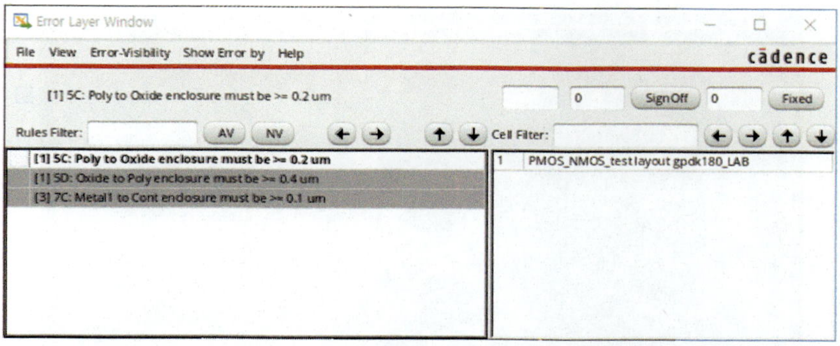

DRC 에러 report

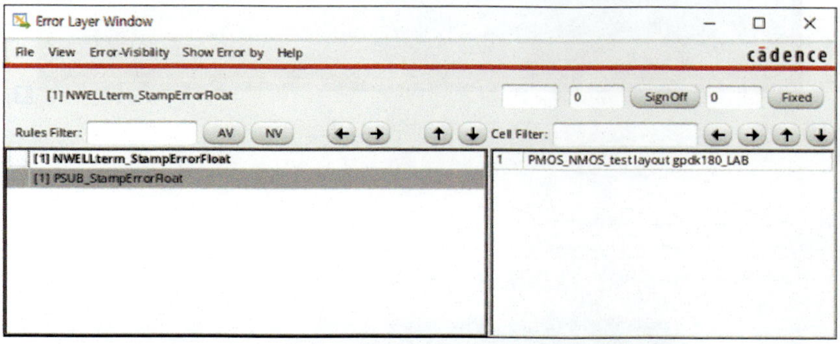

N-tap, P-tap을 사용하지 않은 경우 DRC 에러

DRC는 반드시 PMOS, NMOS와 더불어 오동작을 방지하도록 n-tap과 p-tap까지 그린 후에 작업을 수행하여야 한다. Layout 편집기는 레이아웃 과정 중 Design 오류를 드로잉 과정에서 가이드를 해주는 DRD(Dynamic Design Rule Checking while laying out your Design) 기능이 있다.

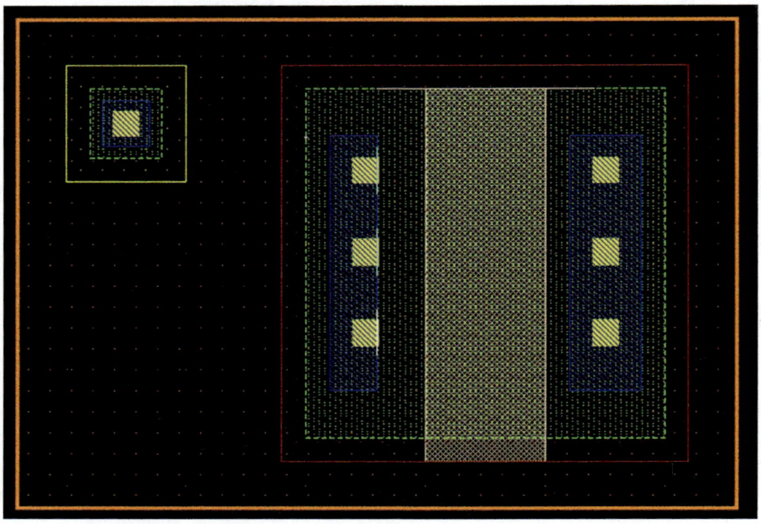

DRC 에러 하이라이트

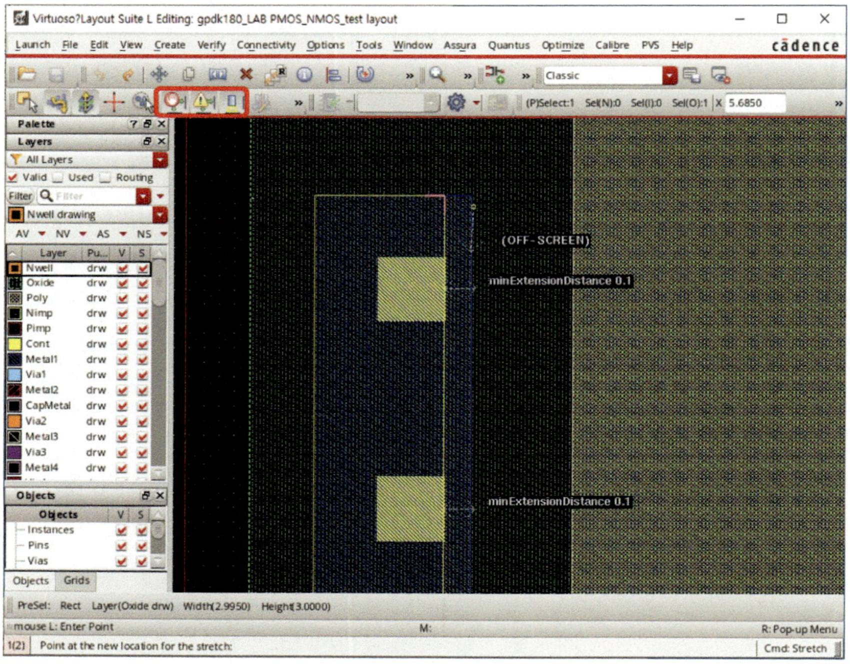

DRD 기능을 이용한 레이아웃

(4) LVS 검증하기(Assura)

DRC 검증이 끝나고 회로도와 레이아웃이 일치하는지 검증하는 LVS(Layout vs. Schematic) 검증을 실행한다. 먼저 PMOS와 NMOS가 배치된 schematic cell view를 만든다. Schematic 편집창이 열리고 Create 메뉴의 Instance를 클릭하거나 단축키 'i'를 클릭하면 회로 심벌을 추가할 수 있다.

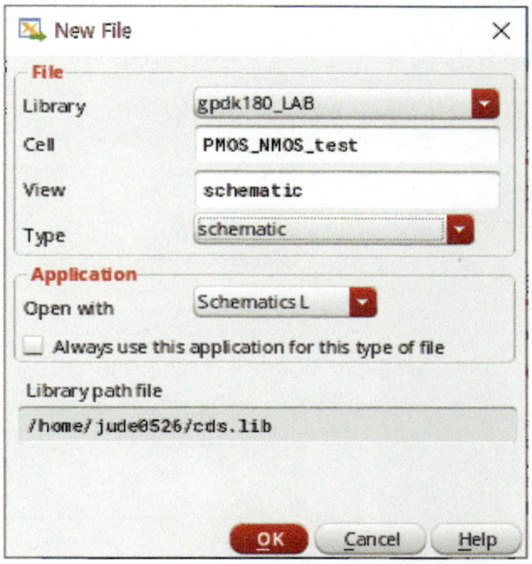

schematic Cell View 생성

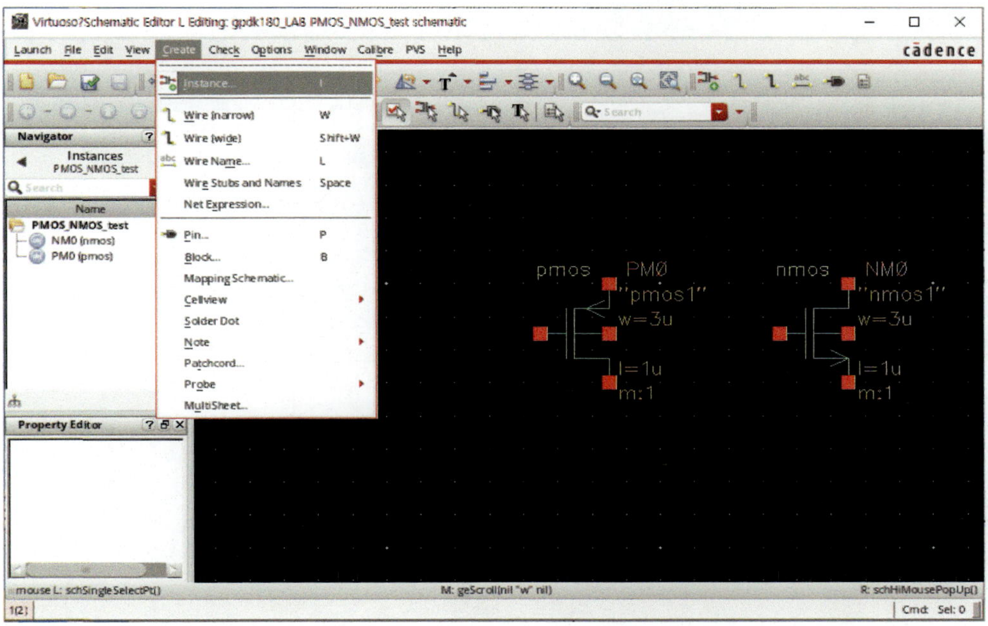

Instance 추가

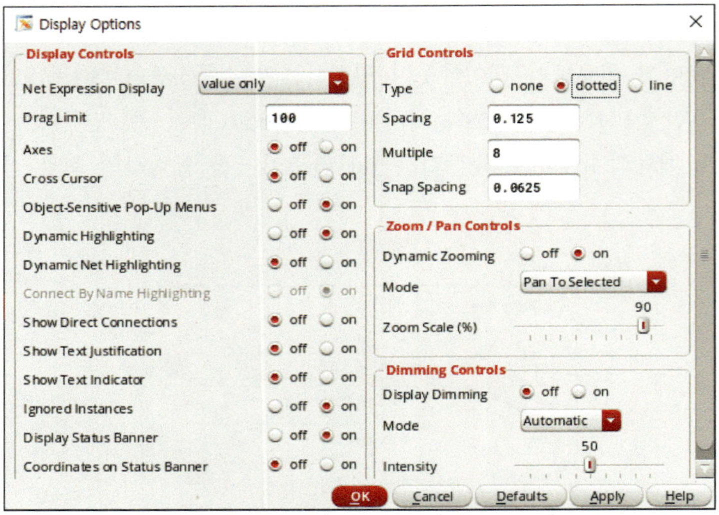

Display Options

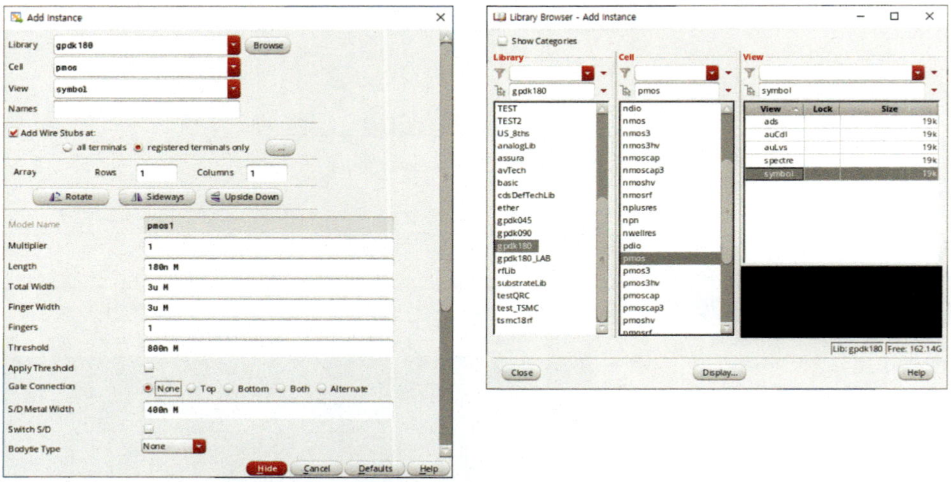

PMOS 파라메타 입력(length : 1um, Width : 3um)

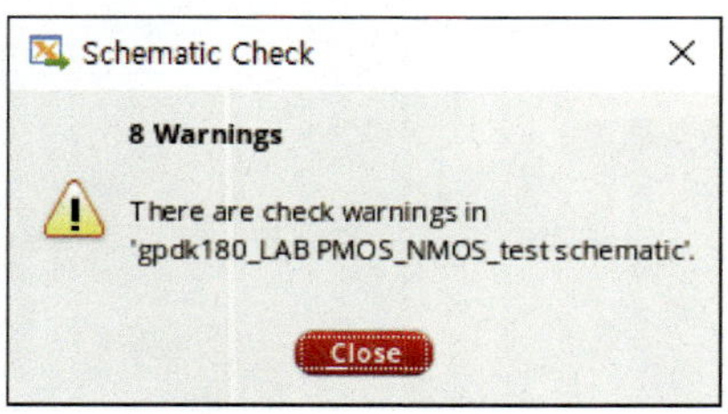

회로도 경고창 표시

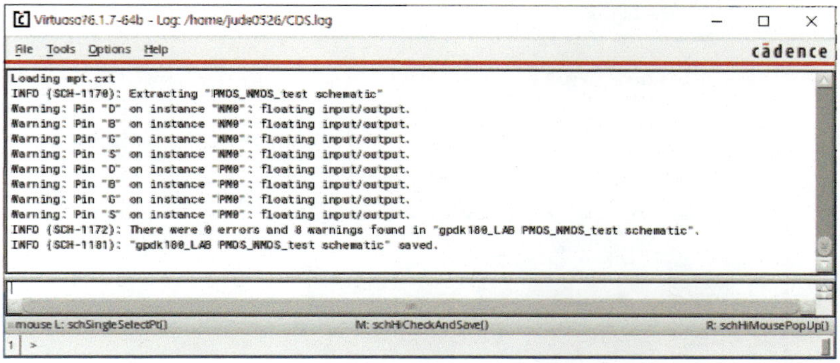

CIW에서의 원인 확인

단순히 소자만 배치하고 배선은 하지 않았으므로 8개의 단자가 연결되지 않았다는 경고창이 생기며 오류가 아니므로 close 한다. 각종 경고나 에러는 CIW에도 표시가 되므로 어떤 경고나 에러인지 항상 확인하도록 한다. LVS 검증의 원리는 회로도와 레이아웃으로부터 Netlist 정보(Net, Device, Pin 정보, Length, Width) 등의 Parameter를 추출(extract)하여 비교하므로 extract rule과 compare rule을 설정하여 준다.

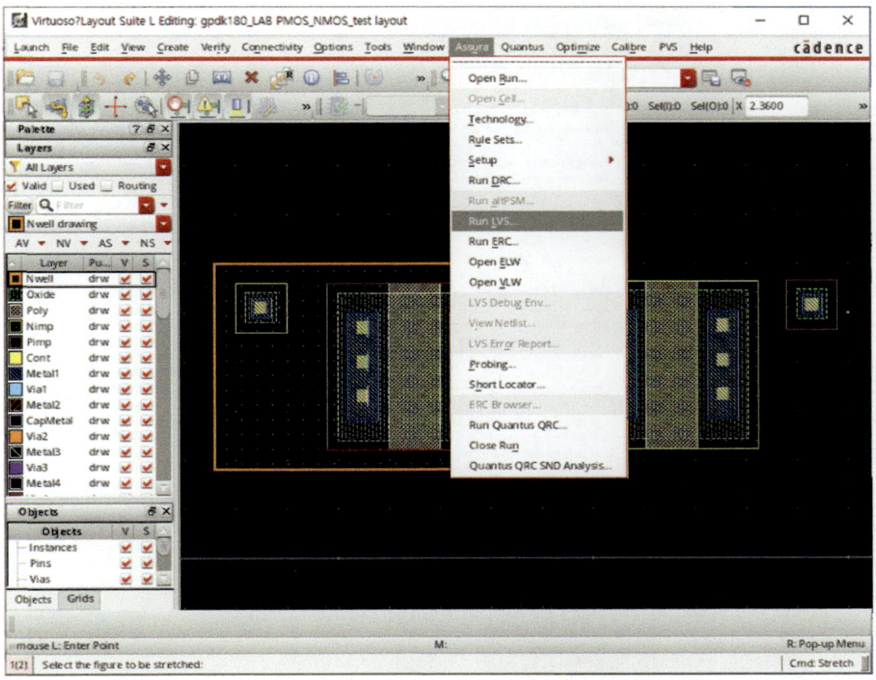

LVS 실행하기

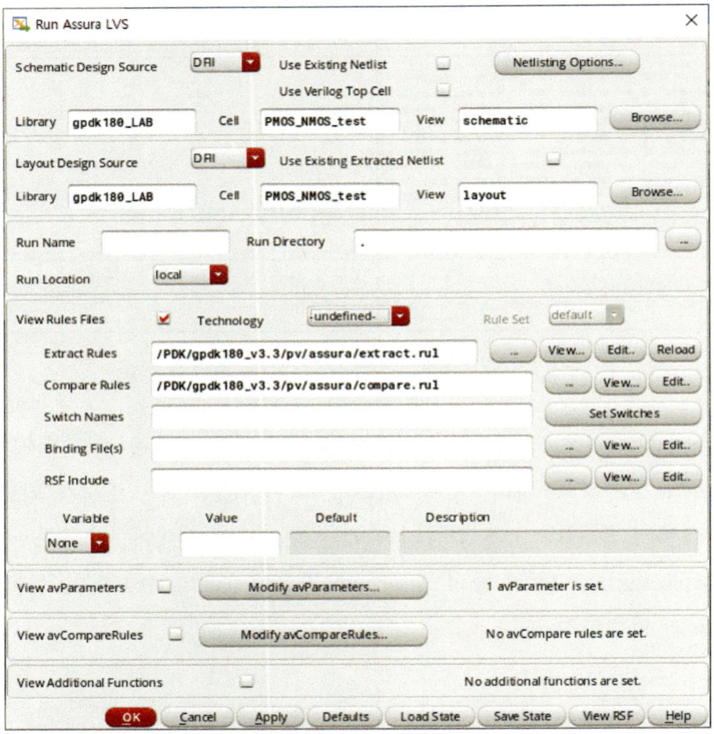

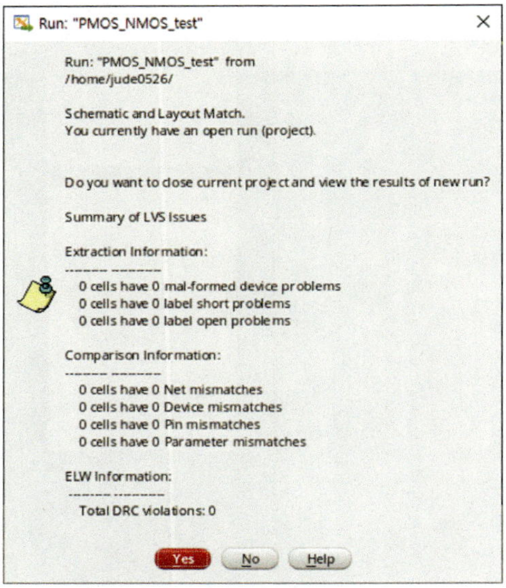

LVS 결과로부터 Schematic과 Layout의 Netlist 항목에서 Net, Device, Pin과 L, W 등의 Parameter를 비교함을 알 수 있다.

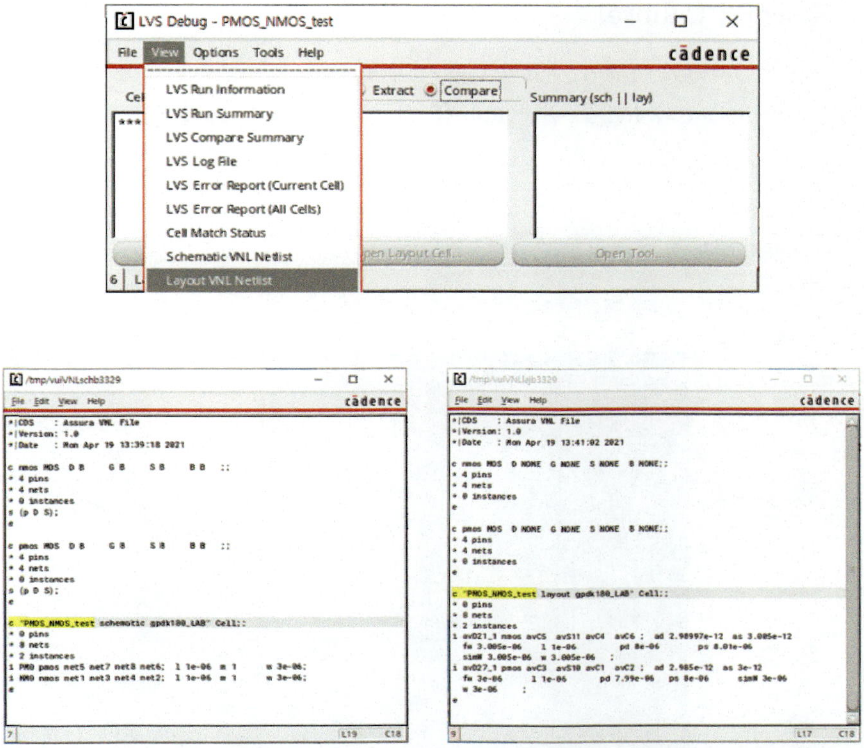

Schematic과 Layout Netlist 비교하기

(5) DRC 검증하기(Calibre)

실제 업무에서는 mentor 사에서 개발한 Calibre가 많이 사용되는데 디버깅이 편하고 공정에서 대부분 PDK 제공시 DRC와 LVS를 위한 Rule을 제공하므로 많이 개발 업체에서 채택하고 있는 툴이다.

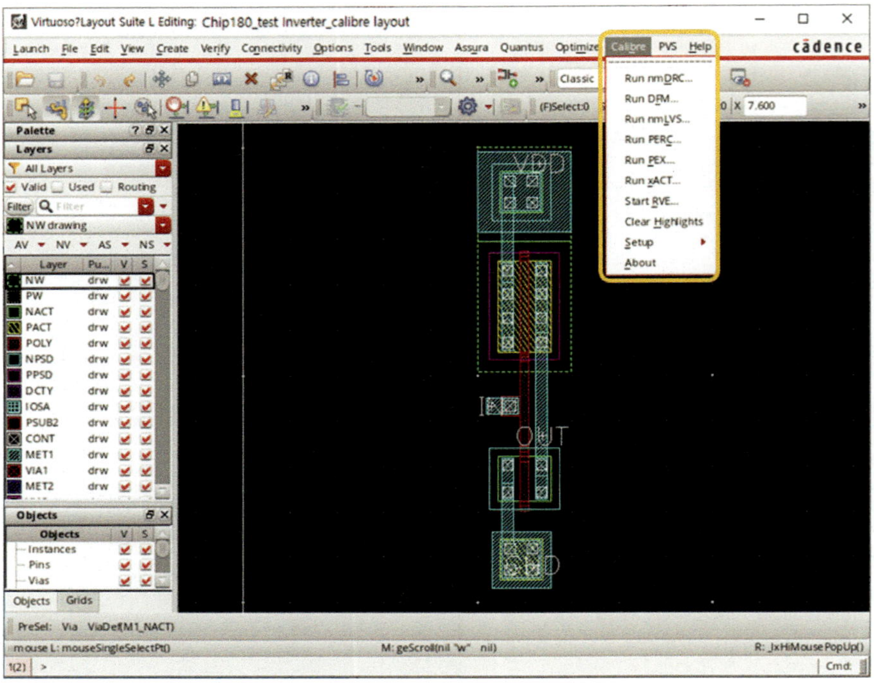

Calibre 실행하기

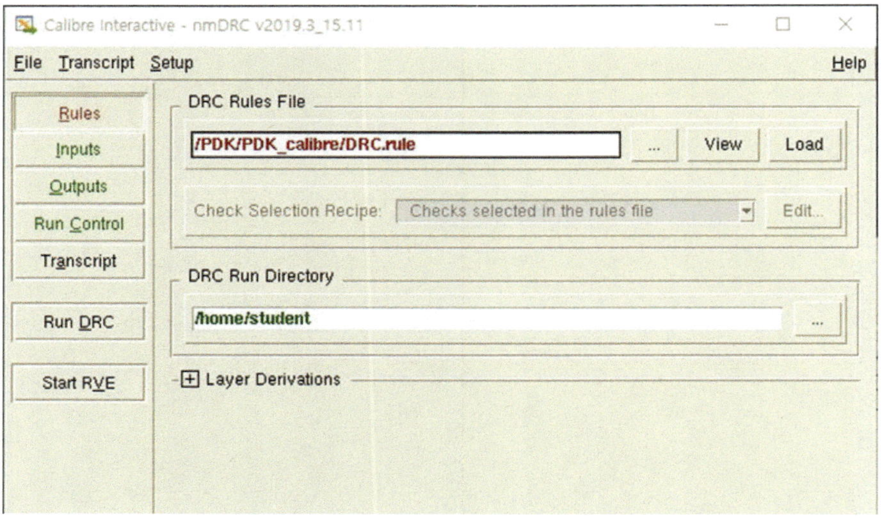

DRC Rule 설정

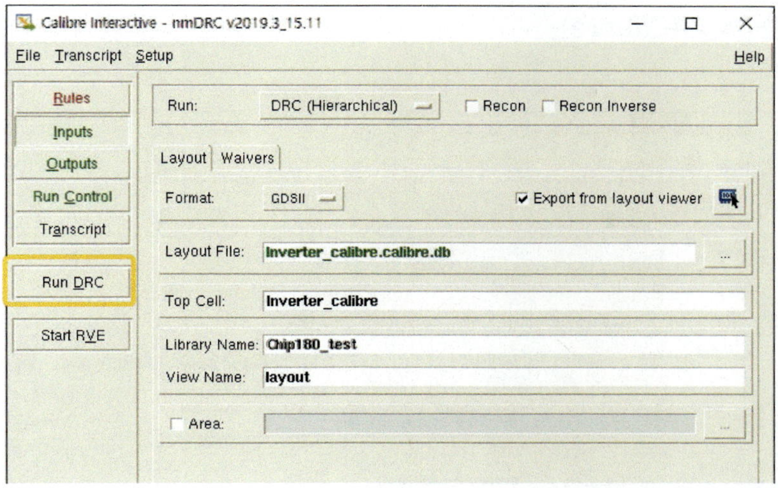

DRC 실행

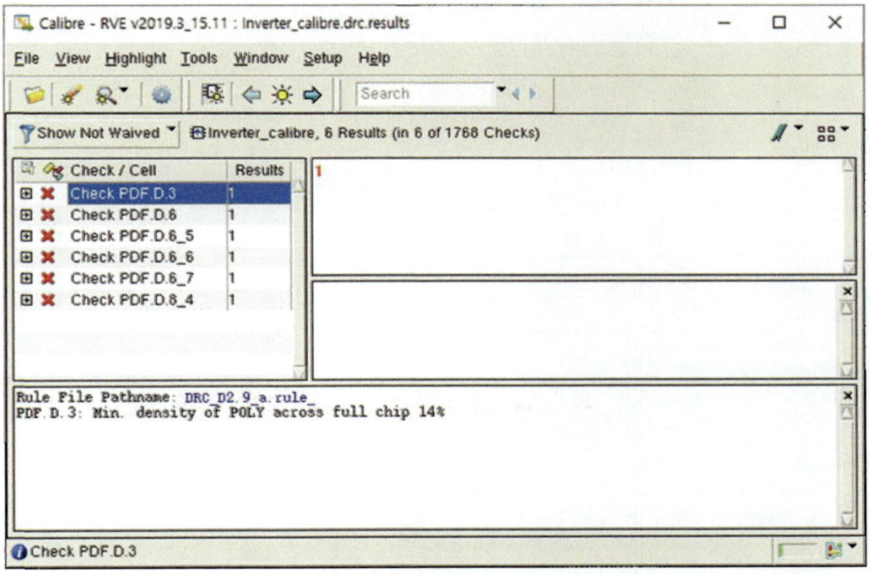

DRC 결과 분석

공정에서 제공되는 PDK를 사용하는 경우 DRC 실행 시 Density 에러가 생기는데 이 에러는 Full Chip 구현 시 해결되므로 무방한 에러이다. Density 에러 이외의 모든 에러는 지시에 따라 원인을 분석 후 수정한다.

(6) LVS 검증하기(Calibre)

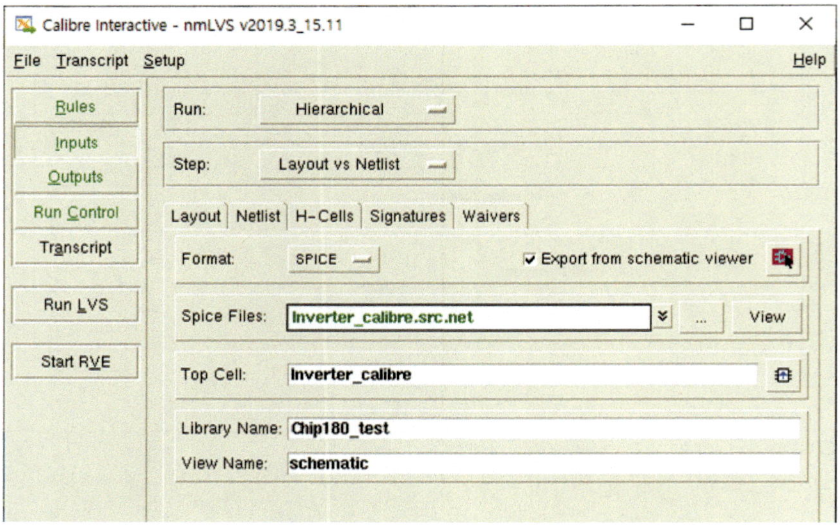

LVS 입력 파일 지정

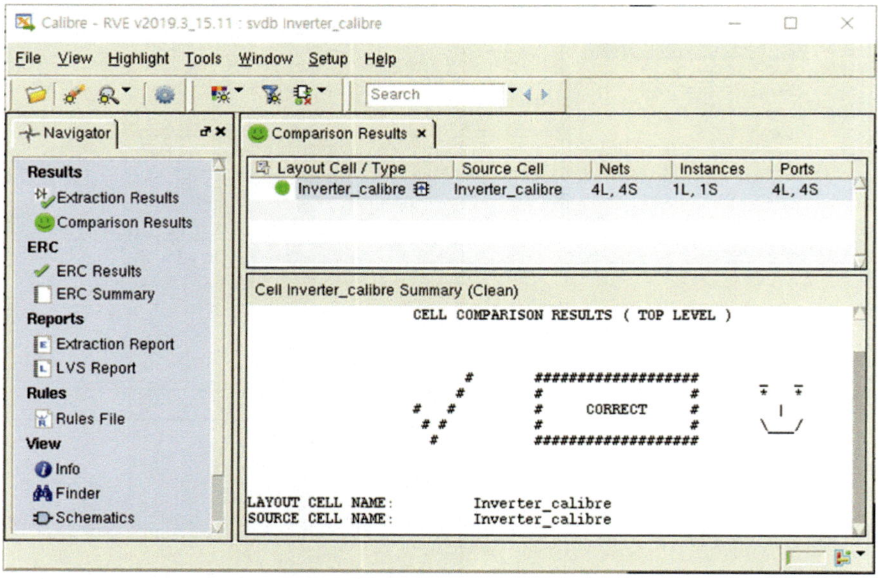

LVS 검증 완료

Calibre에서 DRC와 LVS 검증이 완료되면 결과창에 체크표시와 스마일 얼굴이 표시된다. 레이아웃 엔지니어들은 이 화면을 보면서 성취감과 보람을 느낀다.

(7) 유용한 기능

① Chopping : 사각형 영역의 일부 영역을 잘라낼 때 사용한다. 단축키는 shift+c이며 메뉴의 Edit 〉 Fluid Pcell 〉 Chop을 사용한다. 우선 해당 사각형 레이어를 선택하면 레이어 테두리 색깔이 바뀌고 이때 사각형 영역을 지정하면 영역에 지정된 부분이 잘린다.

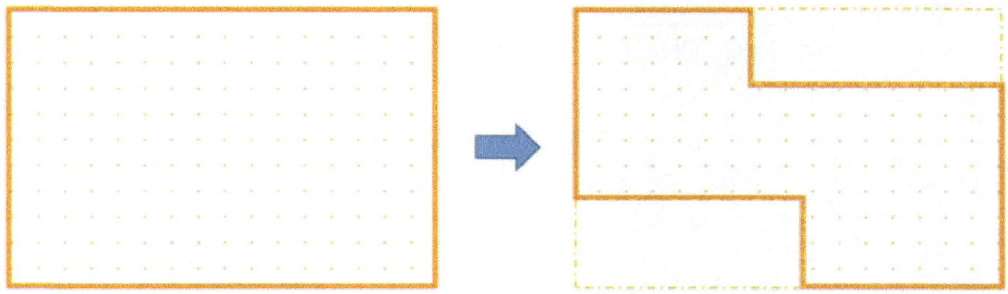

Chopping 기능

② Align : 사각형 영역을 여러 개 사용할 경우 각각의 높이를 정확히 맞춰야하는 경우가 생기며 이때 Partial Select로 사각형의 일부 면만 선택되도록 지정하고 단축키 'a'를 사용하거나 Edit〉Advanced〉Align을 사용한다. 아래 예시에서 B의 높이를 A 기준으로 맞춰야 하는 경우 Partial Select로 B의 윗면을 선택하고 Align을 설정하여 A 사각형의 윗면을 지정하면 원모양이 생기며 이때 더블 클릭하면 A와 B의 윗면이 정렬된다.

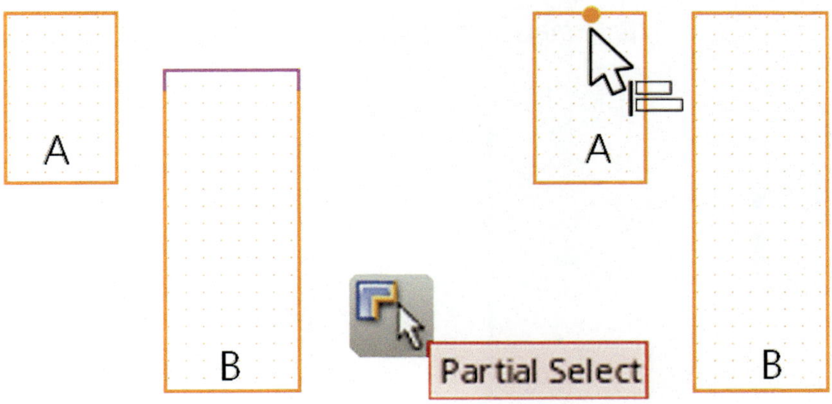

Align 기능

③ DRD 기능 : DRD 기능을 디자인하는 동안 DRC를 동시에 할 수 있는 기능이다.

DRD아이콘	기능(Design Rule Driven)
	DRD Enforce ON/OFF : 사각형을 그릴 때 DRC에 위배되면 룰에 맞도록 간격을 자동으로 조정한다.
	DRD Notify ON/OFF : 사각형을 그릴 때동안 DRC에 위배되면 Design Rule을 표시한다. 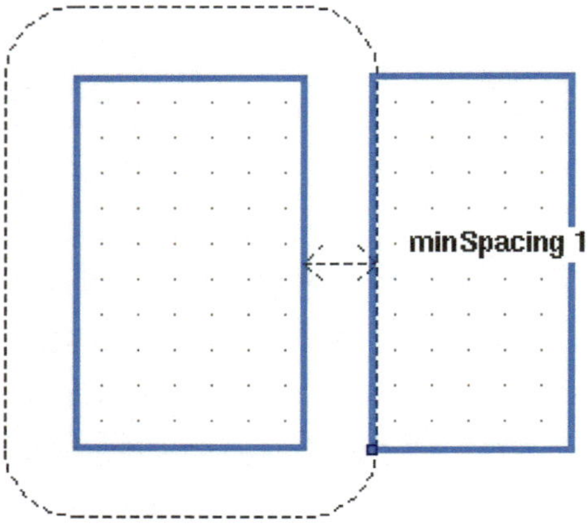
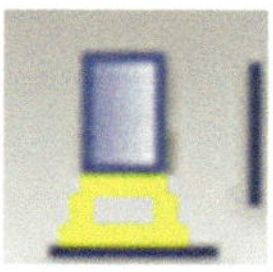	DRD Post-Edit ON/OFF : 사각형을 그리고 DRC에 위배되면 해당 부분을 하이라이트 한다. 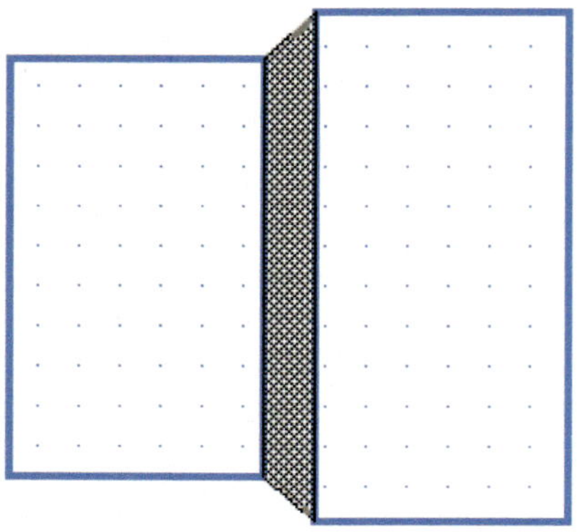

지금까지 수행한 레이아웃 설계절차를 요약하면 다음과 같다.

1. 공정의 테크놀로지 파일의 정보를 파악하고 확인한다.

레이아웃 편집 툴을 이용하여 레이아웃을 설계하기 위해서는 레이어의 종류 색깔 형태, 데이터 입출력을 위한 레이어 변환 방법, 레이아웃 편집 화면을 조절하기 위한 여러 옵션 등이 정의되어 있는 테크놀로지 파일이 필요하다.

2. 설계 규칙 검증을 수행하기 위한 공정의 DRC 룰 파일을 파악하고 확인한다.

회로도 데이터를 참고하여 레이아웃을 완성하면 각 레이어들이 공정에서 제공하는 여러 설계 규칙을 잘 만족하고 있는지 검증하여야 한다. 이러한 과정이 DRC이며 DRC를 위해서는 설계 규칙을 일종의 언어로서 기술된 DRC 룰 파일이 반드시 필요하다. DRC 룰 파일에는 여러 레이어들 간의 최소 간격이나 관계 및 레이어 자체의 두께 등 공정과 관련된 여러 가지 항목들을 정의한다.

3. 설계된 레이아웃으로부터 네트리스트 추출을 수행하기 위한 전기적 규칙 검증 룰 파일을 파악하고 확인한다.

DRC 검증을 통해 오류가 없는 것으로 판별되면 이번에는 레이아웃 데이터와 회로도 데이터가 일치하는지 여부를 알아보는 과정이 필요하기 때문에 먼저 레이아웃의 각 소자를 레이어의 연산으로써 정의한 룰 파일을 파악하고 확인해야 한다.

4. 설계된 레이아웃과 회로도의 일치 여부 검증을 수행하기 위한 LVS 룰 파일을 파악하고 확인한다.

레이아웃과 회로도가 일치하는지 여부를 알아보는 LVS 수행을 위해서는 레이아웃 데이터로부터 추출한 네트리스트 데이터와 회로도 데이터로부터 추출된 네트리스트 데이터를 서로 비교함으로써 설계된 레이아웃과 회로도의 비교 검증이 이루어진다.

〈실습과제〉

다음 항목별 조건에 맞는 PMOS와 NMOS를 설계하고 DRC와 LVS를 수행하시오.

조건	Length(um)	Width(um)
1	0.18	1
2	0.5	2
3	1	5

MEMO

최후의 승부는 멘탈을 겸비한 실력에서 나온다

CHAPTER V

논리회로 설계

디지털 회로는 AND, OR, XOR, NOT의 기본 게이트와 더 복잡한 디코더나 계산기능이 가능한 조합 기능 같은 논리 게이트의 기능을 하드웨어 기술 언어인 HDL(Hardware Description Language)를 이용하여 프로그래밍에 의해 설계가 가능하다. 이렇게 만들어진 회로는 ASIC (Application Specific Integrated Circuit, 주문형 반도체)와 FPGA(Field Programmable Gate Array)로 나누어지는데 ASIC은 특정 스펙에 전용 동작을 위해 제작된 회로로, 한번 제작하면 수정이 불가능하지만 대신 가격이 FPGA에 비해 싸다는 장점이 있다. 대부분의 FPGA는 프로그래밍 가능 논리 요소 또는 논리블록에 간단한 플립플롭이나 더 완벽한 메모리 블록을 포함한다.

FPGA는 많은 양의 LUT(Look up Table), Flip-Flop, 메모리가 들어있는 구조이며 LUT는 Gate 역할을 하고 원하는 진리표를 넣을 수 있다. 설계자가 LUT를 프로그램하고, 그들 사이의 연결을 바꿈으로써 원하는 회로를 설계할 수 있으며 또한 재설계도 가능한데 FPGA 를 제조하는 회사로는 XILINX, ALTERA 등이 있으며 최근 인공지능 반도체 구현에 FPGA가 활발하게 활용됨에 따라 Intel은 ALTERA를 인수하여 FPGA의 새로운 도약기를 맞이하고 있다.

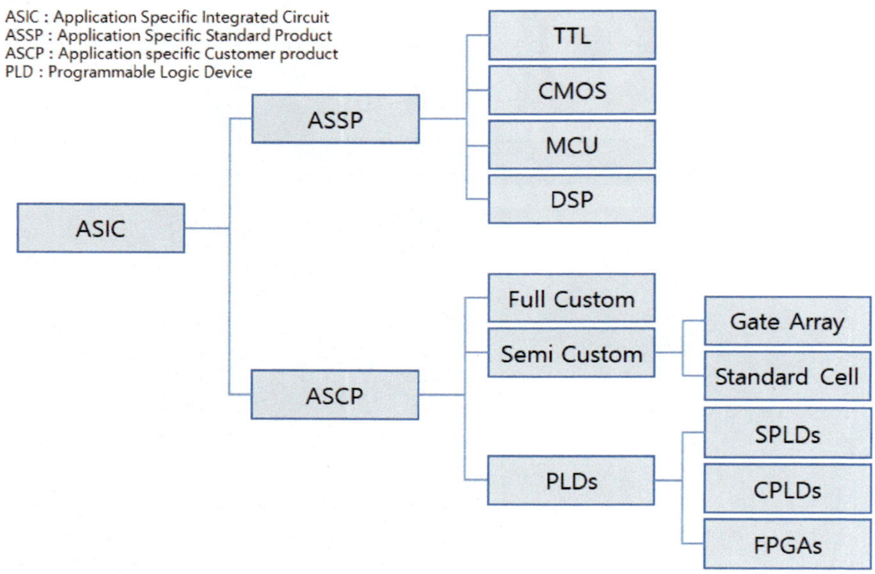

ASIC 설계 방식의 분류

논리회로를 설계하기 위한 디지털 레이아웃은 표준 셀 라이브러리(Standard Cell)를 기반으로 대부분의 설계가 진행되는데 표준 셀 라이브러리 방식은 모든 셀의 높이가 같고 전원 및 접지 패턴을 표준화하여 다른 디지털 셀과 인접할 수 있게 설계하는 방식으로 Inverter, NAND, D flip-flop 등의 기본 로직의 layout을 미리 만들어 놓고 설계회로에 따라서 기본 로직의 Layout을 배치시키고 배선 작업을 하여 원하는 회로를 설계하는 방식이다. 물론 이 과정에 사람의 손이 가기는 하지만 대부분의 Placement와 routing을 소프트웨어를 이용하여 자동으로 진행된다.

standard cell 레이아웃 방식은 full custom 방식보다 설계시간을 많이 단축할 수 있게 된다.

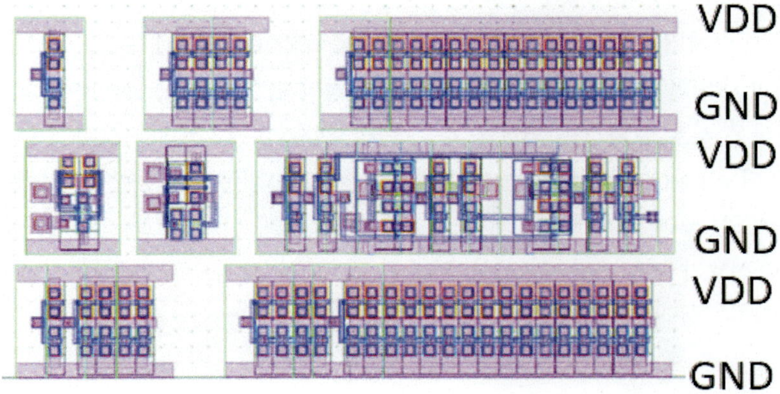

표준 셀 라이브러리 방식 레이아웃

다른 설계 방식으로는 Gate arrary라는 방식이 있는데, standard cell 방식의 경우에 사용되는 mask의 수가 상당히 많고 모든 반도체 공정을 진행하여야 원하는 IC를 만들 수 있게 되어 상당한 시일이 소모된다. 그래서 고안된 방식이 몇 가지의 mask만 사용하여 원하는 IC를 만드는 방법을 연구하였는데 이 방법은 일단 NAND 같은 회로를 규칙적으로 배열하여 놓은 상태로 일부의 반도체 공정을 진행하여 놓은 wafer를 미리 만들어 두고, 원하는 설계회로에 따라서 몇 개의 mask만을 이용하여 배선만을 수행하여 IC를 만들게 된다. 이렇게 되면 IC 제작기간이 standard cell의 제작기간에 비하여 절반 정도로 줄어들게 된다.

그러나 standard cell로 제작된 IC보다 칩 면적이 커지게 되어 단가가 비싸게 된다. 그리고 요즘 나오는 FPGA와도 경쟁을 하게 되고 많은 영역을 FPGA가 대신하게 되면서, 요즘은 Gate Array로 제작되는 IC들이 점차 줄고 있는 추세이다.

구 분	Full Custom	Standard Cell	Gate Array	PLD
집적도	100	80	70	60
설계 기간	길다	중간	짧다	매우 짧다
개발 비용	크다	중간	작다	없다
칩가격	낮다	중간	높다	가장 높다

설계 방식의 장단점 비교

5.1 인버터 설계하기

(1) 인버터 회로 설계하기(Schematic)

인버터란 입력에 신호를 가하면 출력에서 위상상태가 반대로 된 신호가 나타나는 회로이다. CMOS 방식의 인버터는 PMOS와 NMOS를 서로 대칭되게(Complementary) 배치하여 소자의 단점인 Poor 현상을 서로 보완하는 역할을 하도록 구성한 회로로 전력 소모가 적은 것이 특징으로 최근에 사용되는 CMOS 공정에서는 아래 형태의 구조를 대부분 사용한다. 입력에 High 신호가 인가되면 PMOS는 꺼지고 NMOS는 켜지므로 출력에 입력과 반대인 Low 신호가 출력되고, 반대로 입력에 Low 신호가 인가되면 PMOS는 켜지고 NMOS는 꺼지므로 출력에 입력과 반대인 High 신호가 출력되는 동작을 한다.

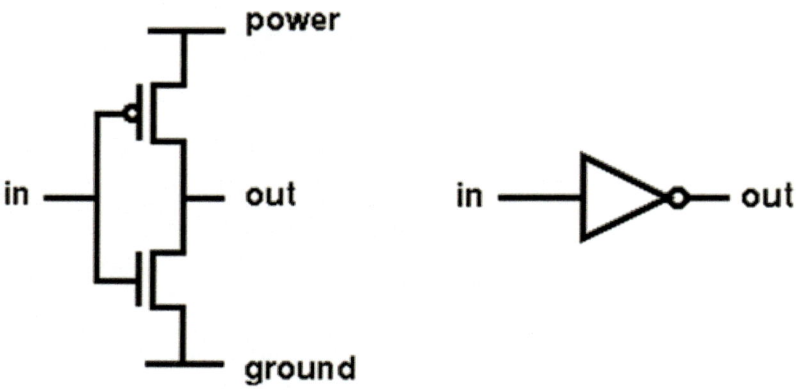

CMOS 인버터 회로 및 심볼

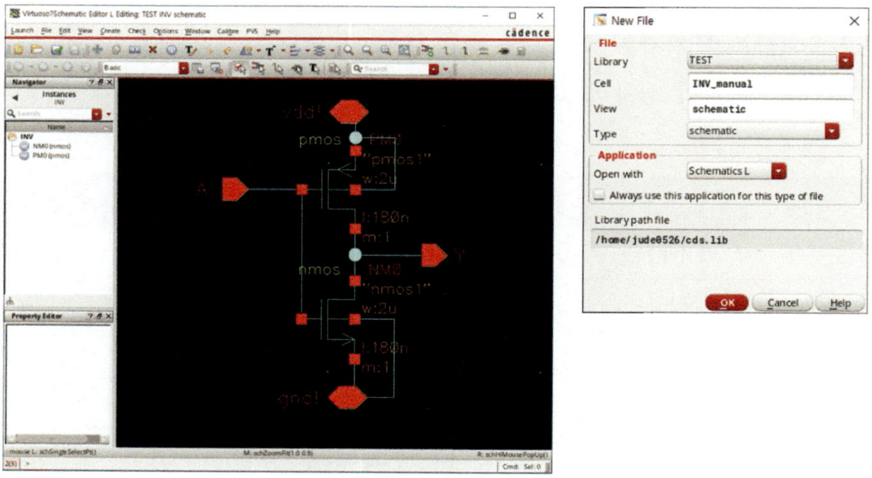

CMOS 인버터 회로 설계하기

〈Schematic 단축키〉

i	소자 불러오기
w	wire 연결하기
p	입출력 포트
q	소자 속성 변경

우선 회로설계를 위해 Create 〉 Instance 메뉴에서 PMOS와 NMOS 소자를 배치하고 Wire와 Port를 연결한다. 회로설계에 사용되는 소자, 배선, 포트 등의 속성은 우선 소자, 배선, 포트를 선택한 후 'q'를 누르면 속성창이 생기는데 이때 변경이 가능하다. 위의 회로에서 'l'은 MOS의 length를 의미하며 'w'는 width를 의미한다. A, Y는 각각 입력과 출력을 의미하며 동작을 위해 VDD와 GND를 연결한다.

PDK에서는 Pcell(Parameter Cell)을 제공하므로 CMOS 소자의 경우 채널 길이, 채널폭, 핑거의 개수등을 설계자가 자유롭게 변경하면서 CMOS 소자에 흐르는 전류를 제어하기가 용이하므로 BJT 소자에 비해 설계가 수월한 장점이 있다.

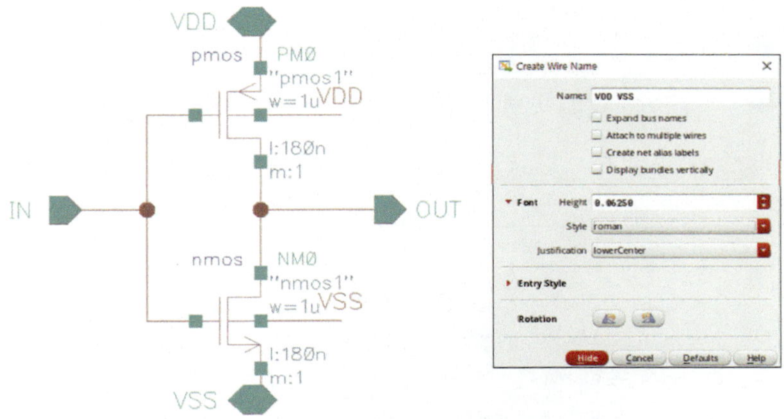

wire 대신 label로 배선 대체하기

배선 작업 시 wire 대신 단자에 label 기능으로 Global 배선을 하면 복잡한 회로를 단순하게 설계할 수 있다. 위의 그림에서 PMOS의 body를 VDD에 연결하고 NMOS의 body를 VSS에 연결할 때 label로 Port 이름을 표시하면 직접 연결한 것과 동일한 기능을 한다. wire의 속성변경도 가능하며 메뉴 Create의 Wire 또는 단축키 'w'상태에서 F3을 누르면 wire 속성창이 생성되며 wire가 그려진 상태에서는 'q'를 이용하여 굵기와 라인 색상 등 변경이 가능하다.

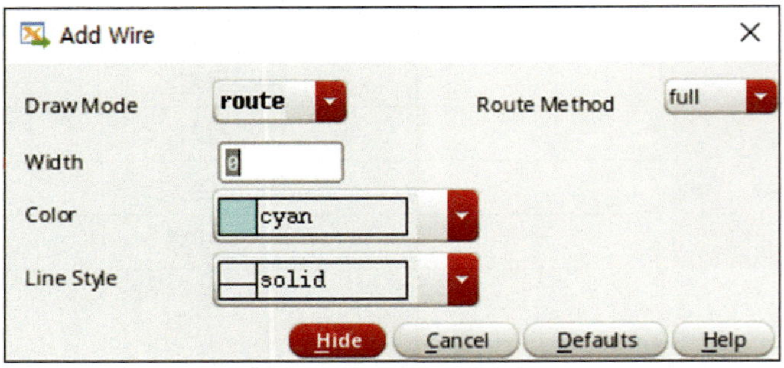

Wire 속성 변경

Pin 생성

소자 배치와 배선 작업 후에 Pin을 생성하여 단자를 만든다. 메뉴의 Create〉Pin 또는 단축키 'p'를 이용하여 입력 포트는 input으로 출력 포트는 output으로 설정하고 연결시킨다. VDD와 VSS는 방향성이 없는 단자이므로 포트 속성을 inputoutput으로 지정하는데 속성이 같은 단자는 Create Pin 입력창에 여러 개를 입력하여 생성이 가능하다.

회로 구성이 끝나면 메뉴의 Create〉Cellview〉From CellView를 이용하여 심볼을 생성한다. 아날로그 또는 디지털회로에 사용되는 소자들은 대부분 약속된 모양의 심볼로 사용되며 복잡한 회로를 단순화시킨다. 또한 회로 심볼은 여러 게이트로 구성된 회로를 설계할 때 회로를 심볼 형태로 불러와서 사용할 때 유용하며 회로를 복잡하지 않도록 구성할 수 있다.

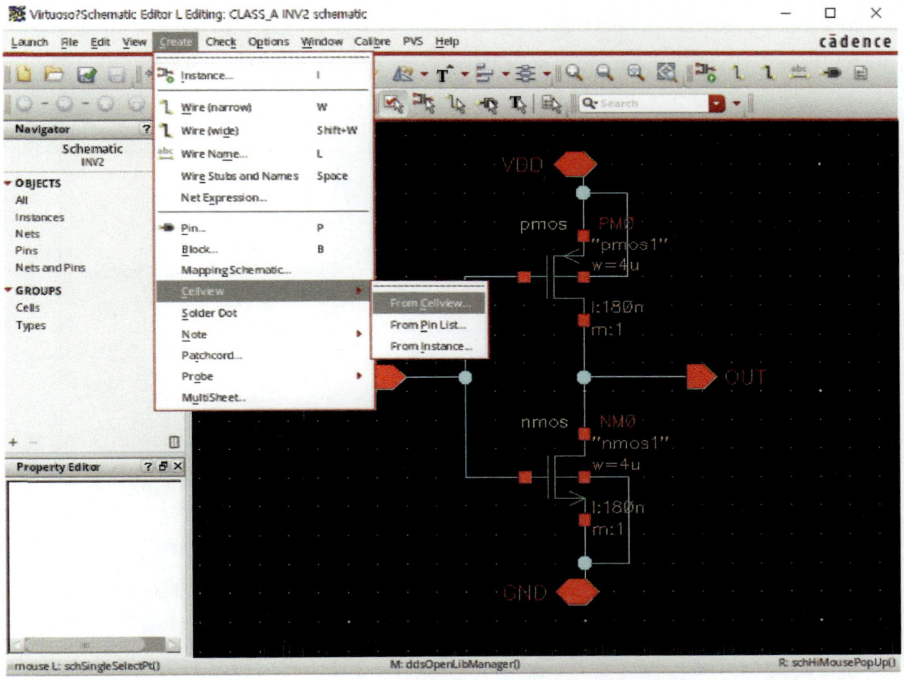

회로심벌 만들기

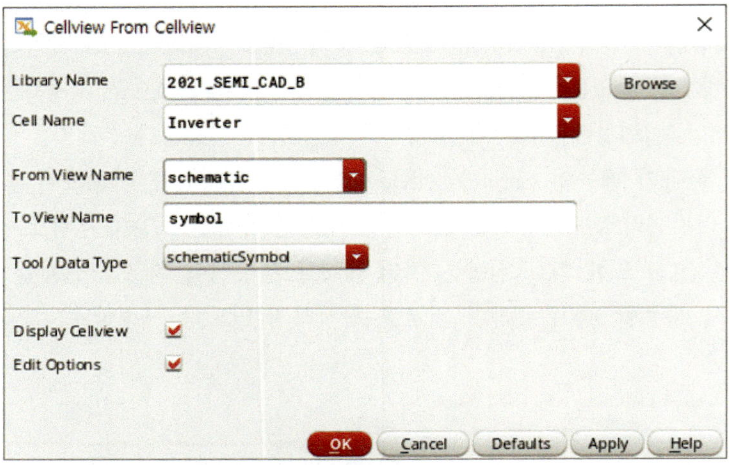

Cellview 속성확인

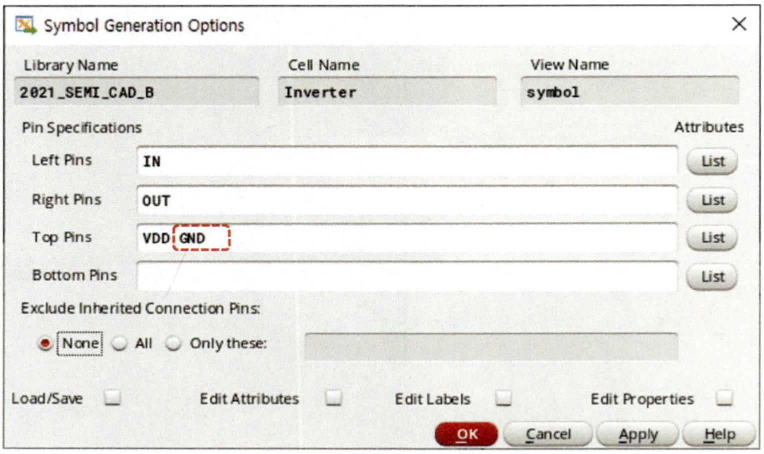

핀이름 설정하기

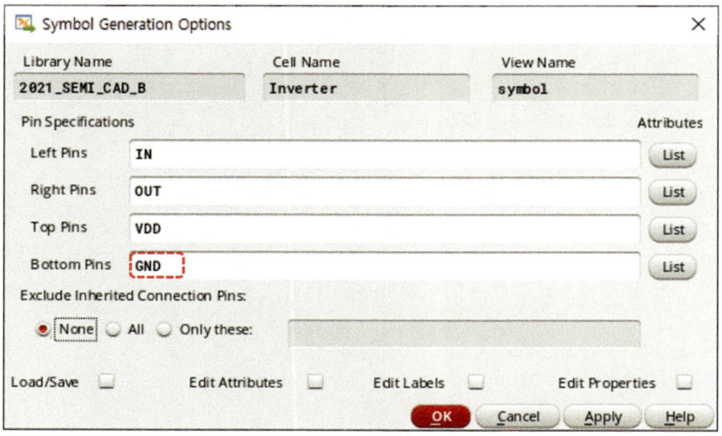

심볼의 핀위치 변경

심볼의 모양은 기본적으로 사각형 형태이며 설계자가 회로 특성에 맞게 모양 변경이 가능하며 핀의 위치로 변경이 가능하므로 심볼 생성단계에서 핀의 위치를 원하는 위치로 바꿔준다.

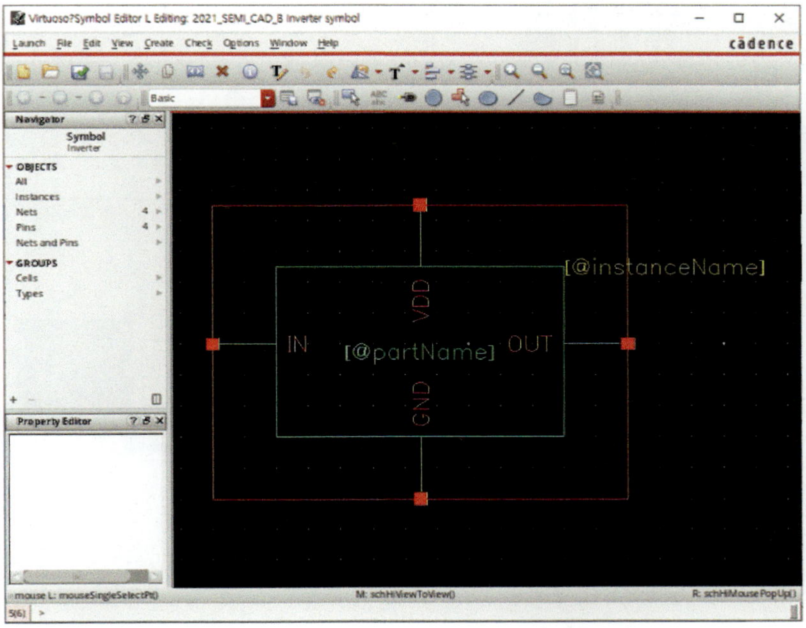

심볼 기본 모양

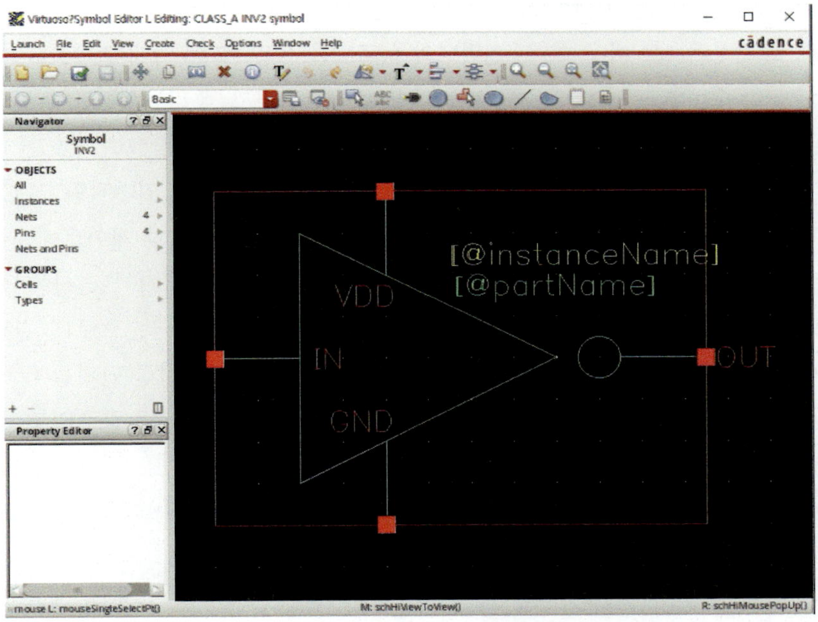

완성된 인버터 심볼

주의할 점은 회로 심벌은 반드시 다른 cellview에서 불러와야 하며 자기 자신의 회로에서는 불러올 수 없다. 심볼이 완성되면 Library Manager의 View 목록에 Symbol이 추가된다.

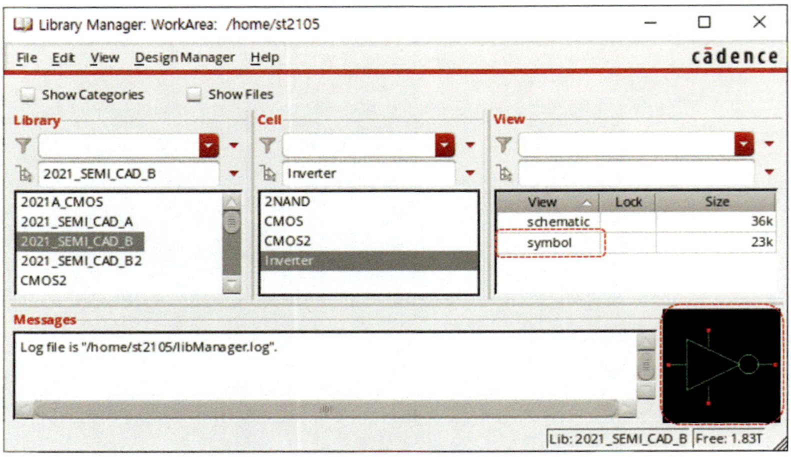

Library Manager View 목록 심볼 추가

(2) 인버터 레이아웃(Layout)

CMOS 인버터는 PMOS와 NMOS가 직렬로 연결되므로 레이아웃 cell을 불러와서 배치하고 Metal1 과 Poly 로 연결한다. 이때 레이아웃 연결 방법에 따라 면적의 크기가 달라지므로 면적이 최소화되도록 고려하여 레이아웃 한다. 인버터의 회로도를 보면 NMOS 1개와 PMOS 1개로 구성되어 있는 것을 알 수 있다. 또한 웰 콘택과 기판 콘택, 그리고 폴리 콘택도 필요하다.

따라서 필요한 셀들을 각각 인스턴스로 불러서 배치하든지 또는 직접 그려 넣으면 다음 그림와 같은 형태가 된다. 표준 셀의 높이는 정해진 크기로 맞추어 그려준다. 일반적인 CMOS 공정에서 폴리 레이어는 메탈보다는 저항이 크지만 면저항이 작고, 또 한 MOS의 게이트에는 이상적으로 전류가 흐르지 않기 때문에 너무 긴 거리가 아닌 경우에는 배선 레이어로 사용이 가능하다. 인버터 회로에서 PMOS 는 VDD에서 시작하여 Drain, Gate, Source 순으로 연결되고 NMOS 는 GND에서 Drain, Gate ,Source 순으로 연결 되어 있는데 이러한 연결 단자를 net 또는 node 라고 하며 이들의 연결 상태를 문자나 그림으로 표시하는 것을 'Euler 경로'라고 한다.

Euler 경로는 같은 종류의 트랜지스터이며 소스와 드레인이 직렬 또는 병렬로 연결된 경우 적용이 가능하지만 서로 다른 트랜지스터나 소스 드레인이 다른 트랜지스터의 게이트와 연결되는 경우에는 적용이 되지 않는다.

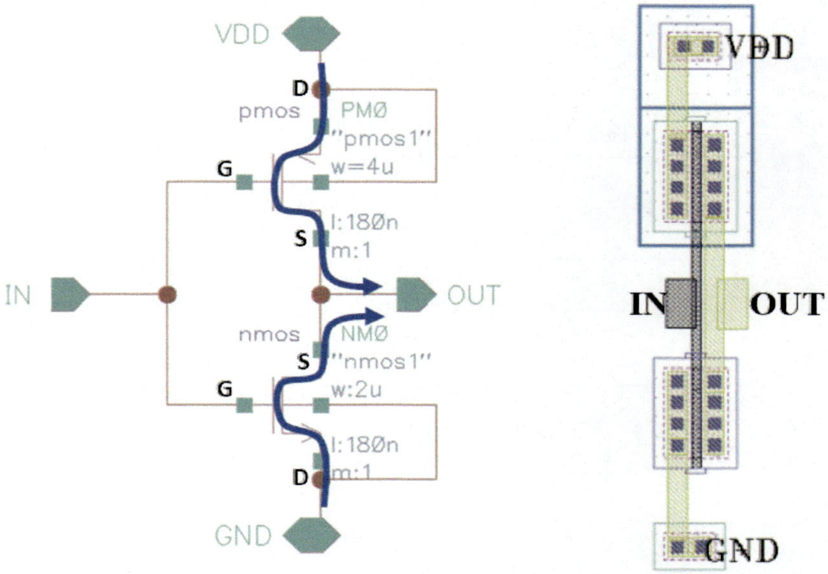

인버터 회로의 Euler 경로와 레이아웃

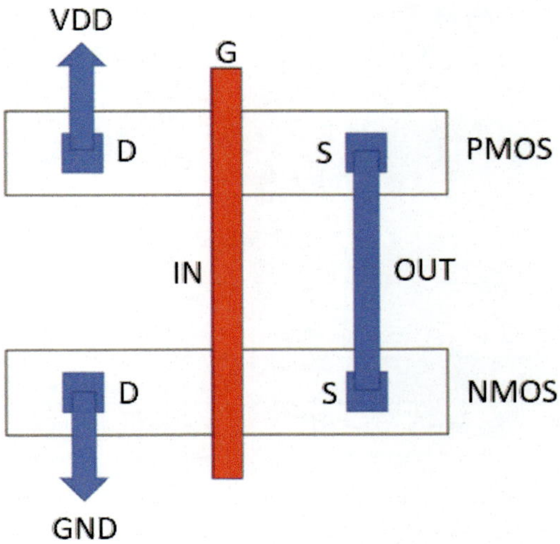

인버터 레이아웃의 Euler 경로

인버터 회로의 Euler 경로가 완성되면 같은 터미널끼리 선으로 연결한다. PMOS의 Euler 경로순서 및 NMOS 순서에 따라 Metal1으로 연결하고 Contact을 이용하여 소자와 연결한다. Euler 경로에 의한 레이아웃 구상이 끝나면 툴을 이용하여 레이아웃을 진행한다. Pcell을 이용하여 n-tap, p-tap도 속성과 개수 등을 원하는 수만큼 배치가 가능하다.

〈Layout 단축키〉

i	소자(Pcell) 불러오기
k	Ruler 길이 측정 Shift+k : Ruler 삭제 또는 delete 키
F3	명령 속성변경
r	사각형 그리기
q	소자 속성 변경하기

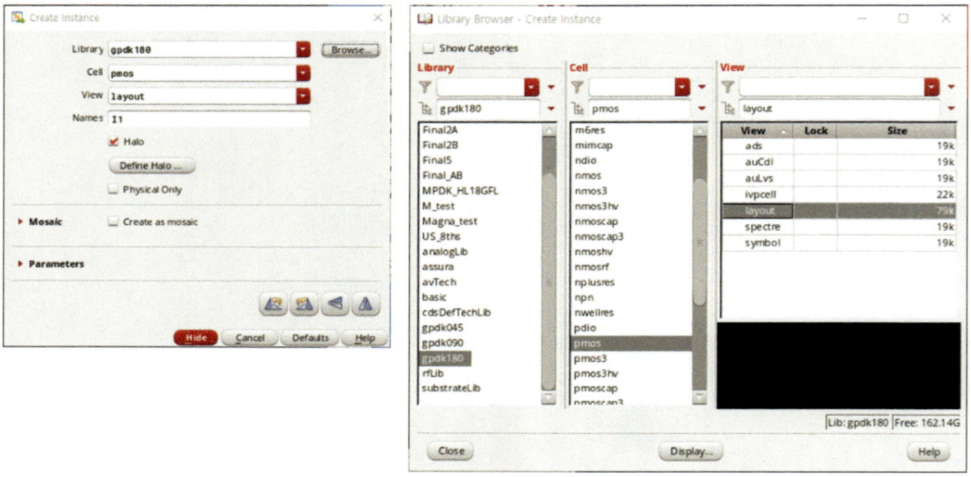

Pcell 불러오기

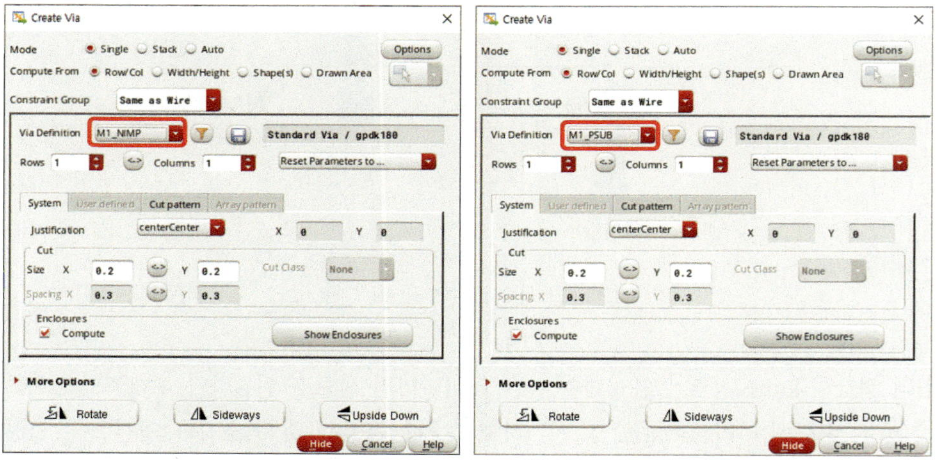

Pcell을 이용한 n-tap, p-tap 생성

툴 메뉴의 Create〉Via를 이용하여 n-tap, p-tap 배치가 가능하며 n-tap은 M1_NIMP 또는 M1_NWELL, p-tap은 M1_PSUB, M1_PIMP 중 선택하여 사용이 가능하다. 레이아웃에서도 다양한 단축키 활용이 가능한데 대/소문자가 구별되고 대부분 소문자 명령이 사용되므로 가능한 Caps Lock은 꺼둔다.

레이아웃 작업 마지막으로 입/출력 및 VDD, GND에 해당되는 곳에 Pin을 설정한다. 핀을 설정할 때는 입/출력 속성과 대소문자를 회로도와 동일하게 설정하여야 LVS를 완료할 수 있으며 VDD와 GND는 방향성이 없으므로 InputOutput으로 설정한다. 레이아웃 화면에 따라 핀이 보이지 않을 수 있으므로 전체화면에서 핀 이름이 잘 보이도록 글자 크기와 폰트를 설정하고 핀에 해당하는 레이어는 text drawing으로 설정한다.

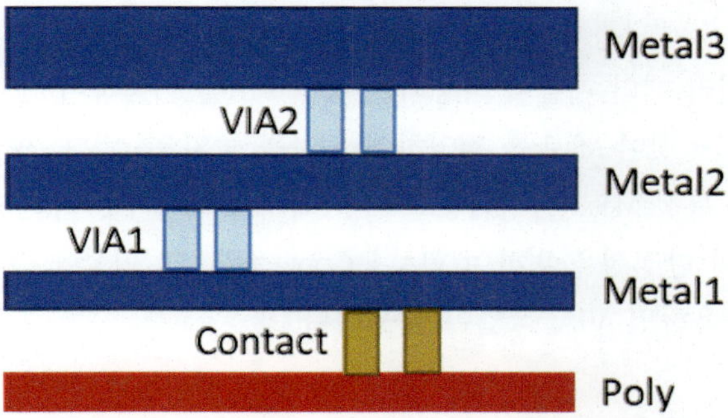

poly, metal1, metal2의 연결 수직 구조

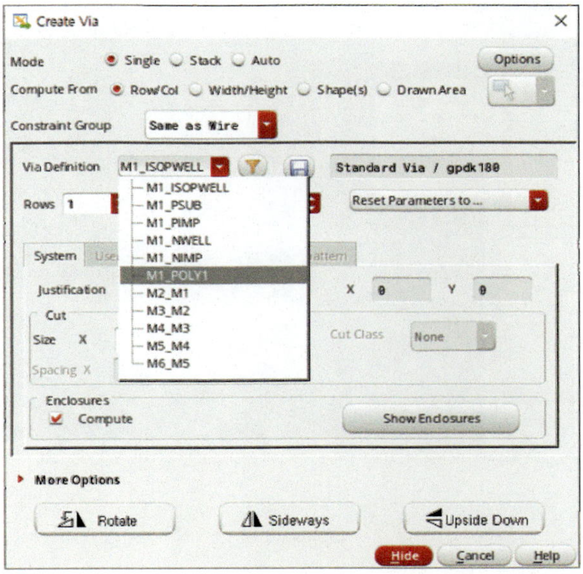

Contact / Via 생성

PMOS와 NMOS의 Gate는 Poly 레이어인데 다른 소자와 연결을 위해서 Metal 레이어와 연결이 되어야 하며 이를 위해서 소자를 배치하고 'q'를 누르면 소자 속성 변경창의 Parameter에서 Gate Connection 옵션을 이용하여 Contact이 포함된 소자를 만들 수 있다. Bodytie Type은 n-tap 또는 p-tap을 소자의 source 또는 drain에 연결된 형태로 배치하여 레이아웃 사이즈를 줄일 수 있다.

Poly 레이어와 Metal1 레이어는 Contact으로 연결되고 Metal1~Metal2 등 Metal 레이어들은 VIA를 통하여 연결된다. 일반적으로 Contact이나 VIA는 최소 사이즈로 만들어지므로 가능한 2개 이상을 사용하여야 공정 불안정으로 인해 연결이 안 되는 것을 방지할 수 있으며 상위 Metal 일수록 두께가 두꺼워지므로 전원선 등 전류소모가 큰 배선은 가능한 상위 Metal을 이용하여 배선하고 가로 방향과 세로 방향의 Metal을 명확히 구분하여 배선을 하면 최소한의 Metal 레이어를 이용하여 배선이 가능하다. 배선이 복잡해지면 Metal1에서 Metal3로 연결될 수도 있는데 이때 반드시 Metal2를 거쳐서 VIA1과 VIA2를 이용하여 연결하여야 한다.

레이아웃 단계에서 여러 개의 메탈이 사용되는 경우 VIA를 이용하여 Metal끼리 연결하며 가능한 Metal을 적게 사용하는 것이 Mask를 절약하여 원가를 줄일 수 있다. 방법으로 가로방향 또는 세로방향 배선에 대하여 특정 Metal을 정해놓고 이 규칙대로 레이아웃 하면 최소한의 Metal 라우팅이 가능하다. 공정특성의 안정성을 위하여 VIA나 Contact은 2개 이상을 사용하는 것이 원칙이며 다음과 같은 방법을 사용하면 VIA 작업이 수월하다.

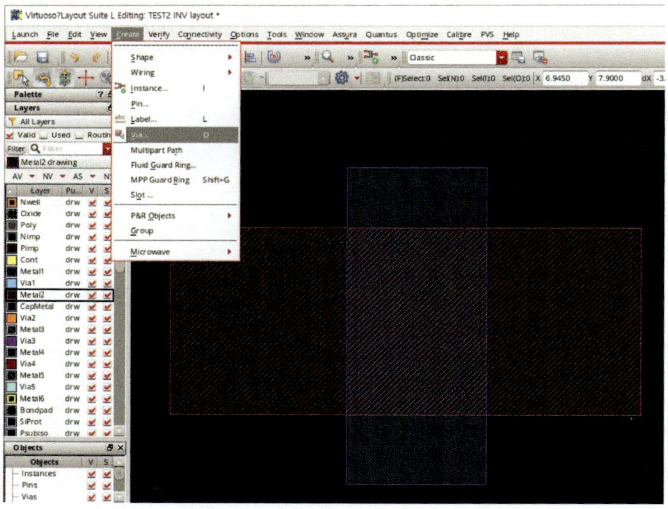

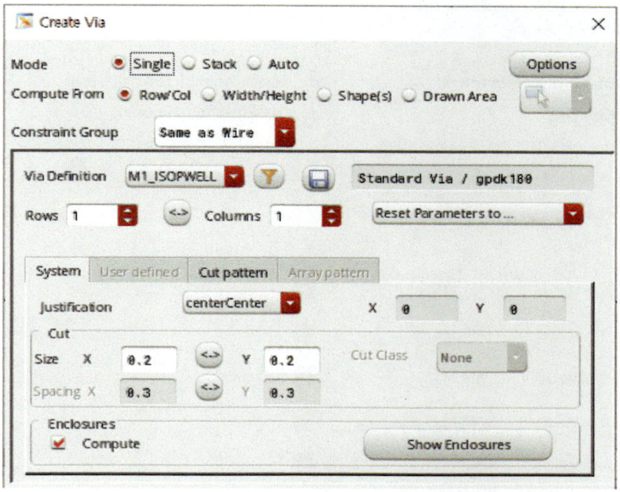

Metal1과 Metal2 VIA 연결 설정

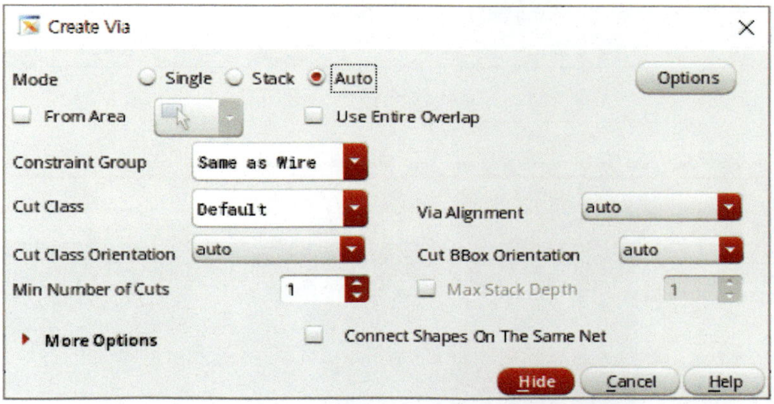

VIA 생성하기

VIA를 설정할 때 Create VIA에서 연결하려는 Metal의 속성을 개별적으로 설정할 수 있으며 Create VIA Option에서 연결레이어의 속성을 미리 정해두고 VIA를 생성하면 Metal 이 겹치는 영역에 맞는 VIA가 자동으로 생성되어 작업이 편리하다.

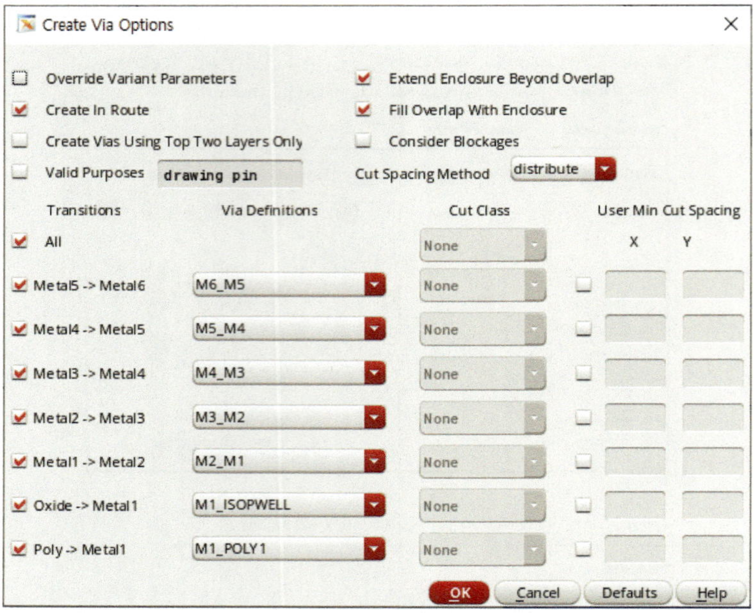

VIA 생성 옵션 설정하기

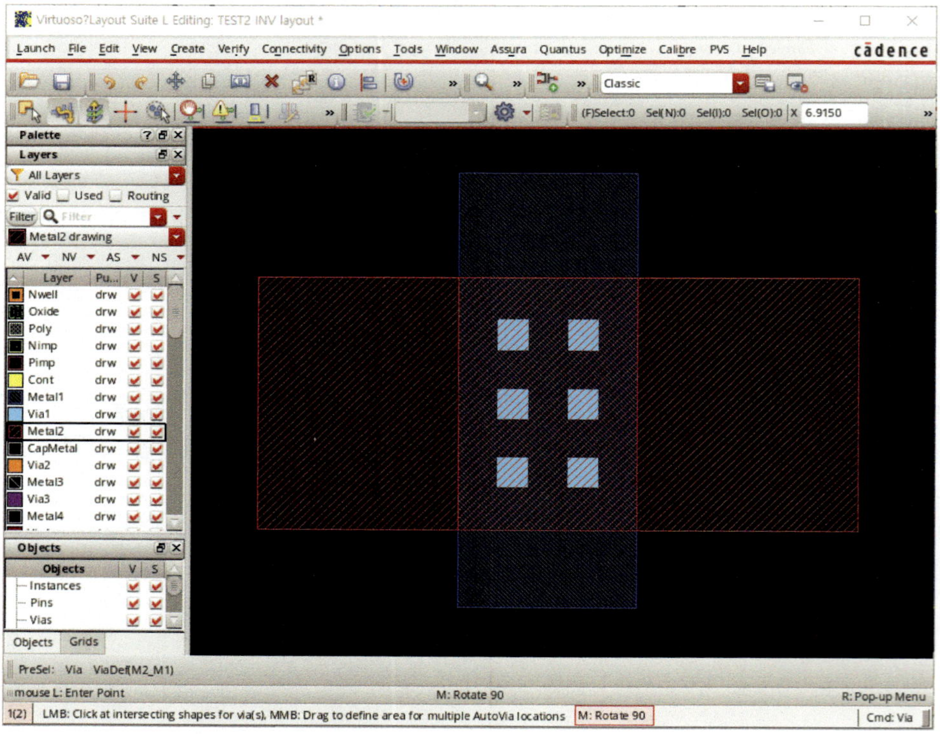

VIA 자동 생성

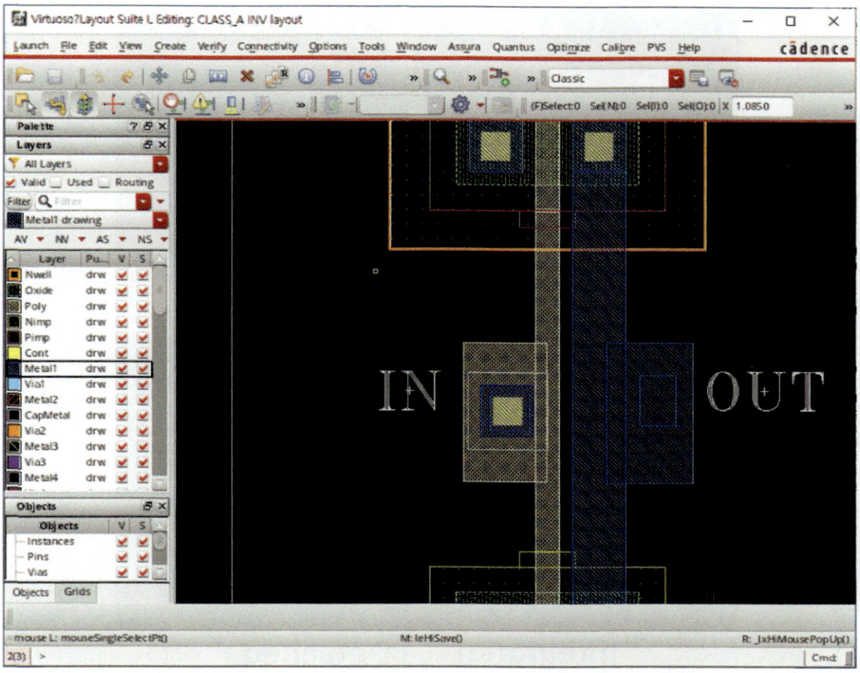

VIA 및 Pin Name 설정

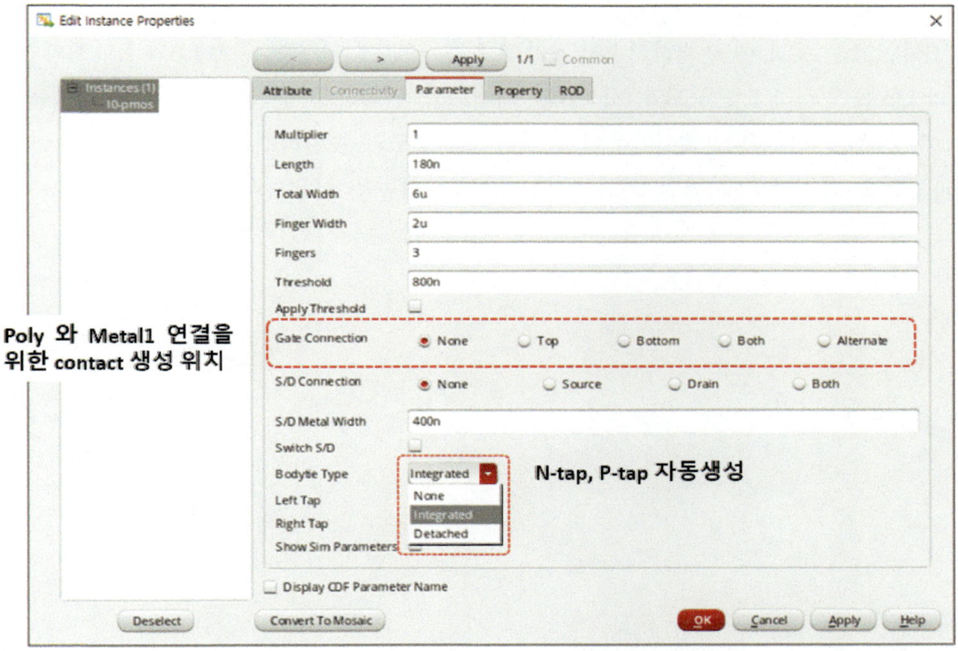

Gate Contact 및 n-tap, p-tap 자동생성 옵션

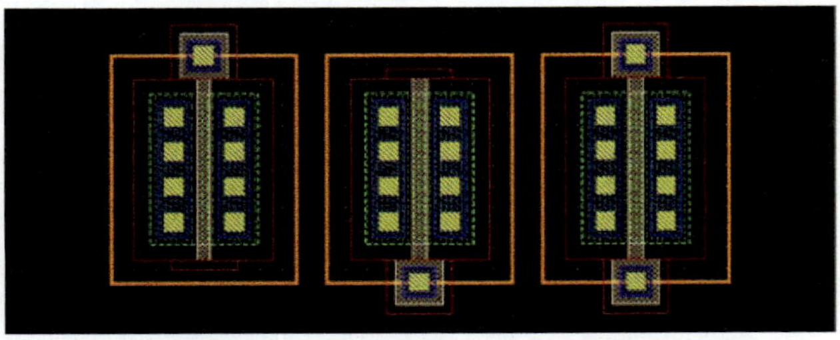

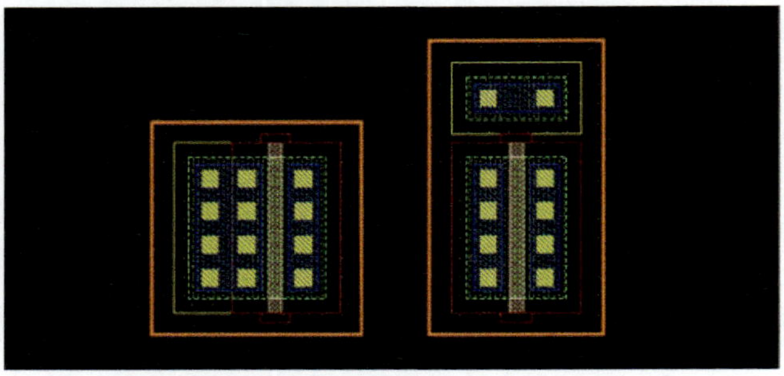

Gate Contact 및 n-tap, p-tap 자동생성 결과

PMOS의 소스는 VDD에 연결하고 NMOS의 소스는 GND에 연결한다. PMOS와 NMOS의 드레인은 Metal1으로 연결하고 PMOS와 NMOS의 게이트를 연장하여 연결하고 입력핀 설정을 위해 Contact와 VIA를 배치한다. 레이아웃이 완성되면 회로도와 동일하게 VDD, GND, IN, OUT 에 해당하는 핀을 레이아웃의 동일 위치에 Create Pin 기능을 이용하여 배치한다.

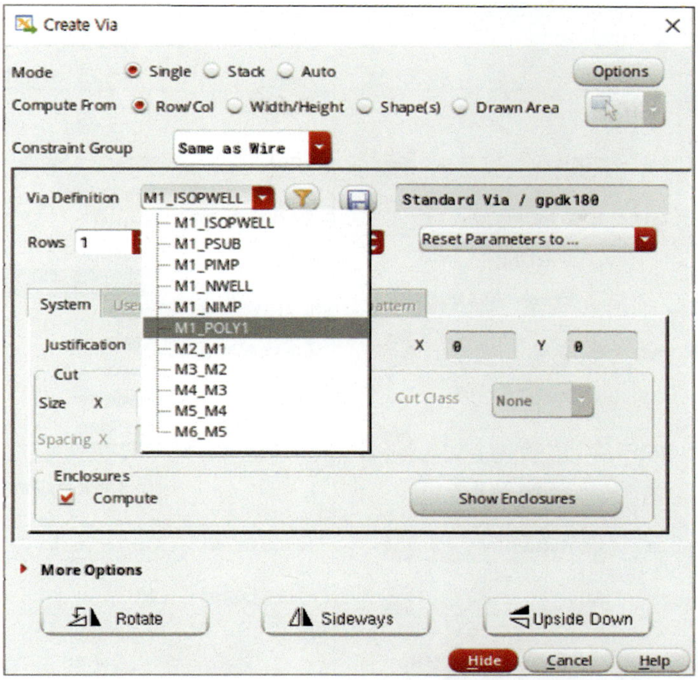

M1_POLY1 VIA 설정

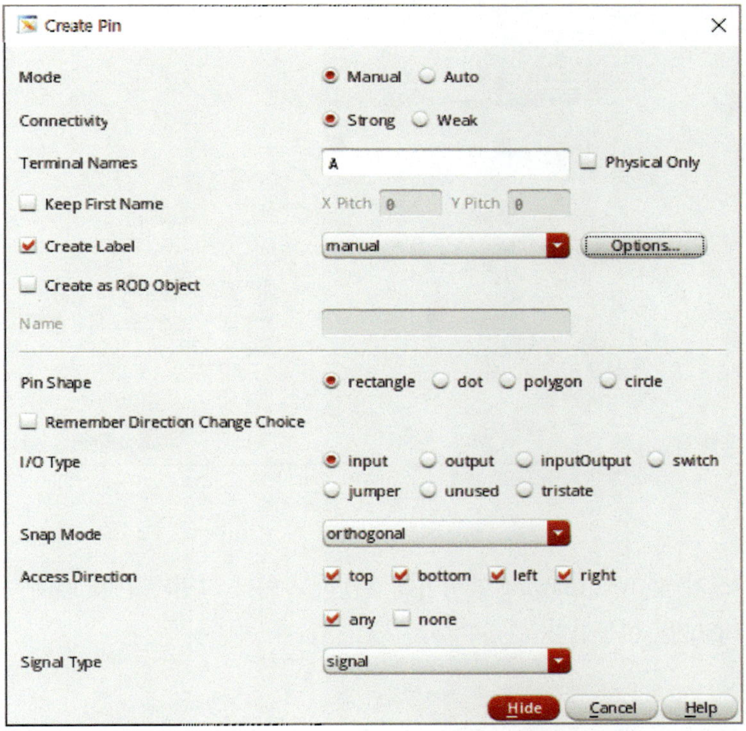

핀설정

핀글꼴 설정

핀레이어 설정

핀의 글꼴과 크기 및 Text drawing 레이어를 설정하고 아래 그림과 같이 1사분면에 레이아웃이 오도록 원점(origin)을 이동한다.

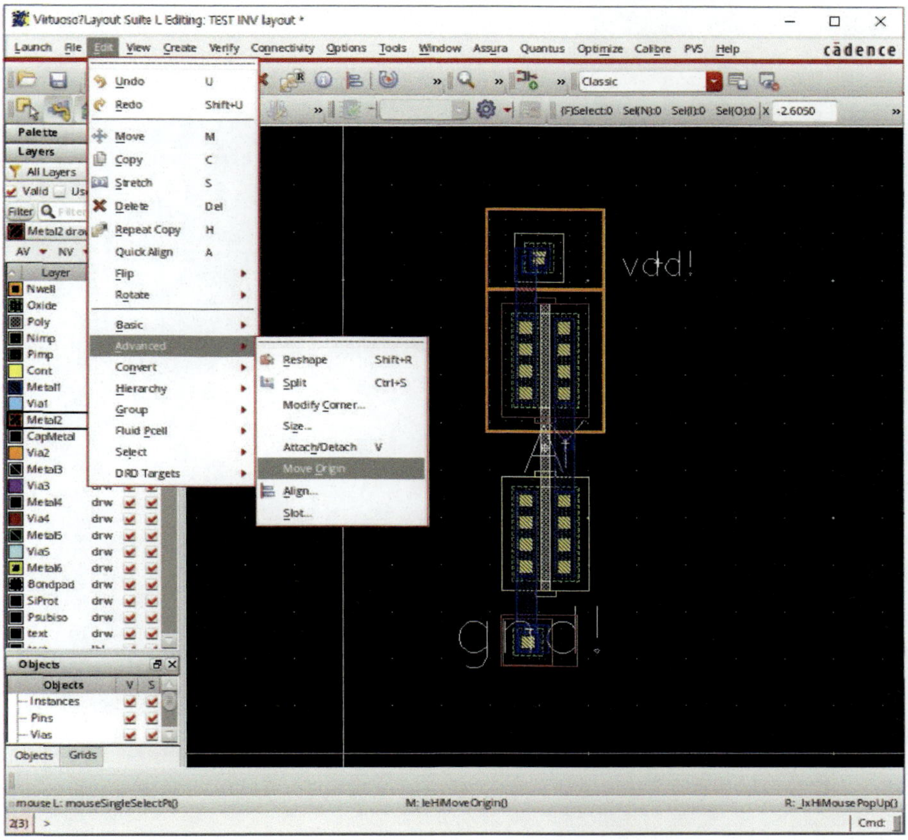

Move Origin

입출력 핀을 외부로 연결하기 위한 via도 그려 넣는다. 이것은 표준 셀을 설계할 때 일반적으로 권장되는 사항이며, metal1 레이어의 경우는 metal2와 via를 그려 넣으면 되고, poly 레이어의 경우는 contact으로 metal1과 연결한 후, 다시 via로 metal2와 연결해야 한다.

레이아웃이 완료되면 Edit 〉 advanced 〉 Move Origin으로 기준점을 설정해 준다. 레이아웃 규모가 큰 경우 여러 셀을 공유하게 되고 분업화로 레이아웃 작업이 수행되는데 종종 수정과정에서 기준점을 바꾸면서 다른 셀에서 수정된 레이아웃을 사용할 경우 심각한 문제를 초래할 수 있으므로 사용에 유의하여야 한다.

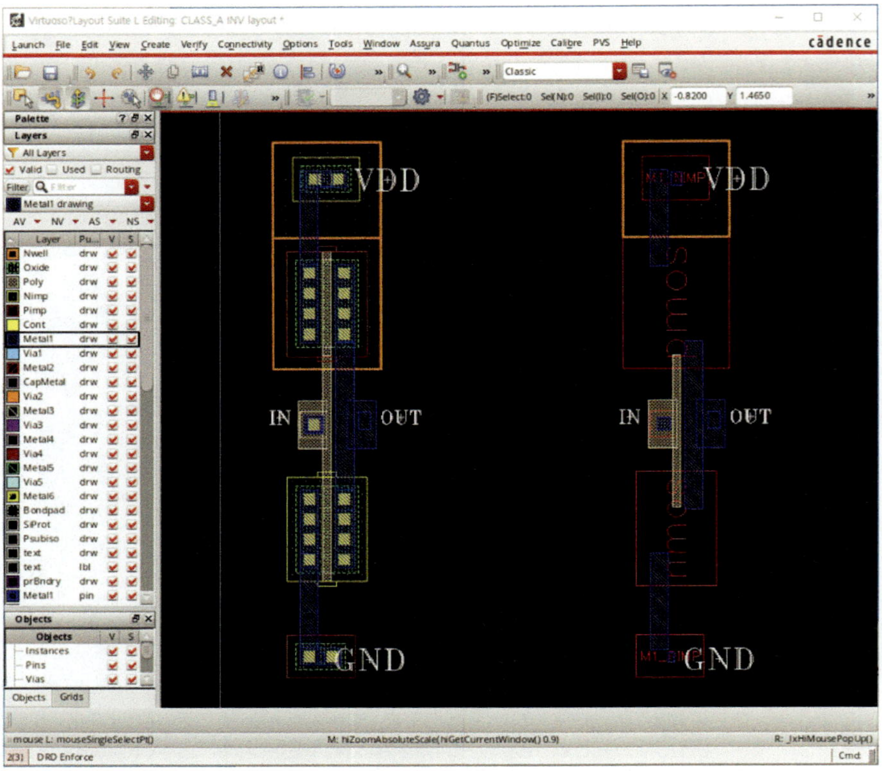

불러온 Pcell 표시하기(Shift+f, Ctrl+f)

Shift+f와 Ctrl+f 기능을 이용하면 Pcell의 정보 확인이 수월하다. PDK에서 제공되는 Pcell의 정보를 표시할 수 있고 직접 제작한 셀을 수정할 경우 Flatten 기능을 이용하여 편집이 가능하다.

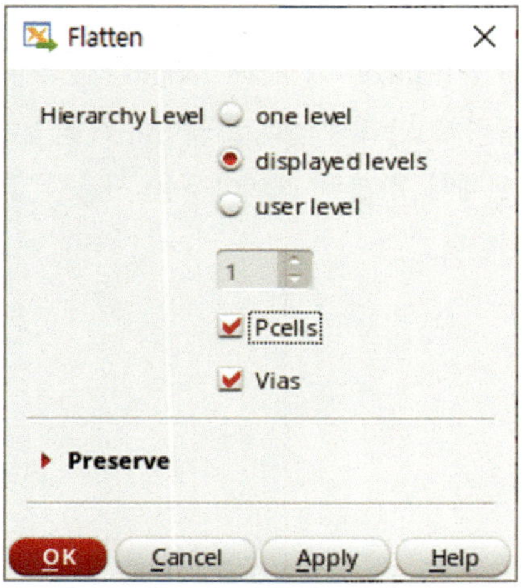

Pcell Flatten

(3) DRC(Design Rule Check) 검증

레이아웃이 완료되면 DRC를 수행한다. 즉, 공정에서 제공되는 규칙에 맞는지 검사한다. 회로도 데이터를 참고하여 레이아웃을 완성하면 각 레이어들이 공정에서 제공하는 여러 설계 규칙을 잘 만족하고 있는지 검증하여야 한다. 이러한 과정이 DRC이며 DRC를 위해서는 설계 규칙을 일종의 언어로서 기술된 DRC 룰 파일이 반드시 필요하다. DRC 룰 파일에는 여러 레이어들 간의 최소 간격이나 관계 및 레이어 자체의 두께 등 공정과 관련된 항목들을 정의한다.

대부분의 경우 mentor의 calibre 를 주로 쓰지만 cadence의 ASSURA도 많이 사용된다. 공정이 점점 미세로 가면서 45nm 근처를 분기로 대응이 어려워서 지금은 PVS(Physical Verification System)라는 더 상위 버전의 Tool이 사용되고 있으며 Parasitic back annotation이라는 상당히 강력한 기능을 제공한다.

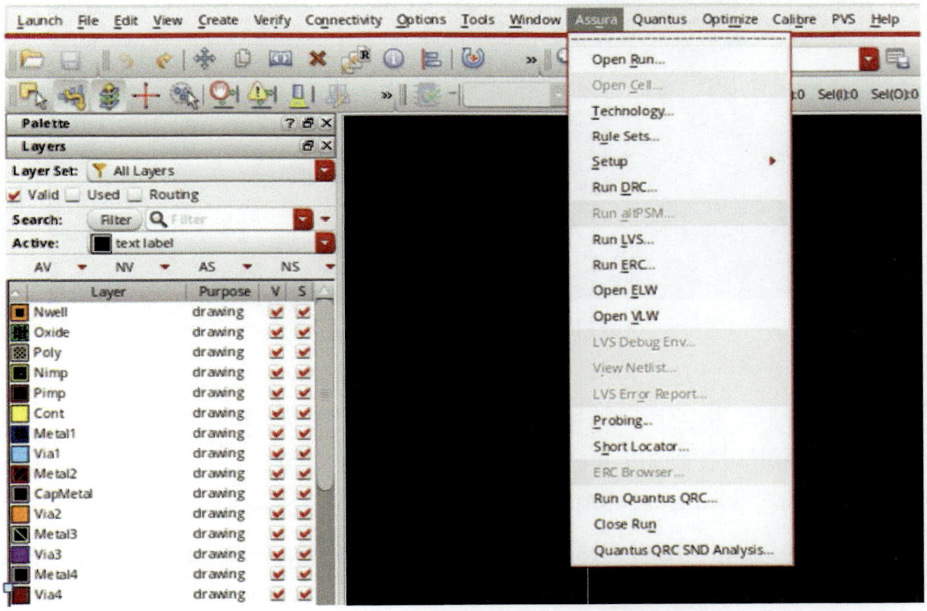

레이아웃 검증

메뉴 Assura의 Run DRC..를 선택한다. DRC창이 생기고 OK를 누르면 에러가 있는 경우 잘못된 부위가 깜빡이면서 하이라이트가 표시된다. 어떤 규칙을 위반했는지 확인할 수 있으면 CIW창에도 같은 내용을 확인할 수 있다.

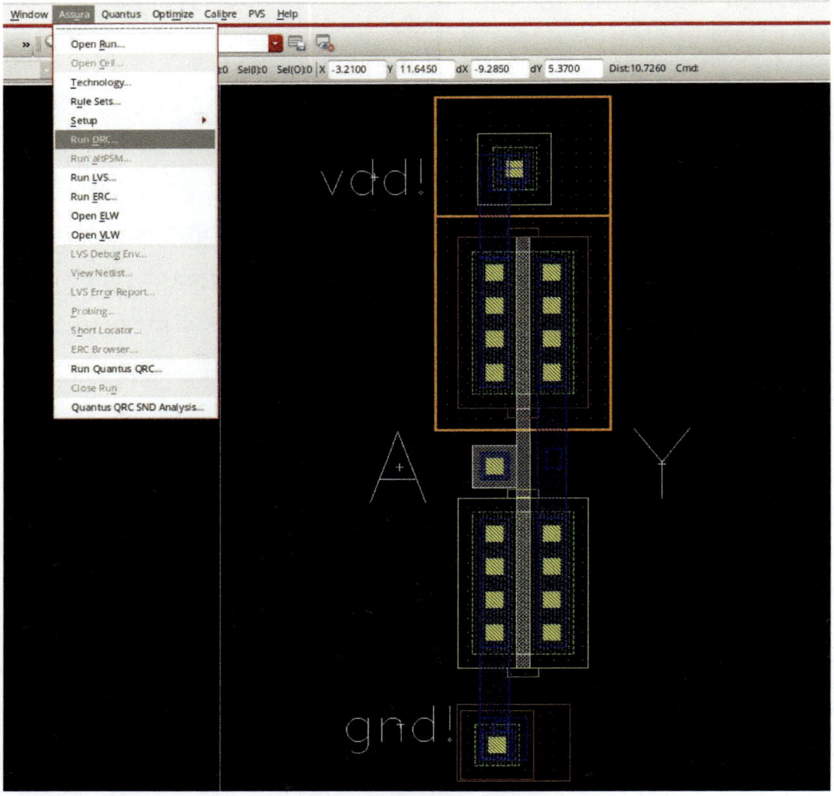

인버터 레이아웃 완성 및 DRC 수행

다음 그림에서 네모 박스가 주요 Setting 파일들이다. 맨 처음 Library, Cell, view는 DRC를 수행하는 cell에 대한 이름들이며 Run name을 지정하거나 공란으로 하고 Run Directory 에는 결과파일이 저장되는 위치를 입력한다.

이때 Schematic이 있는 경로와 겹치지 않게 유의하여야 한다. 마지막으로 ASSURA Rule 파일 경로를 지정해주면 기본적인 것은 끝나며 Top Metal, Device를 선택하는 switch option 등을 정하면 된다. Rule 지정을 위해 Set Switches를 누르면 자동으로 넣어야 할 switch option list가 나온다. DRC 실행은 Apply를 누르면 된다. OK도 실행은 되지만 위의 Assura 창이 꺼지기 때문에 다시 켜야 하는 번거로움이 있다. RSF는 calibre의 runset 같은 파일이라 보면 된다.

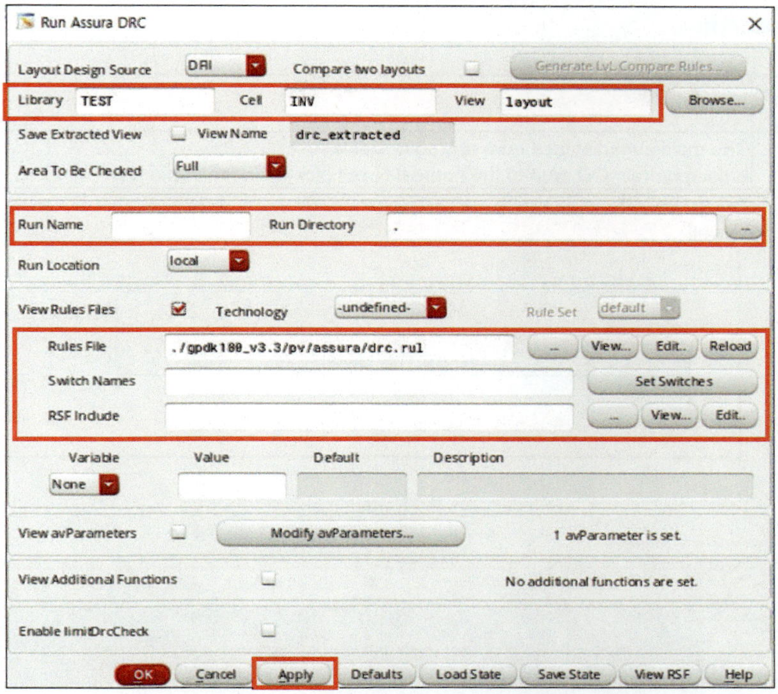

DRC 검증 Assura 설정

DRC를 수행하였을 때 몇 가지 에러 유형을 정리하였다. DRC 에러가 발생하면 Error Layer Window에 Design Rule 번호와 간략한 설명이 표시되며 Cell에 하이라이트 되어 표시되므로 원인 파악이 용이하다.

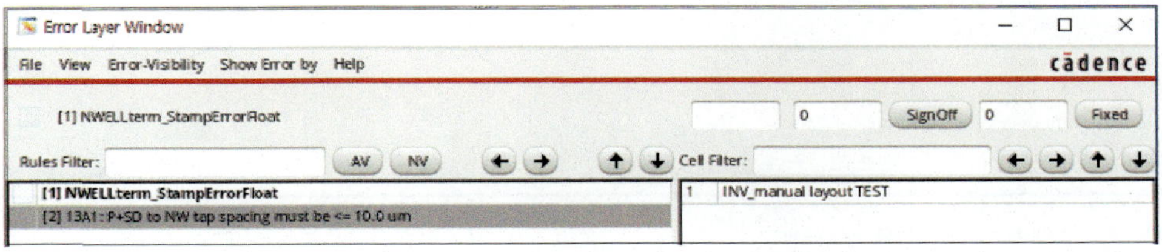

DRC Error Layer Window

Latch-up rules

Rule No.	Description	Rule (um)
13A1	The maximum distance from any point inside a source/drain OD area to the nearest Nwell pick-up in the same NW.	10.0

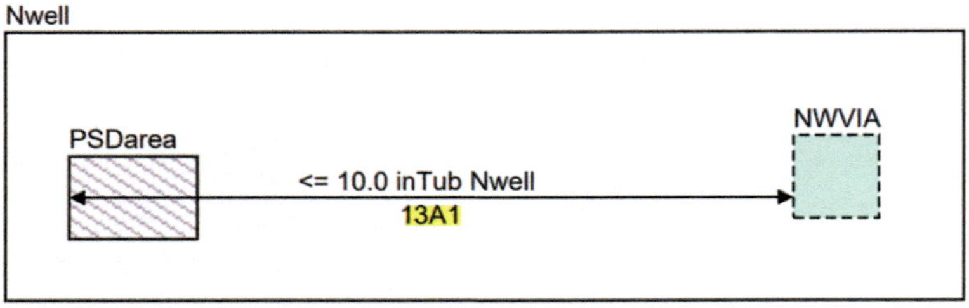

DRC 원인 파악하기 1

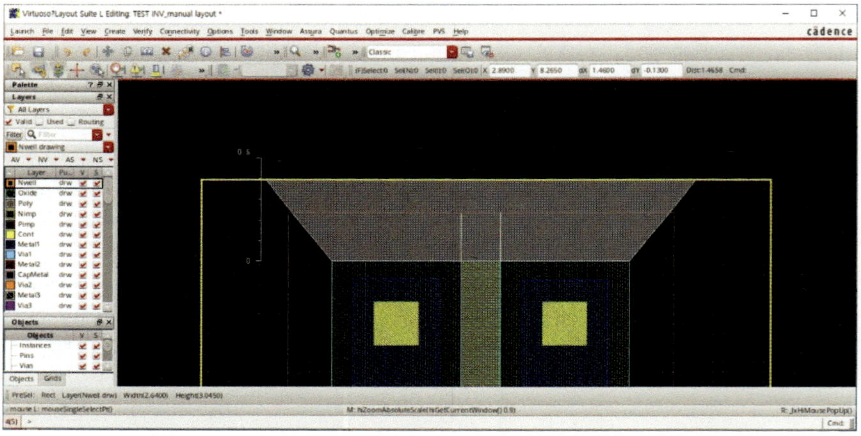

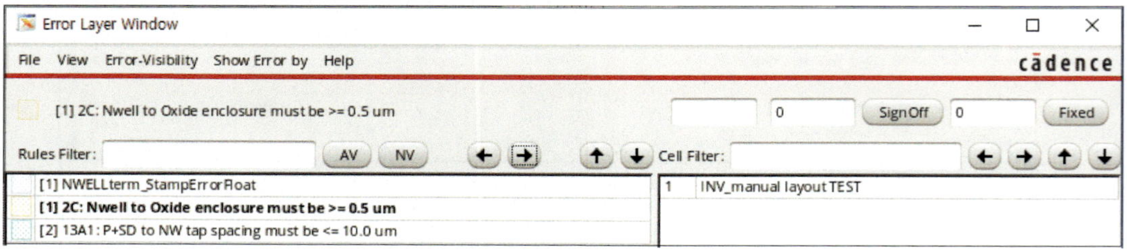

Design Rule에 의한 DRC Error 해석

Oxide Rules

Rule No.	Description	Rule (um)
2A	Minimum width of an Oxide.	0.4
2B	Minimum space between two Oxides.	0.3
2C	Minimum Nwell overlap of Oxide.	0.5
2C	Minimum Pwell overlap of Oxide.	0.5

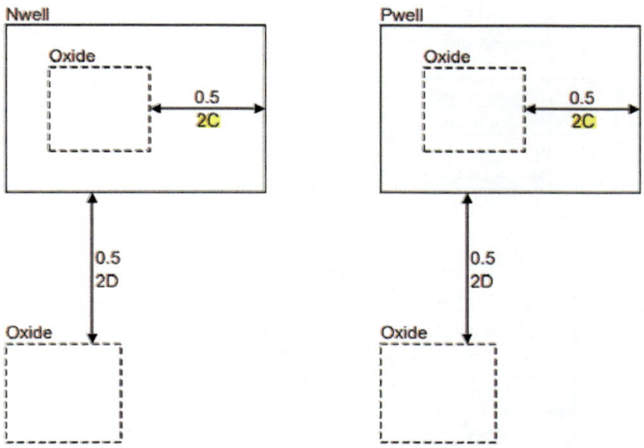

DRC 원인 파악하기 2

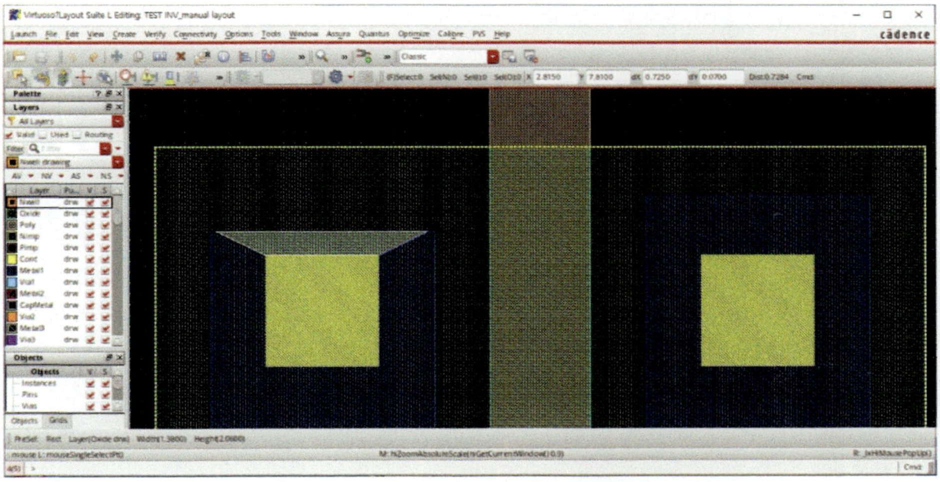

DRC 오류 하이라이트

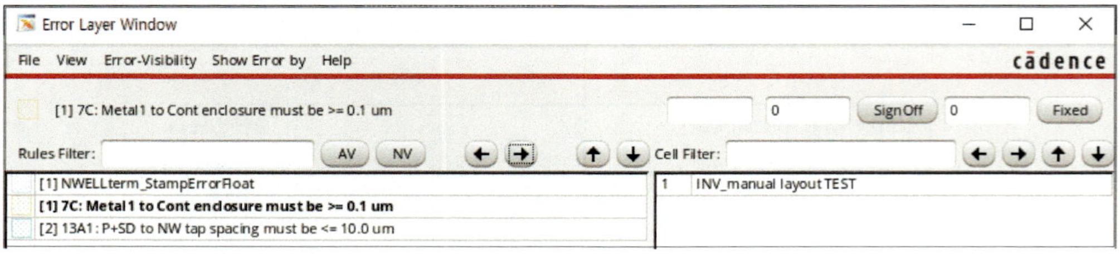

Metal rules

(Metalx, x = 1, 2, 3, 4, 5, 6)
(Viax, x = 1, 2, 3, 4, 5)

Rule No.	Description	Rule (um)
7A, 9A, 11A, 15A, 17A, 19A	Minimum width of an Metalx.	0.3
7B, 9B, 11B, 15B, 17B, 19B	Minimum space between two Metalx.	0.3
7C	Minimum Metal1 overlap of Contact.	0.1
9C, 11C, 15C, 17C, 19C	Minimum Metalx overlap of Viax.	0.1

Macro Table

$layer1	$layer2	$id1	$id2	$id3
Metal1	Cont	7A	7B	7C
Metal2	Via1	9A	9B	9C
Metal3	Via2NoCapInd	11A	11B	11C
Metal4	Via3	15A	15B	15C
Metal5	Via4	17A	17B	17C
Metal6	Via5	19A	19B	19C

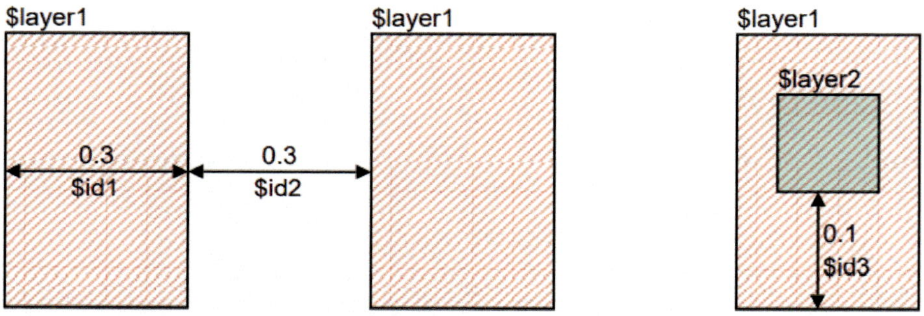

DRC 원인 파악하기 3

DRC 검증 완료 메시지

(4) LVS 검증

모든 DRC 에러가 수정되면 위의 그림과 같은 메시지가 나타나며 다음 단계로 LVS를 진행한다. DRC 검증을 통해 레이어들 간의 설계 규칙의 검증이 완료되면 이번에는 레이아웃 데이터와 회로도 데이터가 일치하는지 여부를 알아보는 LVS가 필요하다. LVS를 위해서는 각 소자를 레이어의 연산으로써 정의한 룰 파일이 필요하며 레이아웃 데이터로부터 네트리스트 추출을 위한 룰(Rule) 파일에서 정의된 대로 소자를 추출하여 툴에서 사용하는 특정한 포맷의 데이터로 변환한다.

또 회로도 데이터로부터 네트리스트를 추출하여 레이아웃의 경우와 같은 포맷의 데이터로 변환한다. 이렇게 변환된 공통의 데이터를 비교함으로써 레이아웃 데이터와 회로도 데이터의 비교 검증이 이루어진다. LVS는 회로도와 같게 레이아웃이 되었는지 부품 수와 배선 연결 상태를 검사한다. LVS를 위해서 레이아웃 DRC가 오류 없이 진행되어야 하며 레이아웃으로부터 NetList라고 하는 회로를 추출하여 schematic과 비교한다. 따라서 Extract Rule과 Compare Rule이 필요하며 PDK 경로를 지정하고 LVS를 수행한다.

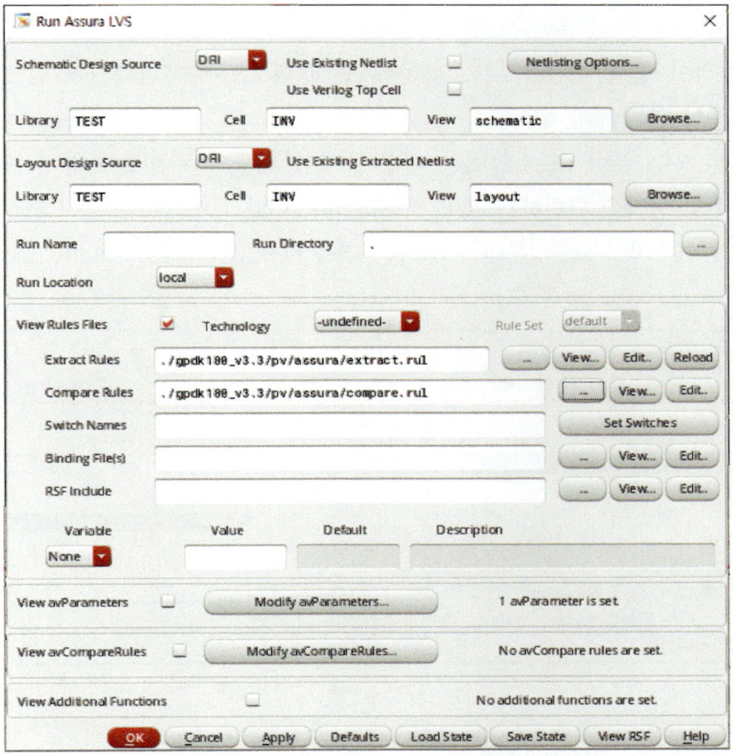

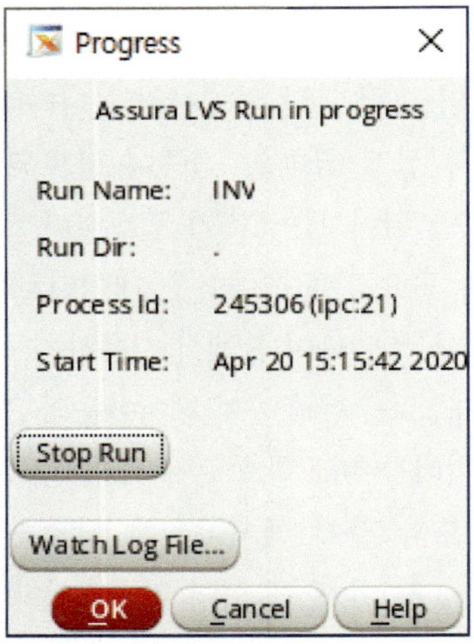

LVS 설정하기

일반적으로 회로도는 기호 또는 심볼을 이용한 이상적인 그림이기 때문에 소자의 연결 부위에 저항 성분이나 커패시턴스 성분이 존재하지 않지만 레이아웃은 실제 레이어에 의해 구성된 물리적인 소자와 물리적인 연결 패턴을 갖기 때문에 원래 회로도에는 나타나지 않는 저항 성분 및 커패시턴스 성분이 존재하게 된다.

주파수가 높은 응용 분야 또는 완벽한 매칭 특성이 요구되는 설계 구현에서는 기생적인 RC 성분을 포함한 회로 동작을 확인하는 것이 필수적이다. 이와 같이 레이아웃이 완성된 후에 레이아웃 데이터로부터 기생적인 RC 성분을 추출하는 것을 LPE(Layout Parasitic Extraction)라고 한다.

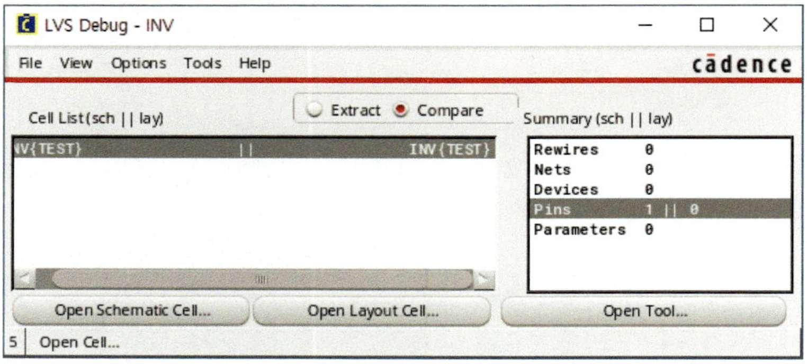

LVS 수행하기

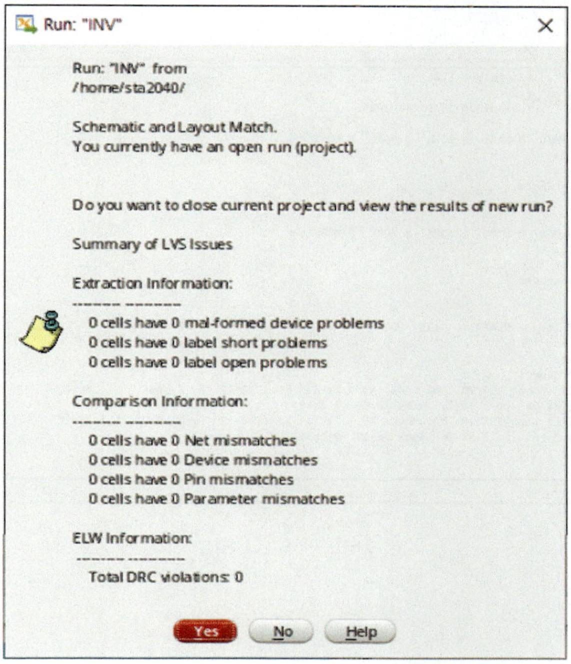
Run: "INV"
Run: "INV" from
/home/sta2040/
Schematic and Layout Match.
You currently have an open run (project).
Do you want to close current project and view the results of new run?
Summary of LVS Issues
Extraction Information:
0 cells have 0 mal-formed device problems
0 cells have 0 label short problems
0 cells have 0 label open problems
Comparison Information:
0 cells have 0 Net mismatches
0 cells have 0 Device mismatches
0 cells have 0 Pin mismatches
0 cells have 0 Parameter mismatches
ELW Information:
Total DRC violations: 0
Yes
No
Help

인버터 LVS 결과창

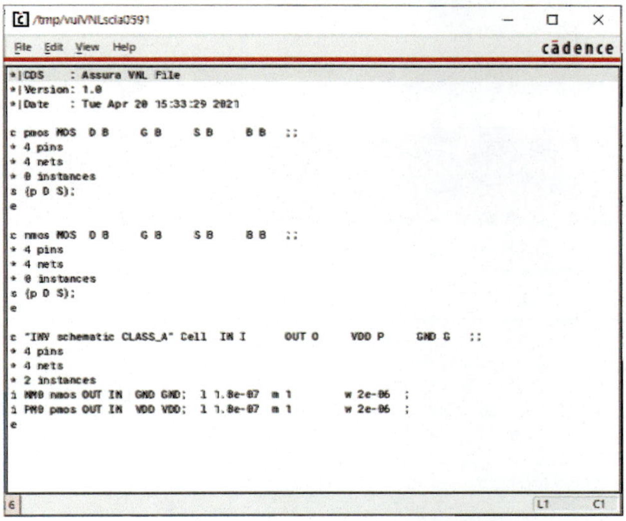
/tmp/vuiVNLscia0591
File Edit View Help
cādence
*|CDS : Assura VNL File
*|Version: 1.0
*|Date : Tue Apr 20 15:33:29 2021
c pmos MOS D B G B S B B B ;;
* 4 pins
* 4 nets
* 0 instances
s {p D S);
e
c nmos MOS D B G B S B B B ;;
* 4 pins
* 4 nets
* 0 instances
s {p D S);
e
c "INV schematic CLASS_A" Cell IN I OUT O VDD P GND G ;;
* 4 pins
* 4 nets
* 2 instances
i NM0 nmos OUT IN GND GND; l 1.8e-07 m 1 w 2e-06 ;
i PM0 pmos OUT IN VDD VDD; l 1.8e-07 m 1 w 2e-06 ;
e
6
L1 C1

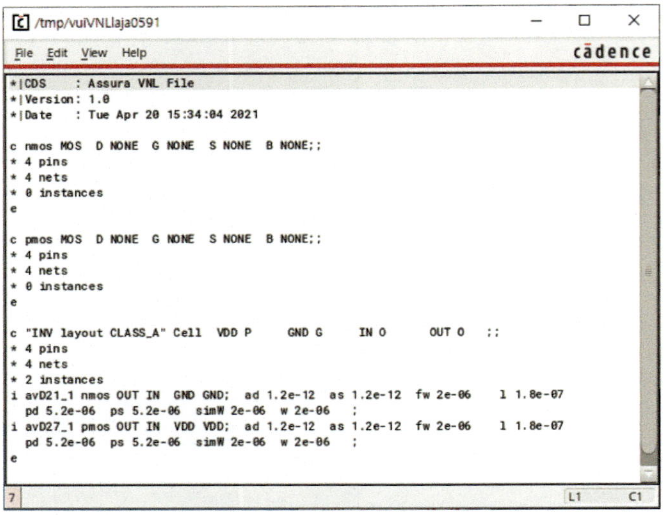

인버터 Netlist 비교

〈실습과제〉

다음 항목별 PMOS, NMOS 사이즈에 따른 인버터 Schematic과 Symbol을 만들고 Layout 후에 DRC와 LVS를 진행하시오.

cell 이름	PMOS		NMOS Length(um)	
	Length(um)	width(um)	Length(um)	width(um)
HW1	0.18	2	0.18	1
HW2	1	4	1	2
HW3	2	4	2	4
HW4	0.5	2	1	0.5
HW5	0.3	2	0.3	2

5.2 2입력 NAND 설계하기

(1) NAND 회로 설계하기(Schematic)

AND 게이트와 반대 동작을 하는 NAND게이트는 입력 A와 B가 모두 '1' 일 때만 출력이 '0'이 되는 회로로서 논리식 $OUT=\overline{A*B}$ 로 표현된다. 이를 드모르강 정리를 이용하여 다시 쓰면 $OUT = \overline{A}+\overline{B}$ 가 되어 PMOS 두 개를 병렬로 연결하여 드레인을 VDD에 연결하고 소스는 OUT에 연결하면 된다. 한편 OUT='0'인 경우를 보면 $\overline{F}= A*B$ 이므로 NMOS 두 개를 직렬로 연결하여 역시 소스를 접지(GND)시키고 드레인은 OUT에 연결한다. NAND 게이트는 NAND 게이트만으로 이를 조합하여 AND, OR, NOT 등의 다양한 게이트를 만들 수 있기 때문에 가장 많이 사용되는 논리회로이다.

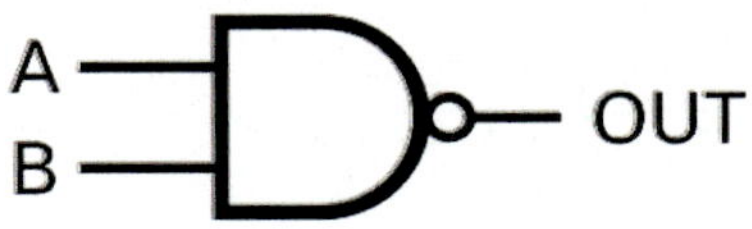

A	B	OUT
0	0	1
0	1	1
1	0	1
1	1	0

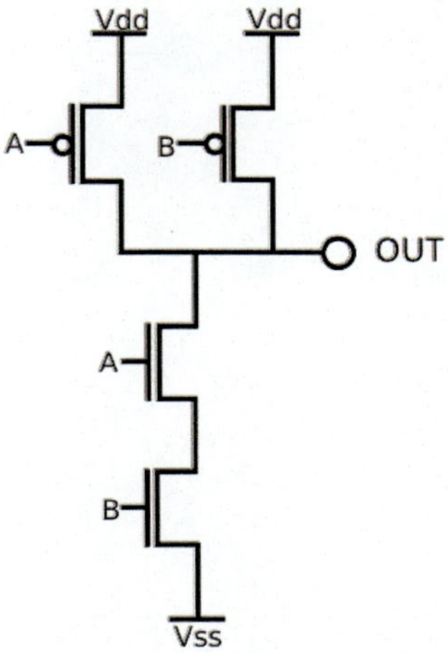

NAND회로 심볼 및 진리표

회로 동작은 입력이 모두 '0'일때 병렬로 연결된 PMOS가 동작하여 OUT에는 VDD가 가해지고 '1' 신호가 출력된다. 입력 A, B 중 하나만 '0'인 경우에도 병렬연결이므로 출력에는 '1'의 신호가 나타난다. 이 때 NMOS는 직렬연결이므로 0번 하나만 도통 되더라도 1번 NMOS가 차단되어 있어 접지선과는 연결이 되지 않는다. 반면에 입력에 둘 다 '1'이 가해지면 PMOS는 차단되고 NMOS는 둘 다 도통되어 출력 Y는 접지와 연결이 되므로 출력에 있는 VDD 가 접지로 방전하게 되고 따라서 출력단자 Y에는 '0'이 출력된다.

위의 회로도처럼 Schematic 편집기를 이용하여 소자를 배치하고 배선 및 핀을 설정하고 심볼을 만든다. NAND 게이트의 심볼을 만들 때 인버터와 다른 점은 Arc 기능을 이용하여 둥근 호를 만든다.

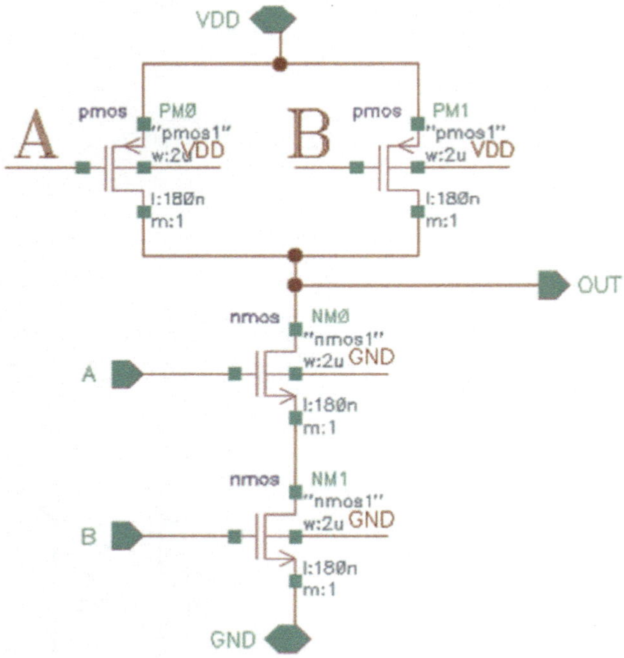

NAND 게이트의 회로도 구성

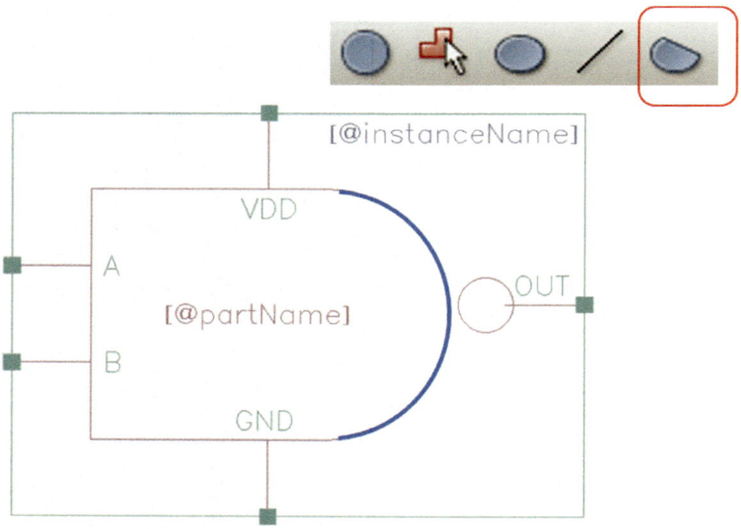

NAND 게이트의 심볼

(2) NAND 레이아웃(Layout)

NAND 게이트의 레이아웃은 우선 회로도 모양대로 소자를 배치하여 본다. PMOS와 NMOS의 방향에 따라 아래와 같이 두 가지 경우로 레이아웃이 가능하다.

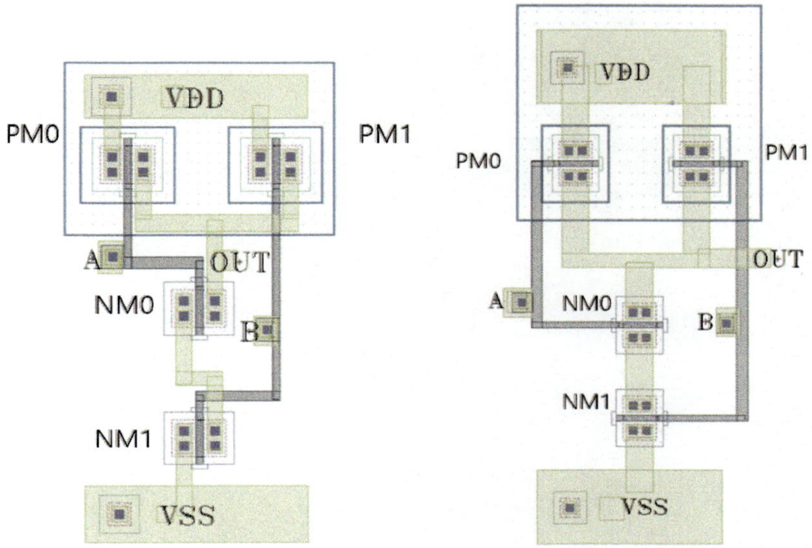

회로도대로 설계한 NAND 게이트 레이아웃

같은 종류의 MOS에서 드레인과 소스가 서로 연결되어 있으면 하나의 diffusion으로 그릴 수 있다. 즉, 두 개의 pmos가 드레인과 소스가 연결되어 있다면 하나의 pdiff로 두 개의 pmos를 그릴 수가 있다. 즉, 아래 그림에서 pmos A 와 B가 metal1로 서로 연결되어 있는 경우 아래 레이아웃처럼 둘을 합칠 수 있다. 이와 같이 합쳐서 하나의 diffusion 위에 두 개의 pmos를 만들게 되면 공간절약을 할 수 있다.

PMOS와 NMOS 소자는 대칭 소자이므로 게이트를 중심으로 소스나 드레인이 바뀔 수 있다. 즉, 위의 레이이웃의 PM0에서는 게이트를 중심으로 무조건 왼쪽을 소스로 정하고 그렸지만 회로에 따라서 병렬로 배치된 두 개의 PMOS가 소스는 소스끼리 연결되고 드레인은 드레인끼리 연결된 경우 오른쪽 PM1은 게이트를 중심으로 오른쪽을 소스로 정하면 PM0의 드레인과 PM1의 드레인이 인접하게 되고 두 개의 PMOS를 하나의 diffusion 영역에 그릴 수 있다.

두 개의 소자가 직렬로 연결된 경우에도 NM0와 NM1의 소스와 드레인이 연결되므로 두 소자를 병렬로 배치하고 하나의 diffusion에 배치하면 회로도상에서는 직렬로 배치되지만 병렬로 레이아웃 하여 레이아웃 높이를 줄일 수 있다.

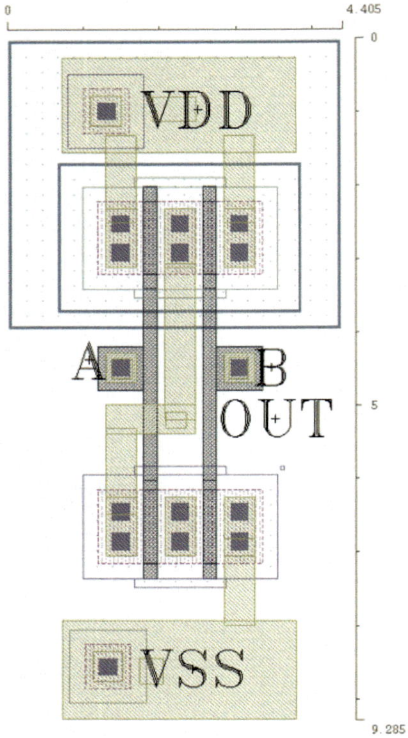

NAND 레이아웃

소자를 배치하고 메탈1 레이어로 배선을 한다. NAND 회로에서 A, B 입력이 PMOS 와 NMOS 의 게이트로 입력되므로 Poly를 확장하여 연결한다. 게이트 Poly도 금속이므로 전도성이 있지만 저항이 크므로 배선이 긴 경우 가급적 사용하지 않는다.

Create〉Pin을 이용하여 OUT, VDD, VSS 핀을 핀의 방향성에 맞도록 만들고 A, B 입력 핀은 Poly에 입력되는데 핀은 반드시 Metal 레이어 위에 있어야 하므로 Metal1과 Poly 레이어를 Create Via를 이용하여 Contact으로 연결한다. 레이아웃이 끝나면 DRC 와 LVS를 수행하여 결과를 확인하고 Debug 기능을 이용하여 수정한다.

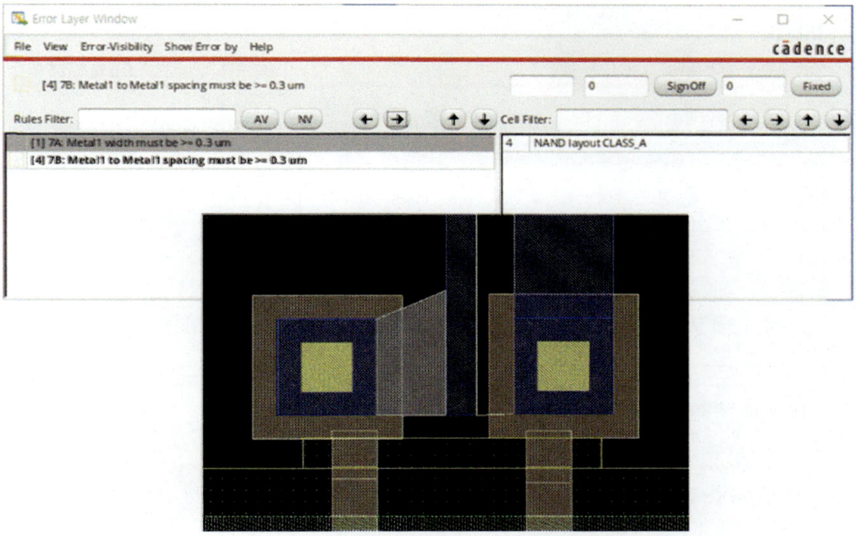

NAND DRC violation highlight

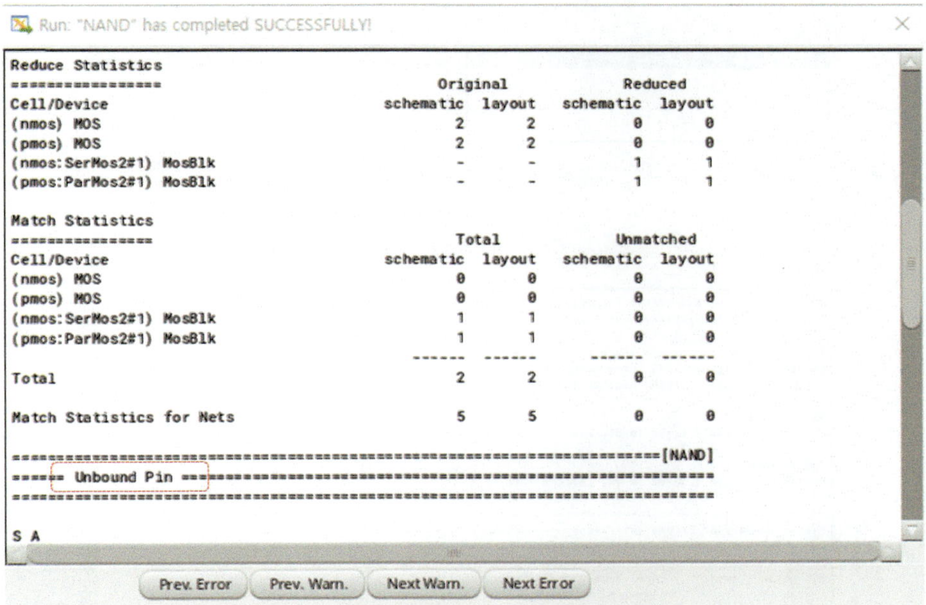

```
Run: "NAND" has completed SUCCESSFULLY!

Reduce Statistics
=================
                                        Original            Reduced
Cell/Device                        schematic  layout   schematic  layout
(nmos) MOS                                 2       2           0       0
(pmos) MOS                                 2       2           0       0
(nmos:SerMos2#1) MosBlk                    -       -           1       1
(pmos:ParMos2#1) MosBlk                    -       -           1       1

Match Statistics
================
                                         Total             Unmatched
Cell/Device                        schematic  layout   schematic  layout
(nmos) MOS                                 0       0           0       0
(pmos) MOS                                 0       0           0       0
(nmos:SerMos2#1) MosBlk                    1       1           0       0
(pmos:ParMos2#1) MosBlk                    1       1           0       0
                                     ------  ------      ------  ------
Total                                      2       2           0       0

Match Statistics for Nets                  5       5           0       0

==========================================================================[NAND]
====== Unbound Pin ==============================================================
=================================================================================

S A

Prev. Error   Prev. Warn.   Next Warn.   Next Error
```

LVS Error report : Unbound Pin

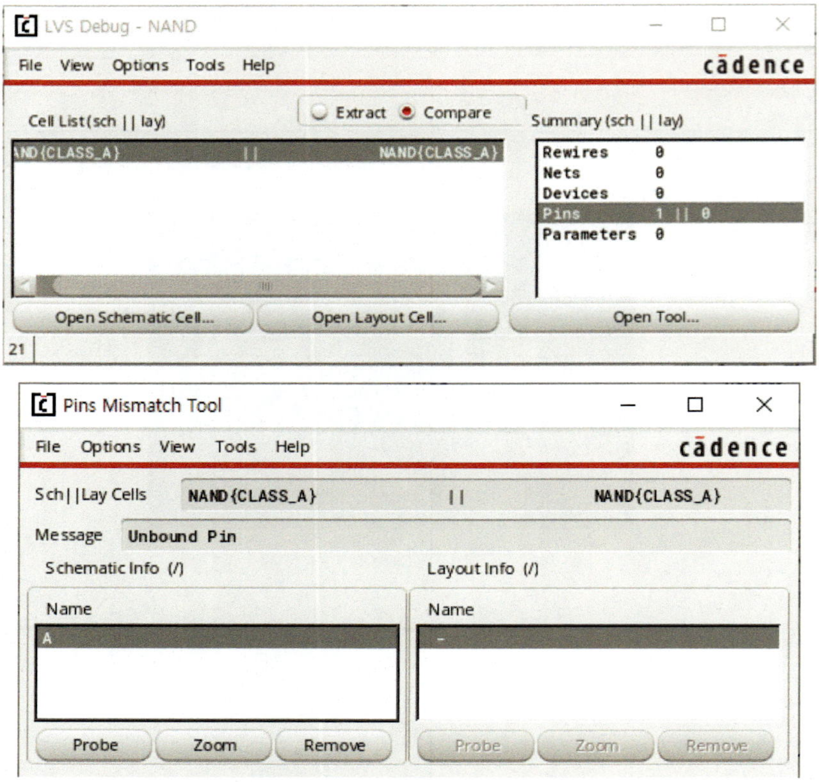

LVS dubugging

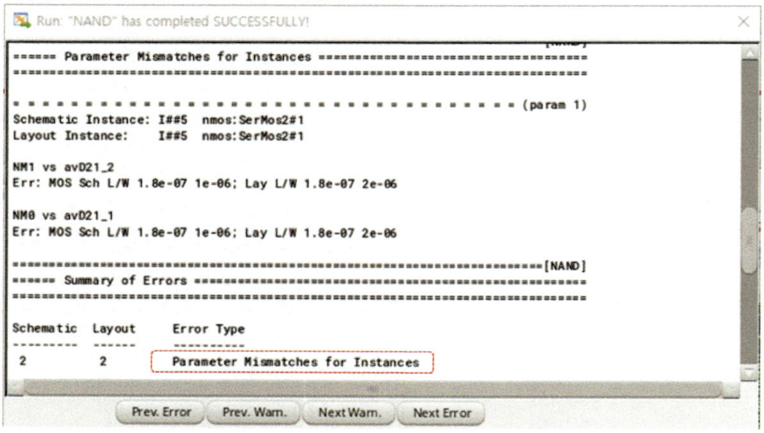

LVS Error report : Parameter Mismatch

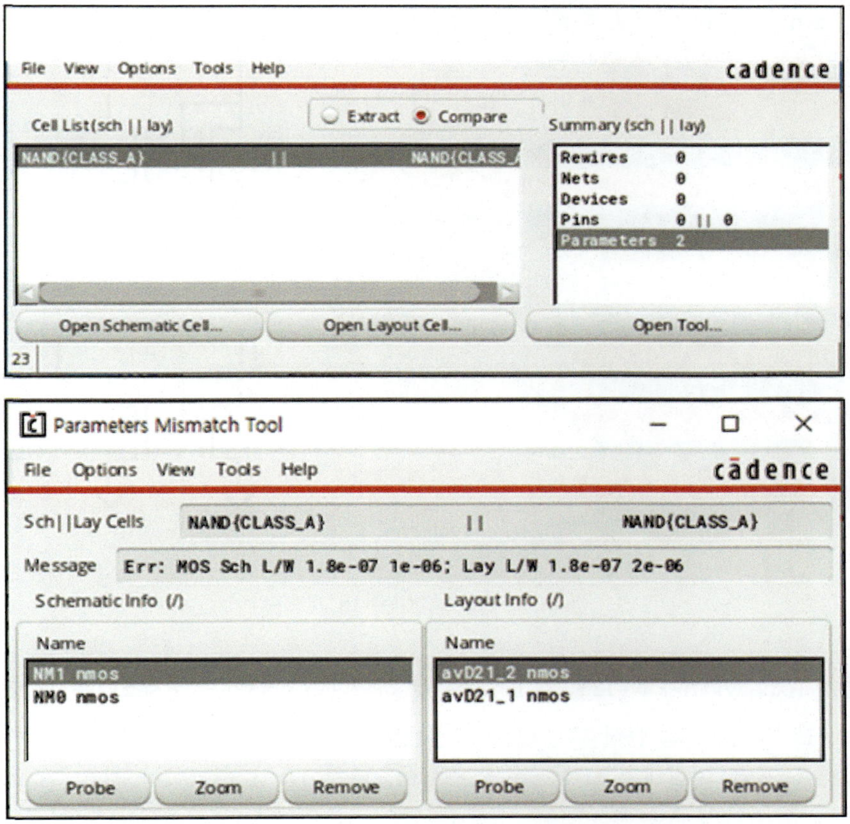

LVS dubugging

(3) 핑거링 레이아웃(Finger Layout)

위의 2NAND 레이아웃에서 직렬 또는 병렬로 연결된 PMOS와 NMOS의 소스 또는 드레인을 공유하여 레이아웃 면적을 줄이는 방법과 유사하게 Finger 레이아웃이란 트랜지스터의 Width 값이 클 경우 이를 작게 여러 개로 나누어서 표현하는 방식이다. Width를 길게 레이아웃하면 면적을 많이 차지하고 소스(또는 드레인)와 벌크 사이의 기생 커패시턴스(Csb, Cdb))값이 커진다. 따라서 Width 값이 매우 클 때는 이를 여러 개로 나누어서 그려야 한다. 여러 개로 나누어 그리는 것을 Fingering Layout이라 부른다.

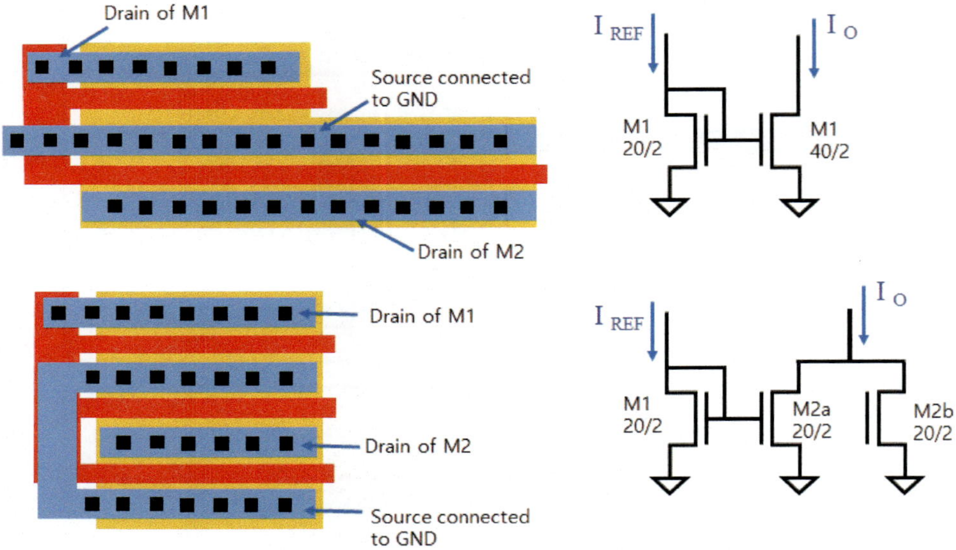

핑거링 레이아웃 비교

예를 들어 Total Width가 w=12일 때 Finger=4로 하였다면 w=3인 트랜지스터를 4개로 그리라는 뜻이며 기능은 W=12인 트랜지스터 1개로 동작한다. Finger의 숫자는 게이트의 개수가 된다. 이때 게이트를 서로 연결해주고 소스는 소스끼리, 드레인은 드레인끼리 서로 연결해 준다.

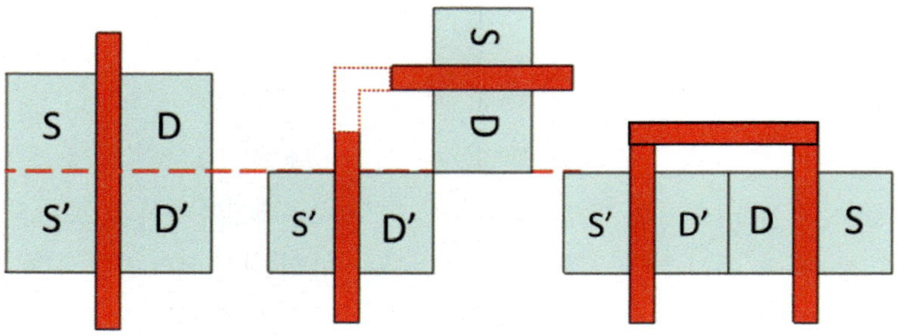

Finger = 2 레이아웃 원리

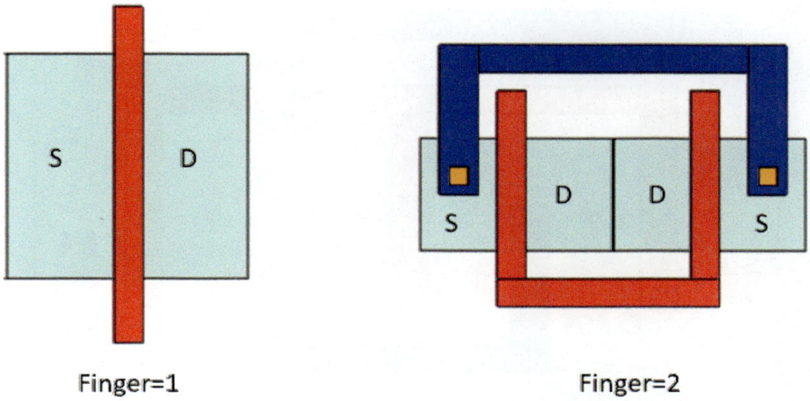

Finger = 1와 Finger = 2 레이아웃 완성 비교

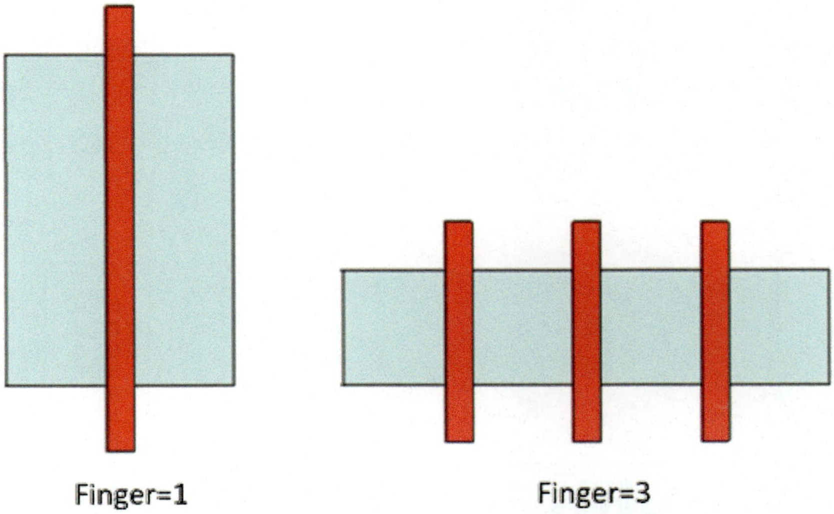

Finger = 1와 Finger = 3의 비교

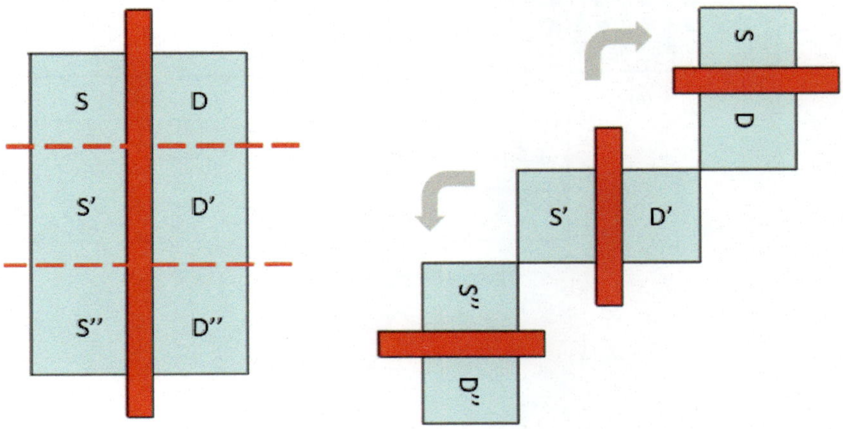

Finger = 3의 레이아웃 원리

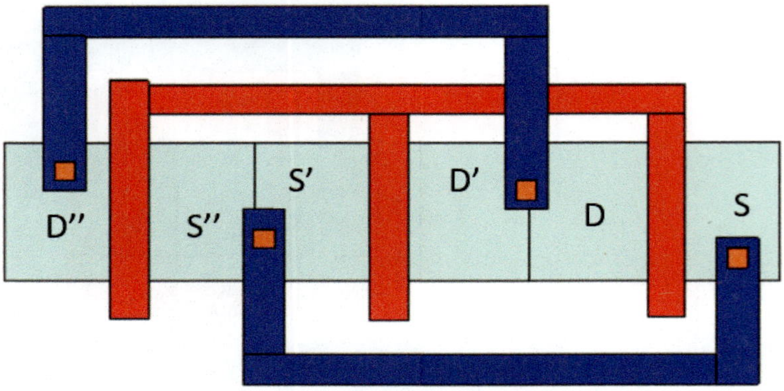

Finger = 3의 레이아웃 완성

정리하자면 Finger 레이아웃은 트랜지스터를 n 등분하고 분리된 게이트를 연결한 후 게이트를 기준으로 소스와 드레인이 반복되는 구조를 고려하여 소스는 소스끼리 드레인은 드레인끼리 연결해주는 구조이며 Pcell을 불러올 때 Total width와 Number of Fingers의 값을 입력하면 Finger 구조의 소자가 생성된다.

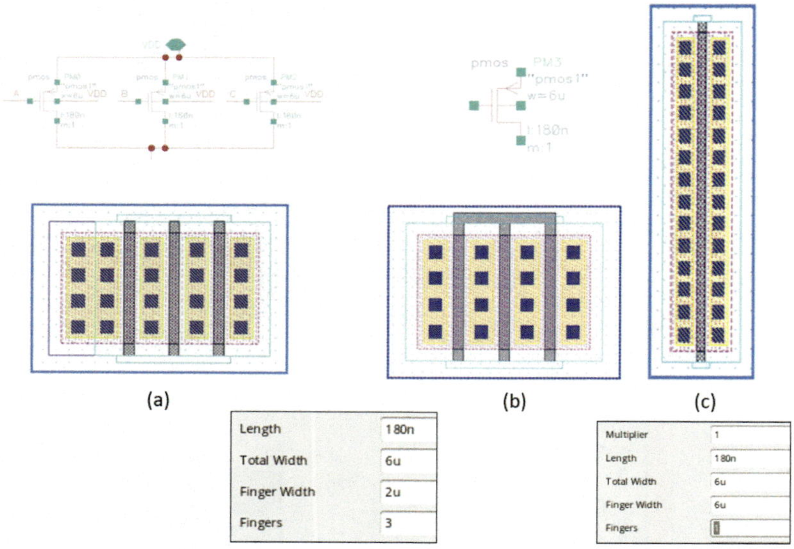

Finger에 따른 회로 비교

5.3 3입력 NAND 설계하기

(1) NAND 회로 설계하기(Schematic)

3입력 NAND 게이트는 입력 A와 B와 C가 모두 '1'일 때만 출력이 '0'이 되는 회로로서 2 입력 NAND의 확장이다. 아래와 같이 3개의 PMOS를 병렬로 연결하고 3개의 NMOS를 직렬로 연결한다. 회로도가 복잡해질수록 네트 간에 연결 확인이 쉽도록 Net Highlighting 기능을 활용한다.

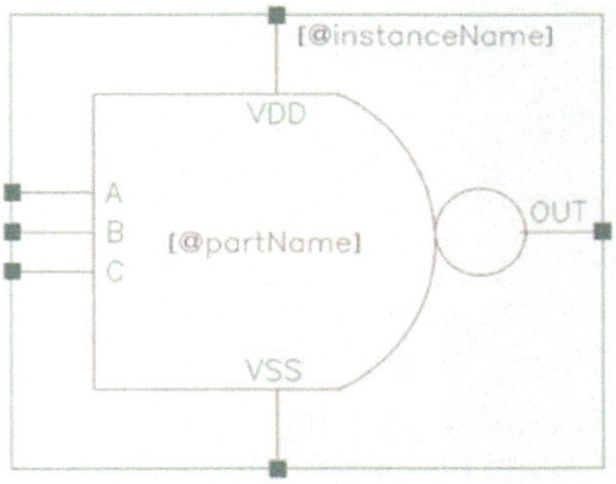

3입력 NAND심볼

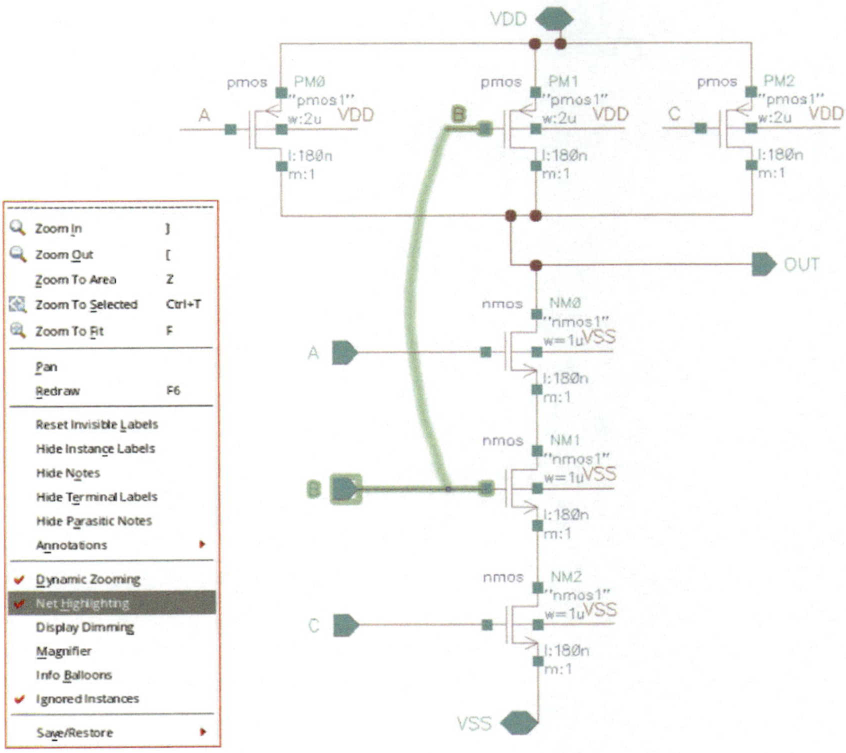

3입력 NAND 회로도

(2) NAND 회로 레이아웃하기(Layout)

3입력 NAND 게이트의 레이아웃을 Finger 구조로 레이아웃하고 수직 길이를 줄이기 위해 Body Tie 옵션을 이용하여 레이아웃 결과를 비교한다. 입력핀 배치를 위해 PMOS영역과 NMOS 사이 영역을 여유 있게 배치하고 stretch 기능으로 최적화한다.

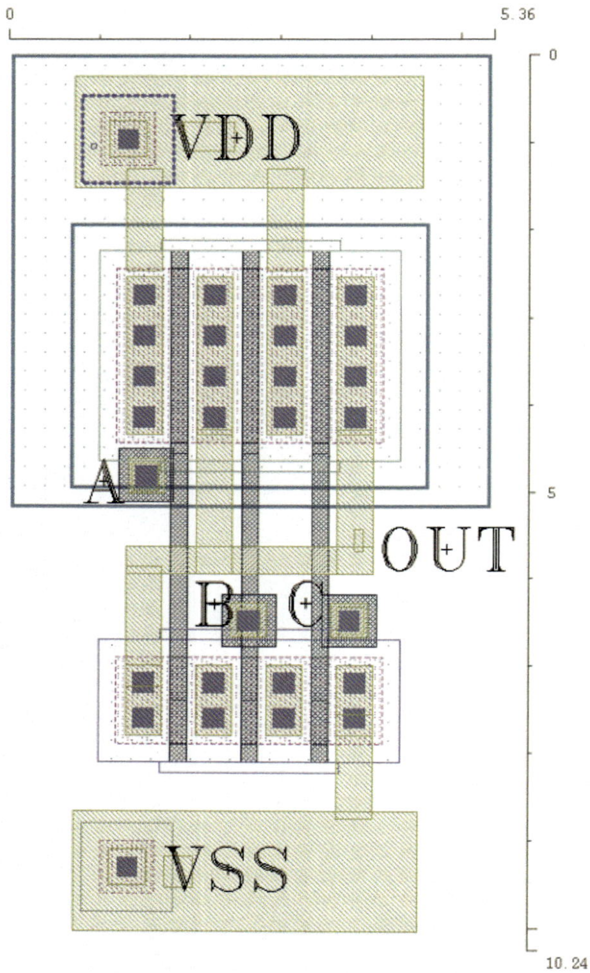

3입력 NAND 레이아웃

Body tie 방식을 적용하면 아래와 같이 사이즈를 줄일 수 있다.

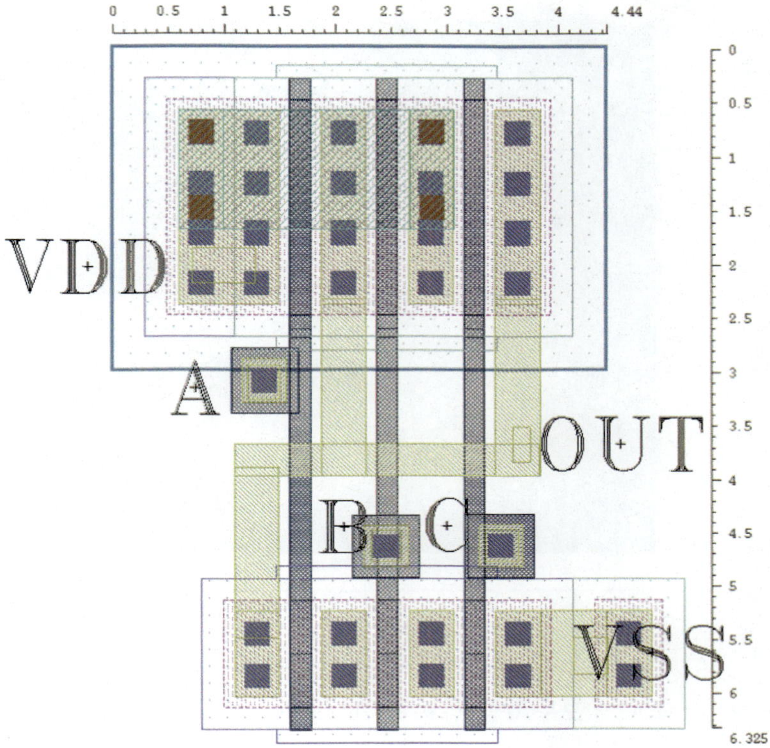

BODY Tie 옵션 적용 3NAND

5.4 2입력 NOR 설계하기

(1) NOR 회로 설계하기(schematic)

NOR 게이트는 수식으로 $F=\overline{A+B}$ 로 표현된다. 이를 드모르강 법칙을 이용하면 $F=\overline{A}*\overline{B}$ 로 되며 수식에서 알 수 있듯이 F가 '1'이 되는 경우는 A와 B 모두 "0"일 때이다. 이때 F는 출력이고, A B 는 입력을 의미한다. A가 "0"일 때 F가 "1"이 되도록 회로를 구성하려면 PMOS를 이용하면 된다. $F=\overline{A}*\overline{B}$는 A와 B가 곱이므로 직렬로 두 개의 PMOS를 연결하고 한쪽은 VDD에 다른 쪽은 출력단자에 연결한다. 한편 CMOS방식이므로 $F=\overline{A}*\overline{B}$ 의 반대인 경우 즉 $\overline{F}=A+B$ 회로는 A B 두 개가 합의 회로이므로 NMOS 두개를 병렬로 연결하여 한쪽은 접지, 다른 쪽은 출력단자에 연결한다. 이 두 회로를 서로 연결하고 만나는 노드를 출력으로 설정한다.

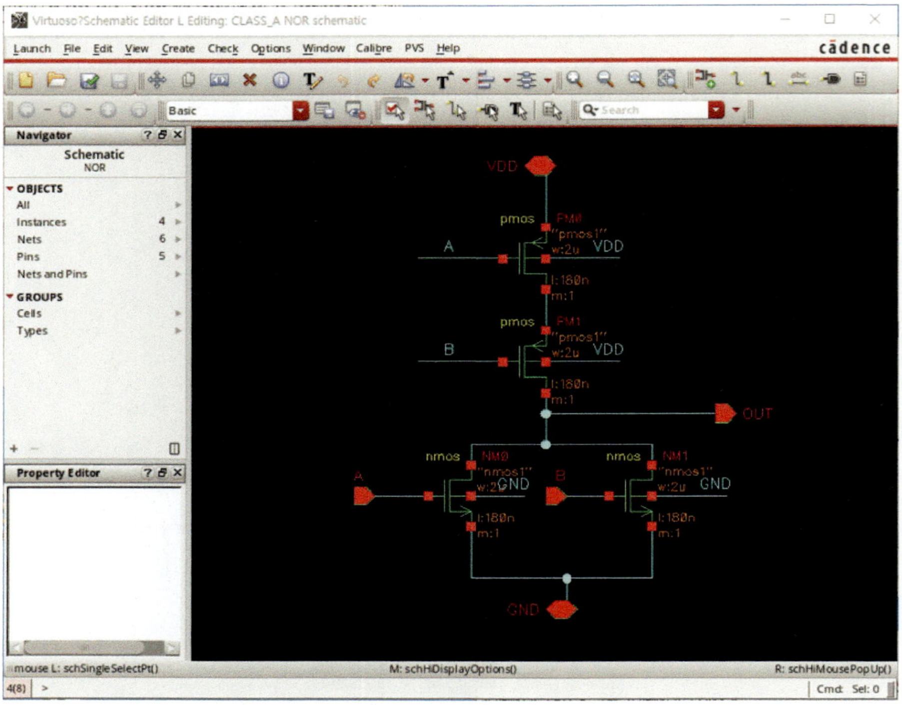

2입력 NOR 회로도

위의 회로도에서 입력 A, B 모두 '0'인 경우 PMOS 입력이 "0"일 때 동작하므로 PM1이 PM0와 직렬로 연결되어 VDD가 출력 OUT으로 전달된다. 따라서 출력단자에는 "1"의 신호가 나온다. 한편 NMOS는 입력이 "0"일 때는 동작하지 않으므로 NM0과 NM1이 차단되어 출력 단자와 끊어진다.

A, B 둘 중 하나만 '0'일 때는 PM0과 PM1 중 하나만 동작되므로 직렬로 된 경로는 끊어져서 OUT에는 VDD가 인가되지 않는다. 반면 NM0, NM1은 둘 중 한 개는 동작하는데 두 개가 병렬로 된 회로이기 때문에 출력은 GND와 연결어 출력은 '0'이 된다. A, B 둘 다 '1'인 경우는 NM0, NM1 모두 도통되므로 역시 출력 OUT은 '0'이 된다.

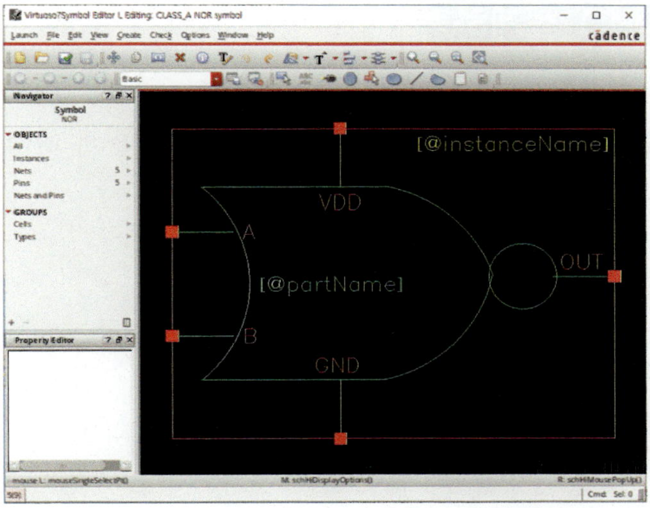

2입력 NOR 회로 심볼

(2) NOR 회로 레이아웃하기(Layout)

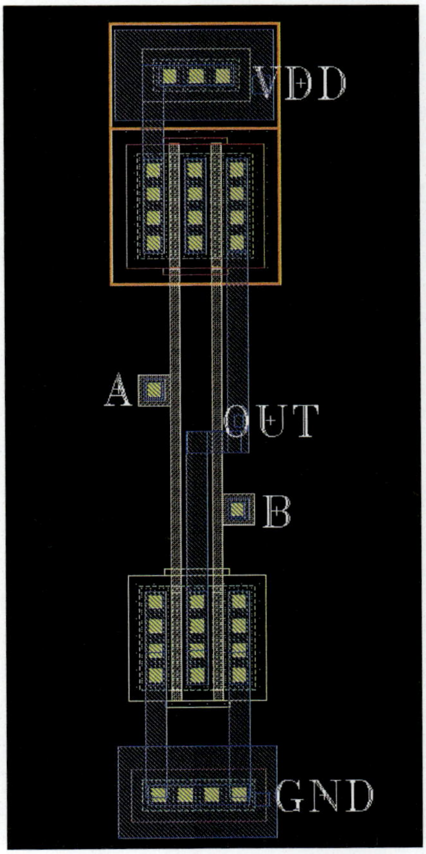

2입력 NOR 레이아웃

5.5 2입력 AND 설계하기

(1) 2AND 회로 설계하기(schematic)

AND게이트는 수식 $F=A*B$ 로 표현되고 앞에서 만든 NAND 와 INV를 직렬로 연결하여 구성할 수 있다.

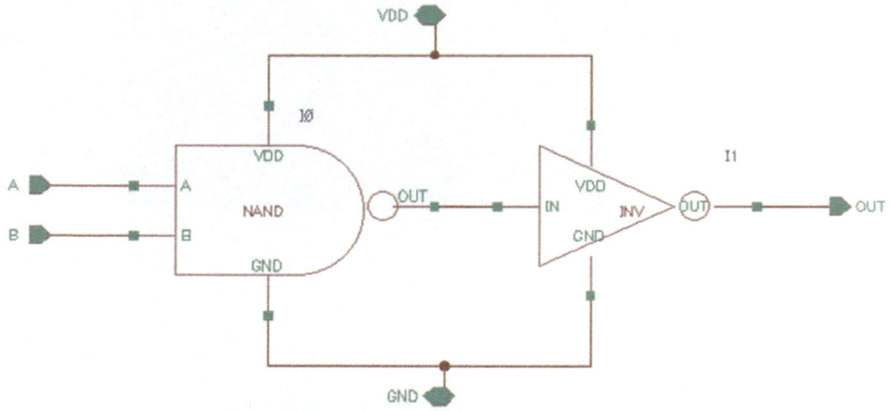

AND = NAND+INV 회로 심볼

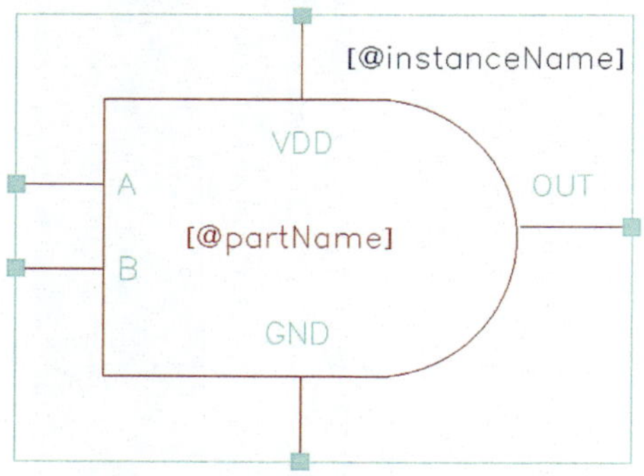

완성된 AND 회로 심볼

(2) AND회로 레이아웃 하기(Layout)

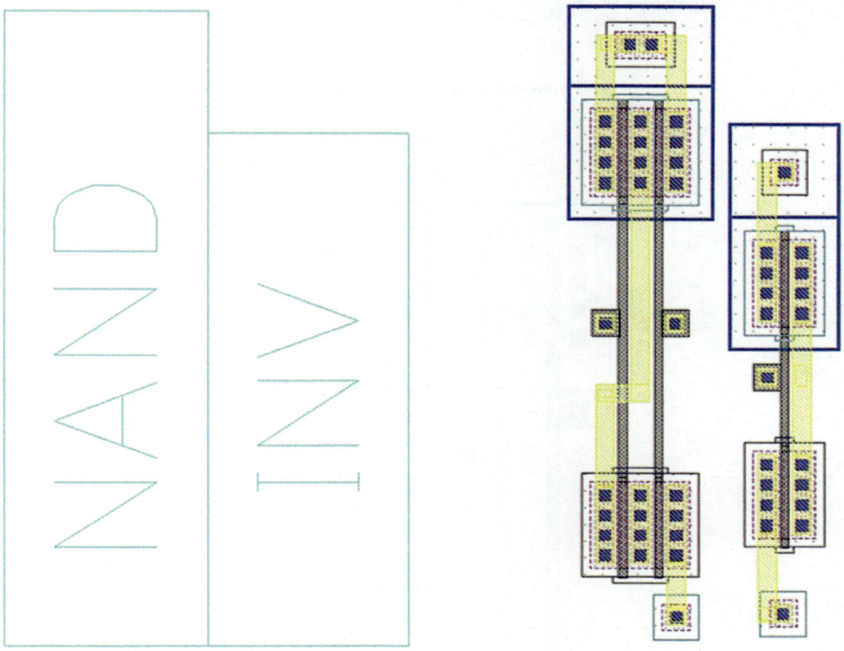

AND 레이아웃을 위한 NAND, INV 레이아웃셀 배치

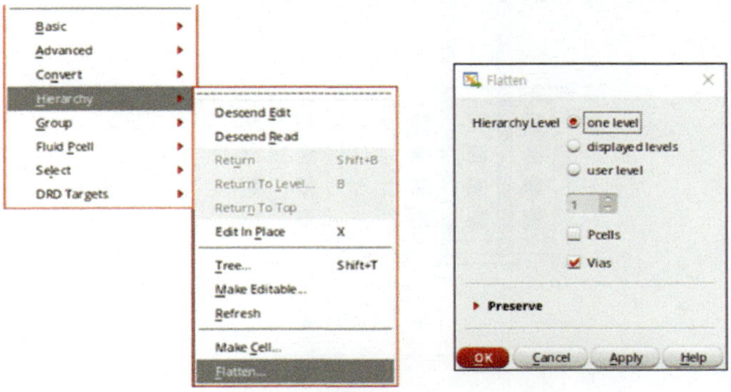

Flatten에 의한 레이아웃 셀편집

AND 레이아웃은 이미 만들어진 NAND와 INV 레이아웃 셀을 새로운 레이아웃 창에서 불러와서 배치한다. 이때 NAND와 INV의 높이 차이가 생길 수 있으며 Edit 메뉴의 Flatten 기능을 이용하면 호출된 셀을 해체하여 편집이 가능하다.

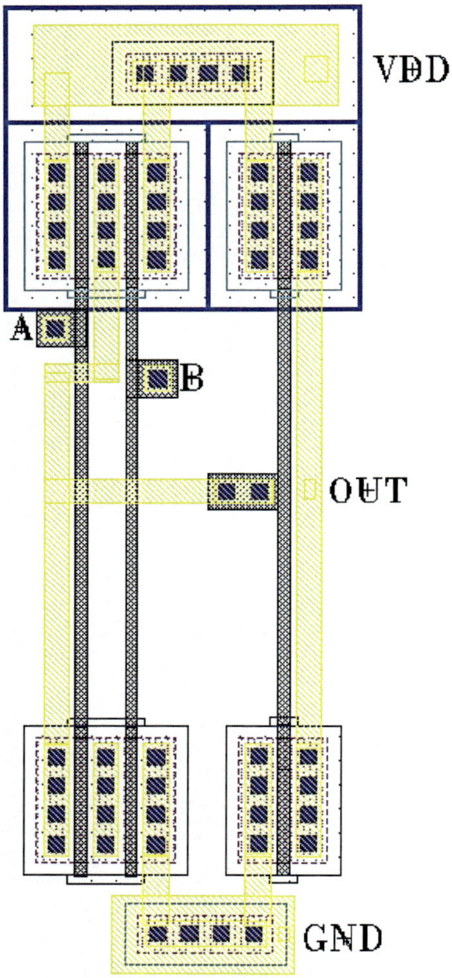

Width 조정 후의 AND 레이아웃

5.6 2입력 OR 설계하기

(1) 2OR 회로 설계하기(schematic)

OR 게이트는 입력이 모두 '0'일 때만 출력이 '0'이 되고 그 외는 '1'이 되는 논리게이트이다. 이러한 동작은 NOR 게이트에 NOT 게이트를 연결하면 구현된다.

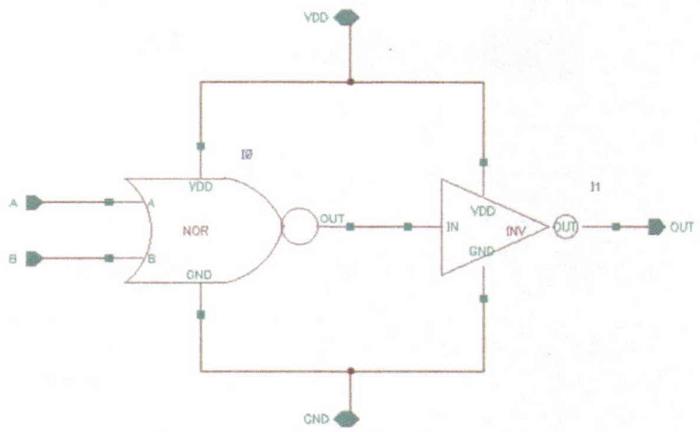

NOR와 NOT을 이용한 OR 회로

(2) OR회로 레이아웃하기(Layout)

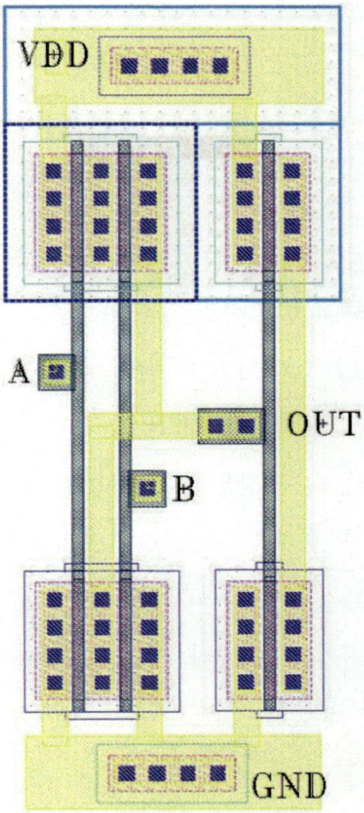

OR 회로 레이아웃

5.7 XOR 설계하기

XOR 게이트는 입력이 다를 때 출력이 '1'이 되는 논리회로이며 다양한 형태로 설계가 가능한데 수식으로 표현하면 $Y = A\overline{B} + \overline{A}B$로 나타내며 Y=A⊕B로도 표시되며 XOR의 진리표와 심볼은 다음과 같다.

A	B	Y
0	0	0
0	1	1
1	0	1
1	1	0

XOR 진리표

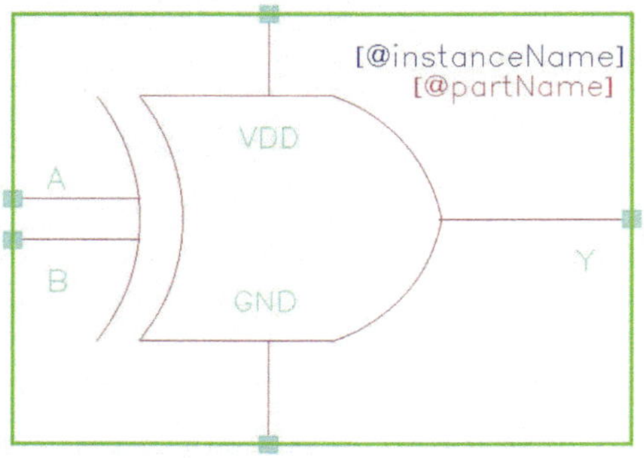

XOR 회로 심볼

수식 $Y = A\overline{B} + \overline{A}B$ 는 PMOS와 NMOS가 직병렬로 함께 연결되어 있어서 Euler 경로를 만들 수 없으므로 양변에 부정을 취하여 변형하면 다음과 같다.

$$\overline{Y} = \overline{A\overline{B} + \overline{A}B} = \overline{A\overline{B}} * \overline{\overline{A}B} = (\overline{A} + B) * (A + \overline{B})$$
$$= \overline{A}A + AB + \overline{A}\ \overline{B} + B\overline{B} = AB + \overline{A}\ \overline{B}$$

즉 위의 수식은 출력 Y가 '0'이 되는 경우로서 A 와 B 모두 '1'인 경우와 A 와 B 모두 '0'일 때 성립되며 한편 Y가 '1'이 되는 경우는 다음과 같다.

$$Y = \overline{AB + \overline{A}\ \overline{B}} = \overline{AB} * \overline{\overline{A}\ \overline{B}} = (\overline{A} + \overline{B})(A + B)$$

이 수식은 A 또는 B 둘 중 하나가 '1' 이거나 '0'이면 출력이 '1'이 되는 회로이며 이 두 수식을 만족하는 XOR 회로도를 그리면 다음과 같고 Euler 경로를 고려하여 가능한 소자들의 소스나 드레인을 겹치도록 배치할 수 있는지 확인해 본다.

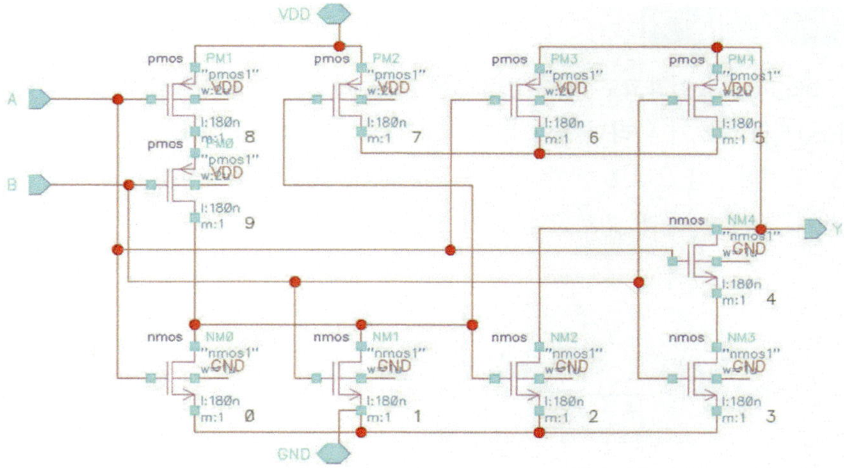

XOR 회로도

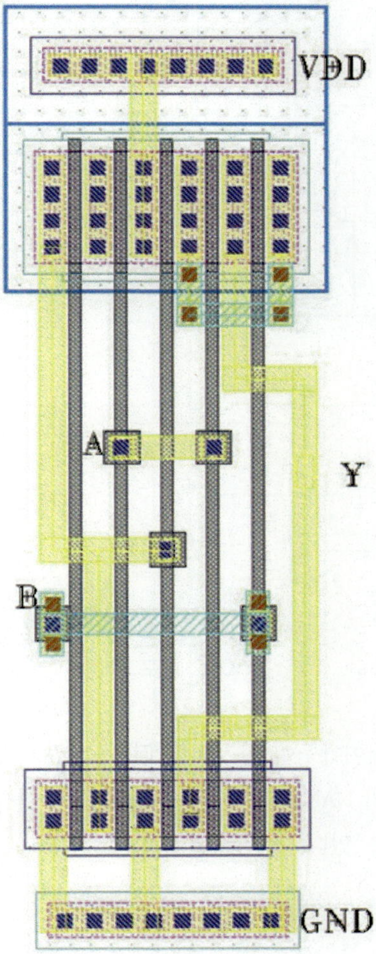

XOR 레이아웃

5.8 DFF 설계하기

D-F/F은 data flip-flop이라고도 하며 입력 D에 High 신호를 가한 상태에서 클럭 신호를 가하면 출력 Q 에는 High 신호가 나타난다. D를 Low로 해도 출력 Q에는 High 신호가 계속 남아있다. Q를 Low 로 하려면 D를 Low로 한 후 클럭을 인가한다. 신호를 일정시간 저장해두는 레지스터에 주로 사용된다. DFF은 아래 회로도와 같이 3입력 NAND를 이용하여 구성할 수 있다.

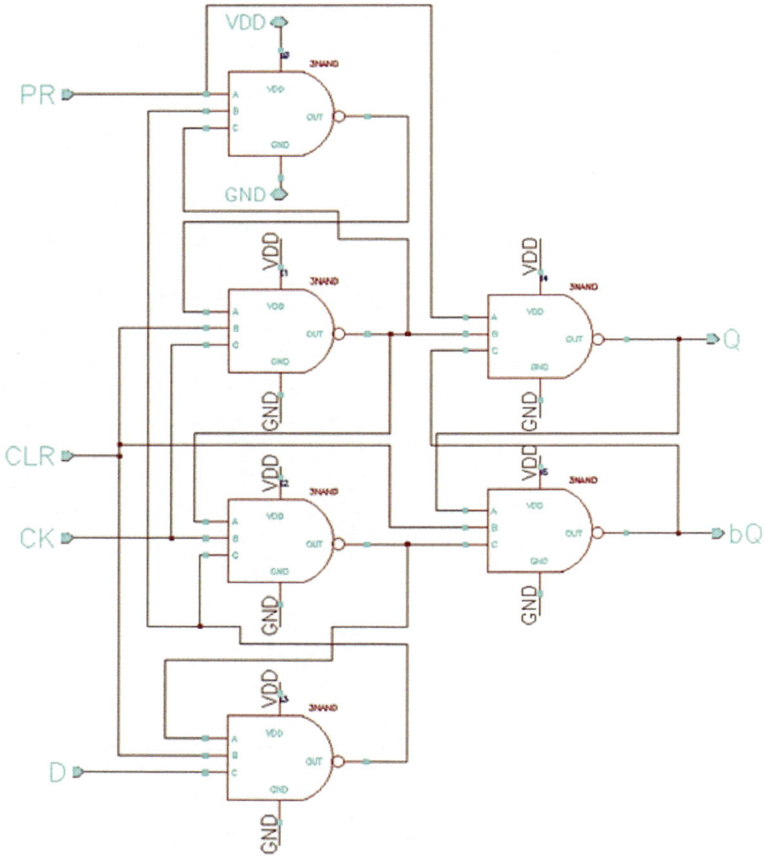

DFF 회로 구성

게이트 단위의 회로도와 레이아웃이 완성되면 더 큰 규모의 회로와 레이아웃이 가능하다. 아래 그림의 DFF 레이아웃은 6개의 NAND 레이아웃을 불러오기 기능으로 셀 형태로 불러온 후 배선작업을 하여 DFF을 완성할 수 있다.

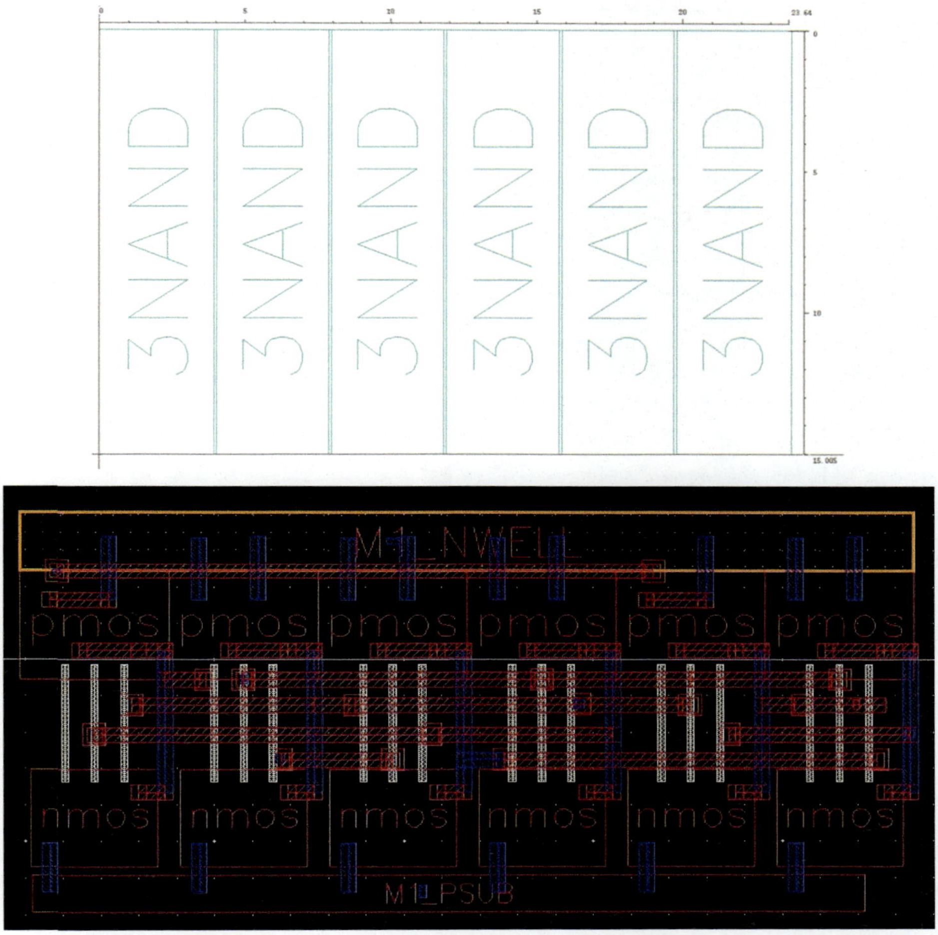

DFF 셀표시

레이아웃에서 불러온 셀인지 직접 디자인한 셀인지를 ctrl+f, shift+f 단축키로 확인할 수 있으며 셀을 Flatten 하여 수정이 가능하다. ctrl키와 f를 누르면 top level만 보인다. 즉 인스턴스로 불러온 게이트가 그 이름만 보이는 것을 top level 이라 부른다. 또는 level 0 이라 한다.

instance로 불러온 파일을 계층구조별로 표시가 가능하다. 계층구조란 회로를 만들 때 instance로 만들면 만들어진 순서에 따라 그 레벨이 정해진다. nmos와 pmos로 인버터를 만들고 그 인버터로 다시 and 게이트를 만들었다면 and 게이트는 top level 또는 level 0 이 되고 인버터는 level 1, nmos 와 pmos 는 level 2 가 된다. 이때 nmos 또는 pmos의 크기를 바꾸면 and 게이트의 크기도 함께 바뀐다. 인스턴스에서 하위 레벨을 수정하면 상위레벨도 함께 변하는 것이다. layout editing 창의 option - display를 선택하고 display option 창 하단의 Display Levels 항목이 있으며 start 칸은 0이고 stop 은 32로 되어 있는데 stop 칸을 0, 1, 2, 3으로 바꾸면 instance 화면이 바뀌는 것을 확인할 수 있다.

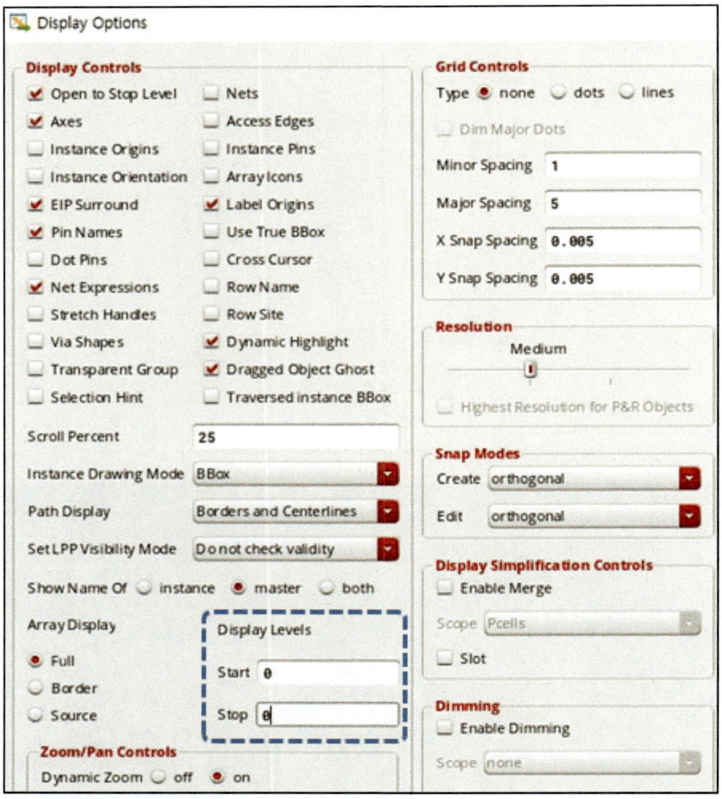

display levels 변경하기

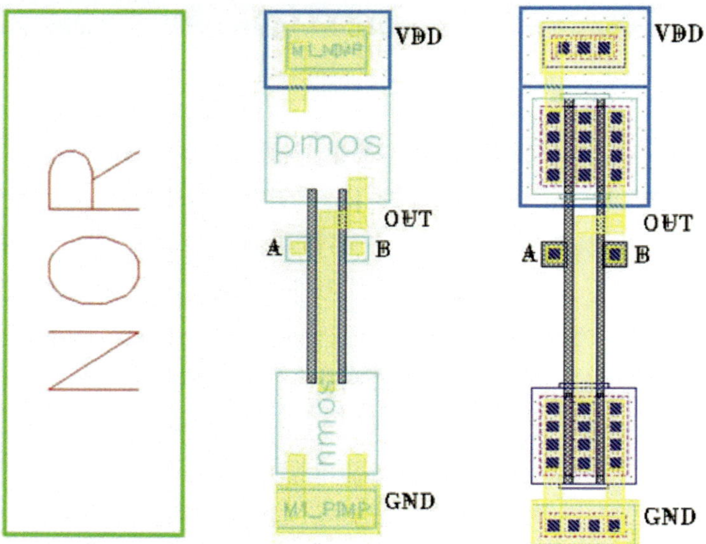

Stop:0 Stop:1 Stop:2

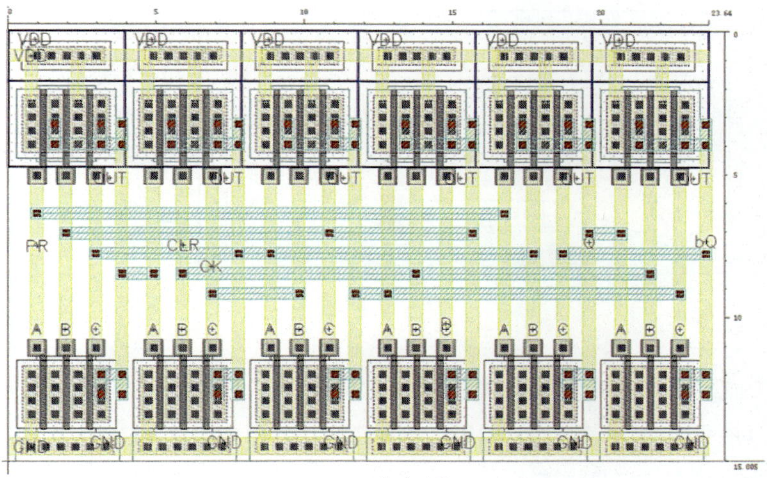

DFF 레이아웃

5.9 R/S Flip Flop

flip flop은 입력상태에 따라 출력이 변화하는데 반대쪽 입력신호가 들어 올 때 까지 현재의 상태가 유지되므로 '래치(Latch)'라고도 부른다. R/S flip flop은 입력신호가 S(Set)신호와 R(Reset)를 사용한다. S 입력에 1이 가해지면 출력 Q는 1로 되고 S를 0으로 해도 출력 Q는 변화가 없이 1의 상태를 그대로 유지한다.

그러나 입력 R 에 1의 신호를 가하면 출력 Q는 0으로 바뀐다. 즉, 출력상태를 입력신호 두 개가 각각 맡아서 바꾸어 준다. S 와 R에 동시에 0을 가하면 Q는 변화가 없으며 동시에 1을 가하면 출력은 1이 되어야 할지 0이 되어야 할지 정해지지 않는 '부정(不定) 상태'가 된다.

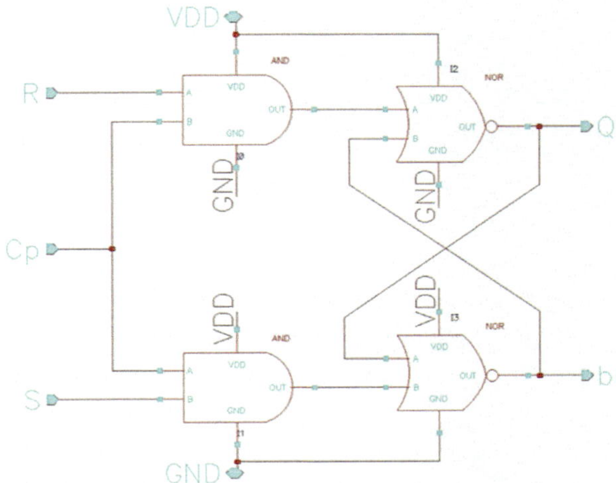

RS-FF 회로도

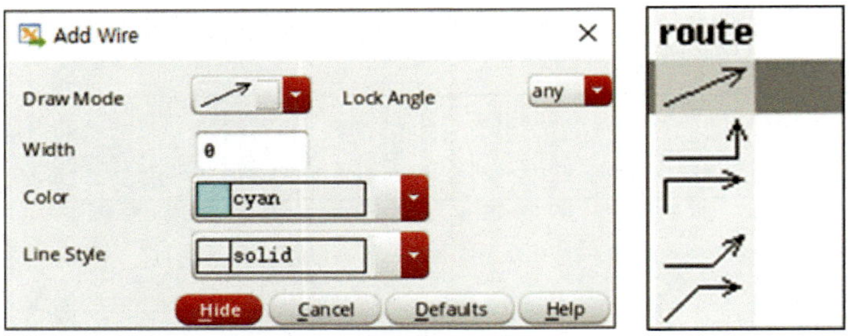

대각선 배선

RS-FF 회로도 설계 시 대각선 방향 배선연결은 Wire 옵션 설정에서 대각선 방향으로 설정하면 가능하다. RS-FF 구성을 위해 2개의 2입력 NAND와 2개의 2입력 NOR를 이용하여 배치하고 높이를 조절하고 배선을 진행한다.

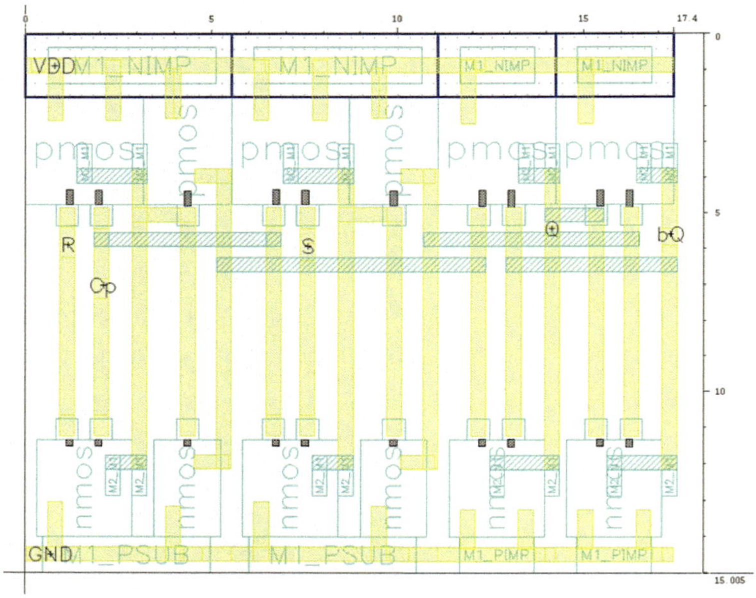

RS-FF 셀배치

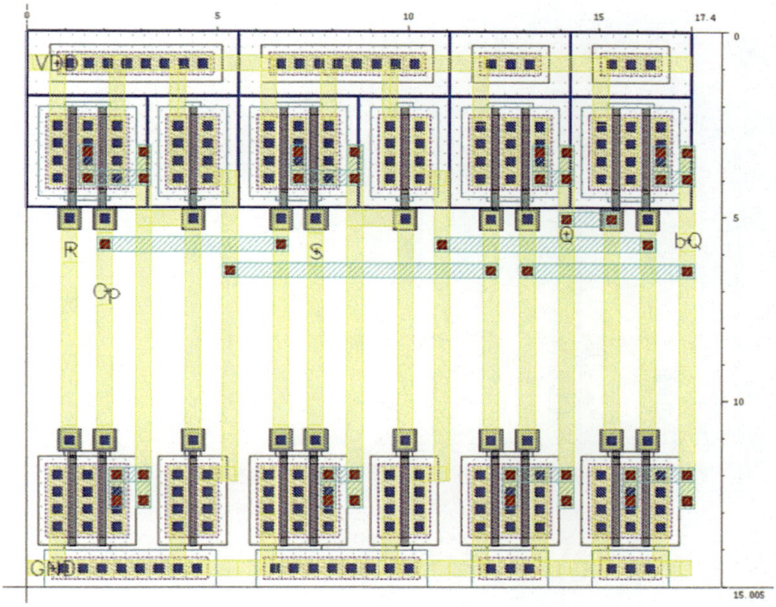

RS-FF 레이아웃 완성

5.10 J-K Flip Flop

J-k Flip Flop은 R/S FF의 입력이 둘 다 1인 경우 부정의 상태를 나타내는데 이를 개선하여 J-K FF 에서는 출력상태가 반전되도록 설정한 회로이다. 즉 J 입력이 1이면 Q는 0이고 K 입력이 1이면 Q는 0이 된다. 만약 JK 입력이 모두 1이면 Q는 상태가 반전된다.

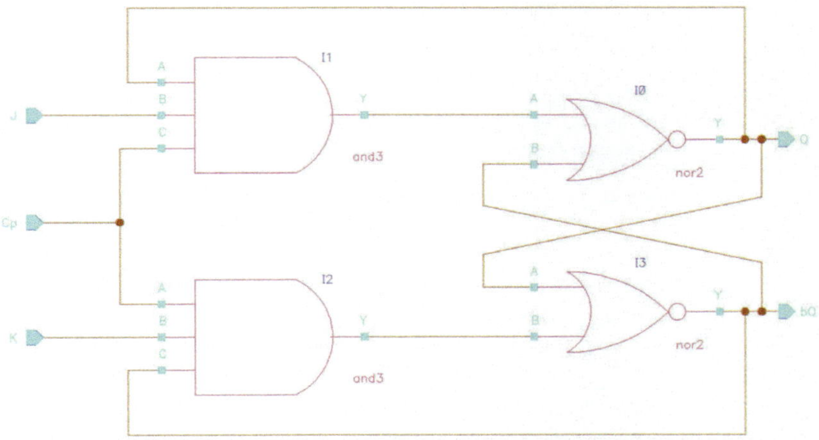

J-K FF 회로도

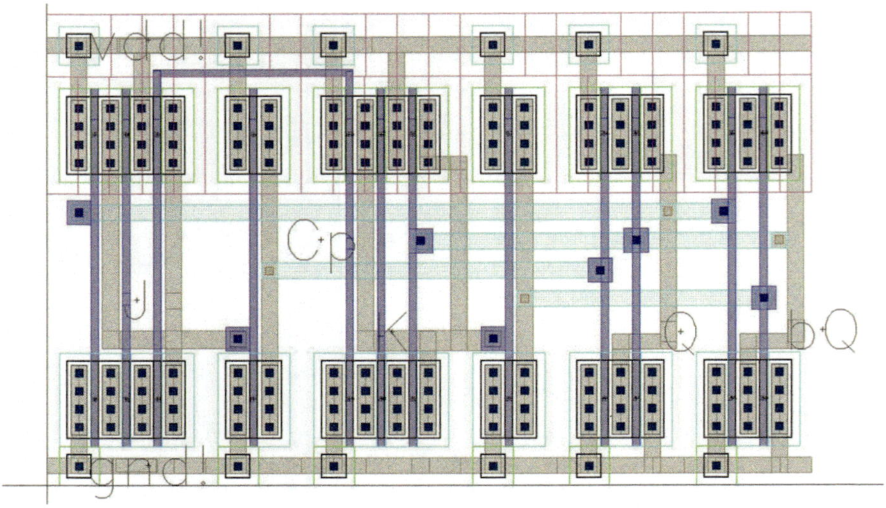

J-K FF 레이아웃

5.11 AOI 회로설계

AOI(and or input) 회로는 and와 nor 게이트 조합회로이다. AOI222란 2입력 and 게이트 3개의 출력을 nor 입력으로 연결한 회로를 말한다. AOI2222라면 두 입력 and 4개의 출력을 nor 입력으로 연결한 회로이다. 회로를 단순화하기 위한 SOP(Sum of Product) 용도로 활용된다.

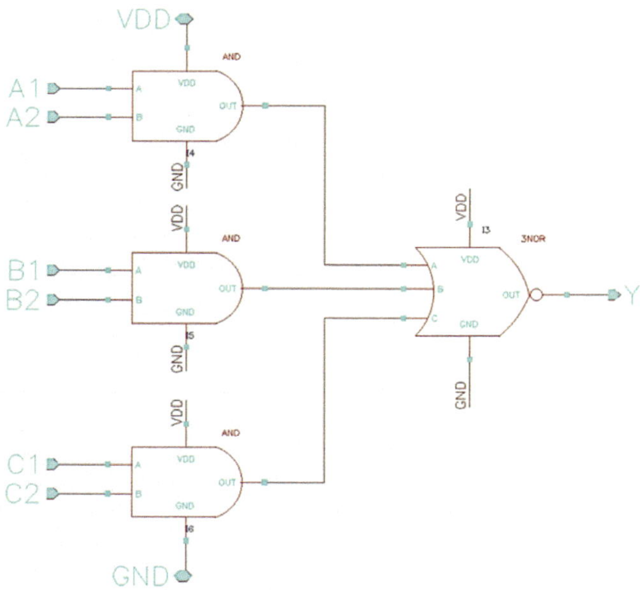

AOI schematic

AOI 셀배치

and 출력을 nor3의 입력으로 연결하기 위해서 metal1 또는 metal2를 이용한다. poly1과 metal1을 연결하기 위해서는 contact M1_POLY1을 이용한다. metal1과 metal2의 연결은 contact M1_M2를 이용한다.

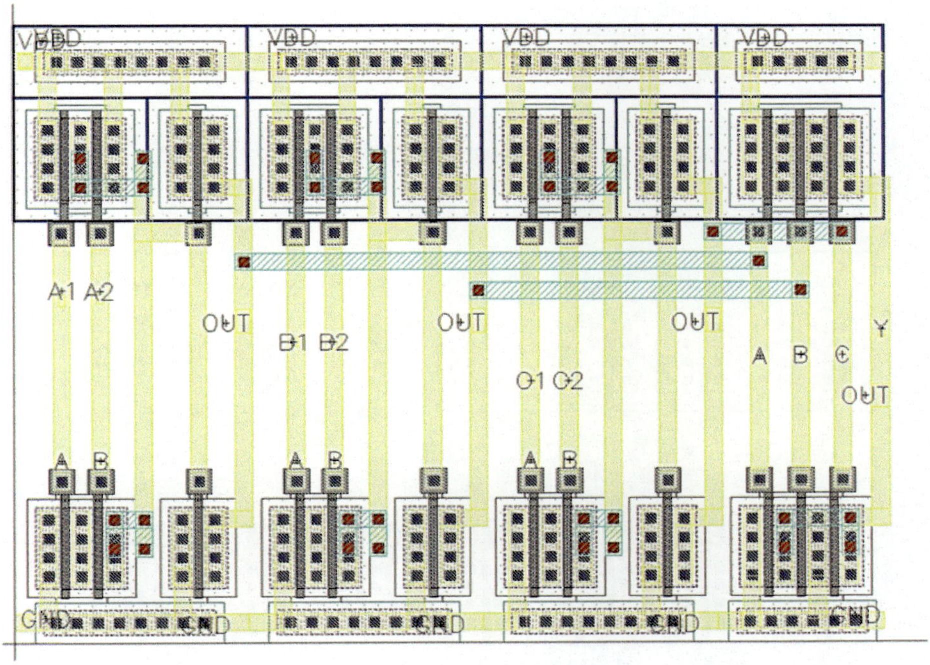

AOI 레이아웃

5.12 OAI 회로설계

OAI(or and input) 회로는 or 와 and 게이트 조합회로이다. OAI222란 2입력 or 게이트 3개의 출력을 nand 입력으로 연결한 회로를 말한다. OAI2222라면 두 입력 or 4개의 출력을 nand 입력으로 연결한 회로이다. 회로를 단순화하기 위한 POS(Product of Sum) 용도로 활용된다.

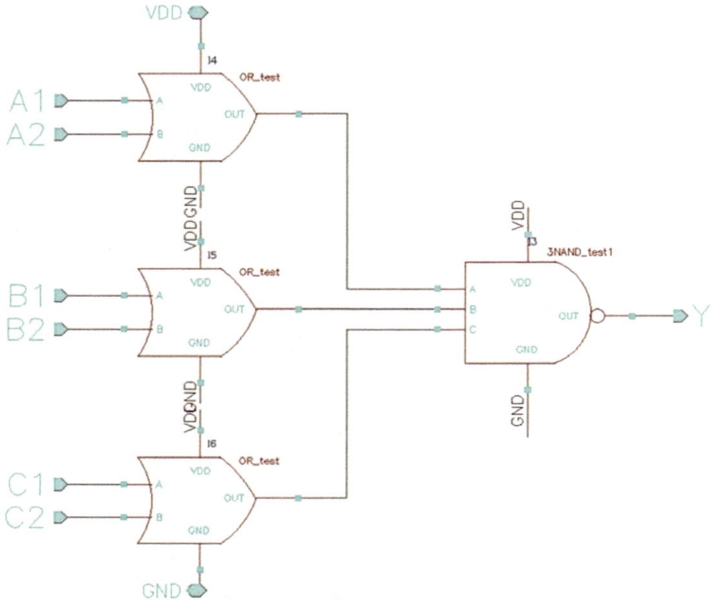

OAI schematic

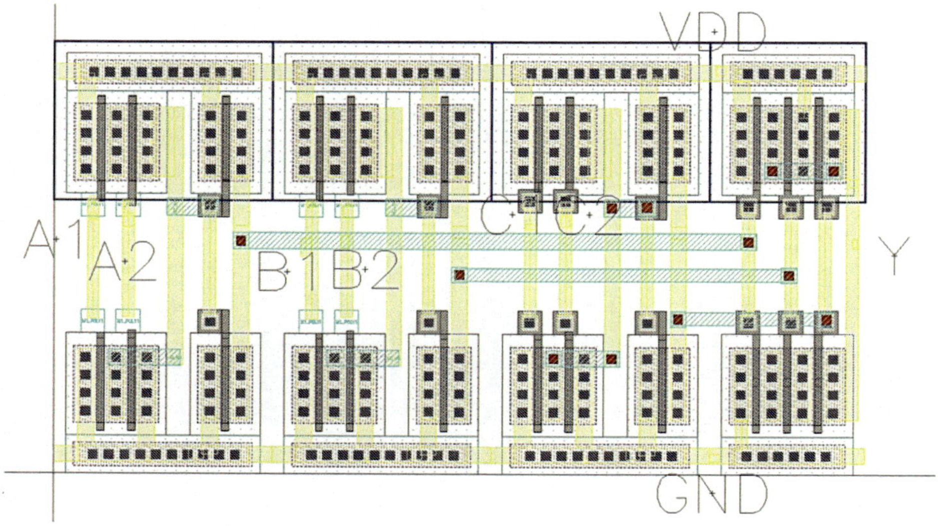

OAI 레이아웃

5.13 4-1 MUX(multiplex) 설계

멀티플렉스란 여러 개의 입력 중 한 개만을 선택하는 회로를 말한다. 입력 신호로 여러 가지가 들어왔을 때 필요한 것만을 선택적으로 고를 수 있는 회로다. 입력 A0 A1 A2 A3가 있을 때 선택단자 S1 S0의 값을 00으로 하면 A0가 01로 하면 A1이 10으로 하면 A2가 11로 하면 A3가 선택 된다. 우리가 사용하고 있는 핸드폰은 코드분할(CDMA) 방식으로 사용자를 구분하는데 핸드폰마다 사용하는 주파수는 같고 사용자별 코드번호가 다른데 이 코드번호를 이용해서 사용자를 구분하며 이와 같은 회로에 MUX가 이용된다.

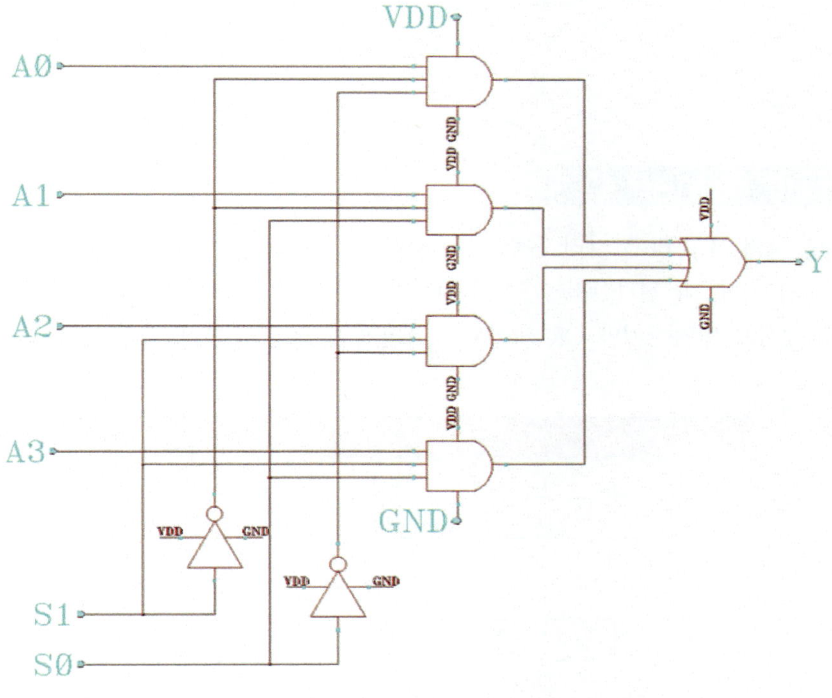

4:1 MUX schematic

4:1 MUX 셀배치

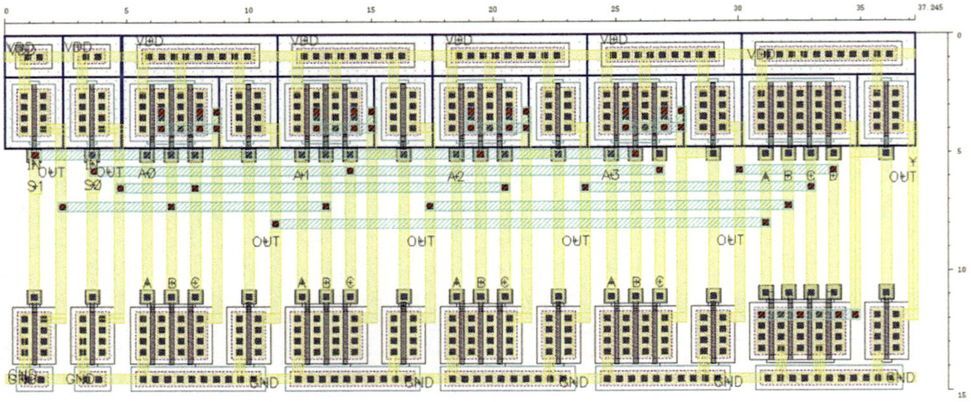

4:1 MUX Layout

5.14 Full Adder 설계

한 자리수 A와 B 그리고 자리 올림수를 더할 때에 사용되는 것으로 결과는 A와 B의 합과 자리 올림수가 된다. 즉 전가산기는 3개의 디지털 입력을 받고 2개의 디지털 출력을 생성하는데 전가산기는 2개의 반가산기와 OR 게이트를 이용하여 구성할 수 있다.

입력			출력	
X	Y	Z	S	C
0	0	0	0	0
0	0	1	1	0
0	1	0	1	0
0	1	1	0	1
1	0	0	1	0
1	0	1	0	1
1	1	0	0	1
1	1	1	1	1

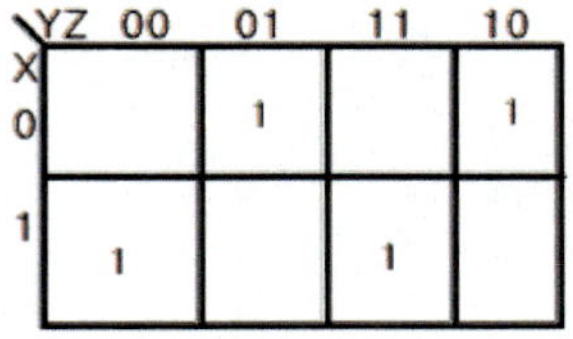

$$S = (X \oplus Y) \oplus Z$$

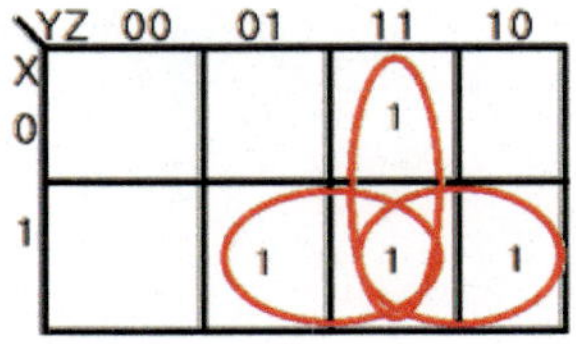

$$\mathrm{C = XY + XZ + YZ}$$

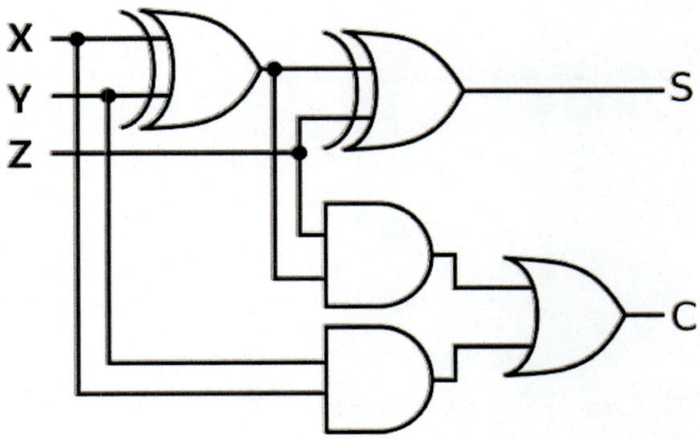

실습 : XOR를 사용한 전가산기

전가산기는 Sum은 다음과 같이 나타낼 수 있으며 회로도는 다음과 같다.

$$\begin{aligned} S &= X \oplus Y \oplus Z \\ &= XYZ + X\overline{Y}\,\overline{Z} + \overline{X}\,\overline{Y}Z + \overline{X}\,\overline{Z}Y \end{aligned}$$

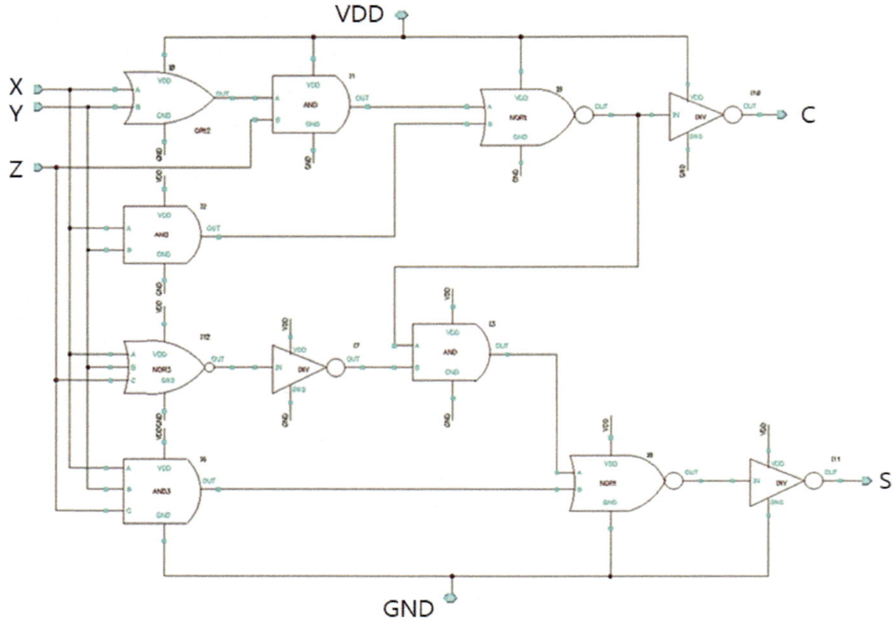

FULL ADDER schematic

전가산기의 Carry 블록과 Sum 블록을 일렬로 배치하여 레이아웃 할 수도 있지만 Sum 블록을 180도 회전하여 두 블록의 gnd 영역을 공유하면 레이아웃 면적을 좀 더 줄일 수 있다.

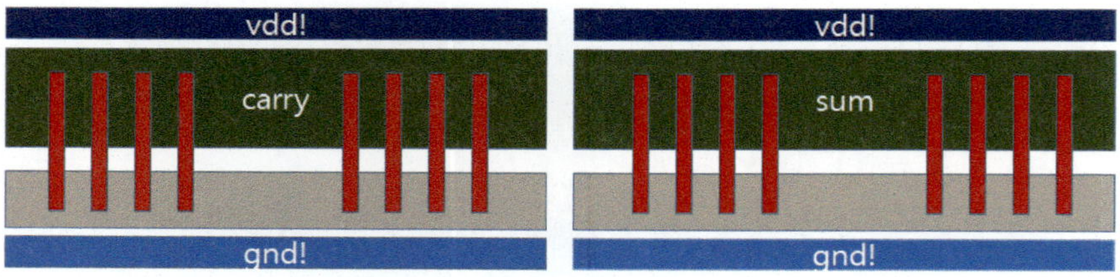

FULL ADDER Layout 배치1

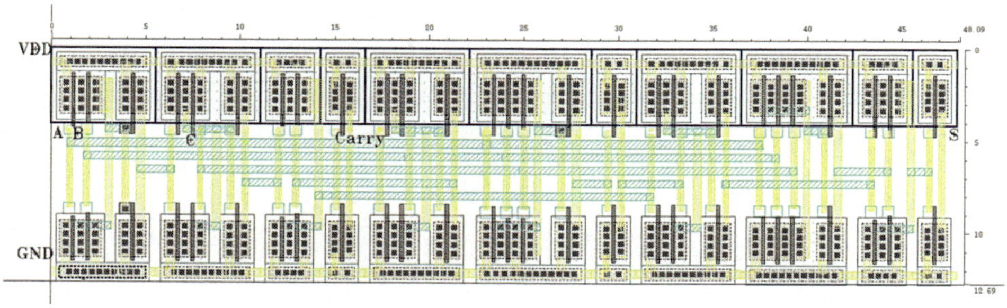

FULL ADDER LAYOUT1 결과

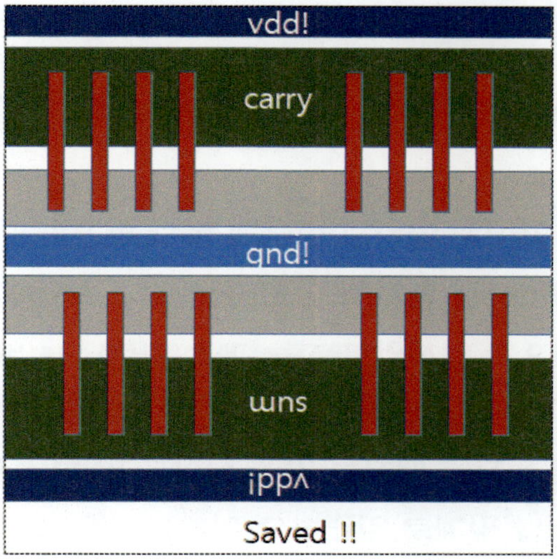

gnd를 공유한 FULL ADDER Layout 배치2

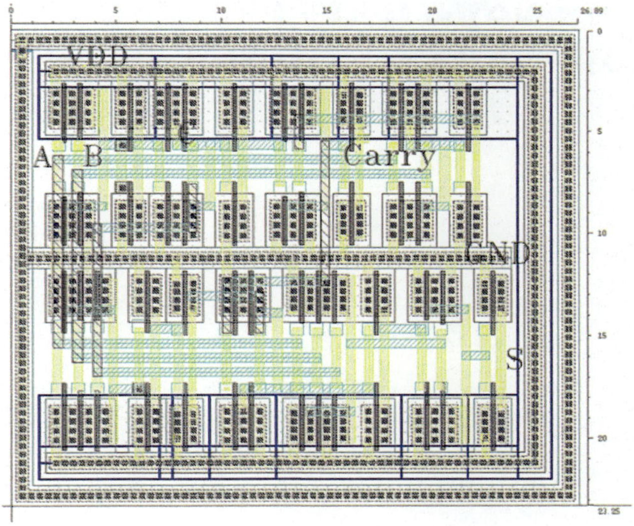

gnd를 공유한 FULL ADDER LAYOUT2 결과

MEMO

승자와 패자의 차이점

승자는 열심히 일하고 신나게 놀고 화끈하게 쉬지만
패자는 허겁지겁 일하고 빈둥빈둥 놀고 흐지부지 쉽니다
승자는 시간의 여유가 있지만 패자는 게으르면서 늘 바쁘다고 말합니다
승자는 문제가 생기면 답을 찾아내고 어떤 일이 어렵더라도 그것을 가능하게
만들지만 패자는 일은 시작도 안 하면서
변명이나 핑계로 일관하고 실패한 예만 잘 압니다
승자는 달려가면서 계산하지만 패자는 출발하기도 전에 계산부터 합니다
승자는 실수했을 때 "내가 잘못했다"라고 하지만
패자는 실수했을 때 "너 때문이야" 하고 말합니다

기출문제

2020-1과목 : 반도체공학

1. 실리콘이 공유결합 상태에서 인(P)을 도핑하면 어떤 type의 반도체가 되는가? (　　)

① P형 반도체　　② N형 반도체　　③ 진성 반도체　　④ 화합물 반도체

2. 이상적인 PN접합 다이오드의 특성으로 옳은 것은? (　　)

① 전압은 전류에 따라 지수로 증가한다.
② 역방향 전류는 역방향 전압으로 변한다.
③ 공핍층 내에서 캐리어의 발생, 재결합이 일어난다.
④ 전자 및 정공전류는 공핍층 전체를 통하여 일정하다.

3. N-채널 MOS트랜지스터에 대한 설명으로 틀린 것은? (　　)

① 기판 물질 다수 캐리어는 전자이다.
② 소스 영역 다수 캐리어는 전자이다.
③ 드레인 영역 다수캐리어는 전자이다.
④ 채널 전류는 드리프트 현상이다.

4. PN 접합 다이오드에서 순방향 바이어스 전류 형성에 가장 많이 기여하는 것은? (　　)

① 정공　　② 중성자　　③ 소수 캐리어　　④ 다수 캐리어

5. 다음 중 PNP 바이폴라 트랜지스터가 활성(Active)영역에서 동작하는 경우는? (　　)

① C-B와 E-B 접합이 순방향 바이어스
② C-B와 E-B 접합이 역방향 바이어스
③ C-B 접합은 순방향 바이어스, E-B 접합은 역방향 바이어스
④ C-B 접합은 역방향 바이어스, E-B 접합은 순방향 바이어스

6. 전자의 이동도와 정공의 이동도 크기의 관계는? (　　)
(단, 전자의 이동도는 μ_n, 정공의 이동도는 μ_p이다)

① $\mu_p > \mu_n$　　② $\mu_p < \mu_n$
③ $\mu_p = \mu_n$　　④ 물질과 온도에 따라 다르다.

7. 다음 중 이상적인 다이오드 방정식은? (　　)
(단, I_S는 역포화 전류, V_t는 열전압이다.)

① $I_D = I_S \exp(V_D - V_t) - 1$　　② $I_D = I_S \exp(\frac{V_D - V_t}{V_t}) - 1$
③ $I_D = I_S [\exp(\frac{V_D}{V_t}) - 1]$　　④ $I_D = \frac{\exp(V_t - V_D)}{I_D} - 1$

8. 집적회로의 층 구조를 웨이퍼 위에 만들 때, 각 층마다의 패턴형성을 위해 사용되는 광학적 차폐물을 무엇이라 하는가? (　　)

① 마킹(Marking)　　② 마스크롬(Mask ROM)
③ 마스크(Mask)　　④ 몰드(Mold)

9. 300K 온도에서 Si 진성반도체의 전도율(σ_i) 은 얼마인가? (　　)
(단, 진성 Si 전자, 정공의 이동도가 각각 μ_n= 1350cm^2/ V • s, μ_p=480cm^2/ V • s이며 전자 전하는 $1.6 \times 10^{-19} cm^{-3}$, 진성반도체 캐리어농도는 $1.5 \times 10^{10} cm^{-3}$ 이다.)

① $1.39 \times 10^{-6} [\Omega \cdot cm]^{-1}$
② $2.39 \times 10^{-6} [\Omega \cdot cm]^{-1}$
③ $3.39 \times 10^{-6} [\Omega \cdot cm]^{-1}$
④ $4.39 \times 10^{-6} [\Omega \cdot cm]^{-1}$

10. JFET는 무엇에 의해 동작하는가? (　　)

① 드레인과 접지가 연결
② 게이트와 소스가 연결
③ 역방향 바이어스된 게이트-소스 PN접합
④ 순방향 바이어스된 게이트-소스 PN접합

11. 다음 중 PN 접합에서 전위장벽이 생기는 가장 큰 원인은? (　　)

① 자계 작용에 기인한다.　　② 확산 작용에 기인한다.
③ 정류 작용에 기인한다.　　④ 드리프트 작용에 기인한다.

12. 대표적인 반도체인 Si와 Ge은 각각 14개, 32개의 전자를 갖고 있다. 이 원자들의 최외각 가전자의 수는? (　　)

① Si:3개, Ge:3개　② Si:4개, Ge:4개　③ Si:5개, Ge:5개　④ Si:4개, Ge:3개

13. 다음 중 베이스 단자의 전류로 제어하는 트랜지스터는? (　　)

① 단극성 접합 트랜지스터(UJT)
② 쌍극성 접합 트랜지스터(BJT)
③ 접합 전계효과 트랜지스터(JFET)
④ 금속 산화물 반도체 전계효과 트랜지스터(MOSFET)

14. 다음 중 확산계수의 단위로 옳은 것은? (　　)

① $cm^2/\sec$　　② $\sec/cm^2$　　③ $cm/\sec$　　④ $\sec/cm$

15. MOSFET에 관한 설명 중 옳은 것은? (　　)

① PMOS는 소스와 드레인이 N형영역으로 되어 있다.
② 게이트에 입력 전류를 주입함으로써 채널 전류를 제어한다.
③ NMOS는 드레인 농도가 소스보다 커서 전류는 드레인에서 소스로 흐른다.
④ 게이트 금속면과 기판 사이 절연 유전체로 평판 커패시터를 구성한다.

16. PN접합에서 전류가 0일 때의 설명으로 가장 적합한 것은? (　)

① 접합면을 지나는 다수 캐리어의 확산이 없다.
② 접합면을 지나는 소수 캐리어의 드리프트 전류가 없다.
③ 접합면을 지나는 다수 캐리어의 확산과 반대 방향으로 전계로 인한 전류의 크기가 같다.
④ 접합면을 지나는 캐리어의 농도가 적다.

17. PN 접합면 공핍층 설명 중 틀린 것은? (　　)

① 공핍층의 폭은 외부 바이어스에 따라 변화한다.
② 공핍층에는 공간전하에 의한 전계가 형성된다.
③ 공핍층의 폭이 커지면 전류의 흐름이 증가한다.
④ 공핍층의 공간전하도 전체적으로는 중성을 이룬다.

18. 에너지 밴드 종류로 틀린 것은? (　　)

① 전자대(electron band)　　② 금지대(forbidden band)
③ 전도대(conduction band)　　④ 가전다대(valence band)

19. 다음은 무슨 트랜지스터 기호인가? (　　)

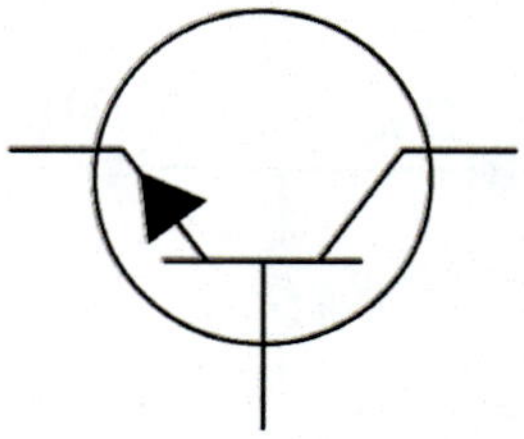

① N-채널 MOSFET　　② PNP BJT
③ P채널 MOSFET　　④ NPN BJT

20. 다음 중 접합전계효과트랜지스터(JFET)의 동작으로 옳은 것은? (　　)

① 소수캐리어의 흐름에 의존한다.
② 다수캐리어의 흐름에 의존한다.
③ 재결합에 의존한다.
④ 부성저항에 의존한다.

2020-2과목 : 전자회로

21. Switching Device인 TR의 문제점으로 옳은 것은? (　　)

① C-E 사이의 스위칭 속도가 빠르다.
② 베이스에 전류가 흐른다.
③ C-E 사이의 전류용량이 크다.
④ 베이스전류로 컬렉터 전류가 증폭된다.

22. 병렬전류 궤한 증폭기의 궤환량 β는? (　　)
(단, V_f : 궤환전압, V_o : 출력전압, I_f : 궤환전류, I_o : 출력전류)

① I_f/i_O　　② I_f/V_o　　③ V_f/V_o　　④ V_f/I_o

23. 다음 회로의 입출력단자가 도통되는 상태는? (　　)

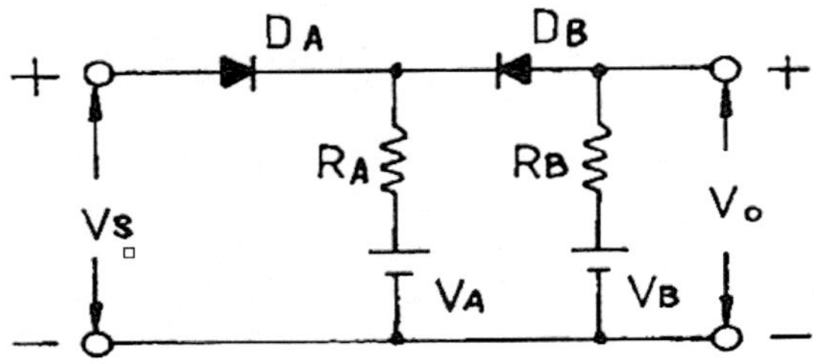

① $V_S > V_B$, $V_A < V_B$　　② $V_S < V_A$, $V_A < V_B$
③ $V_S < V_A$, $V_S > V_B$　　④ $V_S > V_A$, $V_S < V_B$

24. 듀티 사이클이 0.5이고 펄스 폭이 0.8μs인 펄스의 주기는 몇 μs인가? (　　)

① 0.4　　② 0.625　　③ 1.3　　④ 1.6

25. 전압 레귤레이터(Regulator) IC 7912의 출력전압은 몇 V인가? (　　)
(단, 입력전압은 IC 동작전압 범위라 가정)

① +12　　② +5　　③ −12　　④ −5

26. FM신호의 검파회로에서 별도의 진폭제한 회로가 필요 없는 회로는? (　　)

① 제곱 검파회로　　② 복동조 주파수 변별 회로
③ 포스터 실리 주파수 변별 회로　　④ 비검파기 회로

27. 전류이득이 약 1이고, 전압이득 및 출력 임피던스가 매우 높은 증폭기는? (　　)

① 이미터 접지 증폭기　　② 컬렉터 접지 증폭기
③ 베이스 접지 증폭기　　④ 모든 트랜지스터 증폭기

28. 공통소스 증폭기 설명 중 옳은 것은? (　　)

① 출력 단자는 소스이다.　　② 입력과 출력의 위상차는 180°이다.
③ 입력단자는 소스이다.　　④ 전압이득은 항상 1보다 작다.

29. 정귀환을 하는 회로로만 나열한 것은? (　　)

① 슈미트 트리거회로, 발진회로　　② 미분회로, 적분회로
③ 슈미트 트리거회로, 미분회로　　④ 발진회로, 적분회로

30. 변조도가 40%인 진폭 변조 송신기에서 반송파의 평균전력이 500mW일 때 변조된 출력의 평균전력은 몇 mW인가? (　　)

① 450　　② 500　　③ 540　　④ 650

31. 이상적인 OP-AMP 특징으로 틀린 것은? (　　)

① 대역폭이 무한대이다.　　② 전압이득은 무한대이다.
③ 입력임피던스는 무한대이다.　　④ 온도 특성 드리프트가 무한대이다.

32. 활성영역에서 동작하는 BJT의 얼리효과 설명으로 옳은 것은? (　　)

① V_{CE} 증가로 컬렉터 전류가 증가한다.
② 컬렉터 출력저항이 무한대(∞)이다.
③ V_{CE} 증가로 실효 베이스폭이 증가한다.
④ V_{CE}의 증가에 따라 컬렉터와 베이스 사이 공핍층이 감소한다.

33. 그림의 반파 정류회로에서 다이오드 최대 역방향 전압(PIV)은 약 몇 V인가? (　　)
(단, 입력 교류 전압 V_{in} 실효값은 10V)

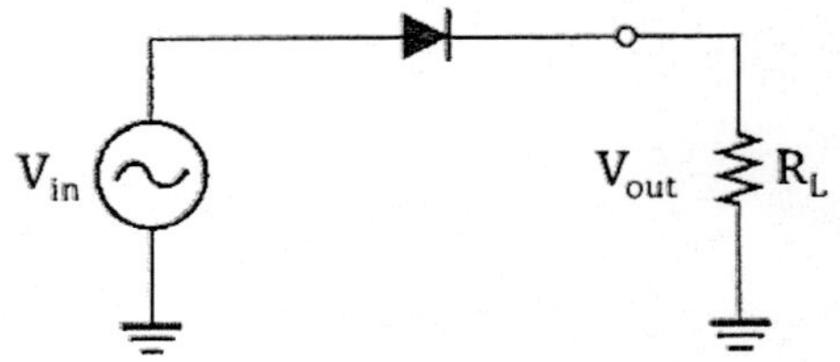

① 10　　② 9.3　　③ 14.14　　④ 13.44

34. 입력 신호 주파수의 변화에 따라 잠기거나 동기화 될 수 있는 전압제어 발진기(VCO)를 가지고 있는 회로는? (　　)

① 비안정 멀티 바이브레이터　　② 단안정 멀티 바이브레이터
③ 위상검출기　　④ 위상 동기(고정) 루프

35. 다음의 전압이득 $|AV|$는 얼마인가? (　　)
$(R = 100k\Omega, R_f = 50k\Omega, R_1 = R_2 = 10k\Omega)$

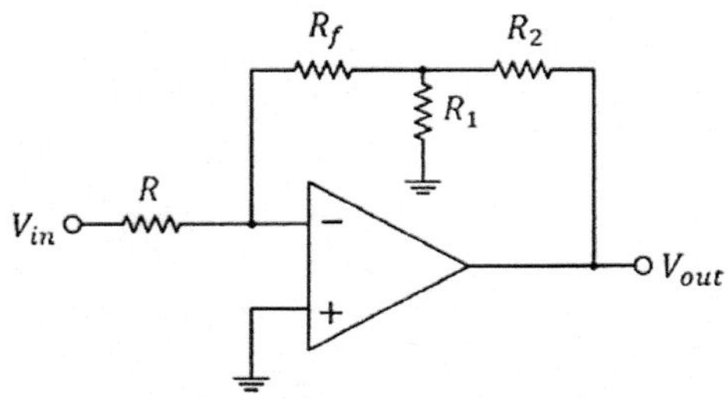

① 1　　② 1.1　　③ 10　　④ 11

36. 다음 회로에서 제너 다이오드 항복전압 V_Z는 몇 V인가? (　　)
(단, 출력전압 V_O는 −12V 이다.)

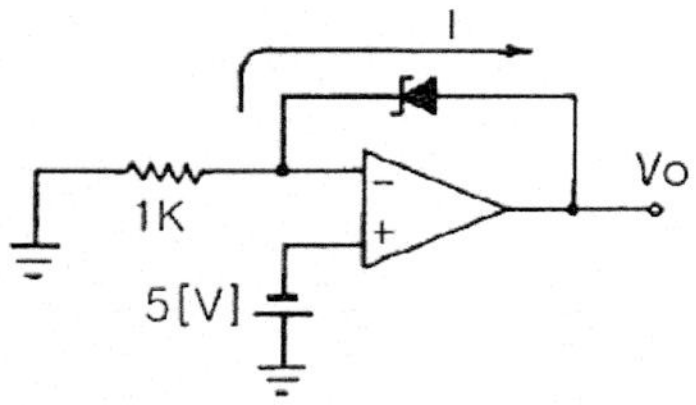

① −5　　② 5　　③ −7　　④ 7

37. 다음 회로는 MOSFET의 어느 영역에서 동작하는가? (　　)
(단, $\mu_n C_{ox} = 100\mu A/V^2$, V_{TH} = 0.4V이다.)

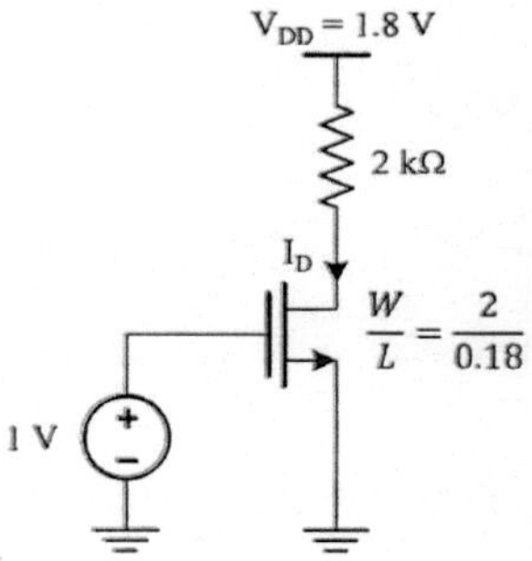

① Cutoff Region　② Triode Region　③ Saturation Region　④ 구별할 수 없다.

38. 다음 그림과 같은 회로에서 R_L에 50mA의 전류가 흐를 때 $R_L(\Omega)$은? (　　)
(단, Vin $= 5V, R_1 = 10kohm, R_2 = 470kohm$

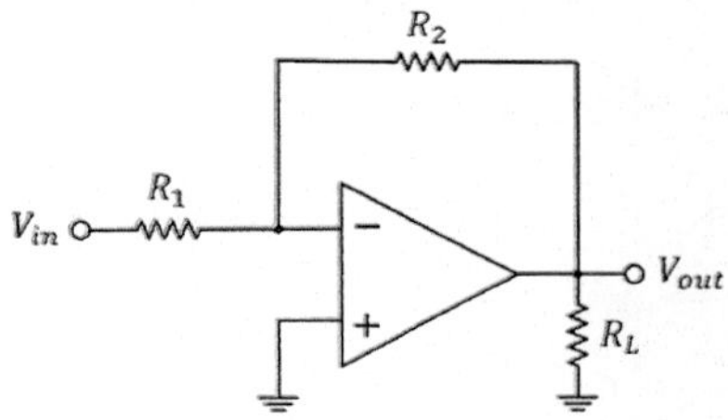

① 47　② 470　③ 4700　④ 47000

39. 다음 회로의 전압이득은? (　　)

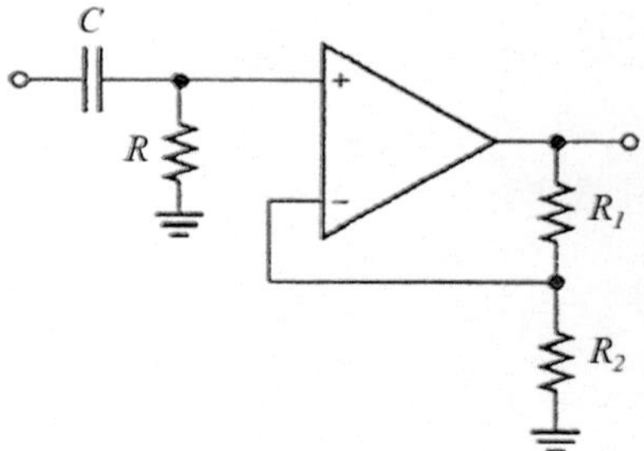

① $1+\frac{R_2}{R_1}$　② $1+\frac{R_1}{R_2}$　③ $R \cdot (1+\frac{R_1}{R_2})$　④ $R \cdot (1+\frac{R_2}{R_1})$

40. 120V, 60Hz인 사인파가 반파 정류기에 공급될 때, 출력 주파수는 몇 Hz인가? (　　)

① 0　　② 60　　③ 30　　④ 120

2020-3과목 : 논리회로

41. 10진수 22를 3초과 코드(Excess-3 code)로 변환한 것은? (　　)

① 0101 0101　　② 1011 1100　　③ 0011 1011　　④ 1100 1100

42. 지연 소자로 이용 가능한 플립플롭은? (　　)

① RS 플립플롭　　② D 플립플롭　　③ JK 플립플롭　　④ T 플립플롭

43. 범용시프트레지스터 기능이 아닌 것은? (　　)

① 오른쪽 시프트가 가능하다.　　② 직렬 출력이 가능하다.
③ 병렬 입력이 가능하다.　　④ 가산기로 사용할 수 있다.

44. 인코더(encoder) 회로 구성시 많이 사용되는 게이트(gate)는? (　　)

① NOT gate　　② OR gate　　③ AND gate　　④ NAND gate

45. $0010_{(2)}$를 그레이 코드로 변환하면? (　　)

① $0001_{(G)}$　　② $0101_{(G)}$　　③ $0011_{(G)}$　　④ $0111_{(G)}$

46. 논리식 $A+\overline{A}B$를 간단히 하면? (　　)

① $A+B$　　② $\overline{A}+B$　　③ $\overline{A}+\overline{B}$　　④ A

47. $X = AB + CD$를 논리회로로 표현하면? (   )

① 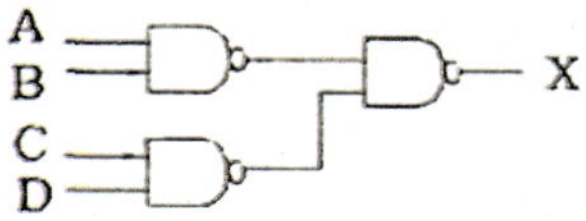

② 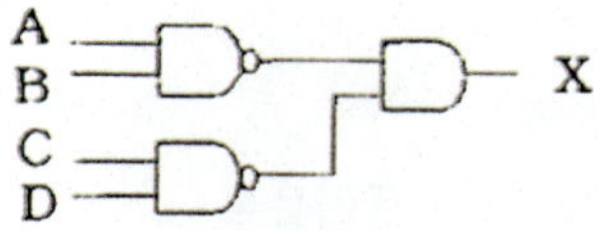

③ 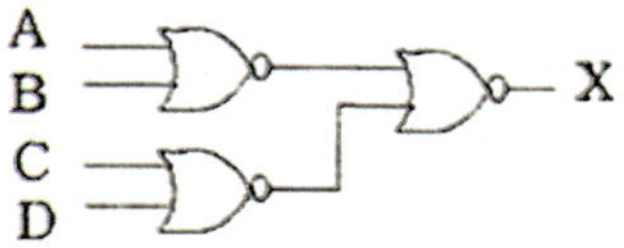

④ 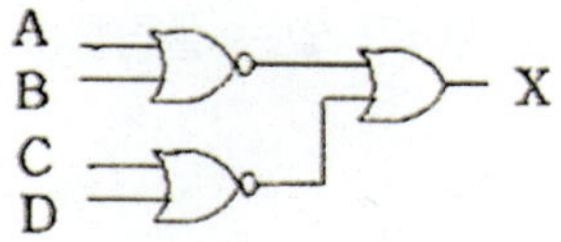

48. 101101에 대한 2의 보수는? (   )

① 101110 ② 010010 ③ 010001 ④ 010011

49. 다음 진리표를 곱의 합으로 표현한 것은? (   )

A	B	C	F
0	0	0	0
0	0	1	1
0	1	0	0
0	1	1	1
1	0	0	0
1	0	1	1
1	1	0	1
1	1	1	0

① $f(A,B,C) = \sum(1,2,5,6)$ ② $f(A,B,C) = \sum(1,3,5,6)$
③ $f(A,B,C) = \sum(1,4,5,6)$ ④ $f(A,B,C) = \sum(3,5,6,7)$

50. 다음과 같은 입력 클럭펄스에 따라 출력이 나타나는 플립플롭은? (   )
(단, negative edge로 동작하는 소자이다.)

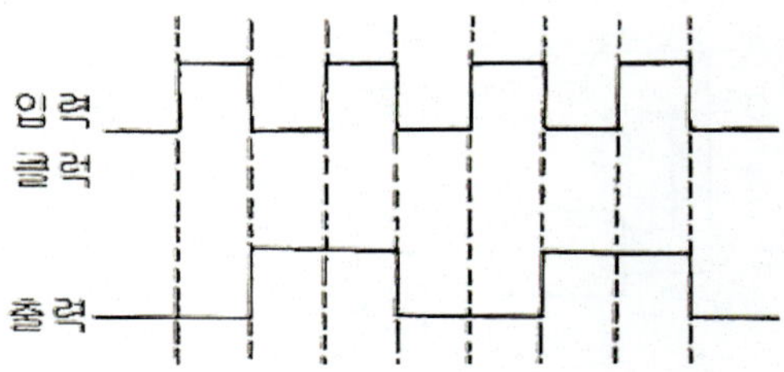

① RS 플립플롭 ② RST 플립플롭 ③ D 플립플롭 ④ T 플립플롭

51. Race 현상을 방지하기 위하여 사용되는 플립플롭은? (　　)

① D 플립플롭
② JK 플립플롭
③ 마스터-슬레이브 플립플롭
④ 프리셋 및 클리어가 있는 플립플롭

52. $F = X\overline{Y} + \overline{X}Y + XY$를 간략화하면? (　　)

① $X+Y$　② X　③ Y　④ XY

53. 듀티사이클이 0.1이고, 주기가 $20\mu s$인 펄스의 폭은? (　　)

① $200\mu s$　② $20\mu s$　③ $2\mu s$　④ $0.2\mu s$

54. 전가산기 A, B, C_{in}에 각각 0,1,1이 가해진 경우 출력 S와 C_{out}을 순서대로 바르게 나열한 것은? (　　)

① 0, 0　② 0, 1　③ 1, 0　④ 1, 1

55. 다음 중 반도체 메모리가 아닌 것은? (　　)

① AOI　② SRAM　③ PROM　④ DRAM

56. 컴퓨터의 키보드를 누르면 어떤 회로를 거쳐서 코드화되는가? (　　)

① Encoder　② Decoder　③ Filp-Filp　④ Demultiplexer

57. 다음 그림에 대한 회로의 명칭은? (　　)

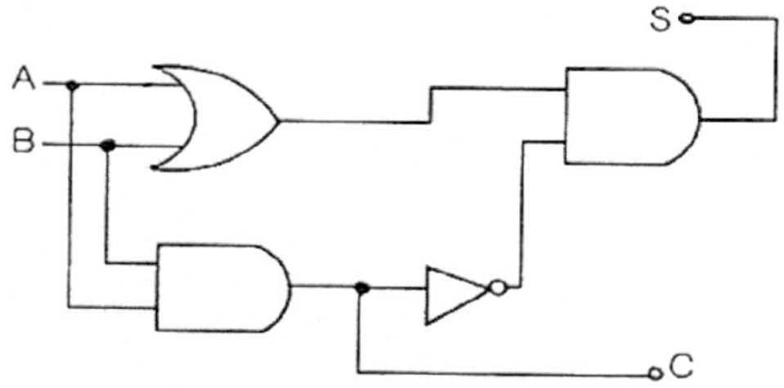

① 반가산기　② 2진계수기　③ 10진계수기　④ 전가산기

58. 병렬 가산기의 특징으로 틀린 것은? (　　)

① 논리회로 구조가 복잡하다.
② 전가산기 하나만을 이용한다.
③ 연산 처리가 직렬에 비해 빠르다.
④ 자리수만큼 가산 회로가 사용된다.

59. 다음 회로의 명칭은? (　　)

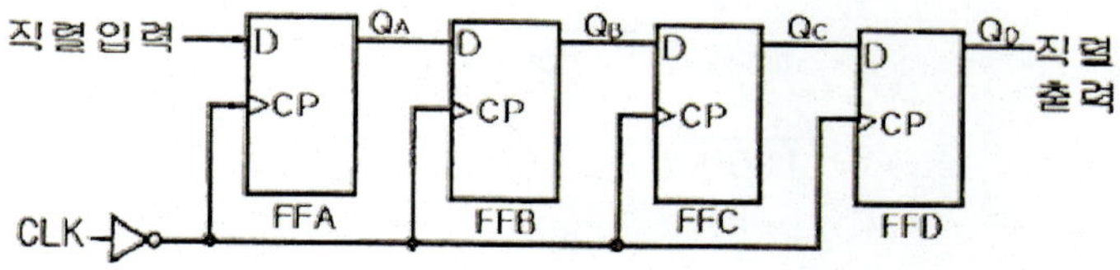

① Shift Register　② Counter　③ Decoder　④ Encoder

60. 3 X 8 디코더를 설계할 몇 개의 AND게이트가 필요한가? (　　)

① 2　② 4　③ 8　④ 16

2020-4과목 : 집적회로

61. VLSI 칩 레이아웃의 순서가 바른 것은? (　　)

① 평면계획-블록 레이아웃-블록배치-배선
② 평면계획-블록배치-블록 레이아웃-배선
③ 블록 레이아웃-블록배치-평면계획-배선
④ 블록 레이아웃-평면계획-블록배치-배선

62. 증가형 MOSFET에 설명 중 옳은 것은? (　　)

① 전도 채널을 미리 제조한다.
② 집적회로에서 능동소자보다 수동소자로 많이 이용된다.
③ 게이트 전압에 의하여 채널이 형성된다.
④ 게이트 바이어스 전압이 없을 때에 전류가 흐른다.

63. 아래 CMOS 논리 회로도에서 출력에 대한 논리식으로 맞는 것은? (　　)

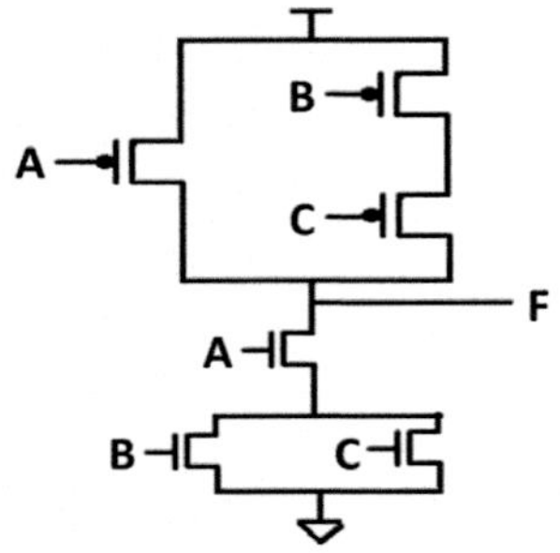

① $F = AB + C$　　② $F = \overline{A(B+C)}$　　③ $F = \overline{AB+C}$　　④ $F = A + BC$

64. VHDL 구문에서 하드웨어 내부의 정보를 표현하는 기본 설계의 단위는? (　　)

① 엔티티(entity)　　② 패키지(package)
③ 아키텍처(architecture)　　④ 프로세스(process)

65. CMOS 도미노 로직 설명 중 옳은 것은? (　　)

① 칩 면적이 동적 CMOS 로직보다 줄어드는 장점이 있다.
② 단일 위상 클록으로 직렬 연결하는 것이 가능하다.
③ 부정 출력 형태의 함수를 쉽게 구현할 수 있다.
④ 완전 CMOS 로직에 비해 전력 소모가 작다.

66. LSI 설계에서 설계하려는 장치에 대한 동작, 규격 범위를 결정하는 것은? (　　)

① 시스템 설계　　② 레이아웃 설계　　③ 논리 설계　　④ 프로세스 설계

67. FPGA(field programmable gate array)에 관한 설명 중 틀린 것은? (　　)

① 게이트 어레이의 연결구조이다.　　② 고속 동작이 가능하다.
③ 개발기간이 짧다.　　④ 아날로그회로를 프로그램할 수 있다.

68. 다음 중 Bipolar Transistor로 구성되는 집적회로 기술이 아닌 것은? (　　)

① I^2L　　② CMOS　　③ OP-AMP　　④ TTL

69. 다음 CMOS 회로에 대한 설명으로 틀린 것은? (　　)
(단, 0, 1은 논리 값이다.)

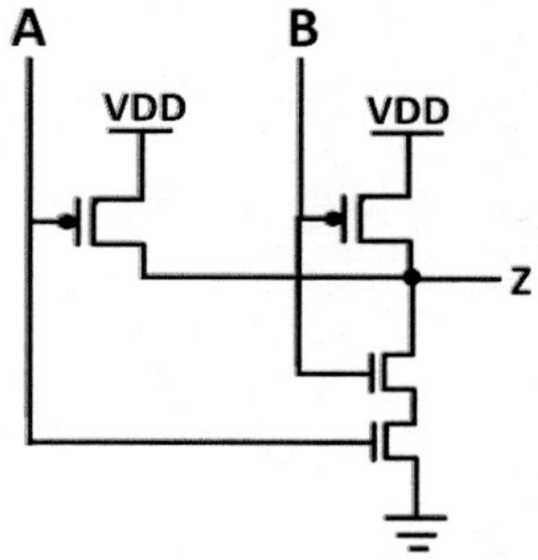

① A = 0, B = 0이면, Z = 1이다.　　② A = 1, B = 1이면, Z = 1이다.
③ A = 0, B = 1이면, Z = 1이다.　　④ A = 1, B = 0이면, Z = 1이다.

70. 트랜지스터, 다이오드, 저항 그리고 커패시터로 이루어지는 복잡한 회로를 반도체상에 포함시켜 하나의 부품으로 만든 것은? (　　)

① Transistor　　② Diode　　③ FET　　④ Integrated Circuit

71. 집적회로 공정에서 불순물을 첨가하는 방법이 아닌 것은? (　　)

① 확산　　② 이온 주입　　③ 성장　　④ 산화

72. nMOS 인버터에서 logic 출력이 High상태에서의 출력전압 V_{out}은 몇 V인가? (　　)
(단, 구동소자 저항은 $R_D = 2K\Omega$, 부하소자 저항은 $R_L = 3k\Omega$, $V_{DD} = 5\,V$이다.)

① 1　　② 2　　③ 3　　④ 4

73. MOS 구조에서 게이트 전압에 따른 전계효과의 동작 모드가 아닌 것은? (　　)

① 바디 모드(body mode)　　② 반전 모드(inversion mode)
③ 공핍 모드(depletion mode)　　④ 축적 모드(accumulation mode)

74. MOS 트랜지스터에서 게이트 바이어스가 '0'일 때 정상적으로 전도되는 디바이스를 무엇이라 하는가? (　　)

① 능동(active)형 디바이스　　② 수동(passive)형 디바이스
③ 증가(enhancement)형 디바이스　　④ 공핍(depletion)형 디바이스

75. VLSI 레이아웃 설계 후 레이아웃 도면으로부터 추출한 저항 및 커패시턴스 값을 반영하여 논리 시뮬레이션을 다시 실시하는 과정을 일컫는 것은? (　　)

① floor planning　② back annotation　③ logic synthesis　④ self-alignment

76. MOS 트랜지스터는 어떤 종류의 캐리어를 사용하는 디바이스인가? (　　)

① 소수 및 다수 캐리어　② 소수 캐리어
③ 다수 캐리어　④ 멀티 캐리어

77. 바이폴라(bIpolar) 집적회로와 비교할 때 MOS집적회로의 특징이 아닌 것은? (　　)

① 임피던스가 매우 크다.　② 전력소모가 매우 작다.
③ 집적도가 낮다.　④ 전압 구동 방식이다.

78. 면저항(sheet resistance)이 $15\Omega/\square$인 레이어의 폭이 $0.5\mu m$, 길이가 $30\mu m$인 경우의 전체 저항 값은? (　　)

① 0.25Ω　② 45Ω　③ 450Ω　④ 900Ω

79. 레이아웃 설계를 함에 있어서 사람의 손으로 모든 것을 그리는 방식은? (　　)

① full custom　② semi custom　③ FPGA　④ PLD

80. 일반적으로 동기 논리 회로에 사용되는 클럭 신호가 아닌 것은? (　　)

① 단일 위상 클럭　② 2-위상 클럭　③ 3-위상 클럭　④ 4-위상 클럭

〈2020년도 반도체설계기사 필기 정답〉

과목										
1 과목	1	2	3	4	5	6	7	8	9	10
	2	4	1	4	4	2	3	3	4	3
	11	12	13	14	15	16	17	18	19	20
	2	2	2	1	4	3	3	1	4	2
2 과목	21	22	23	24	25	26	27	28	29	30
	2	1	4	4	3	4	2	2	1	3
	31	32	33	34	35	36	37	38	39	40
	4	1	3	4	2	3	3	3	2	2
3 과목	41	42	43	44	45	46	47	48	49	50
	1	2	4	2	3	1	1	4	2	4
	51	52	53	54	55	56	57	58	59	60
	3	1	3	2	1	1	1	2	1	3
4 과목	61	62	63	64	65	66	67	68	69	70
	1	3	2	3	2	1	4	2	2	4
	71	72	73	74	75	76	77	78	79	80
	4	3	1	4	2	3	3	4	1	3

2019-1과목 : 반도체공학

1. PN 접합 다이오드에서 순방향바이어스 인가할 때 설명으로 옳은 것은? (　　)

① 전위장벽이 높아진다.　　② 공간전하의 영역의 폭이 좁아진다.
③ 전장이 증가한다.　　④ 확산용량이 줄어든다.

2. 반도체 재료에 전계를 가하면 정공의 드리프트(drift) 속도의 방향은? (　　)

① 전계와 같은 방향이다.　　② 전계와 반대 방향이다.
③ 전계와 직각 방향이다.　　④ 전계와 무관한 자유운동을 한다.

3. MOSFET의 설명으로 <u>틀린</u> 것은? (　　)

① V_{GS}을 인가하면 드레인과 소스 사이에 채널이 형성된다.
② 드레인-소스 간에 역방향 전압 V_{DS}을 인가하면 드레인 전류 I_D가 흐른다.
③ V_{GS}을 증가시키면 채널의 폭이 두꺼워져 드레인 전류 I_D가 증가한다.
④ BJT보다 전력소모가 많다.

4. MOS 집적회로 공정에서 가장 소형화하기 어려운 소자는? (　　)

① 저항　　② 인덕터　　③ 커패시터　　④ 트랜지스터

5. 전류가 역방향 바이어스에 의해 차단되면 나타나는 현상으로 옳은 것은? (　　)

① 다수 캐리어로 인해 전류가 약간 흐른다.
② 소수 캐리어로 인해 아주 작은 전류가 흐른다.
③ 전위 장벽이 낮아져서 다수 캐리어에 의해 큰 전류가 흐른다.
④ 공핍층이 좁아져서 다수 캐리어에 의해 큰 전류가 흐른다.

6. BJT 회로에서 출력전압과 입력전압이 거의 동위상이 되어 이미터 폴로어(emitter follower) 라고도 부르는 회로는? (　　)

① 이미터 공통회로　　② 베이스 공통회로　　③ 컬렉터 공통회로　　④ 게이트 공통회로

7. P형과 N형 반도체에서 다수 반송자(Carrier)를 옳게 나타낸 것은? (　　)

① P형 : 정공, N형 : 전자　　② P형 : 전자, N형 : 전자
③ P형 : 정공, N형 : 정공　　④ P형 : 전자, N형 : 정공

8. MOSFET 소자의 채널 폭과 길이가 짧아지면서 발생하는 단채널 효과(short channel effect)가 아닌 것은? (　　)

① 드레인 전압에 의한 문턱전압 감소　　② 속도 포화 현상
③ 전류 포화 현상　　④ 드레인 항복 전압 감소

9. 실리콘 잉곳이 10^{16} 비소원자/cm^3 로 도핑되어 있을 때, 실온에서의 캐리어 농도는 얼마인가? (단, 진성 캐리어 밀도는 $1.5\times10^{10}/cm^3$이다.) (　　)

① $1.5\times10^{10}/cm^3$　　② $2.25\times10^4/cm^3$　　③ $10^{26}/cm^3$　　④ $1.5\times10^{26}/cm^3$

10. Si 원소에 대한 설명 중 틀린 것은? (　　)

① 원자 하나가 14개 전자를 갖는다.　　② 원자 하나가 4개 가전자를 갖는다.
③ 다이아몬드 격자구조를 가진다.　　④ 이온결합 결정을 이루고 있다.

11. 산화막에 대한 설명으로 틀린 것은? (　　)

① 건식 산화 공정보다 습식 산화 공정의 반응 속도가 빠르다.
② 이미 형성된 산화막이 추후의 산화공정에서 성장속도에 영향을 준다.
③ 건식 산화 공정으로 형성된 산화막의 구조가 더 치밀하다.
④ 산화막은 절연체이다.

12. 도체에 $1A$의 전류가 흐를 때 1초 동안에 기준 단면적을 통과하는 전자의 개수는? (단, 전하의 전하량은 $-1.6\times10^{-19}C$) (　　)

① 1.6×10^{-19}　　② 1.6×10^{19}　　③ 6.25×10^{18}　　④ 6.25×10^{-20}

13. 쌍극성 접합 트랜지스터 설명 중 옳은 것은? (　　)

① 컬렉터의 농도가 이미터, 베이스에 비해 높게 제작된다.
② 컬렉터 접합의 역방향 전압이 증가할수록 실효 베이스 폭은 증가한다.
③ 전자와 정공이 모두 이미터 전류 형성에 기여한다.
④ 이미터 전류에 의해 컬렉터 전류를 제어할 수 있다.

14. 계단 접합인 PN 접합에서 P영역과 N영역의 불순물 밀도가 각각 $10^{18}cm^{-3}$, $10^{15}cm^{-3}$일 때, 상온에서의 접촉전위차는 얼마인가? (　　)
(단, $K \cdot T/q = V_T = 26mV$, 캐리어 농도 $n_i = 1.5 \times 10^{10}cm^{-3}$로 가정)

① 0.657V　② 0.707V　③ 0.757V　④ 0.807V

15. 부성저항 특성을 가지는 다이오드는? (　　)

① 제너 다이오드　② 터널 다이오드
③ 쇼트키(schottky) 다이오드　④ 바렉터(varactor) 다이오드

16. PN 접합의 전압−전류 특성에 대한 설명으로 옳은 것은? (　　)

① 금지대가 클수록 항복 전압이 낮다.
② 포화전류가 흐르도록 하는 바이어스 방향은 순방향 바이어스이다.
③ N 영역에 음(-)의 전압을 인가하면 포화 전류가 흐른다.
④ 역방향 전압을 점점 증가시키면 어느 임계전압에서 전류가 급증하게 되는데, 이를 항복현상이라고 한다.

17. 진성 반도체에서 전자나 정공의 농도가 같다고 할 때 전도대의 준위 0.9eV, 가전자대의 준위가 1.6eV이면 순수 반도체의 에너지 갭은 몇 eV인가? (　)

① 2.5　② 0.9　③ 0.8　④ 0.7

18. PN 접합 다이오드의 온도 특성에 대한 설명 중 옳은 것은? (　　)

① 순방향 바이어스에 의한 전류는 온도에 따라 감소한다.
② 온도상승에 대하여 순방향 바이어스를 높이면 전류를 일정하게 유지할 수 있다.
③ 역방향 바이어스에 의한 전류는 온도에 따라 증가한다.
④ Si 다이오드가 Ge 다이오드에 비해 온도에 따른 전류 변화가 작다.

19. BJT에서 이미터 접합이 순바이어스 컬렉터 접합이 역바이어스인 경우 동작하는 영역은? ( )

① 활성영역(active region)
② 차단영역(cut-off region)
③ 포화영역(saturation region)
④ 역활성영역(reverse active region)

20. 집적회로에서 가장 일반적으로 사용되는 금속-절연체-반도체 구조를 갖는 트랜지스터는? ( )

① BJT ② JFET ③ UJT ④ MOSFET

2019-2과목 : 전자회로

21. 다음 회로의 이름으로 옳은 것은? ( )

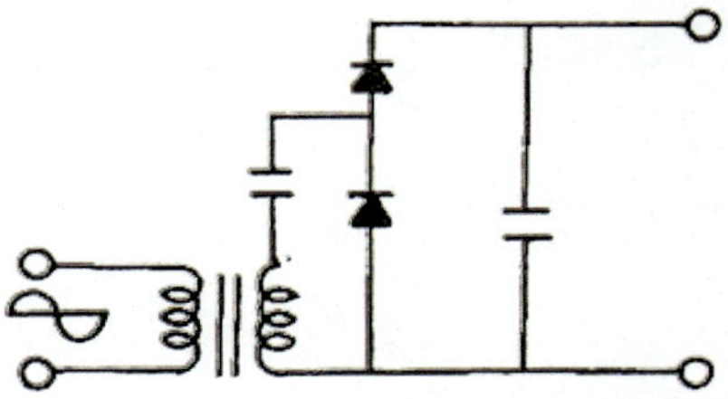

① 전파 정류회로
② 배전압 정류회로
③ 진폭제한회로
④ 위상반전회로

22. 다음 회로에서 출력 V_o의 전압은? (단, OPAMP는 이상적이다.) ( )

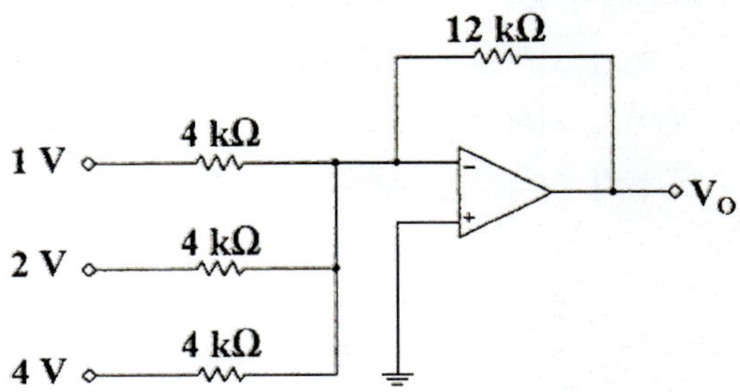

① -7 ② -21 ③ 7 ④ 21

23. 피변조파 $V = V_c(1+m\ \cos wt)\sin\omega t$ 이며, 반송파 진폭은 4V, 변조도 50%인 경우 직선 검파를 할 때 부하저항에 나타나는 신호파의 실효치 전압은 약 몇 V인가? (　　)
(단, 다이오드는 이상적인 소자이다.)

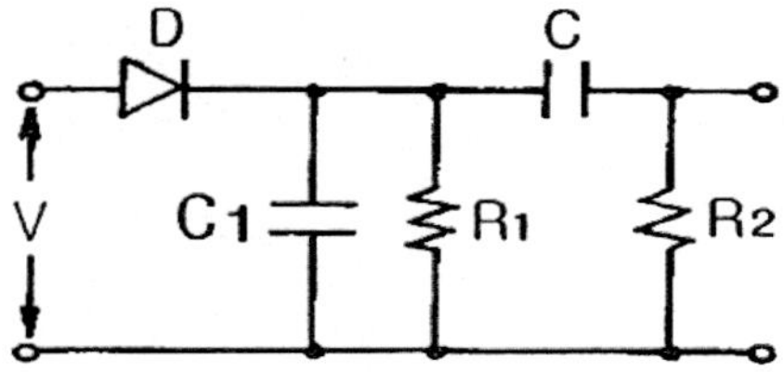

① 0.37　　② 1.27　　③ 2.25　　④ 3.4

24.어떤 차동 증폭기의 차동모드 전압이득이 5000, 동상모드 전압이득이 0.25일 때, CMRR은 약 몇 dB인가? (　　)

① 46　　② 62　　③ 78　　④ 86

25. 다음 중 FET의 특징으로 옳은 것은? (　　)

① Ai(전류이득) = ∞
② 입력 저항이 10 ~ 100 Ω 정도로 작다.
③ 전압 제어 방식이다.
④ 이득×대역폭이 BJT보다 크다.

26. 펄스폭이 20us이고, 반복 주파수가 1000Hz일 때, 펄스파의 점유율은 얼마인가? (　　)

① 0.005　　② 0.002　　③ 0.05　　④ 0.02

27. 증폭기의 대역폭 정의로 맞는 것은? (　　)

① 중간영역전압이득의 100%가 시작되는 주파수에서 끝나는 주파수 사이
② 중간영역전압이득의 90%가 시작되는 주파수에서 끝나는 주파수 사이
③ 중간영역전압이득의 70%가 시작되는 주파수에서 끝나는 주파수 사이
④ 중간영역전압이득의 50%가 시작되는 주파수에서 끝나는 주파수 사이

28. 다음 정류회로에서 다이오드에 걸리는 피크 역전압(PIV)은 몇 V인가? (　　)
(단, 다이오드는 이상적인 소자이다.)

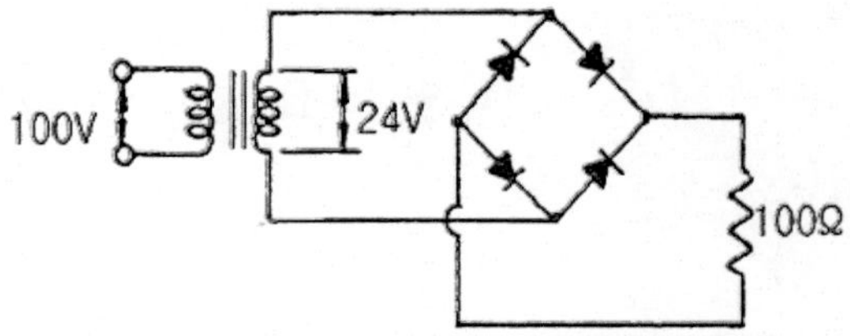

① 12　　② 24　　③ 48　　④ 100

29. 다음 회로에서 궤환율 β는 얼마인가? (　　)

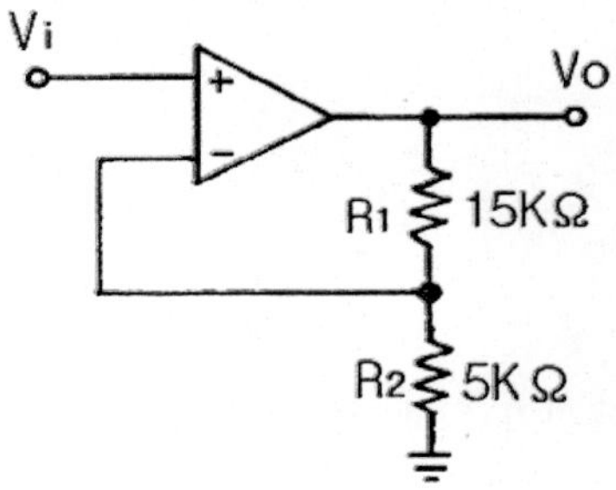

① 0.25　　② 0.5　　③ 0.75　　④ 1

30. 다음 원소 중 도너원자로 틀린 것은? (　　)

① In　　② P　　③ As　　④ Sb

31. 다음 중 정현파를 입력하면 구형파가 출력되는 회로는? (　　)

① 적분 회로　　② 미분 회로
③ 부트스트랩 회로　　④ 슈미트 트리거 회로

32. 다음 트랜지스터(BJT)의 동작점 중 증폭기로 동작하기 위한 영역은? (　　)

① cutoff region　　② saturation region
③ active region　　④ breakdown region

33. 다음 회로의 출력파형은 어느 것인가? (　　)
(단, 다이오드는 이상적인 소자이다.)

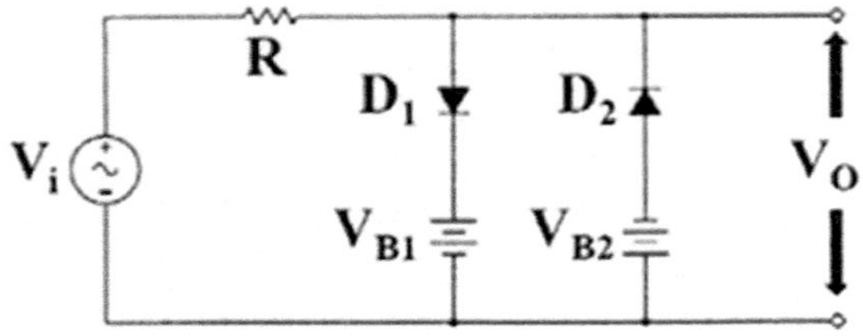

① 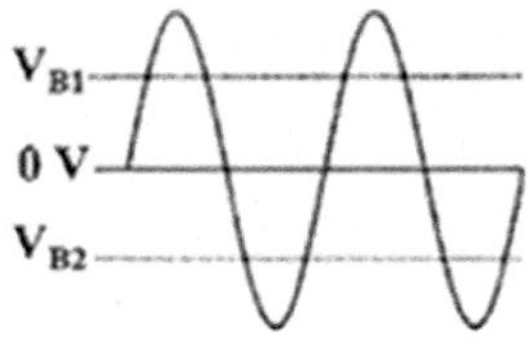

② 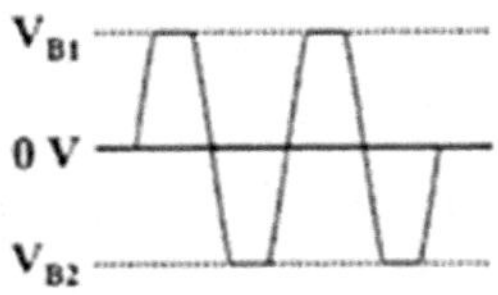

③ 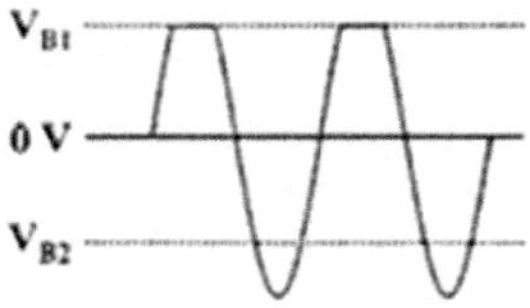

④ 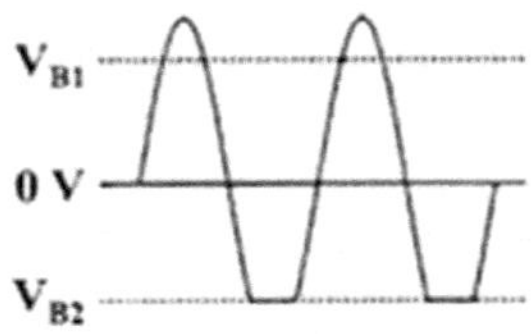

34. 트랜지스터를 증폭기로 사용하기 위해 바이어스 설계 시 가장 적절한 것은? (　　)

① 베이스-이미터 사이는 역방향
컬렉터-베이스 사이도 역방향

② 베이스-이미터 사이는 역방향
컬렉터-베이스 사이는 순방향

③ 베이스-이미터 사이는 순방향
컬렉터-베이스 사이도 순방향

④ 베이스-이미터 사이는 순방향
컬렉터-베이스 사이는 역방향

35. 증폭기 전압 이득(Av)이 50, 차단주파수(fc)가 20Hz일 때, 궤환 시 전압 이득이 40이 되었다면, 차단주파수는 몇 Hz인가? (　　)

① 8　　② 16　　③ 20　　④ 25

36. 연산증폭기 특성 중 슬루레이트(slew rate)에 가장 영향을 많이 받는 특성은? (　　)

① 잡음 특성　　② 이득 특성　　③ 스위칭 특성　　④ 동상 제거 특성

37. 다음 중 트랜지스터(BJT) 증폭기 구성에서 C급 증폭기의 가장 큰 장점은? (　　)

① 잡음의 감소
② 효율의 증대
③ 회로 구성이 간단
④ 출력 파형의 왜율 감소

38. 반파정류기와 전파정류기의 다이오드 저항과 부하저항이 서로 같을 때 두 정류기의 전압 변동률 관계는? (   )

① 반파정류기가 전파정류기보다 2배 크다.
② 전파정류기가 반파정류기보다 2배 크다.
③ 전파정류기가 반파정류기보다 4배 크다.
④ 전파정류기와 반파정류기가 같다.

39. 전압 증폭도가 1보다 작은 증폭회로는? (   )

① 컬렉터 접지 증폭회로　　② 이미터 접지 증폭회로
③ 베이스 접지 증폭회로　　④ 게이트 접지 증폭회로

40. 다단(3단) 증폭기의 전체 전압 이득은 약 몇 dB인가? (   )
(단, 각단의 전압이득 Av1=10, Av2=15, Av3=20이다.)

① 45　② 70　③ 90　④ 100

2019-3과목 : 논리회로

41. $F=\overline{A}\,\overline{B}C+\overline{A}BC+A\overline{B}\,\overline{C}+AB\overline{C}$를 간략히 하면? (   )

① $AC+BC$　② $\overline{A}\,\overline{C}+AC$　③ $\overline{A}C+A\overline{C}$　④ $\overline{B}C+A\overline{C}$

42. 다음 D플립플롭의 진리표에서 $(A), (B)$ 에 가장 적합한 값은? (   )

CP	D	$Q(t+1)$
1	0	(A)
1	1	(B)

① $(A):0, (B):0$　　② $(A):0, (B):1$
③ $(A):1, (B):0$　　④ $(A):1, (B):1$

43. 다음 회로의 명칭과 출력 함수식이 모두 옳은 것은? (　　)

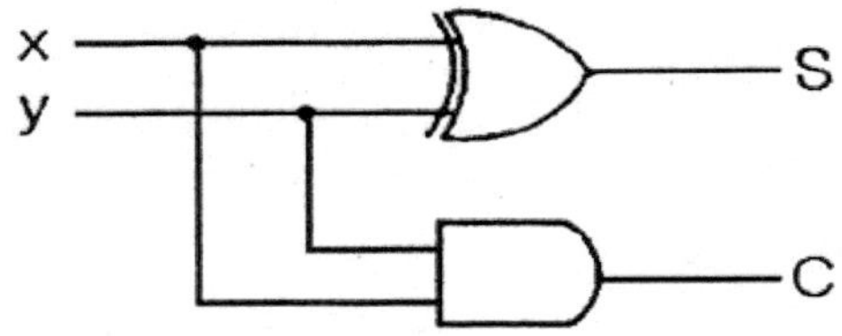

① 반가산기, $s=\overline{x}y+x\overline{y}$, $c=xy$　　② 전가산기, $s=xy+\overline{x}\,\overline{y}$, $c=xy$
③ 인코더, $s=\overline{x}y+x\overline{y}$, $c=x+y$　　④ 디코더, $s=xy+\overline{x}\,\overline{y}$, $c=x+y$

44. 다음 논리회로 기능으로 옳은 것은? (　　)
(단, 입력은 A, B로 합 또는 차는 X로, 자리올림 혹은 내림수는 Y로 표시한다.)

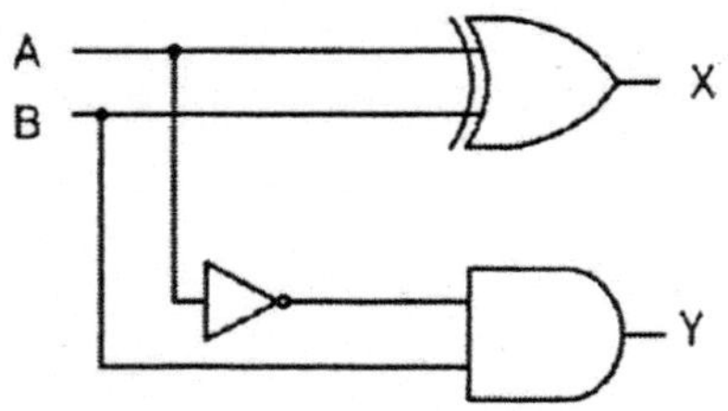

① 전가산기　　② 반가산기　　③ 전감산기　　④ 반감산기

45. $(110010101001)_2$를 16진수로 표시하면? (　　)

① CA9　　② BA9　　③ DA9　　④ EA9

46. 10진수로 1000까지 계수할 수 있는 업 카운터(up counter)는 최소 몇 개의 플립플롭으로 구성되어야 하는가? (　　)

① 8　　② 10　　③ 12　　④ 16

47. BCD code 0110 1001 1000을 10진수로 변환한 것으로 옳은 것은? (　　)

① 698　　② 696　　③ 968　　④ 618

48. 다음 중 4비트 시프트 레지스터의 구성으로 가장 옳은 것은? (　　)

① 4개 T 플립플롭　　② 4개 S플립플롭
③ 4개 RS플립플롭　　④ 4개 D플립플롭

49. 조합논리회로 특징으로 틀린 것은? (　　)

① 출력은 0과 1의 입력으로 결정된다.　　② 기억 회로를 갖고 있다.
③ 반가산기, 전가산기, 디코더 등이 있다.　　④ 출력은 n개의 입력 변수로 표시한다.

50. 다음 회로에 대한 설명 중 맞는 것은? (　　)

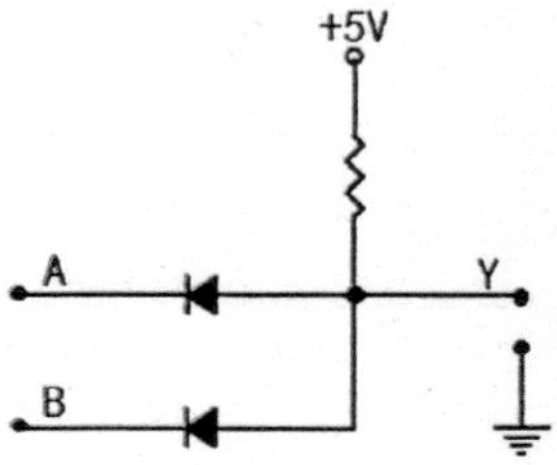

① AND 게이트(gate)로 동작한다.　　② NOR 게이트(gate)로 동작한다.
③ A = 0V, B = 0V이면 출력 Y = 10V이다.　　④ A = 0V, B = 5V이면 출력 Y = 5V이다.

51. 어떤 메모리가 16개 번지입력, 4개의 데이터 입력, 4개의 데이터 출력을 가지고 있다면 이 메모리의 용량은? (　　)

① 16×4 RAM　　② 16K×4 RAM　　③ 64K×RAM　　④ 64K×8 RAM

52. 다음 그림과 같은 회로의 논리식 F는? (　)

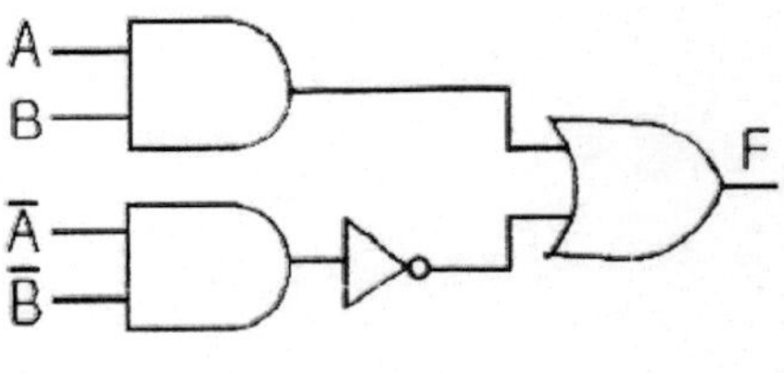

① $A+B$　　② AB　　③ $\overline{A}+\overline{B}$　　④ $\overline{A}\overline{B}$

53. JK플립플롭을 완성하기 위한 가장 옳은 버스(Bus) 결선 방법은? (　　)

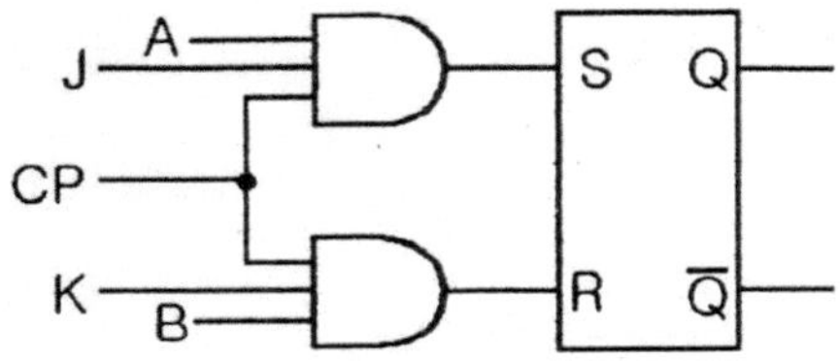

① Q와 $\overline{Q}$를 CP에 결선한다.
② Q와 A, $\overline{Q}$와 B를 각각 결선한다.
③ Q와 B, $\overline{Q}$와 A를 각각 결선한다.
④ A와 B를 CP에 결선한다.

54. 다음 회로의 동작 상태와 가장 부합하는 카운터의 종류는? (　　)

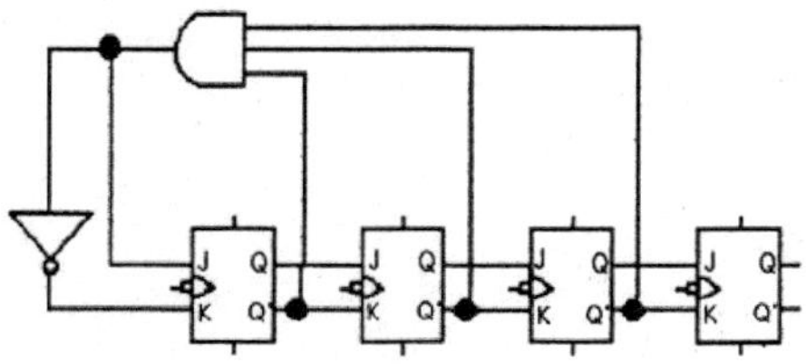

① 업 카운터(Up Counter)
② 12진 카운터
③ 다운 카운터(Down Counter)
④ 링 카운터(Ring Counter)

55. $(A \cdot \overline{B})+(C \cdot D)$의 보수를 구하면? (　　)

① $(A \cdot \overline{B})+(\overline{C} \cdot \overline{D})$
② $(A+\overline{B})+(C+D)$
③ $(A \cdot \overline{B})+(\overline{C} \cdot \overline{D})$
④ $(\overline{A} \cdot B)+(C \cdot D)$

56. 3상태 논리 인버터에 A = High이고, C = 1인 경우 출력 Y의 상태는? (　　)
(단, C는 Enable이다.)

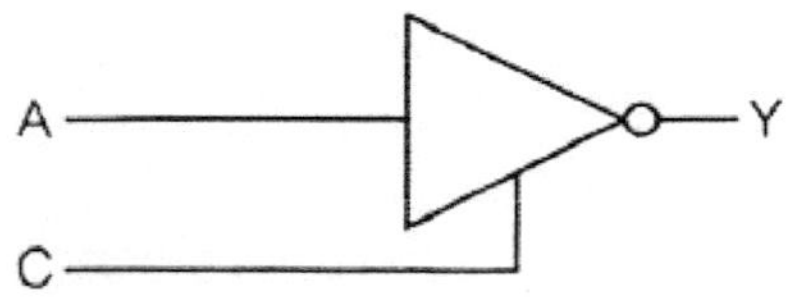

① High
② Low
③ High Impedance
④ Low Impedance

57. 연산 회로 설명 중 옳지 않은 것은? (　　)

① 3개의 2진수를 가산할 수 있는 회로를 전가산기라 한다.
② 2개의 입력 크기를 비교하는 회로를 비교기라 한다.
③ 2진수로 표시된 입력조합에 따른 BCD 코드를 0부터 9까지 동작할 수 있게 하는 회로를 인코더라 한다.
④ 전가산기에서는 캐리 입력을 취급할 수 있다.

58. 플립플롭(flip-flop)을 응용해서 만들 수 없는 것은? (　　)

① 카운터(counter)
② MUX(multiplexer)
③ 레지스터(register)
④ SRAM(Static RAM)

59. 다음 식을 가장 간단히 나타낸 것은? (　　)
[단, d는 무정의 조건(don't care임)]

$$F=(A,B,C,D) \\ =\sum(7,8,12,13,14)+d(2,6,10,11,15)$$

① AB + BC
② AB + BC + ACD
③ AB + BC + AD′
④ AB + BC BD

60. 에러를 검출 교정할 수 있는 코드는? (　　)

① Hamming Code
② ASCII Code
③ Gray Code
④ 3초과 Code

2019-4과목 : 집적회로

61. n웰 CMOS 공정에 필수적으로 사용되는 레이어가 아닌 것은 무엇인가? (　　)

① n웰 레이어　② 액티브 영역　③ 폴리실리콘　④ p웰 레이어

62. 하드웨어기술언어(HDL)를 이용한 설계의 특징이 아닌 것은? (　　)

① 논리식을 생각할 필요가 없다.　　② 설계내용을 쉽게 변경할 수 있다.
③ 회로도 입력에 시간이 많이 걸린다.　　④ 설계자가 아니어도 이해하기 쉽다.

63. 레이아웃(layout) 설계규칙에 관한 설명 중 틀린 것은? (　　)

① 제조공정에서 요구하는 형상들의 집합을 정의하는 것이다.
② 여러 가지 마스크 정렬에 필요하다.
③ 패키징의 본딩패드(bonding pad)의 크기에 대하여 정의할 때 필요하다.
④ 웨이퍼에서 각각의 회로를 잘라내는 스크라이브(scribe) 선과는 무관하다.

64. 다음의 정적 CMOS 로직(Static CMOS Logic)에 관한 설명 중 틀린 것은? (　　)

① 반대로 동작하는 nMOS와 pMOS를 이용하여 대칭적으로 동작한다.
② 시간이 많이 경과해도 출력전압이 변하지 않는 대신 속도가 느리다.
③ 출력은 V_{DD}로만 연결되어 유지된다.
④ nMOS와 pMOS를 이용하여 풀업과 풀다운 시키는 회로이다.

65. 기체 상태의 화합물을 분해 후 화학 반응에 의해 반도체 기판에 박막이나 에피층을 형성하는 공정은? (　　)

① 진공증착　　② 스퍼터링　　③ 화학기상증착　　④ 분자선증착

66. 동적 CMOS 로직과 같으나 출력단에 인버팅 래치가 있는 로직은? (　　)

① 도미노 로직　　② 카미노 로직　　③ 슈도 로직　　④ 트랜스 로직

67. 다음 각 로직 회로의 사양 중에서 잡음여유(Noise Margin)가 가장 큰 것은? (　　)

① TTL　　② 5V CMOS　　③ 3.3V CMOS　　④ ECL

68. 동적 CMOS 로직 설명으로 틀린 것은? (　　)

① 정적 논리 회로보다 연속 회로의 구현이 쉽다.
② 동일 기능에 대해 정적 논리보다 작은 면적으로 설계가 가능하다.
③ 입력 신호는 사전 충전(Precharge)때만 변화하여야 한다.
④ 작은 기생 커패시턴스를 갖기 때문에 고속으로 동작한다.

69. 다음 중 레이아웃 시 배선에 대한 설명으로 옳지 않은 것은? (　　)

① 블록의 배치가 끝나면 블록 사이의 신호선 연결, 즉 배선을 한다.
② 전원과 접지선 등 중요 신호선은 다른 선을 배선한 후 마지막에 한다.
③ 전원과 접지선은 가능한 충분한 폭을 확보하는 것이 중요하다.
④ 타이밍상 중요한 신호는 먼저 연결하여 짧은 배선이 가능하도록 한다.

70. 인버터 구현 시, '0'신호는 잘 통과시키고 '1'신호는 잘 통과시키지 못하는 poor 현상이 나타나는 구조는? (　　)

① pMOS　② nMOS　③ CMOS　④ BiCMOS

71. 이상적인 연산증폭기 특징에 대한 설명으로 가장 옳은 것은? (　　)

① 전압이득은 유한하다.
② 입력임피던스는 유한하다.
③ 주파수 대역은 유한하다.
④ 출력임피던스는 0이다.

72. 반도체 공정 중 메탈이나 폴리 실리콘을 웨이퍼 표면에 부착시키는 공정은? (　　)

① 에칭 공정　② 박막 공정　③ 확산 공정　④ 현상 공정

73. 다음 중 일반적인 CMOS 회로에 대한 설명과 거리가 먼 것은? (　　)

① nMOS와 pMOS가 결합된 형태이다.
② 집적도는 nMOS 회로보다 작다.
③ 전력 소모는 nMOS 회로보다 크다.
④ 동작속도는 nMOS 회로보다 느리다.

74. 게이트 어레이 설계기법의 일종으로 배선영역 없이 설계하는 기술은? (　　)

① SoG(sea of gate)
② PLD(programmable logic device)
③ CPLD(complexed PLD)
④ FPGA(field programmable gate array)

75. 게이트 산화막 두께가 2배 증가하면 포화영역 드레인 전류는 어떻게 되는가? (　　)

① 2배로 증가　② 4배로 증가　③ 1/2로 감소　④ 1/4로 감소

76. LSI 설계 시 논리 설계 단계에서 고려해야 할 사항에 해당하지 않는 것은? (　　)

① 논리블록
② 게이트 레벨 기술
③ 완성 설계 체크
④ 시뮬레이션

77. CMOS domino 로직회로를 사용할 때의 특성에 해당되지 않는 것은? (　　)

① 팬 아웃(fan-out)은 항상 1이다.
② EX-OR 회로 구성으로 적합하다.
③ 인버터사용으로 구동력이 늘어난다.
④ 같은 형태의 논리회로를 연속으로 연결할 수 있다.

78. 집적회로 칩 레이아웃에 있어서 평면계획과 거리가 먼 것은? (　　)

① 블록의 크기 추정 및 배치
② 최소면적을 얻을 수 있는 구조 계획
③ 배선의 영역과 크기 계산
④ 디자인 규칙 검사

79. 레이아웃 설계 후, 레이아웃 설계 자료를 반영하여 논리 시뮬레이션을 다시 하는 것은? (　　)

① Logic Synthesis
② Bottom-up Design
③ Structured Design
④ Back Annotation

80. MOS트랜지스터 게이트에서 커패시턴스 관계식은? (　　)
(L은 게이트 길이, W는 게이트 폭, Tox는 산화막 두께, ϵ_{ox}는 SiO_2의 유전율을 의미한다.)

① $C_G = \epsilon_{ox}\dfrac{T_{ox}}{WL}$　② $C_G = \epsilon_{ox}\dfrac{WL}{T_{ox}}$　③ $C_G = \epsilon_{ox}\dfrac{L}{WT_{ox}}$　④ $C_G = \dfrac{WT_{ox}}{L\epsilon_{ox}}$

〈2019년도 반도체설계기사 필기 정답〉

과목										
1 과목	1	2	3	4	5	6	7	8	9	10
	2	1	4	2	2	3	1	3	2	4
	11	12	13	14	15	16	17	18	19	20
	2	3	3	3	2	4	4	3	1	4
2 과목	21	22	23	24	25	26	27	28	29	30
	2	2	2	4	3	4	3	2	1	1
	31	32	33	34	35	36	37	38	39	40
	4	3	2	4	4	3	2	4	1	2
3 과목	41	42	43	44	45	46	47	48	49	50
	3	2	1	4	1	2	1	4	2	1
	51	52	53	54	55	56	57	58	59	60
	3	1	3	4	2	2	3	2	3	1
4 과목	61	62	63	64	65	66	67	68	69	70
	4	3	4	3	3	1	2	1	2	2
	71	72	73	74	75	76	77	78	79	80
	4	2	3	1	3	3	2	4	4	2

2018-1과목 : 반도체공학

1. 빛을 받으면 전자와 정공 쌍생성을 통해 전류를 발생하는 다이오드는? (　　)

① 스위칭 다이오드(Switching Diode)　② 정류 다이오드(Rectification Diode)
③ 광 다이오드(Photo Diode)　④ 발광 다이오드(Light emitting Diode)

2. P형 기판을 갖는 MOS 용량 구조에서 게이트 금속 극판의 전압 VGS가 기판 전압 VBS보다 큰 경우 VGS가 증가함에 따라 전계가 증가함으로써 실리콘 경계면에 전자가 모여 형성된 층은? (　　)

① 축적층(accumulation layer)　② 공핍층(depletion layer)
③ 반전층(inversion layer)　④ 차단층(cut-off layer)

3. 접합형 전계효과 트랜지스터(JFET: Junction Field Effect Transistor) 동작은? (　　)

① 소수 운반자의 흐름에 의한다.　② 재결합에 의한다.
③ 부성 저항에 의한다.　④ 다수 운반자의 흐름에 의한다.

4. 원소 주기율표에서 반도체 재료로 사용하지 <u>않는</u> 족은? (　　)

① Ⅰ족　② Ⅲ 족　③ Ⅳ 족　④ Ⅴ족

5. PN 접합 다이오드에서 역방향 바이어스 전압이 인가되었을 때 나타나는 현상과 관련 <u>없는</u> 것은? (　　)

① 터널 효과　② 눈사태 항복 효과　③ 제너 항복 효과　④ 홀 효과

6. PN접합 다이오드에서 바이어스의 인가방법에 따른 전위장벽은? (　　)

① 순방향이 역방향보다 높다.　② 역방향이 순방향보다 높다.
③ 순방향이 역방향과 같다.　④ 순방향과 역방향을 비교할 수 없다.

7. FET의 차단 주파수에 영향을 주는 요소가 <u>아닌</u> 것은? (　　)

① 채널 길이　② 채널 폭　③ 반도체 캐리어 밀도　④ 이동도

8. 전도대의 전자와 가전자대의 정공이 가전자상태에 있는 전자가 전도대로 천이되었을 때 발생되는 현상은? (　　)

① 전자 생성　② 정공 생성　③ 전자-정공 쌍생성　④ 전자-정공 재결합

9. 평형 상태 PN 접합 내부 전위장벽은? (　　)

① $V_{bi} = V_T \ln\left(\frac{n_i}{N_a N_d}\right)$　② $V_{bi} = V_T \ln\left(\frac{N_a N_d}{n_i}\right)$

③ $V_{bi} = V_T \ln\left(\frac{n^{2_i}}{N_a N_d}\right)$　④ $V_{bi} = V_T \ln\left(\frac{N_a N_d}{n^{2_i}}\right)$

10. P형 반도체 정공이 1m^3당 $4.4 \times 10^{20}[m^{-3}]$일 때, 반도체의 도전율은 얼마인가? (　　)
(단, 정공의 이동도는 $0.17[m^2/V \cdot s]$이다.)

① $1.197[\Omega^{-1}m^{-1}]$　② $11.97[\Omega^{-1}m^{-1}]$　③ $119.7[\Omega^{-1}m^{-1}]$　④ $1197[\Omega^{-1}m^{-1}]$

11. Si의 물리적 성질이 <u>아닌</u> 것은? (　　)

① 원자번호 : 14　② 격자 상수(A) 2.35

③ 녹는 온도 : 약 1,420 ˚C　④ 원자 질량 : 28.0855[g/mol]

12. 반도체의 전기 전도도에 영향을 미치지 <u>않는</u> 것은? (　　)

① 물질의 광학적인 여기 상태　② 물질의 온도 변화

③ 물질의 불순물 함량　④ 물질의 질량

13. 컬렉터의 역바이어스를 증가시키면 컬렉터 접합의 공간전하층이 베이스 영역 안으로 깊숙이 퍼져가 마지막에는 이미터 접합의 공간 전하층과 닿게 되어 베이스 중성영역이 없어지는 현상은? (　　)

① 열 폭주 현상　② 절연파괴 현상

③ 래치-업(latch-up) 현상　④ 펀치-쓰루(punch-through) 현상

14. NMOS에서 게이트 전압을 높이면 드레인과 소스 사이 전류 ID가 흐르기 시작하는데 이 시점의 게이트 전압을 무엇이라고 하는가? (　　)

① 문턱전압　② 바이어스전압　③ 포화전압　④ 항복전압

15. 전력 소자로서 쓰이는 정류기의 필요조건이 아닌 것은? (　　)

① 순방향 전압 강하가 작을 것
② 내열성이 낮을 것
③ 방열 특성이 좋을 것
④ 높은 역내압 전압, 낮은 역방향 전류

16. 화합물 반도체 재료가 아닌 것은? (　　)

① GaAs
② Ge
③ SiC
④ GaN

17. 반도체의 종류에 따른 다수캐리어와 소수캐리어에 관한 내용 중 옳은 것은? (　　)

① n형 반도체의 소수캐리어는 전자이다.
② p형 반도체의 소수캐리어는 정공이다.
③ n형 반도체의 다수캐리어는 전자이다.
④ p형 반도체의 다수캐리어는 전자이다.

18. 쌍극성 접합 트랜지스터의 바람직한 조건이 아닌 것은? (　　)

① 이미터 캐리어 밀도를 낮게 해야 한다.
② 컬렉터 캐리어 밀도를 낮게 해야 한다.
③ 베이스 영역 고유저항은 이미터 영역 고유저항보다 훨씬 커야 한다.
④ 증폭기 동작을 위해서는 이미터-베이스 접합은 순방향 바이어스를 인가한다.

19. PN 접합에서 공핍층의 두께는 역방향 바이어스전압(V_r)에 어떤 관계인가? (　　)

① $\sqrt{v_r}$에 비례
② $\sqrt{v_r}$에 반비례
③ v_r^2에 비례
④ v_r^2에 반비례

20. NPN 바이폴라 트랜지스터의 3가지 영역을 불순물의 도핑 농도 크기가 큰 순서대로 나열한 것은? (　　)

① 이미터 〉 베이스 〉 컬렉터
② 이미터 〉 컬렉터 〉 베이스
③ 컬렉터 〉 이미터 〉 베이스
④ 컬렉터 〉 베이스 〉 이미터

2018-2과목 : 전자회로

21. 1mH의 인덕터에 전압 1V, 주파수 1kHz의 신호를 인가할 경우 리액턴스 값은? (　　)

① 1[Ω]
② 1[H]
③ 2π[Ω]
④ 2π[H]

22. LED 세그먼트의 활용법으로 옳은 것은? (　　)

① 공통 애노드 끝단에 전원을 연결한다.
② 공통 애노드 끝단에 접지를 연결한다.
③ 공통 애노드 캐소드 단자를 각각 전원을 연결한다.
④ 공통 애노드 캐소드 단자를 각각 접지에 연결한다.

23. 부귀환 증폭기의 일반적인 특징에 대한 설명으로 틀린 것은? (　　)

① 왜곡의 감소　② 잡음의 감소　③ 대역폭의 증가　④ 안정도의 감소

24. 이상적인 연산증폭기(OP-AMP)의 특징으로 틀린 것은? (　　)

① 입력 임피던스는 무한대(∞)이다.　② 입력은 반전과 비반전 단자이다.
③ 전압이득은 무한대(∞)이다.　④ 출력 임피던스는 무한대(∞)이다.

25. 5V 직류전압원에 저항(R) 30Ω과 LED가 직렬로 연결된 회로에서 LED에서 소모되는 전력은? (단, LED의 전압강하는 1.4 V이다.) (　　)

① 124mW　② 168mW　③ 432mW　④ 600mW

26. 그림과 같이 1kΩ저항과 다이오드의 직렬회로에서 전압(V_O) 크기는 약 몇 V인가? (　　)

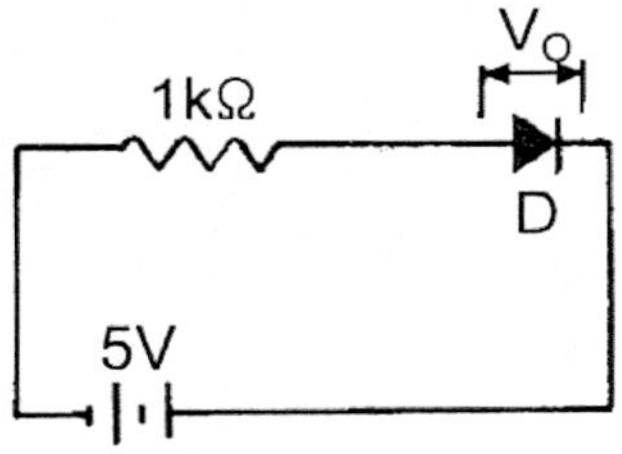

① 0　② 0.1　③ 0.7　④ 5

27 다음 회로에서 전압 이득이 -100이 되기 위한 R_2값은 얼마인가? (　　)

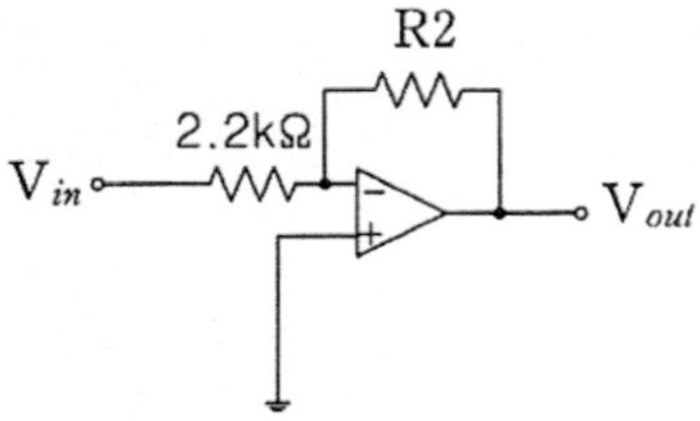

① 2.2kΩ　② 110kΩ　③ 220kΩ　④ 440kΩ

28. 다이오드에 대한 설명으로 옳지 않은 것은? (　　)

① 역바이어스와 순바이어스로 동작한다.　② 다이오드는 이상적인 스위치이다.
③ 다이오드는 역항복 동작해서는 안 된다.　④ 항복전압은 장벽전위보다 낮다.

29. 다음 회로에 $V_i = V_m \sin\omega t$의 파형을 인가 시 출력 파형에 해당되는 회로는? (　　)
(단, V_m은 3V보다 크다.)

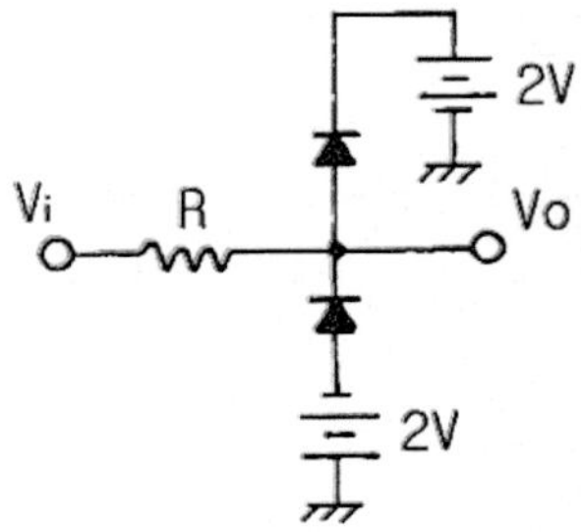

① 양단 클리퍼 회로　② 톱니파 발생 회로　③ 정현파 발생 회로　④ AND 게이트 회로

30. AM 변조에서 반송파 전력이 500mW, 변조도가 60%일 때, 피변조파의 전력은 몇 mW인가? (　　)

① 180　② 300　③ 590　④ 900

31. 귀환 발진기 발진조건으로 틀린 것은? (　　)
(단, A는 증폭도, β는 귀환량이다.)

① 정귀환을 이용한다.　② A의 위상 변화는 180°이다.
③ β의 위상 변화는 0°이다.　④ $A\beta$=1이며, 위상 변화는 0°이다.

32. 일반적인 펄스 파형의 구간별 명칭에 관한 설명 중 옳은 것은? (　　)

① 지연시간 : 목표량에 0~40 [%]까지 접근하는 시간
② 정정시간 : 목표량에 ±3 [%]까지 접근하는 시간
③ 상승시간 : 목표량에 10~90 [%]까지 접근하는 시간
④ 하강시간 : 목표량에 10~90 [%]까지 하강하는 시간

33. n형 반도체를 만들기 위하여 사용하는 불순물은? (　　)

① 인(P)　② 알루미늄(Al)　③ 인듐(In)　④ 갈륨(Ga)

34. 다음 같은 회로에서 R_L에 100mA의 전류가 흐를 때 R_L의 값은? (　　)
(단, V_i = 5V, R_1 = 47k, R_2 = 470kΩ이다.)

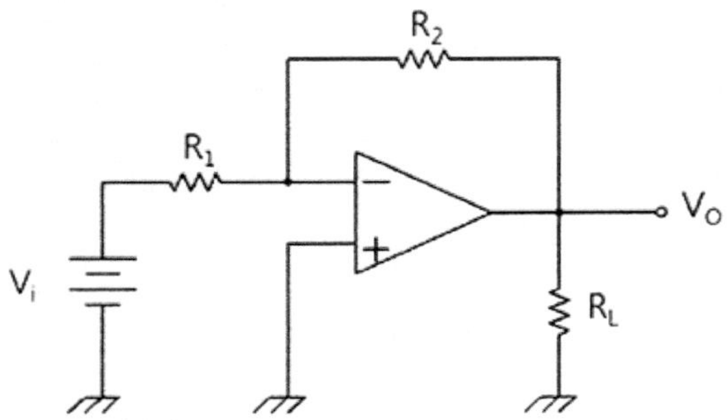

① 5Ω　② 50Ω　③ 500Ω　④ 5kΩ

35. 연산증폭기에 대한 설명 중 옳은 것은? (　　)

① 정귀환 회로를 추가한 고이득 직결증폭기를 말하며, 병렬 증폭기를 이용한다.
② IC화된 연산증폭기는 신뢰도, 안정도가 떨어지지만 저가, 회로의 소형화 등의 장점을 가진다.
③ 이상적 연산증폭기인 경우 대역폭은 ∞를 갖는다.
④ 가상 접지는 실제 물리적 접지와 전기적 특성이 동일하다.

36. 신호의 일그러짐이 가장 적고 안정한 증폭기는? (　　)

① A급　② B급　③ C급　④ AB급

37. 그림과 같은 회로를 여파기로 사용하면 주파수 특성은? (　　)

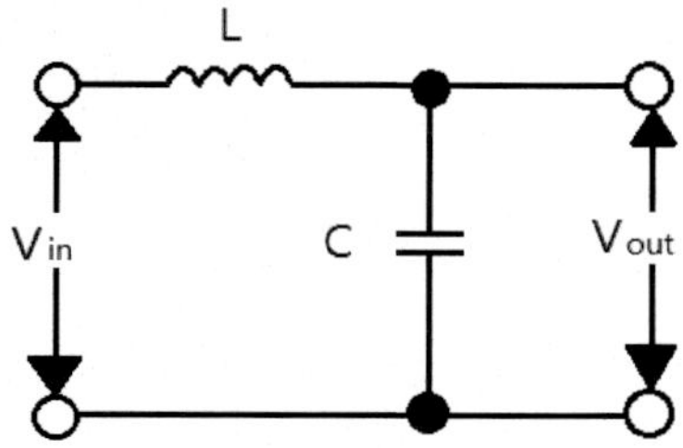

① 고역통과특성　② 저역통과특성　③ 대역통과특성　④ 대역저지특성

38. 트랜지스터에서 β는 다음 중 어느 조건에서 결정할 수 있는가? (　　)

① IE가 일정할 때 VCB와 IB의 변화
② IE가 일정할 때 IC와 IB의 변화
③ VCE가 일정할 때 VCB와 IB의 변화
④ VCE가 일정할 때 IC와 IB의 변화

39. 트랜지스터를 증폭기로 사용할 때의 동작영역으로 옳은 것은? (　　)

① 차단영역　　② 포화영역　　③ 활성영역　　④ 비포화영역

40. 정류 전원의 구성 중 정류기 회로와 필터 사이에 나타나는 파형의 형태는? (　　)
(단, 입력전압은 사인파 교류전압이라 가정한다.)

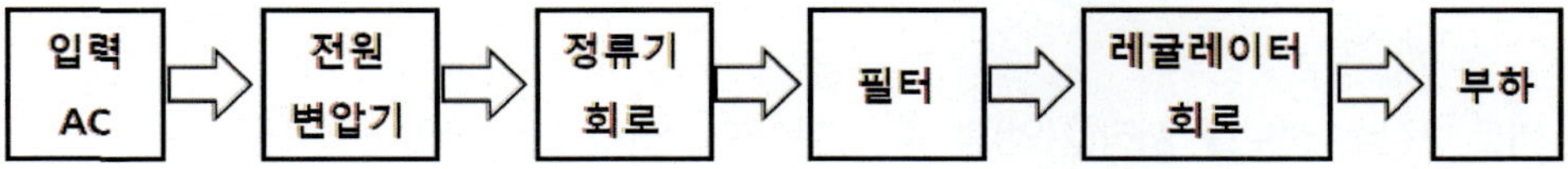

① 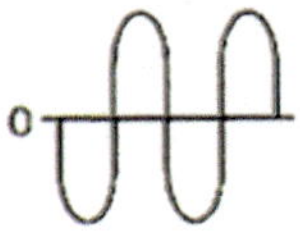

② 

③ 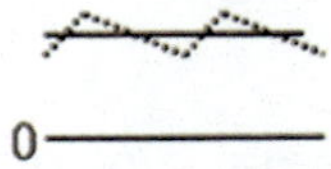

④ 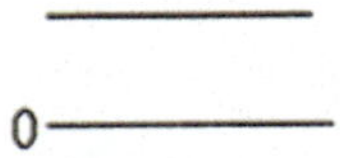

2018-3과목 : 논리회로

41. 다음 회로가 나타내는 기능은? (　)

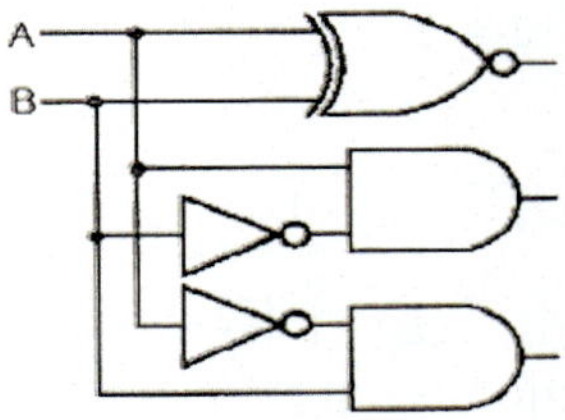

① 가산기　　② 감산기　　③ 비교기　　④ 디코더

42. 0과 1 조합으로 어떠한 기호라도 표현되도록 부호화하는 회로는 무엇인가? (　　)

① Encoder　　② Decoder　　③ Comparator　　④ Detector

43. 다음은 전가산기의 진리표 일부이다. A, B, C, D의 값은? (　　)
(단, Z는 밑의 자리에서 올라오는 캐리(carry)이며, 출력 중 C는 다음 자리로 올라가는 캐리이다.)

입력			출력
X	Y	Z	C S
0	1	0	0 A
0	1	1	B 0
1	1	0	1 C
1	1	1	1 D

① A = 0, B = 1, C = 0, D = 1　　② A = 1, B = 1, C = 1, D = 0
③ A = 1, B = 1, C = 0, D = 1　　④ A = 1, B = 0, C = 1, D = 1

44. 읽기 전용의 기억장치는? (　　)

① Mask Rom　　② RAM　　③ HDD　　④ SSD

45. 1비트 2진수 정보를 저장(기억)할 수 있는 2진 셀(cell)을 무엇이라 하는가? (　　)

① RAM　　② ROM　　③ 플립플롭　　④ 멀티플렉서

46. JK 플립플롭을 다음 그림과 같이 연결했을 때 같은 기능을 수행하는 것은? (　　)

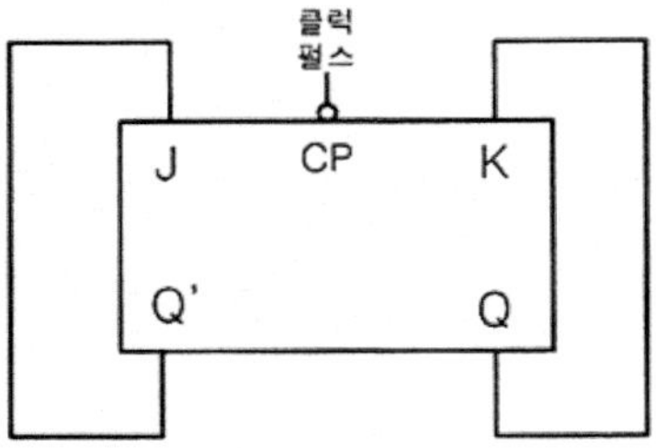

① D 멀티플렉서　　② RS 멀티플렉서　　③ T 멀티플렉서　　④ 래치(latch)

47. 기억장치 설명 중 옳지 <u>않은</u> 것은? (　　)

① 프로그램이나 데이터를 저장하는 곳을 기억장치라 한다.
② 기억장치를 기능상 크게 주기기억장치와 입 · 출력 장치로 분류한다.
③ 주기억장치는 전자계산기 중앙처리장치와 직접 연결되어 있다.
④ 보조기억장치의 종류에는 자기저장장치(HDD, 플로피디스크)와 도체저장장치(SSD, 플래시 메모리)가 있다.

48. BCD 코드에 3을 더해 변형시킨 코드로 10진수에 대한 보수를 자체에 포함하고 있어 자기보수 코드로 이용되는 코드는? (　　)

① BCD 코드　② 그레이 코드　③ 3초과 코드　④ 5421 코드

49. 다음 회로도의 A 값이 0011이고, B 값이 1000일 때 출력 Y는? (　　)

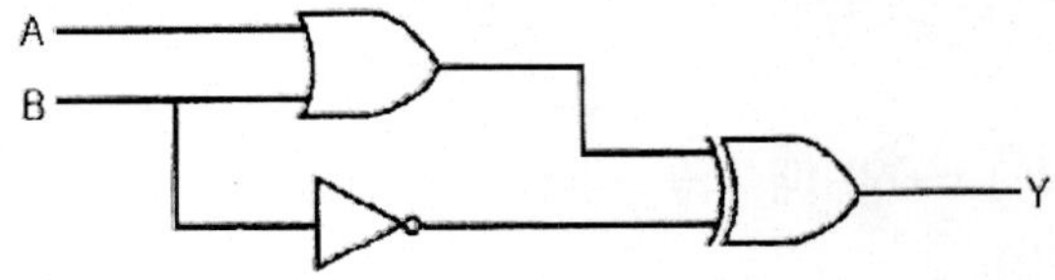

① 1100　② 0011　③ 1011　④ 1101

50. 다음 중 조합논리회로가 <u>아닌</u> 것은? (　　)

① 디코더　② 멀티플렉서　③ 가산기　④ 카운터

51. 10진수 0.6875를 2진수로 변환할 때 옳은 것은? (　　)

① 0.1010　② 0.1101　③ 0.1011　④ 0.1111

52. n단으로 구성된 카운터는 2^n개의 모드를 갖지만 n단으로 구성된 시프트 카운터는 몇 개의 모드를 갖는가? (　　)

① n　② n+1　③ 2n　④ 3n

53. 3개의 입력과 2개의 출력을 가지는 회로이며 앞 디지트에 빌려준 1을 고려하여 뺄셈을 수행하는 것은? (　　)

① 디코더　② 인코더　③ 반감산기　④ 전감산기

54. 판독/기록 메모리에 데이터를 넣는 동작으로 옳은 것은? (　　)

① 읽기(read)　② 제어(control)　③ 기록(write)　④ 인출(fetch)

55. 순서논리회로를 설계하려 할 때 그 순서로 가장 옳은 것은? (　　)

㉠ 상태도 구성, FF(Flip-Flop) 종류와 수 결정 ㉡ 여기표에 의해 상태표 구성 ㉢ 간략화 ㉣ 회로구성

① ㉡→㉢→㉣→㉠　② ㉠→㉡→㉢→㉣　③ ㉠→㉣→㉡→㉢　④ ㉣→㉢→㉡→㉠

56. T플립플롭에서 입력 T = 0일 때 다음 상태 Q(t+1)는? (　　)
(단, 현재 상태는 Q(t))

① 1　② 0　③ $\overline{Q(t)}$　④ Q(t)

57. 10진수 0.1875를 8진수로 변환 결과는? (　　)

① 0.13　② 0.14　③ 0.15　④ 0.16

58. 논리식 $(A+B)(A+\overline{B})(\overline{A+B})$를 가장 간략히 간소화한 것은? (　　)

① $\overline{AB}$　② B　③ AB　④ A+B

59. 디코더의 출력 선이 8개라면 입력 선은 몇 개인가? (　　)

① 1　② 2　③ 3　④ 4

60. 다음 회로의 논리식은? (　　)

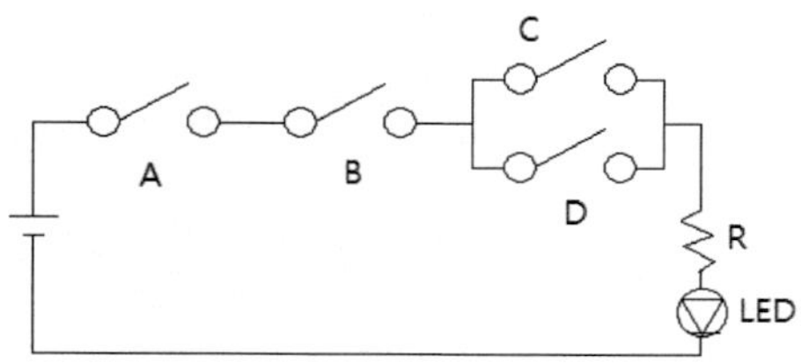

① AB(C+D)　② (A+B)CD　③ (A+B)(C+D)　④ ABCD

2018-4과목 : 집적회로

61. 시스템의 행동을 기술하기 위한 하드웨어 기술 언어에 속하는 것은? (　　)

① C-언어　② Verilog　③ Pascal　④ COBOL

62. 다음 집적회로의 제조 과정에서 가장 늦게 진행되는 작업은? (　　)

① 논리회로 설계　② 패키징　③ 레이아웃 설계　④ 마스크 제작

63. MOSFET에서 출력 논리 레벨이 완전히 복원되어 안정화되는 트랜지스터는? (　　)

① CMOS　② I-MOS　③ nMOS　④ pMOS

64. IC 소자의 지연을 고려한 시뮬레이션 방법으로 여러 단이 종속적(cascade)으로 연결되었을 경우, 최종출력에서 발생하는 spike나 glitch 등을 방지하는 방법은? (　　)

① 타이밍 시뮬레이션(Timing Simulation)
② 구조적 시뮬레이션(Structural Simulation)
③ 계층적 시뮬레이션(Hierarchical Simulation)
④ 기능성 시뮬레이션(Functionality Simulation)

65. VLSI 설계에서 강조되는 구조적 설계의 원칙으로 거리가 <u>먼</u> 것은? (　　)

① 정규성(Regularity)　② 모듈성(Modularity)
③ 국지성(Locality)　④ 반복성(Repeatability)

66. 플로우 플랜부터 라우팅까지 수동으로 진행하며 개발기간이 긴 대신 의도한 대로 레이아웃이 가능한 설계방식은? (　　)

① 반 주문형　② FPGA　③ 완전 주문형　④ 표준 셀

67. 다음 설명 중 Pseudo-nMOS 회로에 대한 설명으로 옳은 것은? (   )

① nMOS 논리의 공핍모드 부하 nMOS를 pMOS로 대체하고 pMOS가 항상 ON 상태가 되도록 pMOS의 게이트 입력을 항상 Vss에 연결한 회로
② nMOS 논리의 공핍모드 부하 nMOS를 pMOS로 대체하고 pMOS가 항상 OFF 상태가 되도록 pMOS의 게이트 입력을 Vss에 연결한 회로
③ pMOS 논리의 공핍모드 부하 pMOS를 nMOS로 대체하고 nMOS가 항상 ON 상태가 되도록 nMOS의 게이트 입력을 Vss에 연결한 회로
④ pMOS 논리의 공핍모드 부하 pMOS를 nMOS로 대체하고 nMOS가 항상 OFF 상태가 되도록 nMOS의 게이트 입력을 Vss에 연결한 회로

68. 모노리식(Monolithic) IC의 제조과정 중 제일 마지막에 수행하는 공정은? (   )

① 에피택셜(Epitaxial) 성장
② 산화막(Oxide) 생성
③ 알루미늄 증착
④ 불순물 확산

69. 입력 정적 CMOS NAND 게이트에 대한 설명 중 틀린 것은? (   )

① 2개 PMOS와 2개 NMOS로 구성된다.
② PMOS는 출력과 VDD 사이에 병렬로 연결된다.
③ NMOS는 출력과 GND 사이에 직렬로 연결된다.
④ 2개의 입력 단자들이 모두 안정된 상태에 있을 때 전류가 흐른다.

70. 다음 CMOS 회로에서 NOR 게이트는? (   )

①
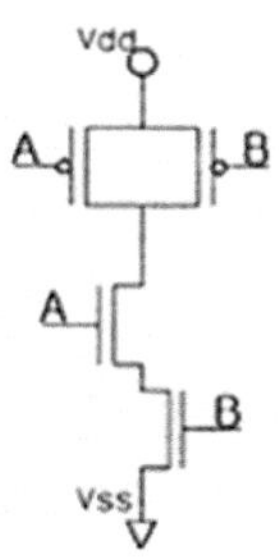

②
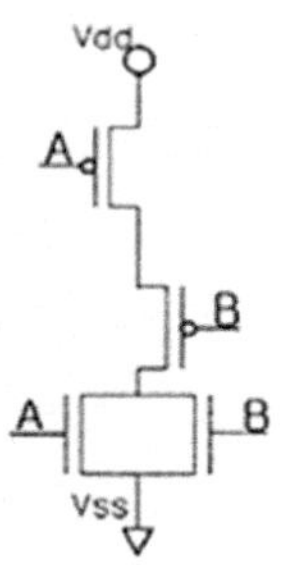

③
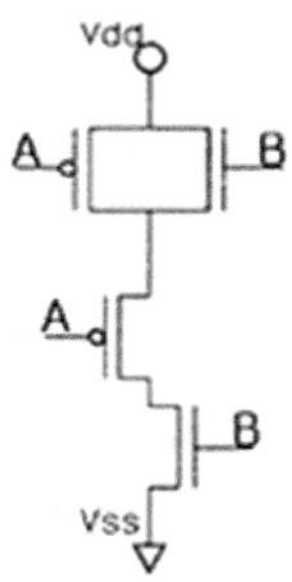

④
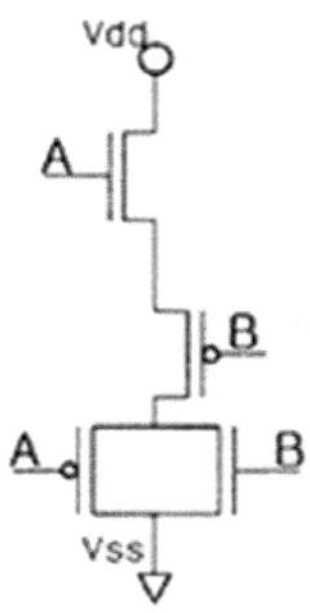

71. 게이트 어레이의 일종인 SoG(Sea of Gates) 설계방식의 특징으로 틀린 것은? (　　)

① 게이트 어레이와 같이 배선을 위한 배선 영역(채널)을 둔다.
② 게이트 어레이 방식보다 훨씬 더 많은 게이트를 집적시킬 수 있다.
③ 배선을 위한 메탈 레이어가 추가로 필요하기 때문에 공정비용이 늘어난다.
④ 증폭기 동작을 위해서는 이미터-베이스 접합은 순방향 바이어스를 인가한다.

72. 일정한 이동도를 갖는 이상적인 MOSFET에서 아래와 같은 파라미터를 주었을 때 차단주파수는?
(단, L = 4um, W = 20um, 전자의 이동도 $\mu_n = 4{,}000cm^2/V \cdot s$, 문턱전압 $\upsilon_T = 0.642$, 게이트 전압 $V_{GS} = 3V$로 한다.) (　　)

① 6.69 GHz　② 9.38 GHz　③ 8.96 GHz　④ 2.37 GHz

73. CMOS 집적회로에 대한 설명 중 옳지 않은 것은? (　　)

① pMOS와 nMOS를 상보적으로 사용하여 회로를 구성한다.
② 정적인 전류를 최소화하여 저전력 특성을 갖는다.
③ BJT 집적회로에 비하여 고밀도 집적에 유리하다.
④ BJT 집적회로에 비하여 고속 동작에 유리하다.

74. SPICE로 CMOS 인버터 입출력 전압 전달특성을 확인할 때 사용되는 방법은? (　　)

① 잡음 해석　② AC 해석　③ 과도 해석　④ DC 해석

75. MOS 동적 논리회로를 정적논리와 비교한 설명으로 옳지 않은 것은? (　　)

① 용량성 부하에 저장되는 전하량을 이용하여 신호를 저장, 유지한다.
② 시스템의 타이밍 문제를 간소화할 수 있다.
③ MOS소자가 적게 소요된다.
④ 부하소자가 ON되었을 때만 전력을 소모하는 회로를 설계할 수 없으므로 전력소모가 낮다.

76. 게이트 어레이 설계기법의 일종으로 배선영역 없이 배선하는 기술은? (　　)

① SOG(Sea of Gate)
② PLD(Programmable Logic Device)
③ CPLD(Complexed Programmable LogicDevice)
④ FPGA(Field Programmable Gate Array)

77. 다음 중 집적회로의 종류가 <u>아닌</u> 것은? (   )

① 표준 집적회로 ② 마이크로 집적회로 ③ 주문형 집적회로 ④ 자동 집적회로

78. 동일 조건에서 MOS 트랜지스터 채널폭이 2배 증가하고, 채널 길이가 반으로 감소하면 차단주파수(f_t)의 변화는? (   )
(단, 포화영역으로 가정하고, 모든 기생 용량의 영향은 무시한다.)

① 2배로 증가 ② 4배로 증가 ③ 0.5배 감소 ④ 0.25배 감소

79. CMOS 인버터 특성으로 <u>틀린</u> 것은? (   )

① nMOS pull-down과 pMOS pull-up 트랜지스터로 구성되어 있다.
② 입력전압이 high이면 pMOS 트랜지스터는 전도가 된다.
③ 입력전압이 high이면 출력 레벨은 low가 된다.
④ 두 개 FET에 대한 입력은 공통 게이트 단자에 의해 이루어진다.

80. 반도체 공정 중 감광막에 대한 설명으로 <u>틀린</u> 것은? (   )

① 점착성 폴리머(Polymer) 용액을 웨이퍼 위에 넓게 발라 감광막을 형성시킨다.
② 양성 감광막은 빛이 쪼여진 부분이 용해된다.
③ 불순물의 양을 조절하여 적당한 농도분포를 얻는 단계를 말한다.
④ 에칭과 산화물 에칭 세제, 이온주입에 대한 보호막 역할을 한다.

〈2018년도 반도체설계기사 필기 정답〉

과목										
1 과목	1	2	3	4	5	6	7	8	9	10
	3	3	4	1	4	2	2	3	4	2
	11	12	13	14	15	16	17	18	19	20
	2	4	4	1	2	2	3	1	1	1
2 과목	21	22	23	24	25	26	27	28	29	30
	3	1	4	4	2	4	3	4	1	3
	31	32	33	34	35	36	37	38	39	40
	3	3	1	3	3	1	2	4	3	2
3 과목	41	42	43	44	45	46	47	48	49	50
	3	1	3	1	3	3	2	3	1	4
	51	52	53	54	55	56	57	58	59	60
	3	3	4	3	2	4	2	3	3	1
4 과목	61	62	63	64	65	66	67	68	69	70
	2	2	1	1	4	3	1	3	4	2
	71	72	73	74	75	76	77	78	79	80
	1	2	4	4	4	1	4	2	2	3

2017-1과목 : 반도체공학

1. $1s^2 2s^2 2p^6 3s^2 3p^4$로 원자가 배열이 되어 있다. 이 원소의 원자 번호는 어떻게 되는가? ( )

① 11 ② 13 ③ 16 ④ 18

2. 실리콘 웨이퍼에 인(P)을 $2\times10^{18}m^{-3}$ 도핑 하였다. 열평형 상태에서 홀(hole)의 농도는? (단, $n_i = 1.5\times10^{18}m^{-3}$라 가정한다.) ( )

① $2.25\times10^{12}m^{-3}$ ② $1.125\times10^{14}m^{-3}$ ③ $133.33m^{-3}$ ④ $2.66\times10^{20}m^{-3}$

3. 베이스 공통 트랜지스터의 동작 상태를 4가지로 분류할 때 차단영역에 해당하는 것은? ( )

① 이미터-베이스 접한 순바이어스 ,컬렉터-베이스 접합 순바이어스
② 이미터-베이스 접합 순바이어스 ,컬렉터-베이스 접합 역바이어스
③ 이미터-베이스 접합 역바이어스 ,컬렉터-베이스 접합 순바이어스
④ 이미터-베이스 접합 역바이어스 ,컬렉터-베이스 접합 역바이어스

4. 제너다이오드에 대한 설명으로 옳은 것은? ( )

① 높은 전압특성을 가지고 있다. ② 낮은 역전압에서 예리한 절연파괴를 갖는다.
③ 제어정류기로서 유용하다. ④ 부성 저항특성을 갖는다.

5. 반도체 재료의 성질이 <u>아닌</u> 것은? ( )

① 광전효과가 나타난다. ② 홀 효과(hall effect)가 나타난다.
③ 온도가 증가하면 도전율이 증가한다. ④ 불순물을 주입하면 도전율이 감소한다.

6. 실리콘 공정에서 산화막(SiO_2)의 용도가 <u>아닌</u> 것은? ( )

① 불순물의 선택적 주입을 위한 마스크 ② 전기적인 절연 및 유전체
③ MOS 트랜지스터의 게이트전극 ④ 반도체 소자 표면의 보호막

7. n형 실리콘 반도체를 만들려고 할 때, 사용할 수 없는 불순물 원자는? ( )

① B ② Sb ③ As ④ P

8. 공유결합에 관한 설명 중 틀린 것은? (　　)

① 최외각 전자들을 서로 공유하여 이루어진다.
② 결합력이 강하며 방향성을 가지고 있다.
③ 가전자들이 자유롭게 움직일 수 있다.
④ 실리콘(Si)의 결정결합의 형태에 해당한다.

9. 반도체 재료의 결정을 표시함에 있어서 격자내의 면이나 방향을 표시하는데, 각 방향의 기본 벡터의 정수배로 나타낸 값의 비율을 역수로 나타내는 방법은? (　　)

① Diamond Index　② Face Index　③ Miller Index　④ Body Index

10. MOSFET의 단자로 틀린 것은? (　　)

① 소스　② 콜렉터　③ 드레인　④ 게이트

11. 증가형 MOSFET의 문턱전압(threshold voltage, V_T)에 대한 설명 중 옳은 것은? (　　)

① 문턱전압이 같으면 외부 바이어스에 무관하게 전류의 크기가 동일하다.
② 문턱전압은 외부 조건에 의하여 변하지 않고 일정하게 유지된다.
③ NMOS의 경우 게이트와 소스 사이에 문턱전압 이하의 전압이 걸리면 전류가 흐른다.
④ PMOS의 경우 문턱전압은 (-)의 값을 갖는다.

12. 반도체 재료에 전계를 인가함에 의해서 발생되는 전류를 무엇이라고 하는가? (　　)

① 드리프트(drift)전류　② 확산(diffusion)전류
③ 차단(cutoff)전류　④ 포화(saturation)전류

13. pn 접합에서 외부의 전계가 없는데도 전위장벽이 발생하는 이유는? (　　)

① 확산작용　② 분리작용　③ 항복작용　④ 제너현상

14. 터널 다이오드에 관한 설명 중 틀린 것은? (　　)

① 가하는 도너 밀도를 매우 낮게 하면 공핍층이 좁아지고 전계의 세기가 증가한다.
② 역 바이어스 상태에서 저항이 작다.
③ 펄스 및 계수회로에 유익하게 응용된다.
④ 부성저항 특성을 갖는다.

15. 다이오드에 바이어스를 인가할 때 P에 양(+)전원을 N에 음(-) 전원을 연결하는 방식은?
( )

① 액티브 바이어스(Active Bias) ② 패시브 바이어스(Passive Bias)
③ 순방향 바이어스(Forward Bias) ④ 역방향 바이어스(Reveres Bias)

16. MOSFET과 JFET의 가장 큰 차이점은? ( )

① JFET는 정격전력이다.
② JEFT는 pn접합에 의해 게이트와 채널이 분리되어 있다.
③ MOSFET에는 두 개의 게이트가 있다.
④ MOSFET에는 물리적 채널이 없다.

17. pn접합의 항복현상 중의 하나인 사태항복(avalanche breakdown)이 발생되는 경우는? ( )

① 순방향 전류가 과잉될 때 ② 전위장벽이 영(zero)으로 감소될 때
③ 순방향 바이어스 전압이 어떤 값을 가질 때 ④ 역방향 바이어스 전압이 어떤 값을 가질 때

18. 다음 실리콘의 원소 배열 표현이 맞는 것은? ( )

① $1s^22s^42p^23s^43p^2$ ② $1s^22s^22p^43s^23p^2$ ③ $1s^22s^22p^43s^23p^4$ ④ $1s^22s^22p^63s^23p^2$

19. 다음 그림과 같은 소자와 관련하여 옳지 않은 것은? ( )

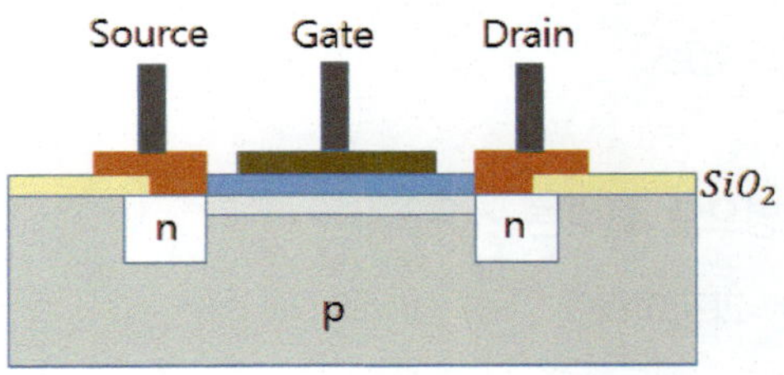

① 기판(substrate)과 드레인 사이에는 순방향 전압을 건다.
② 정상적인 경우 전류는 드레인에서 소스로 흐른다.
③ 증가형 n채널 MOSFET이다.
④ 게이트에 (+) 전압 인가시 전류가 흐른다.

20. pn 접합에서 순방향 바이어스를 인가하였을 때 일어나는 현상은? ( )

① 이온화가 증가한다. ② 전류가 흐르지 않는다.
③ 접합변의 정전용량이 증가한다. ④ 접합면의 전위장벽이 낮아진다.

2017-2과목 : 전자회로

21. 펄스부호변조(PCM)에 대한 설명 중 틀린 것은? (　　)

① 점유 주파수 대역이 넓다.
② PCM 고유의 잡음이 발생한다.
③ 전송 방해가 많은 통신로에서도 전송 품질이 좋은 통신이 가능하다.
④ 원신호 펄스 재생은 진폭 변동이나 파형 찌그러짐에 영향을 받는다.

22. 교차 일그러짐(crossover distortion) 현상은 어느 증폭기에서 발생하는가? (　　)

① A급 증폭기　② AB급 증폭기　③ B급 증폭기　④ C급 증폭기

23. 부귀환 증폭기에서 $A\beta \gg 1$의 경우 증폭기 이득의 안정성이 향상되는 이유는? (　　)

① 증폭기 이득 A가 크기 때문이다.
② 귀환계수 β가 작기 때문이다.
③ 증폭기의 부하 저항이 $\frac{1}{1-A\beta}$만큼 감소되기 때문이다.
④ 증폭기의 이득이 귀환회로의 β에 의해서 결정되기 때문이다.

24. 펄스회로의 출력이 $V_0 = 1 - e^{-0.1t}$일 때 시정수 몇 초인가? (　　)

① 20초　② 10초　③ 1초　④ 0.1초

25. 맥동률 (γ)에 관한 설명으로 올바른 것은? (　　)

① 교류를 직류로 바꾸는 과정이다.
② 맥동률(γ)은 $\gamma = \frac{I_s}{I_{AC}}$로 구할 수 있다.
③ 정류된 직류 출력에 교류성분이 얼마나 포함되어 있는지의 정도를 나타낸다.
④ 교류를 직류로 만들 때 직류가 되지 않고 남아 있는 교류 성분으로 모양이 파도모양처럼 나타난다.

26. PCM 회로에서 빈칸 A의 회로는? (　　)

① 부호화 회로　　② 비교기 회로　　③ 증폭 회로　　④ 필터 회로

27. 회로의 전달 특성은? (　　)
(단, Q_1과 Q_2 트랜지스터는 스위치용이다.)

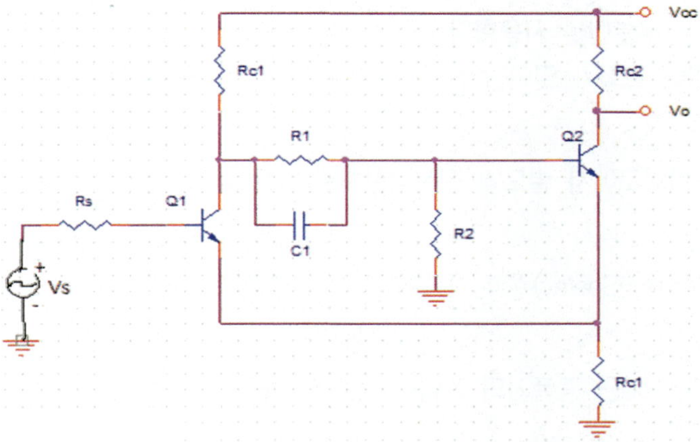

①
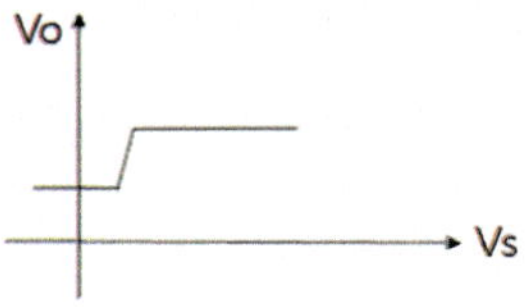

②
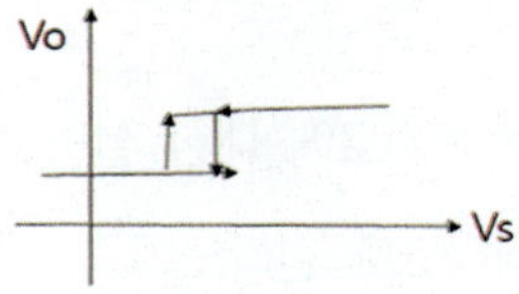

③
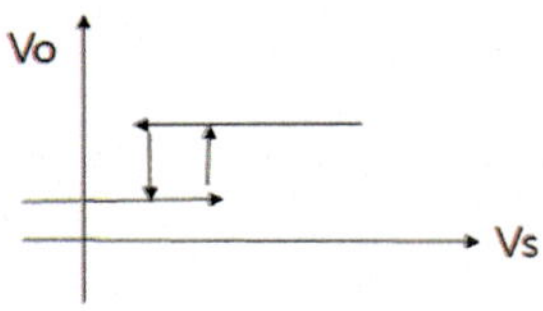

④
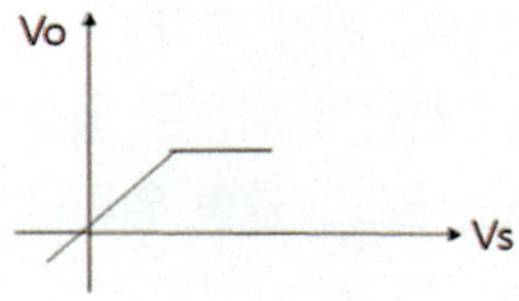

28. 다음 그림과 같은 입출력 특성을 가지는 회로는? (   )

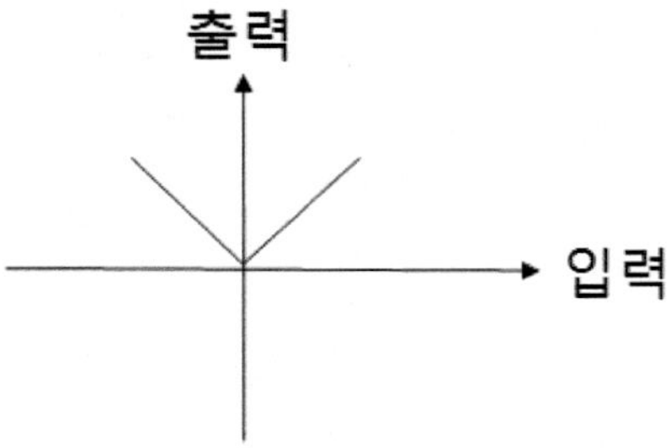

① 반파정류회로　　② 전파정류회로　　③ 연산증폭기　　④ 클리핑 회로

29. 소신호 증폭기의 설명으로 옳은 것은? (   )

① 부하선의 작은 부분만을 사용한다.　　② 항상 mV 범위의 출력신호를 갖는다.
③ 각 입력 주기에 포화가 일어난다.　　④ 항상 공통 이미터 증폭기이다.

30. FM신호의 검파회로에서 별도의 진폭제한회로가 필요 없는 회로는? (   )

① 제곱 검파회로　　② 복동조 주파수 변별 회로
③ 포스터 실리(Forster-Seeley)주파수 변별회로　　④ 비검파기(ratio detector)

31. 전압 증폭도가 100인 증폭기의 전압이득은 몇 dB인가? (   )

① 10　　② 20　　③ 30　　④ 40

32. 컬렉터 접기 증폭회로에 대한 설명으로 틀린 것은? (   )

① 이미터 플로어라고도 한다.
② 전압 이득은 1보다 약간 작다.
③ 입력전압과 출력전압의 위상은 역상이다.
④ 입력 임피던스는 높고, 출력 임피던스는 매우 낮다.

33. 회로에서 Ei=1V일 때 전류 I_L은 몇 mA인가? (　　)

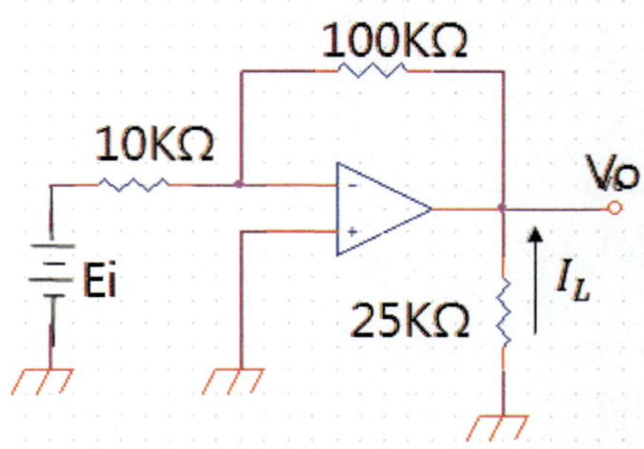

① 0.1　　② 0.4　　③ −0.5　　④ −0.6

34. FET 증폭기의 고주파 응답을 결정하는 것은? (　　)

① 바이패스 커패시터　　② 트랜지스터의 내부 커패시터
③ 전압이득　　④ 전류이득

35. 회로에서 컬렉터 전류 I_c를 구하면? (　　)
(단, β=100 이고, V_{BE}=0.7 이다.)

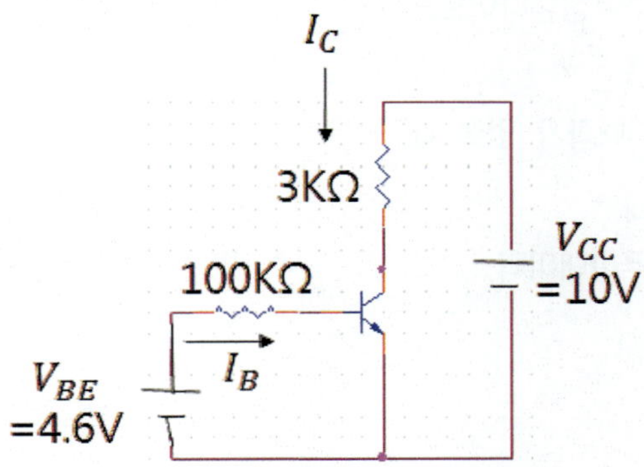

① 39mA　　② 25mA　　③ 46mA　　④ 32mA

36. 연산증폭기 회로에 그림 (a)를 입력할 때 그림 (b)와 같은 출력이 나타나는 현상은? (　　)

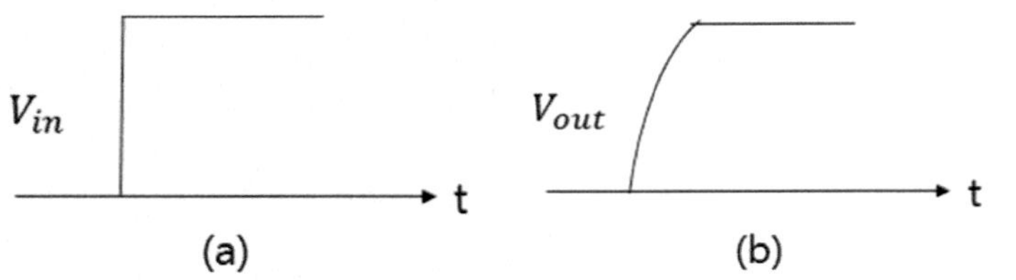

① 슬루 레이트(slew rate)　② 입력 바이어스 전류
③ DC 오프세트(offset) 전압　④ 유한한 전압이득

37. 연산증폭기의 스위칭 특성에 가장 크게 영향을 주는 것은? (　　)

① 입출력 임피던스　② 슬루 레이트　③ 출력 오프셋 전압　④ 동위상제거비

38. 증폭도 A가 매우 큰 증폭기에 귀환율 β의 부귀환을 가한 경우 전압이득은? (　　)

① $A\beta$　② $\frac{1}{\beta}$　③ $\frac{1}{\beta A}$　④ $\frac{A}{1+A}$

39. 교류를 직류전원으로 변환할 때 사용되지 <u>않는</u> 부품은? (　　)

① 변압기　② 정류다이오드　③ 제너다이오드　④ 트라이액

40. 다이오드의 전하축적 효과가 없을 때 옳은 것은? (　　)

① 순방향 전류값이 적다.　② 순방향 전류값이 크다.
③ 역방향 회복시간이 무한대이다.　④ 역방향 회복시간이 “0”이다.

2017-3과목 : 논리회로

41. 그림과 같은 전가산기(Full adder)의 입력이 A=1, B=0, C=1일 때 출력으로 옳은 것은? (단, So : Sum, Co : Carry이다.) ( )

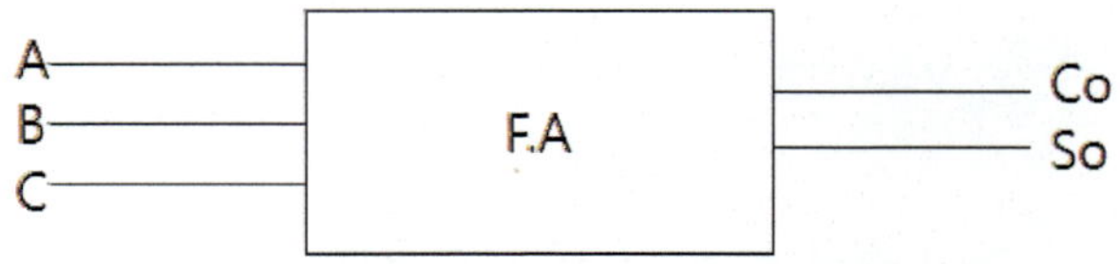

① Co = 0, So = 0 ② Co = 0, So = 1 ③ Co = 1, So = 0 ④ Co = 1, So = 1

42. Shift register 안에 있는 binary number가 5번 Shift left 되었다. 현재 number 크기는 다음 중 어느 것에 해당되는가? ( )
(단, shift register의 길이는 충분하며 shift-in되는 bit는 모두 0이다.)

① 맨처음 binary number × 5 ② 맨처음 binary number ÷ 5
③ 맨처음 binary number × 32 ④ 맨처음 binary number ÷ 32

43. 반가산기의 합 또는 반감산기의 차를 얻기 위해 필요한 게이트는? ( )

① AND ② OR ③ XNOR ④ XOR

44. 4단 하향 Counter에서 10번째 클록펄스가 인가되면 각 단이 나타내는 2진수를 10진수로 변환하면? ( )

① 6 ② 7 ③ 8 ④ 9

45. 다음 중 조합논리회로에 해당하는 것은? ( )

① RAM ② 레지스터 ③ 디코더 ④ 카운터

46. D 플립플롭에서 D 입력에 입력한 데이터의 각 비트는 클럭 펄스 몇 개의 시간만큼 늦어서 Q 출력에 도달하는가? ( )

① 1 ② 2 ③ 3 ④ 4

47. 다음 논리회로의 출력식으로 옳은 것은? (   )

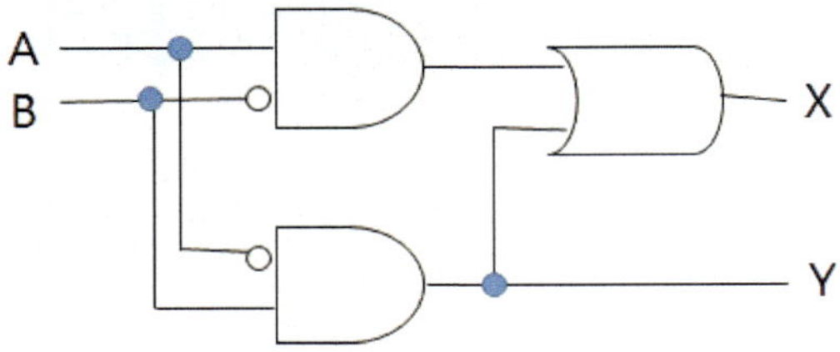

① X=A+B ② Y=A⊕B ③ X=A⊕B ④ Y=A⊕B

48. n비트의 입력으로 2^n개의 출력 중의 하나를 1로 설정하도록 하는 장치는? (   )

① 디코더 ② 인코더 ③ 카운터 ④ 플립플롭

49. 원 정보부호가 1011일 때 이것의 짝수 패리티 해밍코드(Hamming Code)를 구하면? (   )

① 1011010 ② 0101011 ③ 0001100 ④ 0110011

50. 시프트 레지스터(shift register)를 만드는데 가장 적합한 플립플롭은? (   )

① RS 플립플롭 ② D 플립플롭 ③ T 플립플롭 ④ JK 플립플롭

51. 아래 펄스발생기 중에서 한 상태에서만 안정되고 다른 상태에서는 불안정하여 일정한 시간 후에는 안정상태로 돌아가는 회로는? (   )

① 비안정 멀티바이브레이터 ② 다안정 멀티바이브레이터
③ 쌍안정 멀티바이브레이터 ④ 플립플롭

52. 다음과 같이 연결된 RS 플립플롭은 어떤 플립플롭과 같은 기능을 하는가? (   )

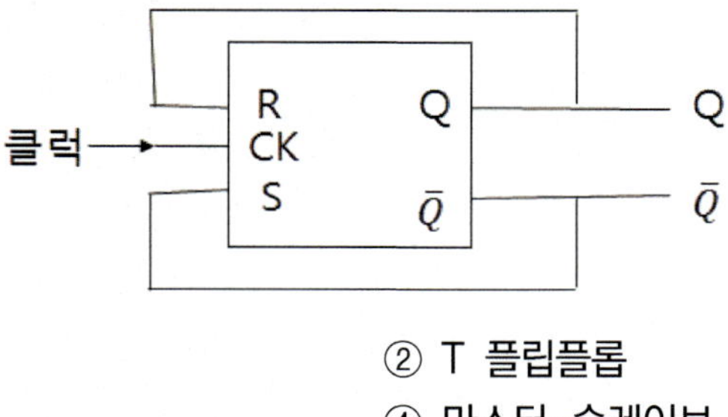

① D 플립플롭 ② T 플립플롭
③ JK 플립플롭 ④ 마스터-슬레이브 플립플롭

53. JK 플립플롭에서 J=1, K=1일 때의 출력 결과는? (   )

① 0 ② 1 ③ 불변 ④ 반전

54. 다음 논리회로의 출력 D를 불대수 식으로 간략화하여 옳게 나타낸 것은? (　　)

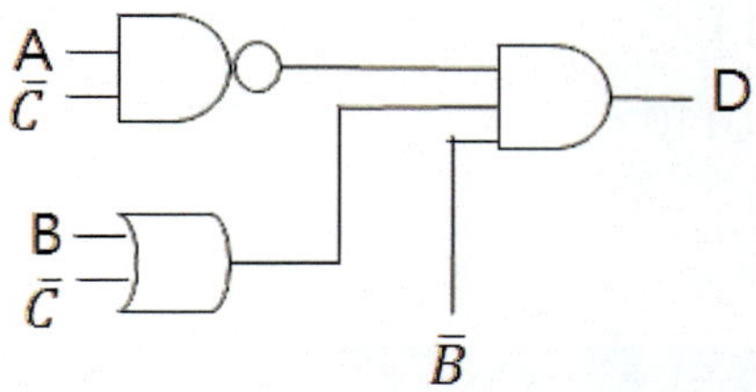

① $\overline{A}\overline{B}\overline{C}$　　② $\overline{A}BC$　　③ $A\overline{B}C$　　④ $AB\overline{C}$

55. 5개의 플립플롭으로 구성된 상향 계수기의 모듈러스(modulus)와 이 계수기로 계수할 수 있는 최댓값은? (　　)

① modulus : 32 최댓값 : 31　　② modulus : 31 최댓값 : 32
③ modulus : 6 최댓값 : 32　　④ modulus : 5 최댓값 : 32

56. 다음은 2개 입력 A,B를 가지는 NAND게이트의 진리표이다. z0,z1,z2,z3에 알맞은 이진 값은? (　　)

A	B	output
0	0	z0
0	1	z1
1	0	z2
1	1	z3

① 0001　　② 0111　　③ 1110　　④ 0110

57. 10진수 22를 3초과 코드(Excess-3 code)로 변환한 것은? (　　)

① 0101 0101　　② 1011 1100　　③ 0011 1011　　④ 1100 1100

58. 일반적으로 n비트의 2진 병렬가산기는 어떻게 구성되는가? (　　)

① 2^n개의 반가산기로 구성된다.　　② 2^n개의 전가산기로 구성된다.
③ n개의 반가산기로 구성된다.　　④ n개의 전가산기로 구성된다.

59. 한 플립플롭의 출력이 다른 플립플롭을 구동시키는 계수기는? (　　)

① 링 계수기　　② 존슨 계수기　　③ 트위스트링 계수기　　④ 직렬 계수기

60. 우측이동 레지스터가 1001을 기억하고 있을 때, 클럭펄스가 2개 인가되면 각 단의 값은? (단, 입력 데이터는 0이다.) (　　)

① 0100　② 0110　③ 1001　④ 0010

2017-4과목 : 집적회로

61. 동적 CMOS 로직과 거의 같으나, 출력단에 인버팅 래치가 달려있는 점이 다른 로직은? (　　)

① 카미노 로직　② 슈도 로직　③ 도미노 로직　④ 트랜스 로직

62. nMOS 인버터의 레이아웃 설계에서 A를 풀다운 트랜지스터 그리고 B를 풀업 트랜지스터라고 할 경우 A의 게이트 폭과 길이는 각각 $4\lambda, 2\lambda$이고 B게이트의 폭과 길이를 각각 $2\lambda, 8\lambda$라고 하면 이 인버터가 정상동작을 위하여 필요로 하는 형상비(ratio circuit)는 얼마인가? (　　)

① 2　② 4　③ 6　④ 8

63. 집적회로 레이아웃 설계에서 제일 처음 해야 할 일은? (　　)

① 평면 계획　② 블록 레이아웃　③ 블록 배치　④ 배선

64. 회로의 물리적인 크기만 스케일링할 때 소자 파라미터와 스케일링 비율이 바르게 연결되지 <u>않은</u> 것은?(단, 물리적 스케일링 비율은 α이다.) (　　)

① 게이트 채널 길이(L)는 $1/\alpha$로 스케일링 된다.
② 게이트 채널 폭(W)은 $1/\alpha$로 스케일링 된다.
③ 게이트 산화막 두께(D)는 $1/\alpha$로 스케일링 된다.
④ 게이트 기생 접합 커패시턴스(Cj)는 $1/\alpha$로 스케일링 된다.

65. CMOS 제조 과정에서는 nMOS와 pMOS 트랜지스터를 만들 때 생기는 n층과 p층 간의 결합(n-p-n-p 또는 p—n-p-n-)에 의해 기생 트랜지스터가 구성되는데, 이 기생 트랜지스터가 결합되어 V_{dd}와 V_{ss} 사이에 전류 통로가 형성되는 현상은? (　　)

① 단락(Short)　② 래치업(Latch-up)
③ 상호연결 기생요소　④ ESD(Electrostatic Discharge)

66. 다음 VHDL 관련 표준에서 다중 값 논리를 규정한 부분은? (　　)

① IEEE std_1076　　② IEEE std_1076.4
③ IEEE std_1164　　④ IEEE std_1076.3

67. 다음 중 MOSFET 특성이 아닌 것은? (　　)

① 세 개의 층(금속, 산화층, 반도체)이 적층구조를 형성한다.
② 스위치 역할을 수행하여 전류의 흐름을 차단 또는 연결한다.
③ 전류흐름에 전자와 정공이 모두 작용한다.
④ 금속 층의 대용으로 현재는 다결정 실리콘을 사용한다.

68. nMOSFET의 반전 모드에서 게이트 전압을 증가(V_G>0)시키면 산화층과 실리콘의 경계면에 캐리어가 정공에서 전자로 바뀌게 되는데, 이때 형성된 층을 무엇이라고 하는가? (　　)

① 채널　　② 공핍층　　③ 핀치오프　　④ 금속층

69. 다음 중 IC 패키지 타입이 아닌 것은? (　　)

① DIP　　② SMP　　③ PLCC　　④ QFP

70. MOS 동적 논리회로를 정적논리와 비교한 것 중 장점에 해당하지 않는 것은? (　　)

① 부하소자가 on 되었을 때만 전력을 소모하는 회로를 설계할 수 없다.
② 스위칭 동작으로 인하여 정적 논리회로에 비해 전력 소모가 크다.
③ 시스템의 타이밍 문제를 간소화할 수 있다.
④ 클럭을 사용하기 때문에 클럭 부하를 갖는다.

71. 전압 제어 소자인 MOS FET를 기본 소자로 사용한 것은? (　　)

① CMOS　　② TTL　　③ ECL　　④ SOI

72. 다음 중 MOS 트랜지스터를 만드는 공정기술이 아닌 것은? (　　)

① n-well 공정　　② twin-well 공정
③ SOI(Silicon On Insulator) 공정　　④ bipolar 공정

73. 게이트 어레이 방식 설계에 대한 설명으로 옳지 않은 것은? (　　)

① 웨이퍼를 절약할 수 있다.
② 칩 제조 공정의 시간이 절약된다.
③ 회로 설계의 유연성이 증가한다.
④ 표준 셀 방식보다 칩의 크기가 작다.

74. NAND 게이트 함수를 정적 CMOS 로직으로 설계할 경우 nMOS 로직과 pMOS 로직 구현을 위한 부울 식을 올바르게 표현한 것은? (　　)

① pMOS 로직의 경우 $F=\overline{A}+\overline{B}$ nMOS 로직의 경우 $\overline{F}=A \cdot B$
② pMOS 로직의 경우 $\overline{F}=A \cdot B$ nMOS 로직의 경우 $F=\overline{A}+\overline{B}$
③ pMOS 로직의 경우 $\overline{F}=\overline{A}+\overline{B}$ nMOS 로직의 경우 $F=A \cdot B$
④ pMOS 로직의 경우 $F=A \cdot B$ nMOS 로직의 경우 $F=\overline{A}+\overline{B}$

75. 다음 회로와 같은 nMOS의 병렬구조에 대한 설명 중 틀린 것은? (　　)

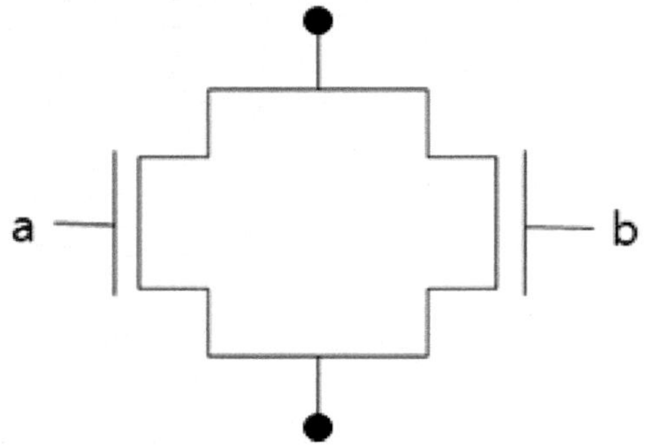

① OR 게이트 구조이다.
② a = 0, b = 1일 때, 스위치 ON 상태이다.
③ a = 1, b = 1일 때, 스위치 OFF 상태이다.
④ a = 1, b = 0일 때, 스위치 ON 상태이다.

76. MOS 트랜지스터에서 게이트 출력이 “1” 또는 “0” 레벨에 있을 경우 DC 전력을 거의 소모하지 않는 디바이스는? (　　)

① n-MOS　② p-MOS　③ I-MOS　④ CMOS

77. 다음 중 디지털 회로 설계에서 회로 추출(circuit extraction)에 관한 설명 중 옳은 것은? ( )

① 전체 시스템 관점에서 서례회로를 분할하는 과정
② 타이밍(timing)을 검증하는 과정
③ 실제회로의 배치구도를 잡는 과정
④ 회로 전반에서 발생하는 지연시간 등을 뽑아주는 과정

78. CMOS 디지털 집적회로의 동적 전력소모에 대한 설명으로 틀린 것은? ( )

① 전원 전압이 클수록 증가한다.
② 동작 주파수가 클수록 감소한다.
③ 커패시턴스 성분이 클수록 증가한다.
④ 전력소모가 크면 동작온도가 증가한다.

79. 정적 CMOS 로직(static CMOS logic)에 대한 설명으로 틀린 것은? ( )

① 서로 반대로 동작하는 nMOS와 pMOS를 이용하여 풀업과 풀다운(pull-down)의 동작을 대칭적으로 시키는 회로이다.
② nMOS 트랜지스터의 개수와 pMOS 트랜지스터의 개수가 같다.
③ 시간이 비교적 많이 경과해도 출력전압이 변하지 않는 대신 동적회로보다 속도가 빠르다.
④ nMOS 트랜지스터가 직렬 연결된 부분에 해당하는 pMOS 트랜지스터 부분은 병렬 연결된다.

80. n채널 증가형 MOSFET에서 $V_{GS}=-5\,V$, $V_{DS}=13\,V$일 때, 드레인에 흐르는 전류는 얼마인가? ( )

① 26 [mA]
② 3.6 [mA]
③ 6.3 [mA]
④ 0 [mA]

〈2017년도 반도체설계기사 필기 정답〉

과목										
1 과목	1	2	3	4	5	6	7	8	9	10
	3	2	4	2	4	3	1	3	3	2
	11	12	13	14	15	16	17	18	19	20
	4	1	1	1	3	2	4	4	1	4
2 과목	21	22	23	24	25	26	27	28	29	30
	4	3	4	2	3	1	3	2	1	4
	31	32	33	34	35	36	37	38	39	40
	4	3	2	2	1	1	2	2	4	4
3 과목	41	42	43	44	45	46	47	48	49	50
	3	3	4	1	3	1	3	1	4	2
	51	52	53	54	55	56	57	58	59	60
	2	2	4	1	1	3	1	4	4	4
4 과목	61	62	63	64	65	66	67	68	69	70
	3	4	1	3	2	3	3	1	2	1
	71	72	73	74	75	76	77	78	79	80
	1	4	4	1	3	4	4	2	3	4

참고문헌

《반도체캐드 이론과 실습》, 이종진 · 김도우 저, 한국폴리텍대학

《반도체소자 공정 및 레이아웃 설계》, 이종진 · 김광호 · 은철기 저, 한국폴리텍대학

《PSpice를 이용한 전자회로 설계 실습》, 김응주 저, 복두출판사

《반도체란 무엇인가》, 유영준 저, 파이터치연구원

《NCS 활용교재 학습 모듈 커스텀 레이아웃 설계》, 한국산업인력공단

Wikipedia(https://www.wikipedia.org)

〈 저자약력 〉

김응주 공학박사

- 2000 : 고려대학교 전기전자전파공학과 학사졸업
- 2002 : 고려대학교 제어 및 시스템 공학 석사졸업
- 2011 : 고려대학교 전자공학과 반도체 설계 박사졸업
- 2002 ~ 2016 : 삼성전기 중앙연구소 ASIC 설계팀 책임연구원
- 2016 ~ 현재 : 한국폴리텍대학 반도체융합캠퍼스 반도체설계과 교수

저자와의
협의에 의해
인지 생략

반도체 설계 및 레이아웃 실습

2판 2쇄 2026년 2월 25일

저자 김응주
발행인 송광헌
발행처 복두(더)
주소 서울특별시 영등포구 경인로82길 3-4
센터플러스 807호 (우) 07371
전화 02-2164-2580
FAX 02-2164-2584
등록 1993. 11. 22. 제 10-902 호

정가 : 26,000원

ISBN : 979-11-6675-245-2 93560

한국과학기술출판협회 회원사